江西省“十四五”普通高等教育本科省级规划教材

机床数控技术

（第2版）

主　编　王细洋　姚坤弟　李翔文
参　编　许　瑛　简正豪　曹树岭　陶　承

国防工業出版社
·北京·

内 容 简 介

本书系统介绍了机床数控技术的基本理论和应用实践,包括数控技术基本概念,数控加工程序编制,插补原理、刀具补偿与速度控制,计算机数控系统,数控机床检测装置,数控机床伺服驱动系统,以及数控机床的机械结构。本书注重理论阐述的系统性,增加了应用实践内容,介绍了机床数控技术的新进展和新技术。

本书可作为高等院校机械设计制造及其自动化、机械电子工程、智能制造工程专业本科生教材或教学参考书,也可供机械制造领域工程技术人员参考。

图书在版编目(CIP)数据

机床数控技术/王细洋,姚坤弟,李翔文主编. 2版. —北京:国防工业出版社,2025.6. —ISBN 978-7-118-13761-3

Ⅰ. TG659

中国国家版本馆 CIP 数据核字第 2025B5F257 号

※

国防工业出版社出版发行

(北京市海淀区紫竹院南路 23 号 邮政编码 100048)

北京富博印刷有限公司印刷

新华书店经售

*

开本 787×1092 1/16 **印张** 17 **字数** 388 千字

2025 年 6 月第 2 版第 1 次印刷 **印数** 1—3000 册 **定价** 58.00 元

国防书店:(010)88540777 书店传真:(010)88540776

发行业务:(010)88540717 发行传真:(010)88540762

前　言

自金属切削机床出现以来，数控技术是意义最重大的技术之一。数控机床较好地解决了复杂曲面、精密、小批量、多品种的零件加工问题，是一种高柔性的、高效能的自动化机床。采用数控机床提高机械工业的数控化率是机械制造业技术改造和更新的必由之路。数控技术的应用和发展正在改变着机械制造业的面貌。

机床数控技术综合了计算机、机械设计、机械制造工艺、自动控制、电工电子、传感器技术、软件技术等领域的理论和技术，学科综合性极强，学习难度大。机床数控技术是机械设计制造及其自动化、机械电子工程等本科专业的必修专业课程，地位极其重要，不仅具有较强的理论性，更具有较强的实践性。编者根据多年教学经验和科研积累，在自编教案的基础上，编写了本书。

本书在第1版的基础上修订而成。为便于应用型高校教学，本书扩充了数控编程内容，调整了数控系统和伺服驱动系统的叙述方式，增加了典型数控系统的介绍。

全书共7章，包括数控技术基本概念，数控加工程序编制，插补原理、刀具补偿与速度控制，计算机数控系统，数控机床检测装置，数控机床伺服驱动系统，以及数控机床的机械结构。与同类教材相比，本书注重理论阐述的系统性，增加了应用实践内容，内容详略得当，无跳跃性内容和章节，更便于教学。

本书可作为高等院校机械设计制造及其自动化、机械电子工程、智能制造工程等本科专业的教材或教学参考书，也可供机械制造领域工程技术人员参考。

本书由南昌工学院和南昌航空大学的老师编写。王细洋、姚坤弟、李翔文担任主编，许瑛、简正豪、曹树岭、陶承参与了编写和审核工作。由于编者水平有限，对一些问题的认识还不深刻，书中难免存在不足之处，恳请各位专家和读者批评指正。编者的电子邮箱为nchucnc@126.com。

编　者

2025年3月　南昌工学院 望月湖畔

目　　录

第1章 绪 论

1.1 数控技术基本概念

1.1.1 数控技术及其产生背景

数控技术,简称数控(numerical control),在机床技术领域是指用数字化信号对机床运动及其加工过程进行控制的一种方法。用数控技术实现加工控制的机床,或装备了数控系统的机床,称为数控机床。数控系统是一种控制系统,它能自动阅读输入载体上预先给定的数值,并对其译码、运算,从而控制刀具与工件的相对运动,加工出符合技术要求的零件。

数控机床较好地解决了复杂曲面、精密、小批量、多品种的零件加工问题,是一种高柔性的、高效能的自动化机床,是实现机械加工自动化的核心设备,也是一种典型的、复杂的机电一体化产品。数控技术的应用是金属切削机床出现以来意义最重大的技术进步。

在数控机床出现之前,复杂曲面零件一般采用仿形机床加工,需要制造专用靠模并调整机床结构,生产效率低,零件的加工精度也难以提高。20 世纪 40 年代,数字电子计算机的诞生为数控机床的出现奠定了技术基础。1948 年美国帕森斯(Parsons)公司在研制加工直升机叶片轮廓检验样板的机床时,提出了用电子计算机控制机床加工复杂曲线样板的新理念。受美国空军的委托,帕森斯公司与麻省理工学院伺服机构研究所合作研究,在 1952 年成功研制了世界上第一台用电子计算机控制的三坐标立式数控铣床。该机床采用了自动控制、伺服驱动、精密测量和新型机械结构等方面的技术成果。数控机床的诞生,对复杂曲面、型面的加工起到了非常重要的作用,同时推动了美国航空工业和军事工业的发展。由于技术和价格的原因,起初数控机床仅应用于航空工业中。

数控机床不仅较好地解决了复杂曲面零件的加工问题,还使多品种、小批量零件的自动化加工成为可能。大批量生产部门大多采用专用机床、组合机床和自动线,并配以专用的工艺装备,存在投资大、适应性差、改型困难等缺点。市场竞争全球化、用户需求多样化,迫使生产企业不断更新产品,并致力于提高产品的性能价格比,以满足用户需求。在机械制造工业中,单件与小批量生产的零件仍然在机械加工总量中占主要比例,尤其是在航空、航天、船舶、机床、重型机械、食品加工机械、包装机械和兵器制造等领域。如果仍采用专用化程度较高的自动化机床加工,就显得很不合理。经常改装和调整机床、工艺设备,对于专用的生产线来说,会大幅提高产品的成本。数控机床(尤其是数控加工中心)利用加工程序的变化来适应产品品种的变化,减少了机床改装及专用工装数量,能够适应产品频繁改型,具有灵活、通用的特点。

1.1.2 数控机床加工原理与工作流程

利用数控机床加工零件，首先将被加工零件的几何信息和工艺信息用规定的代码和格式编写成加工程序，然后将加工程序输入数控装置。加工程序经过数控系统译码、插补运算、速度和位置控制等信息处理，通过伺服系统，使机床各坐标轴移动若干个最小位移量，实现刀具与工件的相对运动，完成零件加工。机床运动部件的运动轨迹取决于所输入的数控加工程序。

数控机床实际上是用逼近的方法进行曲面加工的。例如，对于平面(两维)任意曲线 L，要求刀具 T 沿曲线轨迹运动，进行切削加工，如图 1－1 所示。将曲线 L 分割成 l_0、l_1、l_2 等线段。用直线(或圆弧)代替(逼近)这些线段，当逼近误差 δ 非常小时，这些折线段之和接近曲线。由数控机床的数控装置进行计算、分配，通过两个坐标轴最小单位量(脉冲当量)的运动(Δx、Δy)的合成，连续控制刀具运动，不偏离地走出直线，从而非常逼真地加工出平面曲线 L。对于空间(三维)曲线也可以按照同样的方法进行加工。

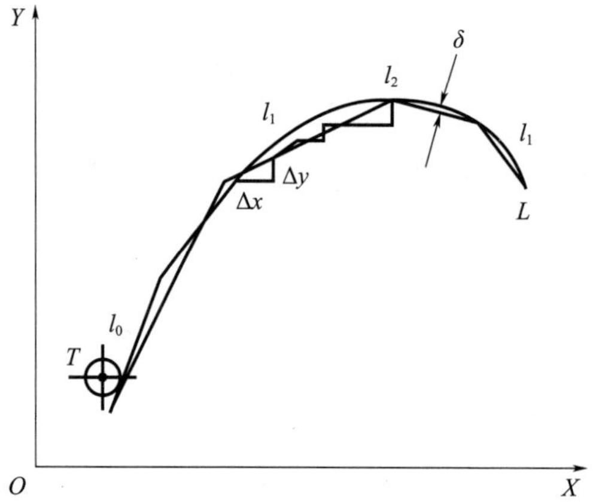

图 1－1 平面曲线的数控加工

数控机床的工作流程如下。

(1)数控加工程序编制。在零件加工前，首先根据被加工零件图样所规定的零件形状、尺寸、材料及技术要求等，确定零件的工艺过程、工艺参数、几何参数以及切削用量等；其次根据数控机床编程手册规定的代码和程序格式编写零件加工程序单。早期的数控机床还需将零件加工程序清单由穿孔机制成穿孔带以备加工零件使用。对于较简单的零件，通常采用手工编程；对于形状复杂的零件，需要用 CAD/CAM 软件进行零件三维造型并自动生成零件数控加工程序。借助人工智能(artificial intelligence, AI)手段，自动生成数控加工程序，也将是未来的发展方向之一。

(2)程序输入。输入的任务是把零件程序、控制参数和补偿数据输入数控装置。输入方法因输入设备而异，早期采用纸带阅读机输入，目前的输入方式包括键盘输入、CAD/CAM 系统自动生成、磁带和磁盘传输或通过网络通信方式传输。输入工作方式通常有两种：一种是边输入边加工，即在前一个程序段加工时，输入后一个程序段的内容；另一种是一次性将整个零件加工程序输入数控装置的内部存储器，加工时再把一个个程序段从存储器中调出进行处理。

(3)译码。数控装置接收的程序是由程序段组成的,程序段中包含零件轮廓信息(如直线还是圆弧、线段的起点和终点等)、加工进给速度(F 代码)等加工工艺信息和其他输助信息(M、S、T 代码等)。计算机不能直接识别它们,译码程序就像一个翻译,按照一定的语法规则将上述信息解释成计算机能够识别的数据形式,并按一定的数据格式存放在指定的内存专用区域。在译码过程中对程序段还要进行语法检查,一旦发现错误会立即报警。

(4)刀具补偿。零件加工程序通常是按零件轮廓轨迹编制的。刀具补偿的作用是把零件轮廓轨迹转换成刀具中心轨迹运动,加工出所要求的零件轮廓。刀具补偿包括刀具半径补偿和刀具长度补偿。

(5)插补运算。插补就是数控装置根据输入零件轮廓数据,计算出零件轮廓各中间点的数据,边计算边根据计算结果向各坐标轴发出运动指令,使机床在相应的坐标方向上移动一个单位位移量,将工件加工成所需的轮廓形状。所以,插补运算就是在已知曲线的种类、起点、终点和进给速度的条件下,在曲线的起点、终点之间进行"数据点的密化"。在每个插补周期内运行一次插补程序,形成一个个微小的直线数据段。插补完一个程序段(加工一条曲线)通常需要经过若干次插补周期。需要说明的是,只有辅助功能(换刀、换档、切削液等)完成之后才允许插补。

(6)位置控制和切削加工。位置控制的任务是在每个采样周期内,将插补计算出的指令位置与实际位置相比较,用其差值去控制伺服电动机,从而驱动刀具按规定的运动轨迹和速度加工工件。在位置控制中,通常还应完成位置回路的增量调整、各坐标方向的螺距误差补偿和方向间隙补偿,以提高机床运动部件的定位精度。

1.1.3 数控机床的组成

数控机床由输入输出设备、数控装置、伺服系统、测量反馈装置和机床本体等部分组成,图 1-2(a)为数控机床组成框图。图 1-2(b)为三轴联动数控铣床组成框图。

1. 输入输出设备

输入输出设备主要用于程序的编制,程序和数据的输入,以及显示、存储和打印。这一部分的硬件配置视需要而定,功能简单的机床可能只配有键盘和发光二极管(LED)显示器;功能普通的机床则可能加上纸带阅读机和纸带穿孔机、磁带和磁盘读入器、人机对话编程操作键盘和显示器;功能较高的机床可能还包含一套自动编程机或计算机辅助设计/计算机辅助制造(CAD/CAM)系统,也可以通过上位机通信接口输入。

2. 数控装置

数控装置是数控机床的核心,它接收来自输入设备的程序和数据,并按输入信息的要求完成数值计算、逻辑判断和输入输出控制等功能。数控装置通常是指由一台专用或通用计算机、输入输出接口板以及机床控制器(可编程序控制器)等组成的控制装置。机床控制器的主要作用是实现对机床辅助功能 M、主轴转速功能 S 和刀具功能 T 的控制。为了完成各种形状的零件加工,数控装置必须具备多种功能,包括多坐标控制、函数插补、程序编辑和修改、刀具补偿、故障诊断、机床辅助动作控制、通信和联网等。

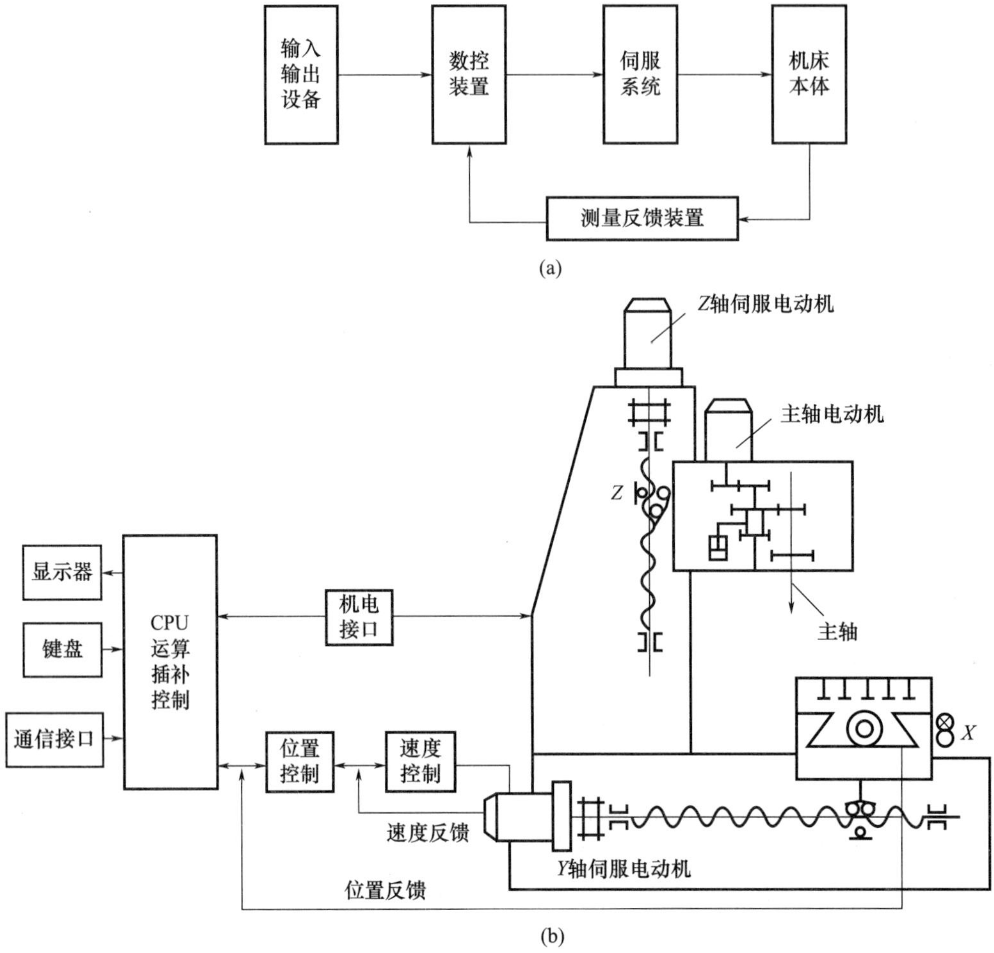

图1-2　数控机床的组成
(a)数控机床组成框图;(b) 三轴联动数控铣床组成框图。

3. 伺服系统

伺服系统接收数控装置运算处理后分配来的信号,经过调节、转换、放大后驱动伺服电动机,带动机床的执行部件(刀具和工作台)运动。伺服系统包括伺服控制电路、功率放大线路和伺服电动机等。伺服电动机常用的有步进电动机、电液电动机、直流伺服电动机和交流伺服电动机。一般来说,数控机床的伺服驱动,要求有好的快速响应性能,能灵敏而准确地跟踪由数控装置发出的指令信号。

4. 测量反馈装置

测量反馈装置可随时检测工作台或伺服电动机的位移和速度,并将信息反馈给数控装置,进行严格的速度和位置反馈控制,以保证零件加工精度。无测量反馈装置的系统称为开环控制系统。常用的测量部件有脉冲编码器、旋转变压器、感应同步器、光栅和磁尺等。

5. 机床本体

机床本体是数控机床的主体,是用于完成各种切削加工的机械部分。机床本体包括机床的主运动部件、进给运动部件、执行部件和底座、立柱、刀架、工作台等基础部件。数控机床是一种高精度、高效率和高度自动化机床,要求机床的机械结构应具有较高的精度和刚度,精度保持性要好,主运动、进给运动部件运动精度高。数控机床采用高性能的主轴及进给伺服驱动装置,其机械传动结构得到了简化。

为了保证数控机床功能的充分发挥,还有一些配套部件(如冷却、排屑、防护、润滑、照明、储运等一系列装置)和辅助装置(程编机和对刀仪等)。

1.1.4 数控机床的特点

数控机床是由普通机床发展演变而来的,与普通机床相比,数控机床具有以下特点。

(1)精度高。数控机床移动部件的单个脉冲位移量称为脉冲当量,数控机床的加工精度取决于脉冲当量。数控机床的脉冲当量一般为0.001mm,高精度的数控机床可达0.0001mm,其运动分辨率远高于普通机床。另外,数控机床具有位置检测装置,可将移动部件实际位移量或丝杠、伺服电动机的转角反馈到数控系统并进行补偿,因此,可获得比机床本身精度还高的加工精度。数控机床是按照预定程序自动工作的,工作过程一般不需要人工干预,这就消除了操作者人为产生的误差。

(2)适应性强。数控机床只需要通过改变数控加工程序即可适应不同类型的零件加工,不必像传统机床那样通过更换凸轮、靠模、样板或钻镗模等专用工艺装备,来适应零件类型的更换。生产准备周期短,有利于产品快速更新换代,特别适合多品种中小批量生产。

(3)能完成普通机床难以完成或根本不能完成的复杂零件加工。例如,采用二轴以上联动的数控机床,可加工母线为曲线的旋转体曲面零件、凸轮零件和各种复杂空间曲面类零件。

(4)提高了生产效率和自动化程度。利用数控机床进行加工,只要按图纸要求编制零件的加工程序单,然后输入数据并调试程序,安装坯件进行加工即可。数控机床还具有自动换速、自动换刀和其他辅助操作自动化等功能,并且无须工序间的检验与测量,使辅助时间大为缩短。对于多功能的加工中心,在一次装夹后几乎可以完成零件的全部加工,这样不仅可减少装夹误差,还可减少半成品的周转时间。因此,与普通机床相比,数控机床的生产效率和自动化程度更高,并降低了操控者的劳动强度,减少了对熟练技术工人的需求。

(5)有利于生产管理的现代化。用数控机床加工零件,能准确地计算产品生产的工时,并有效地简化检验、工夹具和半成品的管理工作。采用数控信息的标准代码输入,有利于与计算机连接,构成由计算机控制和管理的生产系统,实现制造和生产管理的现代化。

1.2 数控机床的分类

1.2.1 按工艺用途分类

数控机床按工艺用途,可分为数控钻床、数控车床、数控铣床、数控镗床、数控磨床、数控齿轮加工机床、数控雕刻机等类型的金属切削加工机床。

在数控机床中,加工中心(machining center)的应用越来越广。加工中心是带有刀库和自动换刀装置的数控机床,可以在一台数控机床上完成多种类型的加工。加工中心包括数控镗铣加工中心、车削中心以及车铣加工中心。镗铣加工中心包括卧式[图1-3(a)]和立式[图1-3(b)]两种形式。在镗铣加工中心上,工件一次装夹后,可以对零件的大部分加工表面进行铣削、镗削、钻孔、扩孔、铰孔和攻螺纹等多工艺加工。五轴镗铣加工中心,在一次装夹中可以完成除安装面以外的箱体类所有表面的加工。车削加工中心[图1-3(c)]配有动力刀架,上面安装如钻头、铣刀、铰刀、丝锥等端部加工刀具。车削加工中心在一次装夹中能完成回转体零件的几乎所有加工工序(包括车削内外表面、铣平面、铣槽、钻孔和攻螺纹,以及端面上的螺旋槽、非回转轴心线上的轴向孔、径向孔等)。

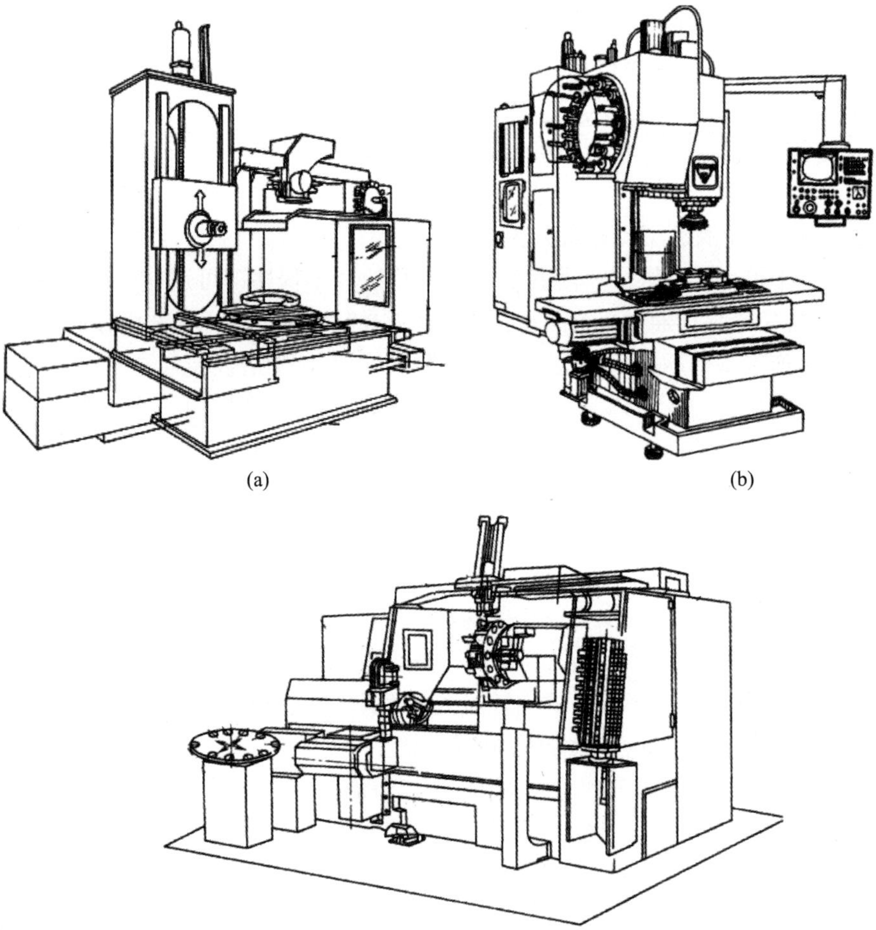

(a) (b)

(c)

图1-3 加工中心

(a)卧式镗铣加工中心;(b)立式镗铣加工中心;(c)车削加工中心。

数控加工中心机床可以有效地避免由多次装夹造成的定位误差;减少了机床的台数和占地面积;工序集中,从而减少了辅助时间;减少了专用工夹具的数量,进一步缩短了生产准备时间;极大地提高了生产率和加工自动化水平。另外,传统的机械加工工艺学认为工序集中适用于单件小批量生产,工序分散原则适用于大批量生产。加工中心的应用和发展,改变了这一传统认知,即工序集中原则也适用于大批量生产。

除金属切削加工的数控机床外,数控技术也大量用于冲床、压力机、弯管机、折弯机、线切割机床、焊接机、火焰切割机、等离子切割机、激光切割机和高压水切割机等非切削机床。另外,在非加工设备中也大量采用数控技术,其中最常见的有自动装配机、多坐标测量机、自动绘图机、数控印染机、快速成型机和工业机器人等。

1.2.2 按运动轨迹分类

按运动轨迹分类,数控机床可分为点位控制数控机床、直线控制数控机床和轮廓控制数控机床。

1. 点位控制数控机床

点位控制数控机床只控制和保证加工坐标点的准确定位,即只控制行程起点和终点的坐标,而不控制运动部件的运动轨迹,并且在运动和定位过程中机床不进行任何加工。

点位控制数控机床坐标轴之间的运动不需要保持任何联系。为了尽可能减少运动部件的运动和定位时间,并保证稳定的定位精度,通常先快速运动至接近终点坐标,然后低速准确运动到终点坐标。最典型的点位控制数控机床有数控钻床、数控坐标镗床,以及数控点焊机和数控弯管机等。使用数控钻镗床加工零件可以节省大量钻模板的费用,并能达到较高的孔距精度。图1-4(a)为点位控制数控钻床加工示意图。

2. 直线控制数控机床

直线控制数控机床除控制起点与终点的准确位置外,还要求刀具由一点到另一点的运动轨迹为直线,并能控制位移的速度,刀具在移动过程中要进行切削加工。直线控制数控机床的刀具切削路径只沿着平行于某一坐标轴方向运动,或者沿着与坐标轴成45°的斜线方向进行直线切削加工,如图1-4(b)所示。

采用这类控制系统的机床有简易数控车床和简易数控铣床等。这些数控机床在一般情况下有2~3个可控轴,但同时可控制的只有一个轴。

3. 轮廓控制数控机床

轮廓控制(又称连续控制)数控机床的特点是机床的运动部件能够实现两个或两个以上的坐标轴联动控制。如图1-4(c)所示,它不仅要求控制机床运动部件的起点与终点坐标,而且要求控制整个加工过程每一点的速度和位移量,即要求控制运动轨迹。刀具可以沿任意斜率的直线、曲线和曲面连续切削。典型机床有数控车床、数控铣床、加工中心等。

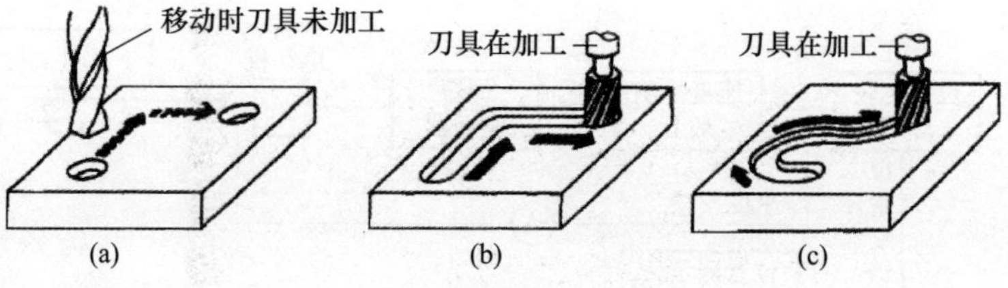

图1-4 运动轨迹控制方式

(a) 点位控制;(b) 直线控制;(c) 轮廓控制。

轮廓控制加工包括平面(二维)轮廓加工和空间(三维)轮廓加工。平面轮廓加工只需要两轴联动,如数控车床和两轴联动数控铣床。空间轮廓加工需要两坐标轴以上的联动功能,包括三坐标两联动(用行切法加工)。三维轮廓控制要比二维轮廓控制更为复杂,需要在加工过程中不断进行多坐标轴之间的插补运算,实现相应的速度控制和位移控制。

1.2.3 按伺服系统控制原理分类

按伺服系统控制原理分类,数控机床可分为开环控制数控机床、闭环控制数控机床和半闭环控制数控机床。

1. 开环控制数控机床

开环控制数控机床没有位置检测装置。数控装置将零件程序处理后,输出指令信号给伺服系统(指令信号的流程是单向的),驱动机床运动,如图1-5所示。这类数控机床的伺服驱动部件通常选用步进电动机,运动部件的速度与位移量是由输入脉冲的频率和脉冲数决定的。开环控制数控机床输出的扭矩值的大小受到限制,而且当输入较高的脉冲频率时,容易产生丢步,难以实现运动部件的快速控制。受步进电动机的步距精度以及传动机构的传动精度的影响,该类机床也难以达到高精度。但其因为具有结构简单、成本较低、调试维修方便等优点,所以仍被广泛应用于经济型、中小型数控机床。

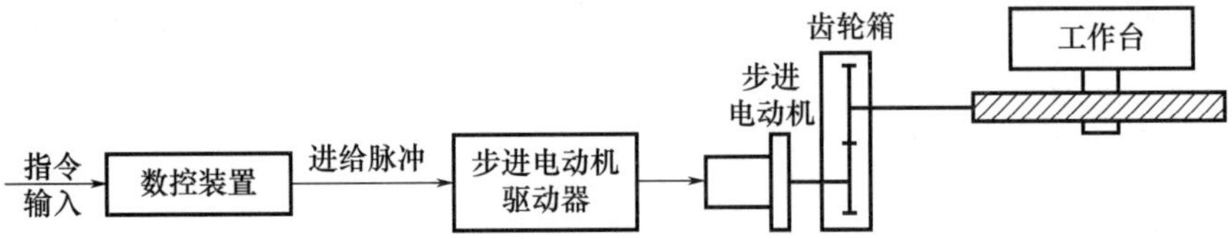

图1-5 开环控制数控机床

2. 闭环控制数控机床

闭环控制数控机床带有位置检测装置。它随时接收在机床运动部件端(工作台或刀具)测得的实际位置反馈信号,并将其与数控装置发来的指令位置信号相比较,由其差值控制进给轴运动,直到差值为零时,进给轴停止运动。图1-6为闭环控制数控机床的原理框图。安装在工作台的位置传感器(如光栅)把机械位移转变为电压值,反馈到位置比较电路与指令位置值相比较,得到的差值经过放大和变换,驱动工作台向减少误差的方向移动。如果不断有差值指令信号输入,那么工作台就不断地跟随信号移动,只有在指令信号与反馈信号的差值为零时,工作台才静止,即工作台的实际位移量与指令位移量相等时,工作台才停止运动。

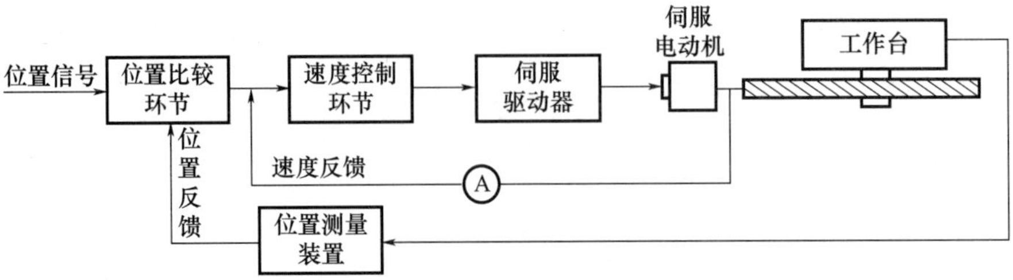

图1-6 闭环控制数控机床

在闭环系统中还装有速度测量元件，将实际速度与进给速度相比较，并通过速度控制电路对电动机运动状态随时进行校正，从而减少因负载等因素变动而引起的进给速度波动，提高位置控制的质量。闭环控制可以消除包括工作台传动链在内的误差，定位精度高，速度调节快，但由于工作台惯量大，给系统的设计和调整带来很大的困难，主要是系统的稳定性受到不利影响。闭环控制系统主要用于一些精度要求很高的数控铣床、数控车床和加工中心等。

3. 半闭环控制数控机床

半闭环控制数控机床与闭环控制数控机床的区别在于检测反馈信号不是来自工作台，而是来自与伺服电动机端或丝杠端连接的测量元件，如图 1－7 所示。实际位置的反馈值是通过间接测得的伺服电动机的角位移计算的，滚珠丝杠螺母副和工作台均在反馈环路之外，其传动误差仍会影响工作台的位置精度，故称为半闭环控制系统。目前，已经把角位移测量元件与伺服电动机设计成一个部件。虽然该系统的控制精度没有闭环系统高，但机床工作的稳定性因大惯量工作台被排除在控制环外而提高，调试方便，因而仍然在数控机床中有应用。

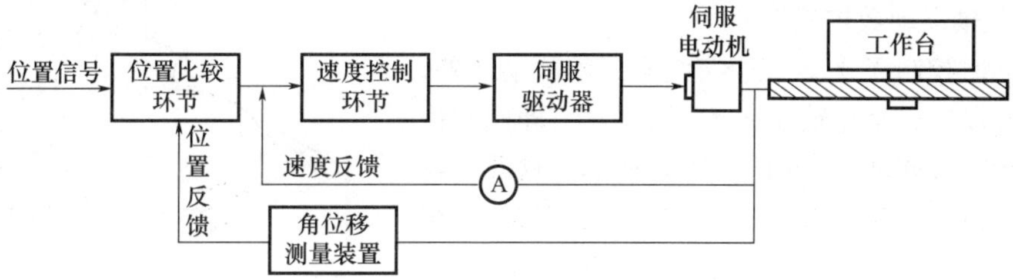

图 1－7 半闭环控制数控机床

1.2.4 按坐标轴数与联动轴数分类

数控系统通过确定的伺服驱动单元控制某个具体的运动轴，运动轴的数目称为控制轴数。为了实现对复杂曲面零件的加工，在许多情况下，需要对机床的多个运动同时协调地进行控制，即同时控制多轴加工，能够同时控制的运动轴数量称为联动轴数。

1. 两轴联动数控机床

一般的数控车床可以实现 Z 轴和 X 轴联动，从而加工出成型回转面。有些机床虽然有三个控制轴，但只能实现两轴联动，第三轴作为单独的周期进给，常称 2.5 轴联动数控机床。例如，有些车削中心有 X、Z 和 C 三个控制轴，但只能实现 $X-Z$ 轴、$X-C$ 轴或 $Z-C$ 轴联动。2.5 轴联动数控铣床只能实现 X、Y 和 Z 轴的任意两轴联动，它采用分截面扫描的方法（行切法）加工空间曲面，如图 1－8 所示。由于 2.5 轴联动数控机床坐标加工的刀心轨迹为平面曲线，故编程计算较为简单，数控装置也不复杂，常用于曲率变化不大以及精度要求不高的粗加工。

2. 三轴联动数控机床

一般的数控铣床可以实现 X、Y、Z 轴三轴联动，从而加工出复杂的空间曲面，称为三轴联动数控机床。车削中心可以实现 X、Z 和 C 三轴联动。三轴联动的刀具轨迹既可以是平面曲线也可以是空间曲线，如图 1－9 所示。三轴联动的数控编程计算较为复杂，常用于复杂曲面加工。

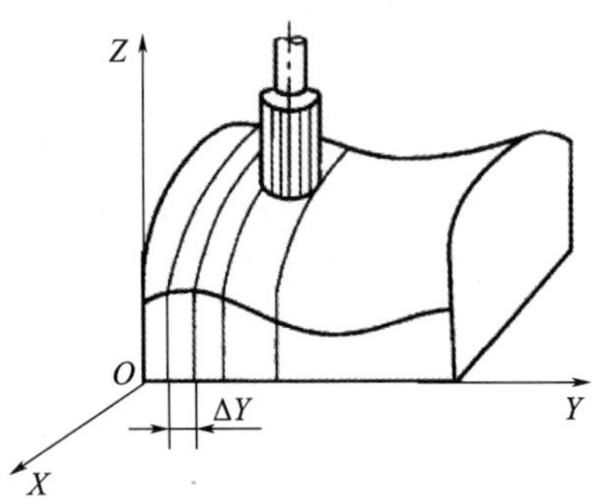

图1－8　2.5轴联动加工曲面

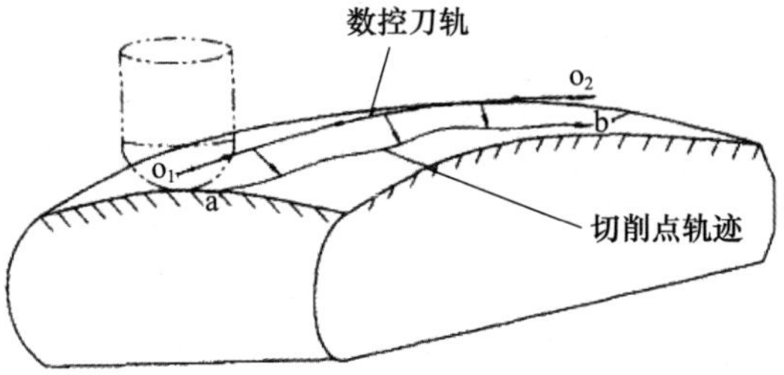

图1－9　三轴联动加工曲面

3. 四轴联动数控机床

除同时控制 *X*、*Y*、*Z* 三个直线坐标轴联动之外，还有工作台或者刀具的转动，如图1－10所示。

4. 五轴联动数控机床

除同时控制 *X*、*Y*、*Z* 三个直线坐标轴联动以外，还同时控制旋转坐标轴 *A*、*B*、*C* 中的两个，即同时控制五个坐标轴联动，如图1－11(a)所示。这时刀具可以被定位在空间的任何位置。船用螺旋桨［图1－11(b)］、航空发动机整体叶轮、汽轮机转子、大型柴油机曲轴是五轴联动加工的典型零件。

六轴以上联动的数控机床应用于航空航天、船舶制造等领域。显然，联动轴数越多，数控系统越复杂。

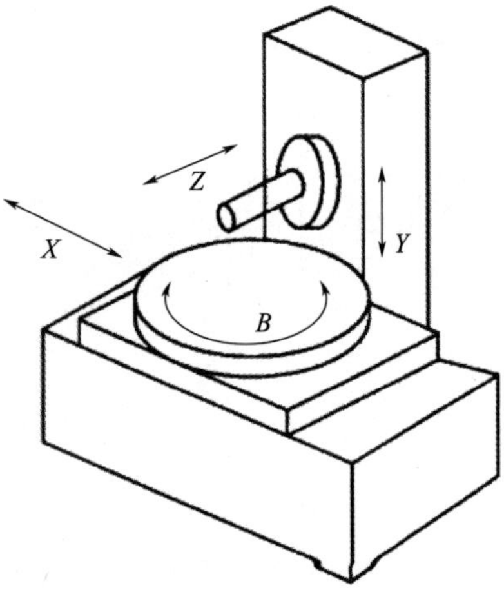

图1－10　四轴联动

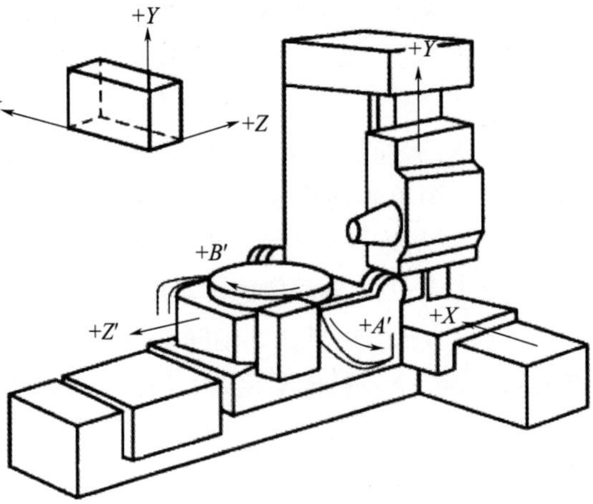

(a)

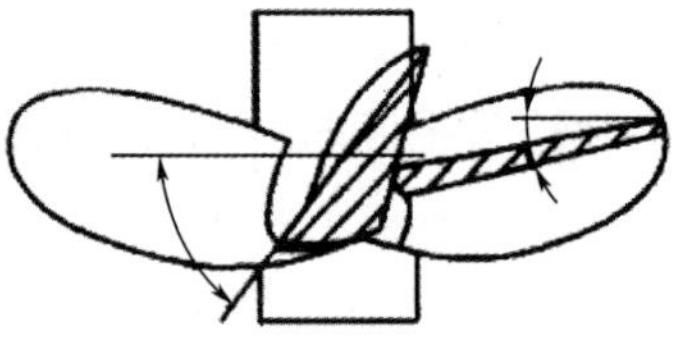

(b)

图1－11　五轴联动

(a)联动坐标轴；(b)船用螺旋桨。

此外,还可以按所使用的数控系统的配置水平及功能高低程度,将数控机床分为高档数控机床、中档数控机床和低档数控机床。

思考题与习题

1. 数控机床的工作流程是什么?
2. 数控机床由哪几部分组成?各部分的基本功能是什么?
3. 数控机床有哪些特点?
4. 什么是点位控制、直线控制、轮廓控制数控机床?三者有何区别?
5. 什么是加工中心?有何特点?
6. 按伺服系统的控制原理分类,数控机床分为哪几类?各有何特点?
7. 什么是数控机床的控制轴数?什么是联动轴数?请举例说明。

第2章 数控加工程序编制

2.1 概　　述

2.1.1 数控编程概念

在数控机床上加工零件时，首先要根据零件图样，按规定的代码及程序格式将零件加工的工艺过程、零件尺寸和工艺参数(如主轴转速、进给速度等)、刀具位移以及相关操作步骤等，编写成数控加工指令序列，并输入数控装置。这种数控加工指令序列就是数控加工程序，或称零件程序。程序经数控装置处理后，通过伺服系统控制机床本体完成零件加工。数控加工程序编制，简称数控编程(NC programming)。

数控加工程序不仅应保证加工出符合要求的工件，而且应使数控机床的功能得到合理的利用和充分的发挥，尽可能提高加工效率。当变更零件类型时，只需要重新编写零件加工程序，机床本身一般不需要进行调整。

在普通机床上加工零件时，一般是由工艺人员按照设计图样事先制定好零件的加工工艺规程。在工艺规程中给出零件的加工路线、切削参数、机床的规格及刀具、卡具、量具等内容。操作人员按工艺规程的各个步骤手工操作机床，加工出零件。

2.1.2 数控编程步骤

数控编程一般包括如下步骤和内容。

1. 分析零件图纸

零件程序编制工作一般从分析零件图纸入手。应全面了解和分析被加工零件的几何形状和尺寸、精度、材料和热处理等技术要求，对零件进行机械加工工艺性审查。对于存在工艺性问题的零件结构缺陷，应及时与设计人员沟通，并予以纠正。

2. 零件数控加工工艺设计

首先设计零件总体的机械加工工艺规程，工艺规程中包含数控工序，之后进行数控加工工艺设计。零件数控加工工艺除常规工艺设计内容外，还包括选择工件坐标原点、确定换刀点、选择合理的走刀路线等工作内容。

3. 数学处理

数学处理是指根据零件图纸要求，按已确定的走刀路线和允许的编程误差，计算出数控系统(主要是数控编程)所需要的数据，主要包括基点计算、节点计算、列表曲线的拟合、复杂三维曲线或曲面的坐标运算等方面的内容。此外，对于无刀具补偿功能的CNC系统，还要计算廓型加工时的刀具中心轨迹。随着CAD/CAM软件的技术进步和推广应用,现在的数学处理很少采用手工方式,完全可以在 CAD/CAM 系统支持下人机交互或自动完成。

4. 编制数控加工程序

利用工艺设计和数学处理获得的相关数据,便可根据 CNC 系统的加工指令代码和程序段格式,逐段编写出零件加工程序。目前,CNC 系统的基本数控加工指令和程序段格式尚未做到完全标准化,因此编写具体 CNC 系统的加工程序时,必须严格参照该 CNC 系统的有关编程说明书进行。编程人员应对数控机床的性能、指令功能、代码书写格式等非常熟悉,只有这样才能编写出正确的零件加工程序。

5. 程序的输入、校验与首件试切

早期的数控加工程序被制作在穿孔带上,作为 NC 系统的控制介质,现在这种情况已不存在。目前的数控加工程序大多在 MDI(手工数据输入)方式下利用数控面板的键盘输入 CNC 系统的存储器,或在其他编程计算机上完成,通过串行接口由编程计算机输入 CNC 系统,或通过网络传输到 CNC 系统。在输入过程中,系统要进行一般的语法检验。

程序输入完成后,应进行空运行检验或图形仿真检验。对带有刀具轨迹动态模拟功能的 CNC 系统,可进行数控模拟加工,以检查刀具轨迹是否正确。如果程序存在语法或计算错误,运行中会自动显示编程出错,根据出错内容,编程人员可对相应出错程序段进行检查、修改。对无此功能的数控机床可进行空运转检验。

在正式加工之前,还须进行首件试切。通过试切,可以检验零件加工工艺及有关切削参数是否合理,刀具和工件是否发生干涉,加工精度能否满足零件图样要求,加工工效如何,以便进一步改进。试切时一般采用单段执行模式逐段运行,即每按一次自动循环键,系统只执行一段程序,然后停顿,并检查机床的每次动作。为避免损坏刀具或造成材料损失,对于较复杂、昂贵的零件,可先采用石蜡、塑料或铝等易切削材料试切。对于平面轮廓加工的零件,一种简易的试切方法是用铅笔代替铣刀在白纸上走刀,以检验走刀轨迹是否正确。

2.1.3　数控编程方法

数控编程方法目前有两种,即手工编程与自动编程。

1. 手工编程

手工编程是指从零件图纸分析、工艺设计、数学处理、编写程序单、程序输入至程序校验等各步骤均由人工完成。对于形状简单的零件,计算比较简单,程序不多,采用手工编程较容易完成,而且经济、及时。在点定位加工及由直线与圆弧组成的轮廓加工中,手工编程仍广泛应用。对于形状复杂的零件,特别是具有非圆曲线、列表曲线及曲面的零件,用手工编程就有一定的困难,出错的概率增大,有的甚至无法编出程序,此时必须采用自动编程。需要指出的是,手工编程是自动编程的技术基础。

2. 自动编程

自动编程,又称计算机辅助编程,是指由计算机完成数控编程过程中的全部或大部分工作。由计算机完成大量数字处理运算、逻辑判断与检测仿真,可以提高编程效率和质量。对于需要三个坐标轴联动加工的复杂型面,坐标运动计算十分复杂,很难用手工编程,一般必须采用计算机辅助编程方法。

自动编程方法包括数控语言型自动编程和图形交互式自动编程。

1)数控语言型自动编程

编程人员根据零件图纸的要求,采用某种高级语言,对零件几何形状及走刀线路进行定义,由计算机完成复杂的几何运算,通过工艺数据库选择刀具夹具及切削用量。这是早期计算机自动编程的主要方法。比较著名的数控语言型自动编程系统有APT(automatically programmed tools)系统及其小型化版本EXAPT、FAPT等。数控语言型自动编程为解决多坐标数控机床加工曲面、曲线提供了有效方法。这种编程方法直观性差,编程过程比较复杂,不易掌握,并且不便于进行阶段性检查。随着计算机技术的发展,计算机图形处理功能已得到极大增强,“图形交互式自动编程”应运而生。

2)图形交互式自动编程

图形交互式自动编程也就是三维CAD/CAM软件(如UG、Solidworks)的数控编程功能模块。首先绘制零件的三维CAD模型。然后调用系统内相应的数控编程模块,在零件图形上交互式选择加工部位,定义走刀路线,输入有关工艺参数,由计算机自动对零件加工轨迹的每个节点进行运算和数学处理,从而生成刀位文件。最后经相应的后置处理模块,自动生成特定机床的数控加工程序。CAD/CAM编程系统还可以方便地进行加工仿真检验。

图形交互式自动编程极大地提高了数控编程效率,且更为直观、高效,并使从设计到编程的信息流连续,实现了CAD/CAM集成。许多商业化的CAD/CAM软件都具有图形交互式自动编程功能,如UG、PRO/E、Master CAM等。图形交互式自动编程是计算机辅助编程的主流。

2.2 数控编程基础

2.2.1 数控编程坐标系

1. 机床坐标系及运动方向

为了便于描述机床的运动方向和移动的距离,简化程序的编制方法及保证编程数据对同类机床具有互换性,需要在机床上建立统一的坐标系,即机床坐标系。我国机械行业标准JB/T 3051—1999《数控机床坐标和运动方向的命名》及ISO标准,对数控机床的坐标轴和方向作了统一的规定。

1)坐标系基本设定

(1)刀具相对于静止工件运动原则。不论实际数控机床是刀具运动还是工件运动,均按这一原则设定。这样,编程人员能在不知道是刀具移近工件还是工件移近刀具的情况下,就可依据零件图样,确定机床的加工过程。

(2)坐标轴。标准的机床坐标系是右手笛卡儿直角坐标系。规定直线运动坐标轴用X、Y、Z表示,常称基本坐标轴。X、Y、Z坐标轴的相互关系用右手定则决定,如图2-1所示。图中大拇指的指向为X轴的正方向,食指的指向为Y轴的正方向,中指的指向为Z轴的正方向。X、Y、Z坐标轴一般与机床的主要导轨平行,与安装在机床上并且按机床的主要直线导轨找正的工件相关。

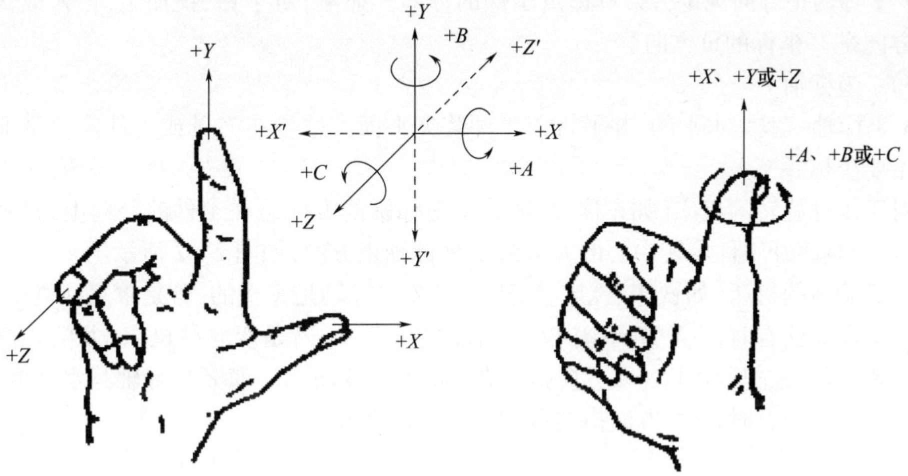

图 2－1　机床坐标轴

围绕 X、Y、Z 坐标轴旋转的圆周进给坐标轴分别用 A、B、C 表示，根据右手螺旋规则确定其正方向，如图 2－1 所示，大拇指指向 $+X$、$+Y$、$+Z$ 方向，则食指、中指等指向圆周进给运动的 $+A$、$+B$、$+C$ 方向。

(3)坐标轴正向。增大工件和刀具之间距离的方向，即刀具远离工件的方向，规定为坐标轴正向。

首先定义 Z 坐标轴指向，之后确定 X 坐标轴指向，最后确定 Y 坐标轴指向。

2)Z 坐标轴

Z 坐标轴与机床主轴的轴线平行。车床主轴带动工件旋转；铣床、钻床和镗床，主轴带动刀具旋转，分别如图 2－2、图 2－3 所示。若机床有多个主轴(如车铣复合中心、数控龙门铣床)，则选择垂直于工件装夹面的主轴作为主要 Z 轴。对于没有主轴的机床(如数控刨床)，则以与装夹工件的工作台面相垂直的直线方向作为 Z 轴方向。

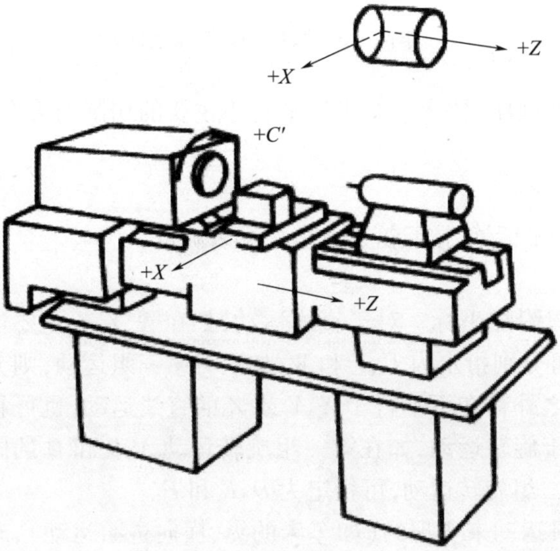

图 2－2　数控车床坐标系

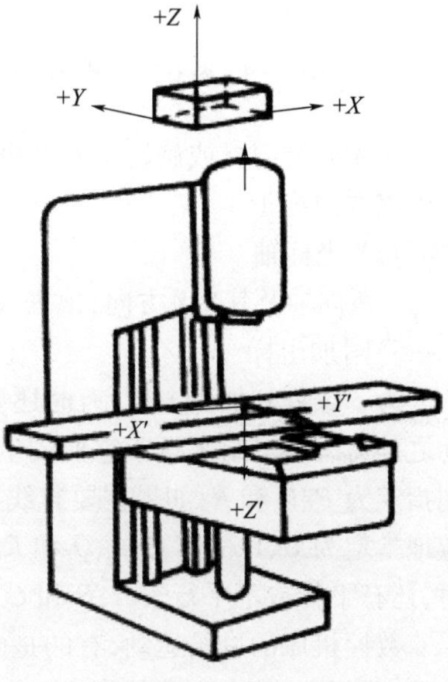

图 2－3　数控立式铣床坐标系

Z 坐标的正方向规定为刀具远离工件的方向。显然,对于钻、镗加工,钻入或镗入工件的方向是 Z 坐标的负方向。

3)X 坐标轴

X 坐标轴一般是水平的,并平行于工件装夹平面。这是在刀具或工件定位平面内运动的主要坐标。

对于工件旋转的机床(如车床、磨床),X 坐标轴的方向是在工件的径向上,且平行于横滑座,刀具离开工件旋转中心的方向为 X 坐标轴正方向,如图 2-2 所示。

刀具旋转的机床(如铣床、镗床、钻床):如 Z 坐标轴是垂直的,若是单立柱机床,当从刀具主轴向立柱看时,$+X$ 方向指向右,如图 2-3 所示;若是双立柱机床(龙门式机床),当从主要主轴向左侧看时,$+X$ 方向指向右,如图 2-4 所示。如 Z 坐标轴是水平的,当从主轴向工件方向看时,$+X$ 方向指向右,如图 2-5 所示。

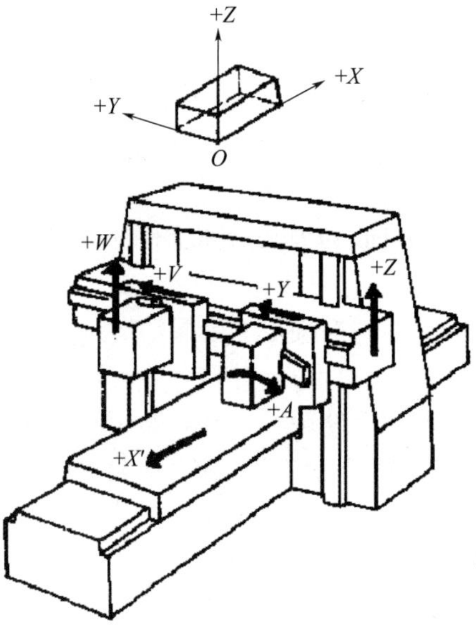

图 2-4　数控龙门铣床坐标系

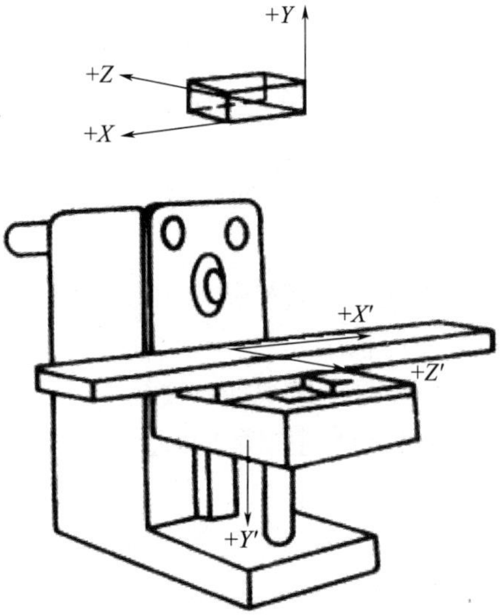

图 2-5　数控卧式铣床坐标系

对无旋转刀具或旋转工件的机床(如刨床、拉床),X 坐标平行于主要的切削力方向,且以该方向为正。

4)Y 坐标轴

Y 坐标轴及其 $+Y$ 方向,根据 X 和 Z 坐标轴,按照笛卡儿坐标系来确定。

5)附加坐标

为了编程和加工方便,有时还要设置附加坐标。对于直线运动,如在 X、Y、Z 主要运动之外另有第二组平行于它们的坐标,可分别指定为 U、V 和 W;如还有第三组运动,则分别指定为 P、Q 和 R;如果主要直线运动之外存在不平行于 X、Y 或 Z 的直线运动,也可相应地指定为 U、V 和 W 或 P、Q 和 R。对于旋转运动,如在第一组旋转运动 A、B 和 C 的同时,还有平行或不平行于 A、B 和 C 的第二组旋转运动,可指定为 D、E 和 F。

数控机床的进给运动,有的是由刀具运动来实现的(如车床的纵、横向进给运动),有的是由工件运动来实现的(如立式升降台铣床)。上述坐标轴的正方向,都是假定工件不动、刀具相对于工件作进给运动。若考虑刀具静止、工件相对于刀具运动,则用带“′”的字母表示坐标运动轴,如用 $+X'$、$+Y'$、$+Z'$分别表示工件相对于刀具运动的正向坐标。

另外,规定主轴正转(顺时针方向)是右旋螺纹旋入工件的方向。

2. 机床原点与参考点

机床坐标系的原点称为机床原点或机床零点($X=0, Y=0, Z=0$)。机床原点是机床上的一个固定点,由机床制造厂确定。它是工件坐标系、机床参考点的基准点。数控车床的零点一般设在主轴前端面的中心。由于车床用于加工回转体零件,因此,其坐标系是从车床零点开始建立的 X、Z 二维坐标系,如图 2-6(a)所示。数控铣床的零点位置,各生产厂家均不一致,有的设置在机床工作台中心,有的设置在进给行程范围的终点,如图 2-6(b)所示。

数控机床参考点是用于对机床工作台(或滑板)与刀具相对运动的测量系统进行标定和控制的点。参考点的位置在每个进给轴上预先用挡铁和限位开关进行精确的确定。参考点对机床零点的坐标是一个已知数,是一个固定值。

机床参考点通常设在加工空间的边缘上,如图 2-6 所示。对车床而言,参考点是车刀退离主轴端面和中心线最远处的一个固定点;铣床参考点则通常在进给行程范围的另一终点。在加工前或加工结束后,用控制面板上“回零”按钮可使部件(如刀具)退回参考点。

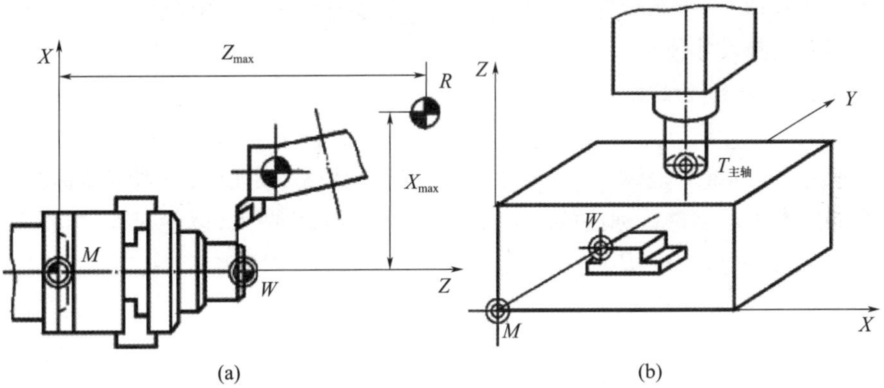

M—机床原点; *R*—机床参考点; *W*—工件原点。

图 2-6 机床原点

(a)车床;(b)铣床。

3. 工件坐标系与工件原点

工件坐标系是编程人员用于确定工件几何图形上各几何要素(点、直线、圆弧等)的位置而建立的坐标系。编程尺寸都按工件坐标系中的尺寸确定,故工件坐标系也称编程坐标系,工件坐标系的原点称工件原点、编程原点,其可用程序指令设置和改变。

在一个零件的全部加工程序中,根据需要,可以一次或多次设定或改变工件原点。选择工件原点时,最好把工件原点设置在零件图的尺寸能够方便地转换成坐标值的位置。

一般说来,工件坐标系的坐标轴与机床坐标系相应的坐标轴平行,方向也相同,但原点不同。在加工时,工件随夹具在机床上安装后,要测量工件原点与机床原点之间的坐标距离,这个距离称为工件原点偏置,如图 2-7 所示。该偏置值须预存到数控系统中,在加工时,工件原点偏置值能自动加到工件坐标系上,使数控系统可按机床坐标系确定加工时的坐标值。因此,编程人员可以不考虑工件在机床上的安装位置和安装精度,而是直接利用数控系统的原点偏置功能。通过工件原点偏置值,还可以补偿工件在工作台上的位置误差。

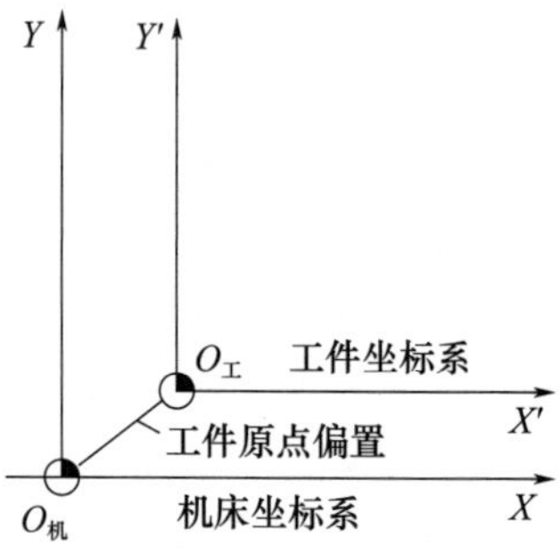

图2-7 工件原点偏置

(1)车削件的编程原点。X向原点一般取在零件的回转轴线,即车床主轴的轴心线上,所以原点的位置只在Z向作选择。原点Z向位置一般在工件的左端面或右端面,如果是左右对称的零件,Z向原点应选在对称平面内,这样同一个程序可用于调头前后的两道加工工序。对于轮廓中有椭圆等非回曲线的零件,Z向原点取在椭圆的对称中心为好。

(2)铣削件的编程原点。X、Y向原点一般选择在设计基准或工艺基准的端面上或孔中心线上。若工件有对称部分,则应选择在对称面上,以便于利用数控系统功能简化编程。Z向原点习惯取在工件的上表面,这样当刀具切入工件后的Z向尺寸字均为负值,离开工件表面后的Z向尺寸字均为正值,以便于检查程序。

原点选定后,就应对零件图样中各点的尺寸进行换算,即把各点的尺寸换算成从编程原点开始的坐标值,并重新标注。在标注中,一般可按尺寸公差中值标注,这样在加工过程中比较容易控制尺寸公差。

4. 绝对尺寸与增量尺寸

零件图上尺寸标注方式可分为绝对尺寸和增量尺寸。

绝对尺寸(或称绝对坐标)是指零件尺寸(或运动位移)是以某一固定坐标原点,如机床坐标系的原点为起点进行标注的。如图2-7中的A、B两点,以绝对尺寸标记,A点的绝对尺寸为$x_A=30$,$y_A=35$;B点的绝对尺寸为$x_B=12$,$y_B=15$。

增量尺寸(或称增量坐标)是指零件上后一点的尺寸(位置)是根据前一点的位置增量进行标注的,即零件上后一个点的位置是以前一个点为零点进行标注的。增量坐标常用U、V、W代码表示,U、V、W轴分别与X、Y、Z轴平行且同向。图2-8中B点相对于A点的增量尺寸为$U_B=x_B-x_A=-18$,$V_B=y_B-y_A=-20$,其中负号表示B点在U、V轴的负向。

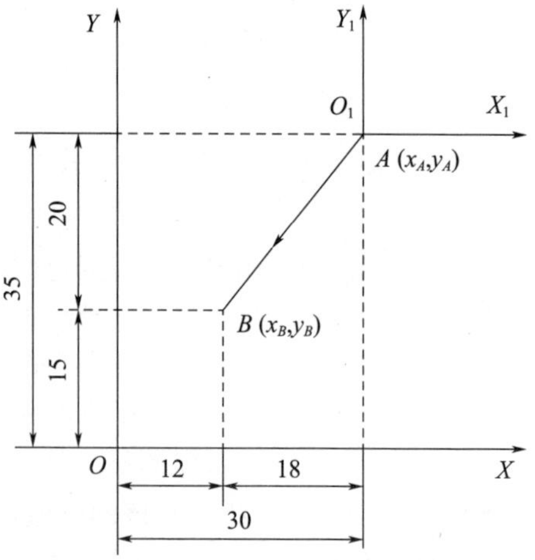

图2-8 绝对尺寸与增量尺寸

2.2.2 数控加工程序

不同的数控系统,其加工程序的结构及程序段格式可能会有些差异。以下介绍常用数控系统所规定的程序结构和格式。

1. 程序格式

一个完整的数控程序由程序开始符、程序名、程序内容和程序结束指令 4 部分组成。其中,程序开始符为%(ISO 代码)或 ER(EIA 代码),表示程序开始。程序名是零件加工程序的编号,目的是便于对程序进行检索。在 FANUC 数控系统中,一般采用英文字母 O 及其后 4 位十进制数("O××××")表示程序名。4 位数中若前面数为 0,则可以省略,如"O0101"等效于"O101"。其他系统有时也采用符号"%"(AB8400 系统)或"P"(sinumerik 系统)及其后 4 位十进制数表示程序名。程序内容部分是整个程序的核心,由许多程序段组成,每个程序段由一个或多个指令构成,表示数控机床要完成的全部动作。程序结束指令可以是 M02(程序结束)、M30(程序结束返回)或 M99(子程序结束)。

以下为数控加工程序实例:

```
%                                    程序开始符
N00 O10                              程序名
N01 G55 G90 G01 Z40 F2000          ┐
N02 M03 S500                        │
N03 G01 X-50 Y0                     │
N04 40G01 Z-5 F100                  │
N05 50G01 G42 X-10 Y0 H01           │
N06 G01 X60 Y0                      │
N07 G03 X80 Y20 R20                 ├ 程序内容
N08 G03 X40 Y60 R40                 │
N09 G01 X0 Y40                      │
N10 G01 X0 Y-10                     │
N11 G01 G40 X0 Y-40                 │
N12 G01 Z40 F2000                   │
N13 M05                             ┘
N14 M30                              程序结束指令,返回至程序开始处
```

一个大型的程序还可由主程序和子程序构成。可以将重复出现的控制功能编写成子程序,供主程序执行或调用,以便简化程序设计。子程序执行过程中也可调用其他子程序,形成子程序嵌套。

2. 程序段格式

程序的主体是由若干个程序段组成的。程序段是可作为一个单位来处理的连续的字组,它实际上是数控加工程序中的一句。多数程序段是用来控制机床完成某一个动作的。在书写、显示和打印时,每个程序段一般占一行。

程序段由若干个功能字组成。功能字是一套有规定次序的字符,可以作为一个信息

单元存储、传递和操作,又称功能代码。

程序段格式是程序段中的字、字符和数据的安排形式。数控系统曾用过的程序段格式有三种:固定顺序程序段格式、带分隔符的固定顺序(也称表格顺序)程序段格式和字地址可变程序段格式。前两种在数控系统发展的早期阶段曾经使用过,但由于程序不直观,容易出错,故现在几乎不再使用,目前数控系统广泛采用的是字地址可变程序段格式。这种格式的程序段的长短、字数和字长(位数)都是可变的,字的排列顺序无严格要求。不需要的字以及与上一程序段相同的续效字可以不写。这种格式的优点是程序简短、直观、可读性强、易于检验和修改。字地址可变程序段的一般格式如下:

N—	G—	X—	Y—	Z—…	F—	S—	T—	M—	;
程序段序号字	准备功能字		尺寸字		进给功能字	主轴转速功能字	刀具功能字	辅助功能字	程序段结束符

例如　　N30 G01 X88.467 Z47.5 F50 S250 T03 M08;

N40 X75.4;

在这段程序中,第1段程序的续效功能字(G01 Z47.5 F50 S250 T03 M08),在第2段中不变化,可不必重写。

2.2.3 功能字

功能字是数控程序的基本组成单元。数控程序中的功能字一般是由一个英文字母与随后的若干位10进制数字组成的,如G90、F2000。这个英文字母称为地址符。常用的功能字有7种:顺序号字、准备功能字(G代码)、辅助功能字(M代码)、尺寸字、进给功能字(F代码)、主轴转速功能字(S代码)、刀具功能字(T代码)。

JB/T 3208—1999《数控机床穿孔带程序段格式中的准备功能G和辅助功能M的代码》,对数控机床准备功能字和辅助功能字的含义作了规定。需要指出的是,各个机床公司制定的G、M功能字的含义与国家标准可能不尽相同。

1. 顺序号字

地址符是N,后续数字一般为2~4位正整数,如N001、N002、N003。它可看作程序段的名称。

顺序号字可用于对程序的校对和检索修改。在加工轨迹图上标注顺序号字,可以直观地检查程序。此外还可以作为条件转向的目标、程序的复归操作等。程序的复归操作是指操作可以回到程序的运行中断处重新开始,或从程序的中途开始的操作。

程序的执行顺序与顺序号无关,只与程序信息在存储器中的排列顺序有关,这与计算机高级语言中的标号有本质区别。顺序号字可以不连续,也不一定从小到大排列。对于整个程序,无须全部设置顺序号字。

2. 准备功能字

由地址符G和后续的2位数字组成,简称G功能、G指令或G代码。它是使机床或数控系统建立起某种工作方式(如插补、刀具补偿)的指令,为G00~G99,共100种。随着数控功能的增加,G00~G99已不够用,有些数控系统将后续数字增加为3位数。

各数控系统的G功能差别较大，即使是国内生产的数控系统，也没有完全按JB/T 3208—1999来规定G指令字的含义。在各数控系统中，只有G01～G04、G17～G19、G40～G42的含义基本相同。表2-1列出了JB/T 3208—1999的G功能含义。编程时必须遵照机床数控系统说明书进行。

表2-1 JB/T 3208—1999 准备功能G代码

代码(1)	功能保持到被取消或被同样字母表示的程序指令所代替(2)	功能仅在所出现的程序段内有作用(3)	功能(4)	代码(1)	功能保持到被取消或被同样字母表示的程序指令所代替(2)	功能仅在所出现的程序段内有作用(3)	功能(4)
G00	a		点定位	G50	#(d)	#	刀具偏置0/-
G01	a		直线插补	G51	#(d)	#	刀具偏置+/0
G02	a		顺时针方向圆弧插补	G52	#(d)	#	刀具偏置-/+
G03	a		逆时针方向圆弧插补	G53	f		直线偏移,注销
G04		*	暂停	G54	f		直线偏移 *X*
G05	#	#	不指定	G55	f		直线偏移 *Y*
G06	A		抛物线插补	G56	f		直线偏移 *Z*
G07	#	#	不指定	G57	f		直线偏移 *XY*
G08		*	加速	G58	f		直线偏移 *XZ*
G09		*	减速	G59	f		直线偏移 *YZ*
G10～G16	#	#	不指定	G60	h		准确定位1(精)
G17	c		*XY* 平面选择	G61	h		准确定位2(中)
G18	c		*ZX* 平面选择	G62	h		快速定位(粗)
G19	c		*YZ* 平面选择	G63		*	攻螺纹
G20～G32	#	#	不指定	G64～G67	#	#	不指定
G33	a		螺纹切削,等螺距	G68	#(d)	#	刀具偏置,内角
G34	a		螺纹切削,增螺距	G69	#(d)	#	刀具偏置,外角
G35	a		螺纹切削,减螺距	G70～G79	#	#	不指定
G36～G39	#	#	不指定	G80	e		固定循环注销
G40	d		刀具补偿/刀具偏置注销	G81～G89	e		固定循环
G41	d		刀具补偿—左	G90	j		绝对尺寸
G42	d		刀具补偿—右	G91	j		增量尺寸
G43	#(d)	#	刀具偏置—正	G92		*	预置寄存
G44	#(d)	#	刀具偏置—负	G93	k		时间倒数进给率
G45	#(d)	#	刀具偏置+/+	G94	k		每分钟进给
G46	#(d)	#	刀具偏置+/-	G95	k		主轴每转进给
G47	#(d)	#	刀具偏置-/-	G96	i		恒线速度
G48	#(d)	#	刀具偏置-/+	G97	i		每分钟转数(主轴)
G49	#(d)	#	刀具偏置0/+	G98～G99	#	#	不指定

注：
1. #表示如选作特殊用途，必须在程序格式说明中说明。
2. 如在直线切削控制中没有刀具补偿，则G43～G52可指定作其他用途。
3. 字母(d)表示可以被同栏中无括号的字母d所注销或代替，亦可被有括号的字母(d)所注销或代替。
4. G45～G52的功能可用于机床上任意两个预定的坐标。
5. 控制机上没有G53～G59、G63功能时，可以指定作其他用途。
6. *表示功能仅在所出现的程序段内有效

G代码分为模态代码(又称续效代码)和非模态代码(又称非续效代码)两类。模态代码(如G01)在某个程序段中一经被采用,则一直有效,直至出现同组其他任一代码(如G03)时才失效。非模态代码只能在本程序段中有效。

3. 辅助功能字

辅助功能字用于指令机床辅助装置的接通和断开,如主轴的开停、切削液的开闭、运动部件的夹紧与松开。由地址符M及随后的1~3位数字组成。

M指令在各类数控系统中也有较大差别,一般M00~M05及M30的含义一致,M06~M11以及M13~M14的含义基本一致。表2-2列出了JB/T 3208-1999的M功能含义。

M00——程序停止。在完成该程序段其他指令后,停止主轴转动、进给和关闭切削液,以便执行某一固定的手动动作,如手动变速、换刀等。带有M00的程序段中可以不编入坐标数据。

M01——计划(任选)停止。与M00不同的是,除非操作人员预先按下面板上的任选停止按纽停止这个指令,否则这个指令不起作用,继续执行后续程序。该指令常用于关键尺寸的抽样检查或有时需要临时停车。

M02——程序结束。编在最后一条程序段中,用以表示加工结束,使主轴、进给和冷却都停止,并使数控系统处于复位状态。

M03、M04、M05——分别命令主轴正转、反转和停转。正转是从主轴向Z轴方向看去,主轴顺时针方向旋转,即按右旋螺纹进入工件的方向旋转。反转是从主轴向Z轴方向看去,主轴逆时针方向旋转,即按右旋螺纹离开工件的方向旋转。

M06——换刀指令。不包括刀具选择,选刀用T功能指令。

M07——2号切削液(如雾状)开启。

M08——1号切削液(如液状)开启。

M09——切削液关,注销M07、M08、M50和M51。

M10、M11——卡紧和松开,适用于机床滑座、工件、夹具、主轴等。

M13——主轴顺时针方向转动并开启冷却液。

M14——主轴逆时针方向转动并开启冷却液。

M30——程序结束。和M02相似,但M30可使程序返回到开始状态(换工件时用)。

4. 尺寸字

尺寸字用来控制刀具运动到达的坐标位置或暂停时间。

X、Y、Z、U、V、W、P、Q、R——指令到达点的直线坐标尺寸;

A、B、C、D、E——指令到达点的角度坐标尺寸;

I、J、K——指令圆弧轮廓圆心点的坐标尺寸。

坐标尺寸是使用米制还是英寸制,由准备功能字来控制,如FANUC系统用G20(英寸制)/G21(米制)。在米制中,尺寸的具体单位有1μm、10μm和1mm。

5. 进给功能字

进给功能字用来指令进给速度,地址符为F,属于模态代码,单位一般为mm/min。当进给速度与主轴速度有关时(如车螺纹),单位为mm/r。进给速度的表示有以下两种。

表 2－2　JB/T 3208—1999 辅助功能 M 代码

代码（1）	功能开始时间		功能保持到被注销或被适当程序指令代替（4）	功能仅在所出现的程序段内有作用（5）	功能（6）	代码（1）	功能开始时间		功能保持到被注销或被适当程序指令代替（4）	功能仅在所出现的程序段内有作用（5）	功能（6）
	与程序段指令运动同时开始（2）	与程序段指令运动完成后开始（3）					与程序段指令运动同时开始（2）	与程序段指令运动完成后开始（3）			
M00		*		*	程序停止	M11	#	#	*		松开
M01		*		*	计划停止	M12	#	#	#	#	不指定
M02		*		*	程序结束	M13	*		*		主轴顺时针方向，切削液开
M03	*		*		主轴顺时针方向	M14	*		*		主轴逆时针方向，切削液开
M04	*		*		主轴逆时针方向	M15	*			*	正运动
M05		*	*		主轴停止	M16	*			*	负运动
M06	#	#		*	换刀	M17 ~ M18	#	#	#	#	不指定
M07	*		*		2 号切削液开	M19		*	*		主轴定向停止
M08	*		*		1 号切削液开	M20 ~ M29	#	#	#	#	永不指定
M09		*	*		切削液关	M30		*		*	纸带结束
M10	#	#	*		夹紧	M31	#	#		*	互锁旁路

续表

代码(1)	功能开始时间		功能保持到被注销或被适当程序指令代替(4)	功能仅在所出现的程序段内有作用(5)	功能(6)
	与程序段指令运动同时开始(2)	与程序段指令运动完成后开始(3)			
M32 ~ M35	#	#	#	#	不指定
M36	*		*		进给范围 1
M37	*		*		进给范围 2
M38	*		*		主轴速度范围 1
M39	*		*		主轴速度范围 2
M40 ~ M45	#	#	#	#	如有需要作齿轮换档，此外不指定
M46 ~ M47	#	#	#	#	不指定
M48		*	*		注销 M49
M49	*		*		进给率修正旁路
M50	*		*		3 号切削液开
M51	*		*		4 号切削液开

代码(1)	功能开始时间		功能保持到被注销或被适当程序指令代替(4)	功能仅在所出现的程序段内有作用(5)	功能(6)
	与程序段指令运动同时开始(2)	与程序段指令运动完成后开始(3)			
M52 ~ M54	#	#	#	#	不指定
M55	*		*		刀具直线位移,位置 1
M56	*		*		刀具直线位移,位置 2
M57 ~ M59	#	#	#	#	不指定
M60		*		*	更换工件
M61	*		*		工件直线位移,位置 1
M62	*		*		工件直线位移,位置 2
M63 ~ M70	#	#	#	#	不指定
M71	*		*		工件角度位移,位置 1
M72	*		*		工件角度位移,位置 2
M73 ~ M89	#	#	#	#	不指定
M90 ~ M99	#	#	#	#	永不指定

注：
1. #表示如选作特殊用途,必须在程序说明中说明。
2. M90 ~ M99 可指定为特殊用途。

(1)编码法:在地址符 F 后跟一串数字,这些数字不直接表示进给速度的大小,而是表示机床进给速度数列的序号(编码号),具体的进给速度需查表确定,如 F10 在某种机床中的进给速度为 20000mm/min。

(2)直接指定法:地址符 F 后面跟的数字就是进给速度的大小,如 F100 表示进给速度为 100mm/min。现代数控机床大多采用这种方式。

6. 主轴转速功能字

主轴转速功能字用来表示主轴的转速,地址符为 S,单位为 r/min,属于模态代码,也有编码法和直接指定法两种。

现代数控车床一般都具有车端面恒切削速度功能,用 G96 指定,并用 G97 注销用 G50、G92 限定最高转速。

辅助功能代码 M03、M04 必须与 S 指令一起使用,主轴才能产生顺时针或逆时针旋转。

主轴的实际转速常用数控机床操作面板上的主轴速度倍率开关来调整,编程时总是假定倍率开关指在 100% 的位置上。

7. 刀具功能字

刀具功能字用于指令加工时所使用的刀具号和刀补号,地址符为 T,后面数字的位数和定义由不同机床自行确定。

对于车床,其后的数字还兼作指定刀具长度(含 X、Z 两个方向)补偿和半径补偿。T 之后的数字有 2 位、4 位和 6 位三种,如 T0102 表示 1 号刀选用 2 号刀补。对于铣床,T 之后的数字多表示刀号。辅助功能代码 M06 要求机床自动换刀,而所换的刀具号由 T 指令来指定,如 T02 M06 表示将当前刀具换为 02 号刀具。

2.3　数控加工工艺设计

在数控机床上加工零件,首先遇到的问题就是工艺问题。数控机床的加工工艺与普通机床的加工工艺有许多相同之处,也有许多不同。在数控机床上加工零件通常要比普通机床所加工零件的工艺规程复杂。数控加工工序中,切削用量、走刀路线、换刀点,以及所用刀具的尺寸、类型等都要预先确定好并编入程序中。一个合格的编程员首先应该是一个很好的工艺员,要对数控机床的性能、特点和应用、切削规范和标准刀具系统等非常熟悉。

数控加工工艺主要包括以下内容:

(1)数控加工工艺内容选择。

(2)数控加工工艺性分析。

(3)数控加工工艺路线设计。

(4)数控加工工序设计。

(5)数控加工专用技术文件的编写。

2.3.1　数控加工工艺内容选择

不同类型的零件要选用不同的数控机床进行加工。例如,数控车床适于加工形状比较复杂的轴类零件和由复杂曲线回转形成的模具内型腔。数控立式镗铣床和立式加工中心适于加工箱盖、平面凸轮、样板、形状复杂的平面或立体零件,以及模具的内、外型腔等。数控卧式镗铣床和卧式加工中心适于加工复杂的箱体类零件、泵体、阀体、壳体等。多坐标联动的卧式加工中心用于加工具有复杂曲线、曲面的叶轮、叶片、模具等。

对于某个具体零件,往往只是其中的一部分适合于数控加工。应结合设备的实际情况,选择那些最适合、最需要进行数控加工的内容和工序,充分发挥数控加工的优势。在选择时,一般可按下列顺序考虑。

(1)普通机床无法加工的内容应作为优选内容。

(2)普通机床难加工,质量也难以保证的内容应作为重点选择内容。

(3)普通机床效率低、手工操作劳动强度大的内容,可在数控机床尚存在富余能力的基础上进行选择。

一般来说,上述加工内容采用数控加工后,在产品质量、生产效率与综合效益等方面都会得到明显提高。要尽量防止把数控机床降格为普通机床使用。下列情况一般不宜选择数控加工。

(1)占机调整时间长。例如,以毛坯的粗基准定位加工第一个精基准,要用专用工装协调的加工内容。

(2)加工部位分散,要多次安装、设置原点。此时采用数控加工对效率的提高不明显,可安排普通机床加工。

(3)按某些特定的制造依据(如样板)加工的型面轮廓。主要原因是获取数据困难,易与检验依据发生矛盾,增加编程难度。

此外,在选择和决定加工内容时,也要考虑生产批量、生产周期、工序间周转时间等情况。

2.3.2 数控加工工艺性分析

数控加工工艺性问题涉及面广,下面仅从数控加工的可能性与方便性两个方面,讨论对零件图纸必须分析和审查的内容。

1. 尺寸标注应符合数控加工的特点

在数控编程中,所有点、线、面的尺寸和位置都是以编程原点为基准的。因此,零件图纸中最好直接给出坐标尺寸,或尽量以同一基准标注尺寸。这种标注法,既便于编程,也便于尺寸之间的相互协调,在保持设计、工艺、检测基准与编程原点设置的一致性方面带来很大方便。但是,零件设计人员往往在尺寸标注中较多地考虑装配等使用特性方面,而不得不采取局部分散的标注方法,这样给工序安排与数控加工带来诸多不便。事实上,由于数控加工精度及重复定位精度都很高,不会因产生较大的累积误差而破坏使用性能,因而将局部的分散标注法改为集中引注或坐标式尺寸是完全可以的。

2. 几何要素应完整、准确

在程序编制中,编程人员必须充分掌握构成零件轮廓的几何要素及各几何要素间的关系。因为在自动编程时要对构成零件轮廓的所有几何元素进行定义,手工编程时要计算出每个节点的坐标,无论哪一点不明确或不确定,编程都无法进行。但由于零件设计人员在设计过程中考虑不周或有所忽略，常出现所给参数不全或不清楚的问题，也可能有自相矛盾之处，如圆弧与直线、圆弧与圆弧到底是相切、相交还是相离状态？这就增加了数学处理与节点计算的难度。所以，在审查与分析图纸时，一定要仔细认真，发现问题及时找设计人员更改。图2－9是零件尺寸标注存在问题的例子。

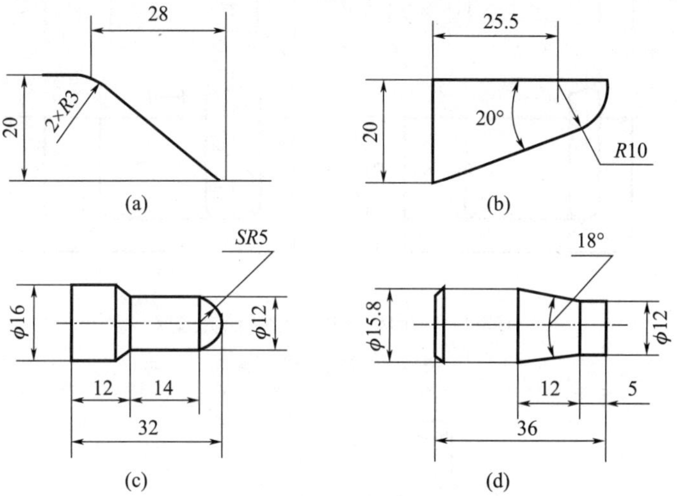

图2－9　尺寸标注存在的问题

(a)圆弧中心位置不清；(b)斜线与圆弧实际为相交；

(c)轴向尺寸之和与总尺寸不符、未标角度尺寸；(d)圆锥体径向尺寸封闭。

3. 定位基准可靠

在数控加工中，加工工序往往较为集中，可对零件进行双面、多面的顺序加工，以同一基准定位十分必要。如零件本身有合适的孔，最好就用它来作定位基准孔，即使零件上没有合适的孔，也要想办法专门设置工艺孔作为定位基准。如零件上实在无法制出工艺孔，可以考虑以零件轮廓的基准边定位或在毛坯上增加工艺凸耳，制出工艺孔，在完成定位加工后再除去。

4. 零件各加工部位的结构工艺性应符合数控加工的特点

(1)零件的内腔和外形最好采用统一的几何类型和尺寸。这样可以减少刀具规格和换刀次数，使编程方便，生产效益提高。

(2)内槽转接圆角的大小决定着刀具直径的大小，内槽转接圆角半径不应过小。图2－10(b)与图2－10(a)相比，转接圆弧半径大，可以采用较大直径的铣刀来加工。加工平面时，进给次数相应减少，表面加工质量会提高，所以工艺性较好。通常 $R<0.2H$（H 为被加工零件轮廓面的最大高度）时，可以判定零件的该部位工艺性不好。

(3)槽底圆角半径 r 不应过大。如图2－11所示，圆角半径 r 越大，铣刀端刃铣削平面的能力越差，效率也越低。当 r 大到一定程度时，甚至必须用球头刀加工，这是应该尽量避免的。铣刀与铣削平面接触的最大直径 $d=D-2r$（D 为铣刀直径）。当 D 一定时，r 越大，铣刀端刃铣削平面的面积越小，加工表面的能力越差，工艺性也越差。

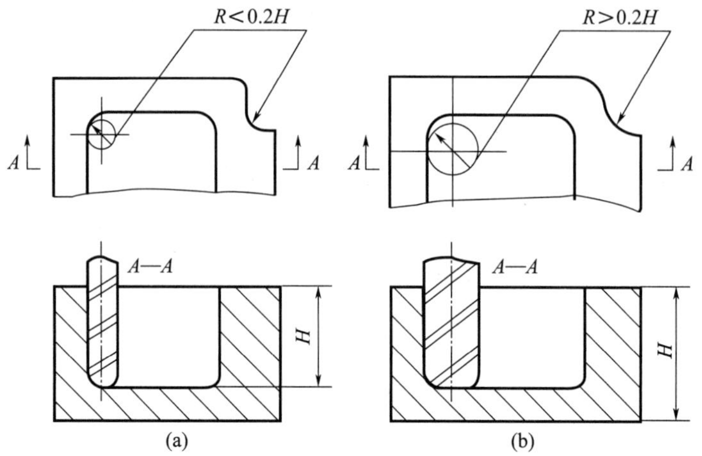

图2-10　内槽转接圆角半径的选取
(a)半径小;(b)半径大。

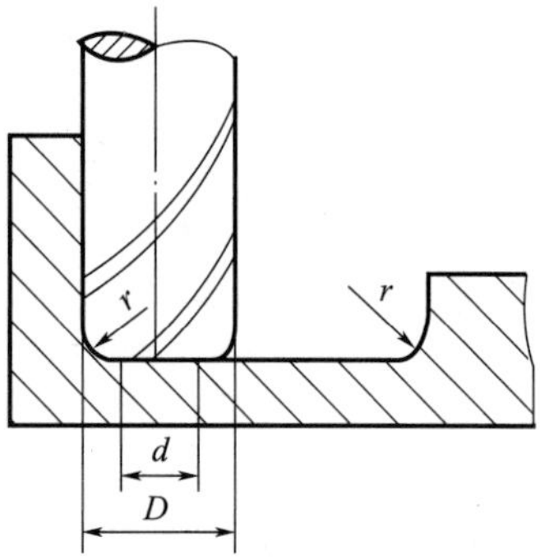

图2-11　槽底圆角半径对工艺性的影响

2.3.3　数控加工工艺路线设计

在数控加工工艺路线设计中需要注意以下问题。

1. 加工工序的划分

在数控机床上特别是在加工中心上加工零件,工序十分复杂,许多零件只需要在一次装夹中就能完成全部工序,可采用工序集中原则。零件的粗加工,特别是铸锻毛坯零件的基准面、定位面等部位的加工,应在普通机床上加工完成后,再到数控机床上进行加工,以充分发挥数控机床的特点。

数控机床上工序的划分方法如下。

(1)按所用刀具划分工序。为了减少换刀次数,压缩空程时间,减少不必要的定位误差,可按刀具集中工序的方法加工零件,即在一次装夹中,尽可能用同一把刀具加工出可能加工的所有部位,然后换另一把刀加工其他部位。在专用数控机床和加工中心中常采用这种方法。

(2)按粗、精加工划分工序。根据零件的加工精度、刚度和变形等因素来划分工序时,可按粗、精加工分开的原则来划分工序,即先粗加工后精加工。此时可用不同的机床或不同的刀具进行加工。通常在一次安装中,不允许将零件某一部分表面加工完毕后,再加工零件的其他表面。如图 2－12 所示的零件,应先切除零件整个表面的大部分余量,再将其表面精车一遍,以符合加工精度和表面粗糙度的要求。

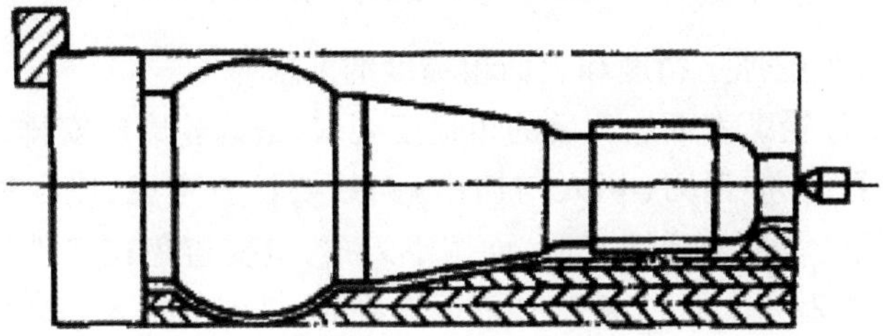

图 2－12　车削加工的零件

(3)按加工部位划分工序。一般先加工平面,后加工孔;先加工简单的几何形状,再加工复杂的几何形状;先加工精度要求较低的部位,再加工精度要求较高的部位。

2. 工序顺序的安排

工序顺序的安排应根据零件的结构和毛坯状况,以及定位安装与夹紧的需要来考虑,重点是工件的刚性不被破坏。顺序安排一般应按以下原则进行。

(1)上道工序的加工不能影响下道工序的定位与夹紧,中间穿插有普通机床加工工序的也要综合考虑。

(2)先进行内形、内腔加工,后进行外形加工。

(3)以相同定位、夹紧方式或同一把刀具加工的工序,最好连续进行,以减少重复定位次数、换刀次数与挪动压板次数。

(4)在同一次安装中进行的多道工序,应先安排对工件刚性破坏较小的工序。

3. 数控加工工艺与普通加工工序的衔接

数控工序前后一般都穿插有其他普通加工工序,如衔接得不好就容易产生矛盾,因此在熟悉整个加工工艺内容的同时,要清楚数控加工工序与普通加工工序各自的技术要求、加工目的、加工特点。例如:是否保留加工余量,保留多少;定位面与孔的精度要求及形位公差;对校形工序的技术要求,对毛坯的热处理状态;等等。这样才能使各工序达到相互能满足加工需要,且质量目标及技术要求明确,交接验收有依据。

2.3.4　数控加工工序设计

数控加工工序设计的主要任务是进一步确定本工序的加工内容、切削用量、工艺装备、定位夹紧方式及刀具运动轨迹,为编制加工程序作好充分准备。

数控加工工序内容,要求十分严密和详细。因为数控机床虽然自动化程度较高,但自适应性差,不能像通用机床加工时可以根据加工过程中出现的问题比较自由地进行人为调整。比如,数控机床在攻制螺纹时,它就不知道孔中是否已挤满切屑,是否需要退刀,或清理切屑后再加工。所以,在数控加工的工序设计中必须注意加工过程中的每个细节。在对图形进行数学处理、计算和编程时,都要力求准确无误。

1. 确定走刀路线和安排工步顺序

走刀路线就是刀具在整个加工工序中的运动轨迹,其不但包括工步内容,也反映出工步顺序。走刀路线影响零件的加工精度、表面粗糙度及切削效率。在确定走刀路线时,最好画一张工序简图,将已经拟定出的走刀路线画上去(包括进、退刀路线),这样可为编程带来不少方便。工步的划分与安排一般可随走刀路线来进行。在确定走刀路线时,主要考虑以下几点。

(1)应能保证零件的加工精度和表面粗糙度的要求。

例如,为保证工件轮廓表面加工后的粗糙度要求,最终轮廓应安排在最后一次走刀中连续加工出来。刀具的进、退刀(切入与切出)路线要认真考虑,以尽量减少在轮廓切削中停刀(切削力突然变化造成弹性变形)而留下刀痕,也要避免在工件轮廓面上垂直上下刀而划伤工件。如图2-13所示,铣削外表面轮廓时,铣刀的切入和切出点应沿零件轮廓曲线的延长线上切向切入和切出零件表面,而不应沿法向直接切入零件,以避免加工表面产生划痕,保证零件轮廓光滑。

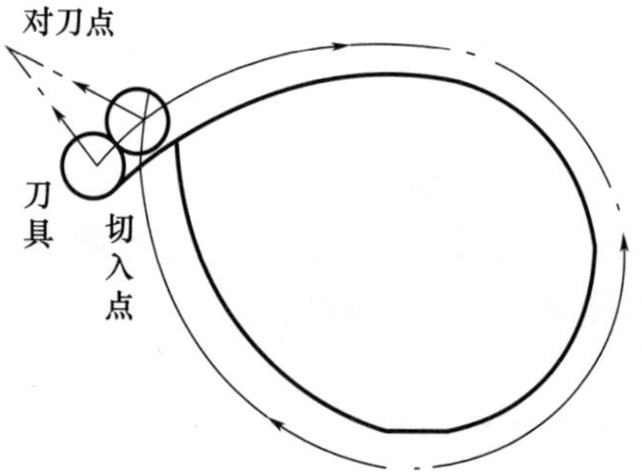

图2-13　切入切出方式

铣削内轮廓表面时,切入和切出无法外延,这时铣刀可沿零件轮廓的法线方向切入和切出,并将其切入、切出点选在零件轮廓两个几何元素的交点处。

要选择工件加工变形小的路线,对横截面积小的细长零件或薄板零件应采用分多次走刀,或对称去余量法安排走刀路线。

在铣削加工零件轮廓时,要尽量采用顺铣加工方式,以减小机床的颤振,提高零件表面粗糙度和加工精度。

(2)应尽量缩短加工路线,减少刀具空程移动时间。

图2-14为加工凹槽的三种加工路线。图2-13(a)为行切法,加工路径短,但表面质量差;图2-13(b)为环切法,加工路径长,但表面质量好;图2-13(c)为先行切后环切,表面质量和切削效率均较好。

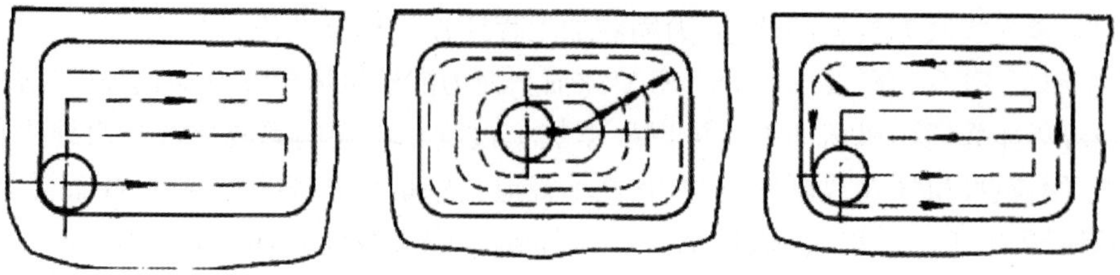

(a)　(b)　(c)

图2-14　凹槽加工路线

(a)行切法;(b)环切法;(c)先行切后环切。

对点位控制的数控机床，只要求定位精度较高，定位过程尽可能快，而刀具相对于工件的运动路线是无关紧要的，因此这类机床应按空程最短来安排走刀路线。除此之外还要确定刀具轴向的运动尺寸，其大小主要由工件的孔深来决定，但也应考虑一些辅助尺寸，如刀具的引入距离和超程量。

对于位置精度要求较高的孔系加工，特别要注意孔的加工顺序的安排，安排不当时，就有可能将坐标轴的反向间隙带入，直接影响位置精度。在图2－15(a)所示的零件上镗六个尺寸相同的孔，有两种加工路线。图2－15(b)所示的路线，由于5、6孔与1、2、3孔定位方向相反，y方向反向间隙会使定位误差增加，影响5、6孔与其他孔的位置精度。图2－14(c)所示的路线，加工完4孔后向上多移动一段距离到p点，然后折回来加工5、6孔，这样方向一致，可避免反向间隙的引入，提高了5、6孔与其他孔的位置精度。

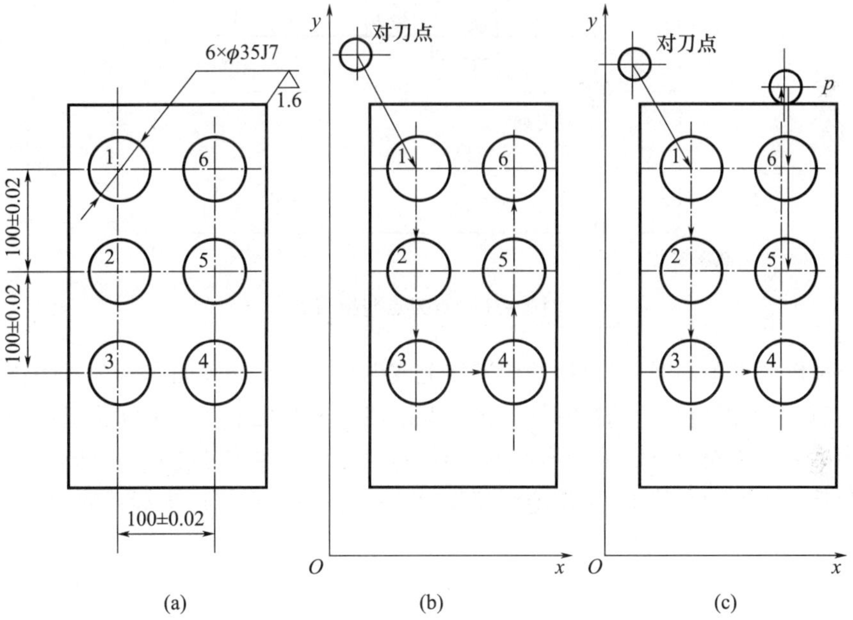

图2－15　镗孔加工路线
(a)零件图；(b)路线1；(c)路线2。

(3)应使数值计算简单，程序段数量少，以减少编程工作量。

2. 工件的装夹方式

在数控机床上加工零件，由于工序集中，往往是在一次装夹中完成全部工序，对零件的定位、夹紧方式要充分注意以下问题。

(1)尽量采用组合夹具。当工件批量较大，工件精度要求较高时，可以设计专用夹具。

(2)零件定位、夹紧的部位应考虑到不妨碍各部位的加工、更换刀具以及重要部位的测量，尤其不能出现刀具与工件、刀具与夹具碰撞的现象。

(3)夹紧力应力求通过(或靠近)主要支承点或在支承点所组成的三角形内；应力求靠近切削部位，并在刚性较好的地方。尽量不要在被加工孔的上方，以减少零件变形。

(4)零件的定位和夹紧要考虑到重复安装的一致性，以减少对刀时间，提高同一批零件加工的一致性。一般同一批零件采用同一定位基准，同一装夹方式。

3. 确定对刀点和换刀点

对刀点是指在数控机床上加工零件时,刀具相对零件运动的起始点。因为程序从这一点开始,所以对刀点也称为程序起点或起刀点。对刀点可以选择零件上某一点,也可以选择零件外(如夹具上或机床上)某一点,如图2-16所示。所选对刀点必须与零件的定位基准有一定的坐标尺寸关系,这样找正容易,编程方便,对刀误差小,加工时检查方便而且可靠。

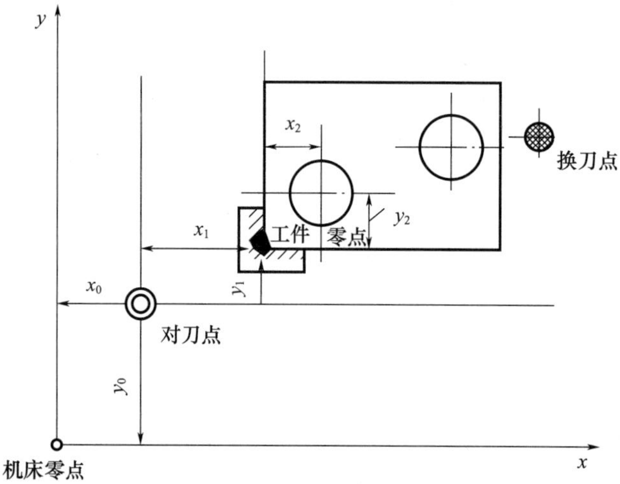

图2-16 对刀点与换刀点

对刀精度要求不高时,可直接选用零件上或夹具上的某些表面作为对刀面;对刀精度要求较高时,对刀点应尽量选在零件的设计基准或工艺基准上。对于以孔定位的零件,可选用孔的中心作为对刀点。采用增量编程时,对刀点可选在零件孔心、夹具上的专用对刀孔上或两垂直平面的交线上;采用绝对编程时,对刀点可选在机床坐标系的原点上或距原点为确定值的点上。

对刀时,采用对刀装置使对刀点与刀位点重合。刀位点是指刀具定位的基准点,如钻头是指钻尖;立铣刀是指刀具轴线与刀具底面的交点,球头铣刀是指球头铣刀的球心;车刀和镗刀是指刀头的刀尖等,如图2-17所示。

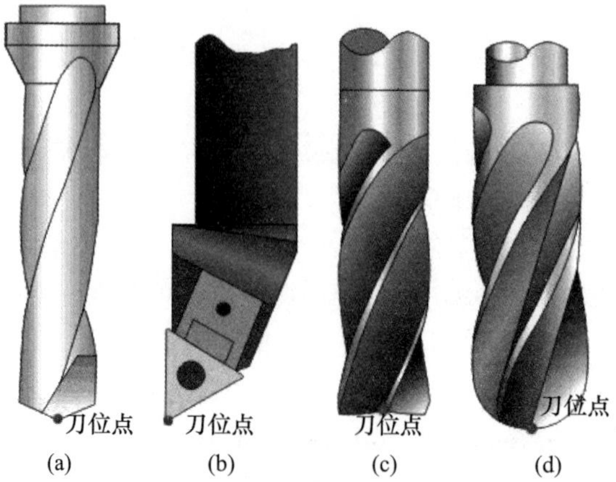

图2-17 刀位点

(a)钻头;(b)车刀;(c)立铣刀;(d)球头铣刀。

加工过程中需要换刀时,应规定换刀点。换刀点是指刀架转位换刀时的位置。该点可以是某一固定点(如加工中心机床,其换刀机械手的位置是固定的),也可以是任意的一点(如车床)。换刀点应设在工件或夹具的外部,以刀架转位时不碰工件及其他部件为准。其设定值可用实际测量方法或计算确定。

4. 选择刀具和确定切削用量

数控加工对刀具的刚性和耐用度较传统加工有更高的要求。在选择刀具时,应根据加工内容、工件材质、形状、加工余量及与夹具的关系等来决定刀具的种类及式样。

对一些立体型面和变斜角轮廓外形的加工,常采用球头铣刀、环形铣刀、鼓形刀、锥形刀和盘形刀,如图2-18所示。

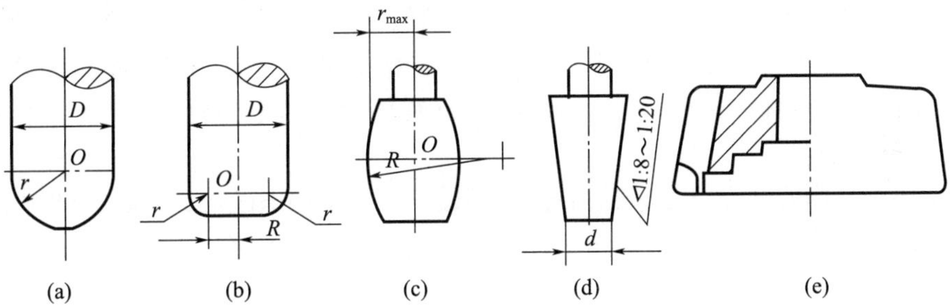

图2-18　不同类型铣刀

(a)球头铣刀;(b)环形铣刀;(c)鼓形刀;(d)锥形刀;(e)盘形刀。

曲面加工常采用球头铣刀,但加工曲面的较平坦部位时,刀具以球头顶端刃切削,切削速度为0,此时应采用环形铣刀。在单件或小批量生产中,为了避免采用多坐标联动机床,常采用鼓形刀或锥形刀来加工一些变斜角零件,如图2-19所示。加镶齿盘铣刀,适用于在五坐标联动的数控机床上加工一些球面,其效率比用球头铣刀高近十倍,并可获得好的加工精度。

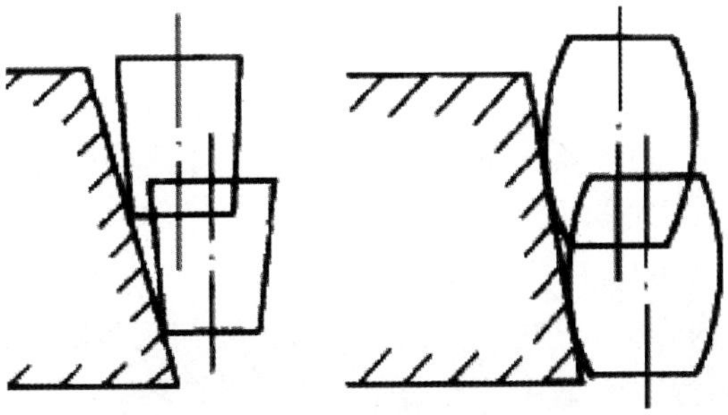

图2-19　变斜角斜面加工

确定刀具后,还要进行刀具预调对刀,通常在对刀仪上分别测出刀具半径值及刀长值(刀具前端到刀柄校准面的距离),为刀具补偿和自动换刀作准备。然后,可将刀具规格、尺寸、专用刀具的代号、加工内容等列表,供编程时使用。

对于不同的零件材料,均有一个最佳的切削参数,可查数控加工用量手册并结合实践经验来确定。

2.3.5 数控加工专用技术文件的编写

编写数控加工专用技术文件是数控加工工艺设计的内容之一。这些专用技术文件既是数控加工和产品验收的依据,也是需要操作者遵守、执行的规程;有的则是加工程序的具体说明或附加说明,目的是让操作者更加明确程序的内容、装夹方式、各个加工部位所选用的刀具及其他问题。

为加强技术文件管理,数控加工专用技术文件也应标准化、规范化,但目前国内尚无统一标准,下面介绍几种数控加工专用技术文件。

1. 数控加工工序卡

数控加工工序卡与普通加工工序卡有许多相似之处,所不同的是:草图中应注明编程原点与对刀点,要进行编程简要说明(如所用机床型号、程序介质、程序编号、刀具半径补偿方式、镜向加工对称方式等)及决定切削参数(程序编入的主轴转速、进给速度、最大背吃刀量或宽度等)。

在工序加工内容不十分复杂的情况下,用数控加工工序卡的形式较好,可以把零件草图、尺寸、技术要求、工序内容及程序要说明的问题集中反映在一张卡片上,做到一目了然。

2. 数控加工程序说明卡

实践证明,仅用加工程序单和工艺规程来进行实际加工还有许多不足之处。由于操作者对程序的内容不清楚,对编程人员的意图不够理解,经常需要编程人员在现场进行口头解释、说明与指导。后续若对程序进行修改,如无必要的程序说明,往往无法进行。程序说明对于那些需要长时间保留和使用的程序尤其必要。

根据应用实践,一般应对加工程序作如下说明。

(1)所用数控设备型号及数控系统型号。

(2)对刀点(编程原点)及允许的对刀误差。

(3)加工原点的位置及坐标方向。

(4)镜像加工使用的对称轴。

(5)所用刀具的规格、图号及其在程序中对应的刀具号,必须按实际刀具半径或长度加大或缩小补偿值的特殊要求(如用同一条程序、同一把刀具利用改变刀具半径补偿值作粗精加工时)、更换该刀具的程序段号等。

(6)整个程序加工内容的安排(包括工步内容说明与工步顺序说明)。

(7)子程序说明,对程序中编入的子程序应说明其内容。

(8)其他需要作特殊说明的问题,如:需要在加工中更换夹紧点(如挪动压板)的计划停车程序段号,中间测量用的计划停车程序段号,允许的最大刀具半径和长度补偿值,等等。

3. 走刀路线图

在数控加工中,需要防止刀具在运动中与夹具、工件等发生意外碰撞,为此必须设法告知操作者编程中的刀具运动路线(如从哪里下刀、在哪里抬刀、在哪里斜下刀等),使操作者在加工前就有所了解并计划好夹紧位置及控制夹紧元件的高度,这样可以减少上述事故的发生。此外,对有些被加工零件,由于工艺性问题,必须在加工中挪动夹紧位置,也需要事先告诉操作者：在哪个程序段前挪动，夹紧点在零件的什么地方，然后更换到什么地方，需要在什么地方事先备好夹紧元件等，以防出现安全问题。这些用程序说明卡和工序说明卡是难以说明或表达清楚的，如用走刀路线图加以附加说明，效果就会更好。数控加工走刀路线图的例子如图2－20所示。

数控机床走刀路线图		零件图号	ZG03·01	工序号	50	工步号	3	程序编号	ZG03·01-3
机床型号	××××	程序段号	N8401～N8438	加工内容	铣削外形及内孔$\phi70$			共3页	第3页

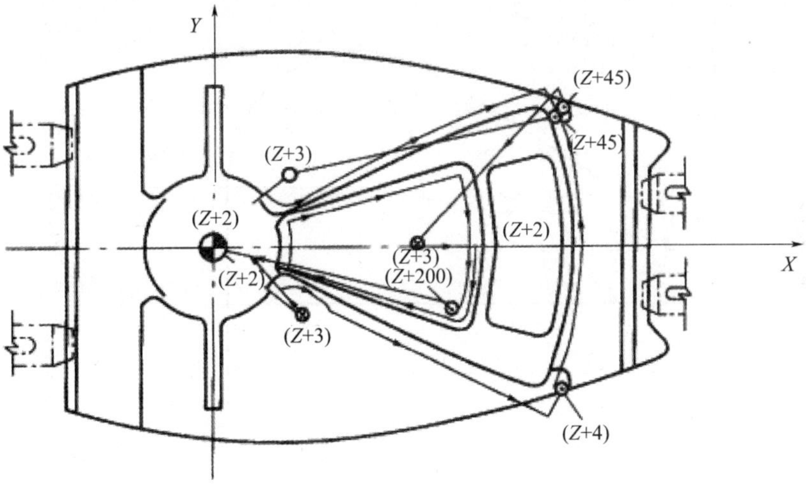

							编程	×××	校对	×××	审批	×××
符号	⊙	⊗										
含义	抬刀	下刀	编程原点	起始	走刀方向	走刀线相交	爬斜坡	钻孔	行切	轨迹重叠	回切	

图2－20　某支架零件数控加工走刀路线图

2.4　数控编程的数值计算

根据零件图样，按照已确定的加工路线和允许的编程误差，计算数控系统所需输入的数据，称为数控加工编程的数值计算。这是编程前的主要准备工作之一，不但对手工编程来说是必不可少的工作步骤，在计算机自动编程中，也经常需要先对工件的轮廓图形进行数学预处理，以便对有关几何元素进行定义。

数值计算的主要内容是计算零件加工轨迹的尺寸，主要是零件轮廓的基点和节点坐标。计算过程烦琐、复杂，可利用计算机辅助完成或直接采用自动编程。

2.4.1　基点坐标的计算

一个零件的轮廓往往是由许多不同的几何元素组成的，如直线、圆弧、二次曲线和特形曲线等。几何元素间的联结点称为基点，如两直线间的交点、直线与圆弧或圆弧与圆弧间的交点或切点、圆弧与二次曲线的交点或切点等。基点可以直接作为刀具运动轨迹的起点或终点。

数控机床一般都具有直线和圆弧插补功能,因此,对于由直线和圆弧组成的平面轮廓,编程时数值计算的主要任务是求各基点的坐标。

计算的方法既可以是联立方程组求解,也可以利用几何元素间的三角函数关系求解或采用计算机辅助计算编程,计算原理比较简单。图 2－21 所示的零件轮廓由四段直线和一段圆弧组成,其中的 A、B、C、D、E 即为基点。基点 A、B、D、E 的坐标值从图样尺寸可以很容易找出,点 C 坐标值可以用解联立方程的方法求得。

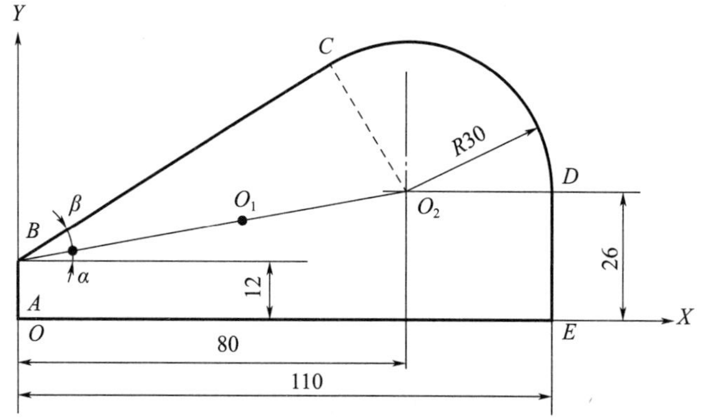

图 2－21　零件轮廓的基点

2.4.2　节点坐标的计算

当被加工零件轮廓形状与机床的插补功能不一致时,如在只有直线和圆弧插补功能的数控机床上加工双曲线、抛物线、阿基米德螺线或列表曲线时,就要采用逼近法加工,用直线或圆弧去逼近被加工曲线。这时,逼近线段或圆弧与被加工曲线的交点或切点,称为节点。图 2－22(a)为用直线段逼近非圆曲线的情况,图 2－22(b)为用圆弧段逼近非圆曲线的情况。

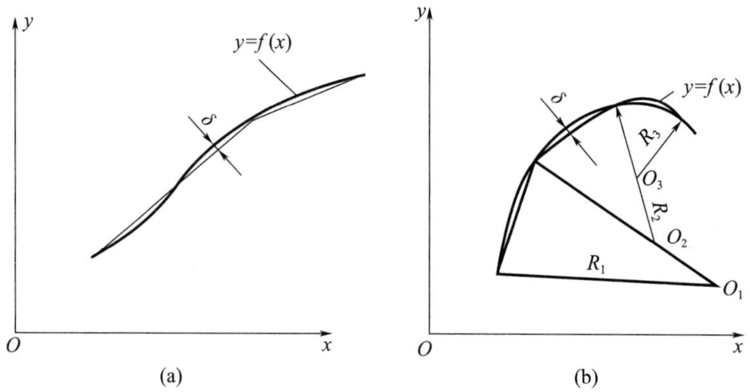

图 2－22　曲线逼近

(a)用直线段逼近非圆曲线的情况;(b)用圆弧段逼近非圆曲线的情况。

编写程序段时，应按节点划分程序段。逼近线段的长度越大，则节点数目越少，相应的程序段数目也会减少，但逼近误差会增大。要求逼近线段的误差 δ 小于或等于编程允许误差 $\Delta_{程}$，即 $\delta \leqslant \Delta_{程}$。

非圆曲线轮廓零件的节点计算，一般可按以下步骤进行。

(1) 选择插补方式，即采用直线段还是圆弧段逼近非圆曲线。采用直线段逼近，一般数学处理较简单，但计算的坐标数据较多，且各直线段间连接处存在尖角，由于在尖角处，刀具不能连续地对零件进行切削，零件表面会出现硬点或切痕，使加工质量变差。采用圆弧段逼近的方式，可以大大减少程序段的数目，同时若采用彼此相切的圆弧段来逼近非圆曲线，可以提高零件表面的加工质量。但采用圆弧段逼近，其数学处理过程比直线要复杂一些。

(2) 确定编程允许误差，使 $\delta \leqslant \Delta_{程}$。

(3) 选择算法模型，确定计算方法和计算流程。目前生产中采用的算法比较多，决定采用什么算法时，一是尽可能按等误差的条件，确定节点坐标位置，以便最大限度地减少程序段的数目；二是计算简便。

(4) 编写计算程序，获得节点坐标数据。

常用的计算方法有等间距法、等弦长法、等误差法和比较迭代法等。下面简单介绍用直线逼近零件轮廓曲线的节点计算方法。

等间距法就是将某一坐标轴划分成相等的间距。如图 2-23(a) 所示，沿 x 轴方向为等间距长方向，取 Δx 为等间距长，根据已知曲线的方程 $y=f(x)$ 求得，可由 x_i 求得 y_i，$x_{i+1}=x_i+\Delta x$，$y_{i+1}=f(x_i+\Delta x)$。如此求得的一系列点就是节点。将相邻节点连成直线，用这些直线段组成的折线代替原来的轮廓曲线。坐标增量 Δx 取值越小，则误差越小。等间距法计算较简单。

等弦长法就是使所有逼近直线段长度相等，如图 2-23(b) 所示。由于零件轮廓曲线 $y=f(x)$ 的曲率不等，因此首先应求出该曲线的最小曲率半径 R_{min}，由 R_{min} 及 δ 确定允许的步长，然后从曲线起点 a 开始，按等步长 l 依次截取曲线，得点 b、c、d，$ab=bc=l$。此方法比等间距法的程序段数少一些，但当曲线曲率半径变化较大时，所求节点数将增多。此方法适用于曲率变化不大的情况。

等误差法是使逼近线段的误差相等。等误差法较前两种方法合理，特别适合曲率变化较大的复杂曲线轮廓，但计算复杂。

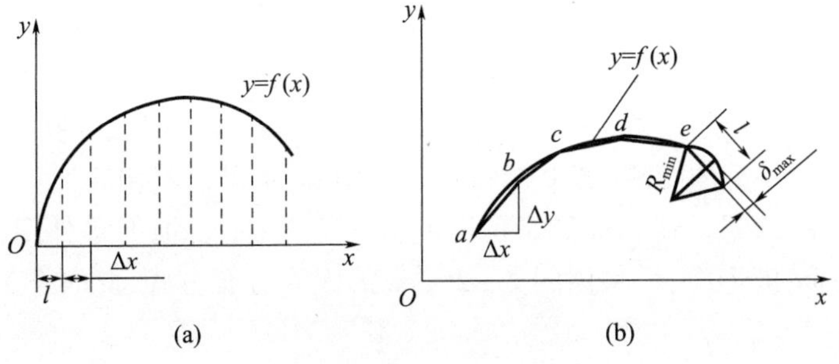

图 2-23　等间距法和等弦长法

(a) 等间距法；(b) 等弦长法。

2.4.3 程序编制中的误差

程序编制中的误差$\Delta_{程}$由三部分组成:

$$\Delta_{程}=f(\Delta_{逼},\Delta_{插},\Delta_{圆}) \tag{2-1}$$

式中:$\Delta_{逼}$为采用近似计算方法逼近零件轮廓曲线时产生的误差,称为逼近误差;$\Delta_{插}$为采用插补段逼近零件轮廓曲线时产生的误差,称为插补误差;$\Delta_{圆}$为数据处理时,将小数脉冲圆整成整数脉冲时产生的误差,称为圆整误差。

若零件的原始轮廓形状用列表曲线表示,则当用近似方程式来逼近列表曲线时,方程式所表示的形状与零件原始轮廓形状之间的差值即为逼近误差。这种误差只出现在零件轮廓形状用列表数据点表示的情况。

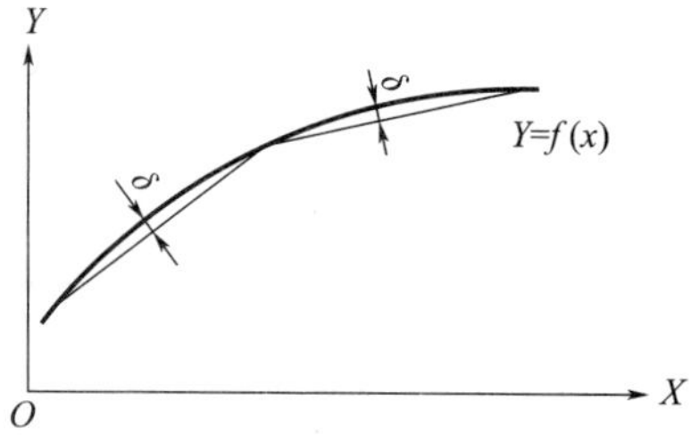

图2-24 插补误差

当用直线或圆弧逼近零件轮廓曲线时,逼近曲线与零件实际原始轮廓曲线之间的最大差值,称为插补误差,如图2-24中的误差δ,也就是节点坐标的计算误差。若构成零件轮廓曲线的几何要素或列表曲线的逼近方程式曲线与数控装置的插补功能相同,则没有该项插补误差。

圆整误差$\Delta_{圆}$不超过脉冲当量的一半。在点位数控系统中,$\Delta_{圆}$直接影响坐标尺寸精度。在连续加工系统中,$\Delta_{圆}$虽反映在坐标方向上,但它与插补误差$\Delta_{插}$的总和并不是两者的代数和,所以影响不大,如图2-25所示。

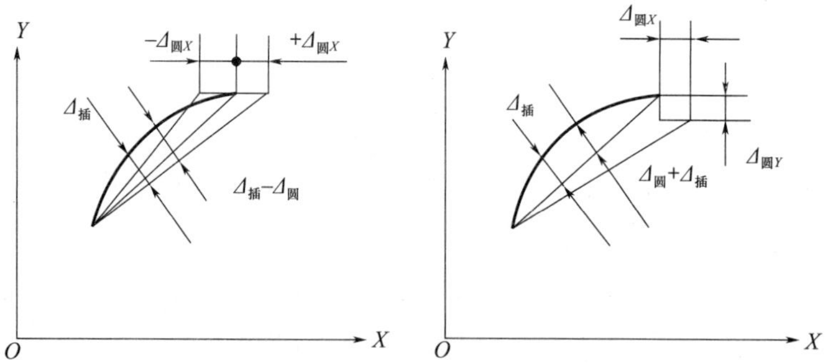

图2-25 插补误差与圆整误差的合成

程序编制误差在零件轮廓上的分布有四种形式,如图2-26所示。其中图2-26(a)为误差分布在零件轮廓的外侧;图2-26(b)为误差分布在零件轮廓的内侧;图2-26(c)为误差分布在零件轮廓的两侧,其中δ_1和δ_2可以相等,也可以不相等;图2-26(d)为误差分布在轮廓曲线的凹侧。到底选择哪种误差分布方式,主要根据零件图的要求来确定。若从计算简单的角度考虑,可采用图2-25(d)的误差分布方式,此时全部节点都在零件轮廓线上。

零件的数控加工,除程编误差$\Delta_{程}$外,还有其他的误差,如控制系统误差、进给误差、零件定位误差和对刀误差等,零件数控加工误差应为上述各项误差的综合。因为数控加工

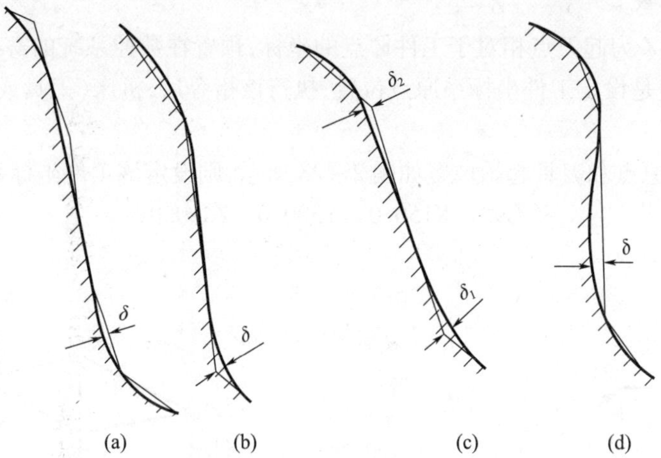

图2-26　程序编制误差的分布

(a)误差分布在零件轮廓的外侧;(b)误差分布在零件轮廓的内侧;
(c)误差分布在零件轮廓的两侧;(d)误差分布在零件轮廓曲线的凹侧。

中,进给误差和定位误差是不可避免的误差,且占有数控加工误差中的比例很大,所以程编误差$\Delta_{程}$允许占有数控加工误差的很小比例,一般为(1/5~1/10)。想要缩小程编误差,就必须增加插补段,但也同时增加了数据处理工作量,所以合理地选择程编误差$\Delta_{程}$是数控程序编制的一个重要问题。

2.5　数控编程基本指令

功能指令是程序段组成的基本单位,也是编制加工程序的基础。本节主要讨论常用的准备功能指令与编程应用,所涉及的指令代码均依据 JB/T 3208—1999 和 ISO 标准。

1. 绝对坐标和增量坐标指令 G90、G91

G90 表示程序段按绝对坐标编程,G91 表示程序段按增量坐标编程。这是一对模态(续效)指令。一般数控系统在初始状态(开机状态)时自动设置为 G90 状态。

如图2-27所示,从点A切削到点B,两种坐标编程方法分别如下:

G90　G01　X30.0　　Y60.0　F100;

G91　G01　X-40.0　Y30.0　F100;

还有一种方法,不用G指令,而直接用地址符来区分是绝对坐标还是增量坐标。X、Y、Z向的绝对坐标字地址符分别用X、Y、Z表示,而增量坐标地址符分别用U、V、W表示。例如,图2-27的增量坐标编程为:

G91　G01　U-40.0　V30.0　F100;

2. 工件坐标系设定指令 G92

G92 指令用来建立工件坐标系,它规定了工件坐标系原点的位置。也就是说,它确定了工件坐标系的原点(工件原点)在距刀具刀位点起始位置(起刀点)多远的地方。或者说,以工件原点为准,确定起刀点的坐标值。

格式:G92　X～　Y～　Z～;

说明:X、Y、Z 为起刀点相对于工件原点的坐标,预置在数控系统的寄存器内。

G92 指令只是设定工件坐标系原点位置,执行该指令后,机床(刀具或工作台)并不产生运动。

例如,工件原点和刀具起始位置如图 2-28 所示,则设定该工件坐标系的程序段为

G92　X150.0　Y300.0　Z200.0;

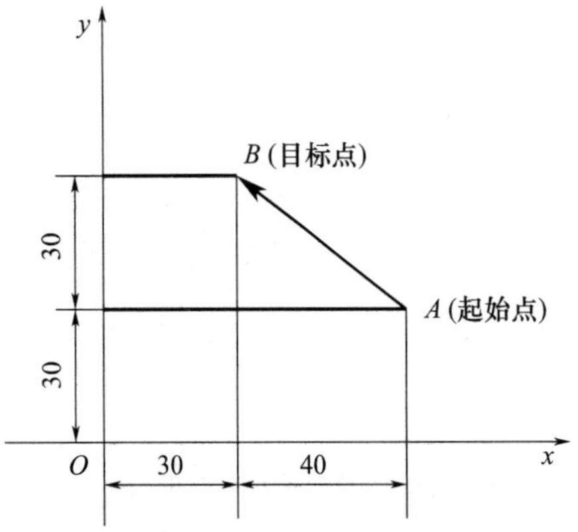

图 2-27　G90、G91 编程举例

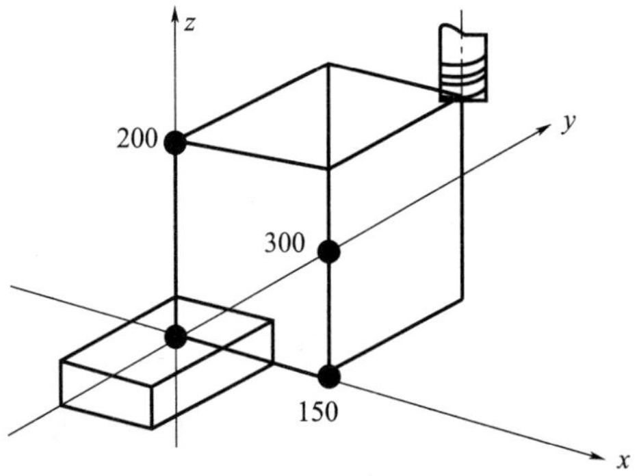

图 2-28　工件坐标系的设定

3. 坐标平面选择指令 G17、G18、G19

坐标平面选择指令用来选择圆弧插补平面和刀具补偿平面。

G17、G18、G19 分别指令机床进行 *XY*、*XZ*、*YZ* 平面上的加工。在数控车床上一般默认为在 *XZ* 平面内加工,在数控铣床上,数控系统一般默认为在 *XY* 平面内加工。若要在其他平面上加工则应使用坐标平面选择指令。

4. 快速点定位指令 G00

G00 指令命令刀具以点位控制方式从刀具所在点快速移动到下一个目标位置。在机床上,G00 的具体速度一般是用参数来设定的,一经设定后不宜常作改变。三坐标机床是这样来执行 G00 指令的:从程序执行开始,加速到指定的速度,然后以此快速移动,最后减速到达终点。若三个坐标方向都有位移量,那么三个坐标的伺服电动机同时按设定的速度驱动刀架或工作台位移,当某一轴向完成了位移时,该向的电动机停止,余下的两轴继续移动,当又有一轴向完成位移后,只剩下最后一个轴向移动,直至到达指令点。这种单向进给方法,有利于提高定位精度。可见,G00 指令的运动轨迹一般不是一条直线,而是三条或两条直线段的组合。只有在特殊情况下,其运动轨迹是一条直线。忽略这一点,就容易发生刀具碰撞,快速状态下的碰撞相当危险。

格式:G00　X～　Y～　Z～;

说明:X、Y、Z 为目标位置的坐标值。

5. 直线插补指令 G01

G01 指令用于产生按指定进给速度的直线运动,在运动过程中完成切削。可使机床沿 *X*、*Y*、*Z* 方向执行单轴运动,或在各坐标平面内执行具有任意斜率的直线运动,也可使机床三轴联动,沿指定空间直线运动。

格式：G01　X～　Y～　Z～　F～；

说明：X、Y、Z 为指定直线的终点坐标值。

G01 程序段中必须含有进给速度 F 指令，否则机床不动作。G01 和 F 指令均为模态指令。

例 2-1　车削加工如图 2-29(a)所示的零件轮廓(φ40mm 的外圆不加工)，设点 *A* 为起刀点，刀具由点 *A* 快进至点 *B*，然后沿点 *B*—*C*—*D*—*E*—*F* 方向切削，再快退至点 *A*。

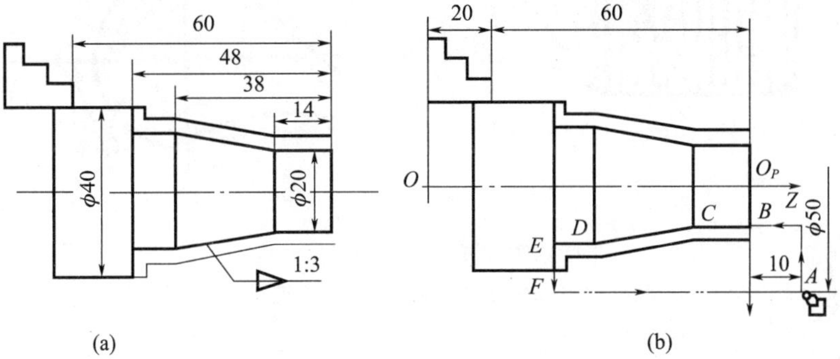

图 2-29　车削加工直线插补
(a)零件；(b)走刀路径。

解：数控车床一般用直径编程，即 *X* 方向坐标尺寸用直径表示。程序如下：

```
O010
N0010  G50  G92  X50    Z10;                      设定编程原点
N0020  G90  G00  X20    Z2     S600 T11 M03;      快进 A—B
N0030  G01  X20  Z-14   F100;                     车外圆 B—C
N0040  G01  X28  Z-38;                            车圆锥 C—D
N0050  G01  X28  Z-48;                            车外圆 D—E
N0060  G01  X42  Z-48;                            车平面 E—F
N0070  G00  X50  Z10    M02;                      快退至起刀点 F—A
```

6. 圆弧插补指令——G02、G03

G02 表示按指定进给速度的顺时针圆弧插补，G03 表示按指定进给速度的逆时针圆弧插补。对于一些老式的数控系统，G02 和 G03 指令不能跨象限插补，即一段(次)只能指令一个象限内的圆弧。如果加工的圆弧跨越两个以上的象限，那么就要分两个以上的程序段来指令。目前，多数数控系统都能跨象限一次指令圆弧插补。

圆弧顺、逆方向的判别方法是：沿着不在圆弧平面内的坐标轴由正方向向负方向看去，顺时针方向为 G02，逆时针方向为 G03，如图 2-30(a)所示。也可用右手螺旋规则确定，右手大拇指指向不在该平面的坐标轴正向，则其余四指的弯曲方向为逆时针方向。正向为逆时针，负向为顺时针。

根据这一规则，对于最常用的数控车床的 *XZ* 平面上和数控铣床的 *XY* 平面上的顺时针圆弧 G02 和逆时针圆弧 G03 的判断方法，如图 2-30(b)、(c)所示。注意，在数控车床的标准坐标系 *XOZ* 中，圆弧的顺、逆方向与我们的习惯方向正好相反。

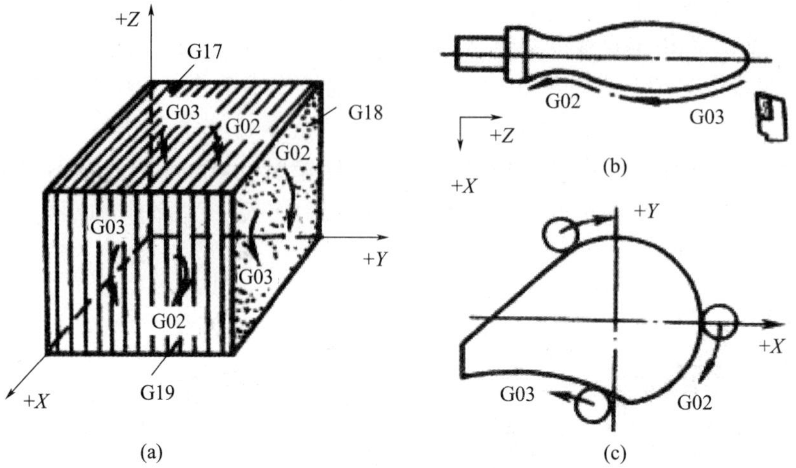

图2-30　圆弧顺、逆方向的判别

(a)圆弧顺逆方向;(b)车削圆弧顺逆方向;(c)铣削圆弧顺逆方向。

指令格式:

在 *XY* 平面内 G17 G02(G03) X ~ Y ~ I ~ J ~ F ~;

或 G17 G02(G03) X ~ Y ~ R ~ F ~;

在 *ZX* 平面内 G18 G02(G03) X ~ Z ~ I ~ K ~ F ~;

或 G18 G02(G03) X ~ Z ~ R ~ F ~;

在 *YZ* 平面内 G19 G02(G03) Y ~ Z ~ J ~ K ~ F ~;

或 G19 G02(G03) Y ~ Z ~ R ~ F ~;

式中:X、Y、Z 为指定圆弧的终点坐标;I、J、K 为指定圆弧的圆心位置,多数数控系统规定,I、J、K 为从圆弧起点开始到圆心的增量尺寸;R 为圆弧半径。有些数控系统允许用半径 R 来代替 I、J、K 编程。因为在同一半径的情况下,从圆弧的起点到终点有两个圆弧的可能性。因此在用半径值编程时,R 带有"±"号。具体取法是:若圆弧对应的圆心角$\theta \leqslant 180°$,则 R 取正值;若$180° < \theta < 360°$,则 R 取负值。另外,用半径值编程时,不能描述整圆。

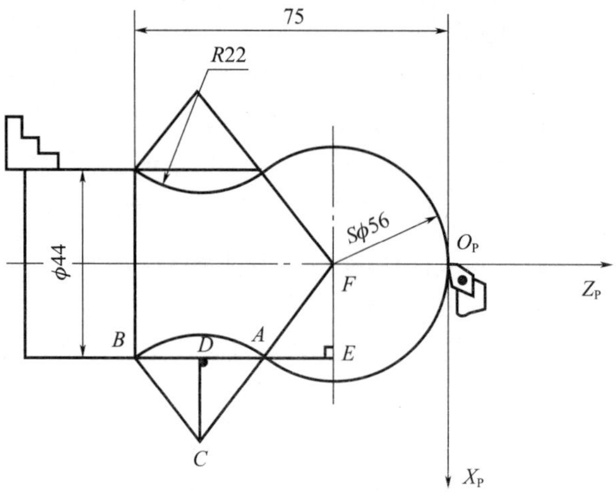

图2-31　车削圆弧编程

当机床只有一个坐标平面(如车床)时,程序段中的平面设定指令可省略。程序段中的终点坐标 X、Y、Z 可以用绝对尺寸,也可以用增量尺寸,取决于程序段中的 G90 或 G91,或增量坐标字 U、V、W。

圆弧插补的切向进给速度等于 F 代码规定的切削进给速度。指令的进给速度和实际的刀具进给速度之间的误差小于 ±2%。在有刀具补偿时,实际的刀具进给速度是刀具中心轨迹的速度。

例 2－2　在车床上加工如图 2－31 所示的球头手柄,试写出刀尖从编程坐标原点出发,精车凸凹球面的程序段。进给速度为 50mm/min。

解:编程时,先要进行圆弧方向的判断。显然,圆弧 O_PA 为逆时针圆弧,圆弧 AB 为顺时针圆弧。根据图中的几何关系,计算出各点的坐标值为 A(22, －45.32)、B(22, －75)、C(38.44, －60.16)、F(0, －28)。

绝对坐标方式编程:

N0010　G03　X44　Z－45.32　I0　K－28　F50;
N0020　G02　X44　Z－75　I16.44　K－14.84　F50;

增量坐标方式编程:

N0010　G03　U44　W－45.32　I0　K－28　F50;
N0020　G02　U0　W－29.86　I16.44　K－14.84　F50;

例 2－3　铣削加工如图 2－32 所示的轮廓,设点 A 为起刀点,从点 A 沿圆弧 $C1$、$C2$、$C3$ 到点 D 停止,进给速度为 100mm/min。

解:图中 $C1$ 为顺时针圆弧,$C2$ 为逆时针圆弧,$C3$ 为大于 180°的顺时针圆弧。采用绝对坐标编程。程序如下:

G92　X0　Y18;
G90　G02　X18　Y0　I0　J－18　F100　S300　T01　M03;
G03　X68　Y0　I25　J0
G02　X88　Y20　I0　J20　M02;

若采用半径 R 法,则程序如下:

G92　X0　Y18;
G90　G02　X18　Y0　R18　F100　S300　T01　M03;
G03　X68　Y0　R25;
G02　X88　Y20　R－20　M02

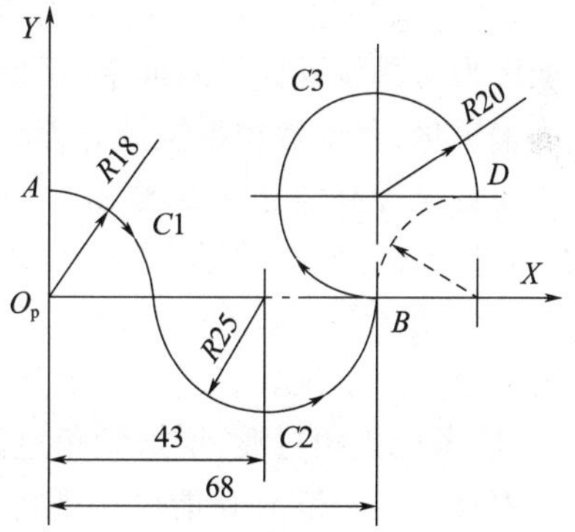

图 2－32　圆弧铣削加工编程

7. 刀具半径补偿指令——G40、G41、G42

现在一般的数控装置大多具有刀具半径补偿功能。使用刀具半径补偿指令后,编制零件加工程序时,不需要计算刀具中心运动轨迹,而只需要按零件轮廓编程。输入刀具半径值,数控系统便能自动地计算出刀具中心的偏移向量,进而得到偏移后的刀具中心轨迹,并使数控系统按刀具中心轨迹运动。

加工图 2－33 所示的零件轮廓时,使用了刀具半径补偿指令后,数控系统会控制刀具中心自动按图中虚线进行走刀加工。

G41 为左偏刀具半径补偿,是指沿着刀具运动方向向前看(假设工件不动),刀具位于零件左侧的刀具半径补偿,如图 2-34 所示。

G42 为右偏刀具半径补偿,是指沿着刀具运动方向向前看(假设工件不动),刀具位于零件右侧的刀具半径补偿,如图 2-34 所示。

G40 为刀具半径补偿撤销。使用该指令后,使 G41、G42 指令无效。

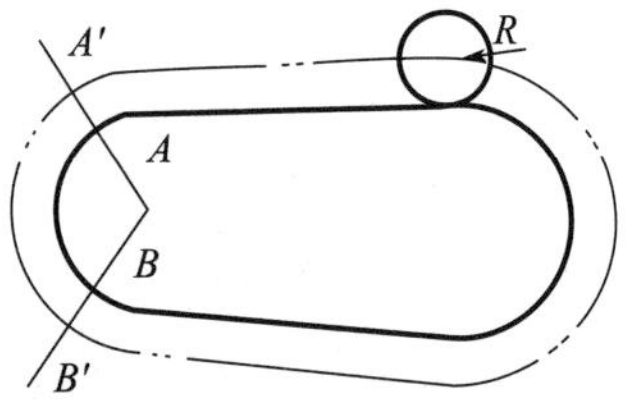

图 2-33　刀具半径补偿原理

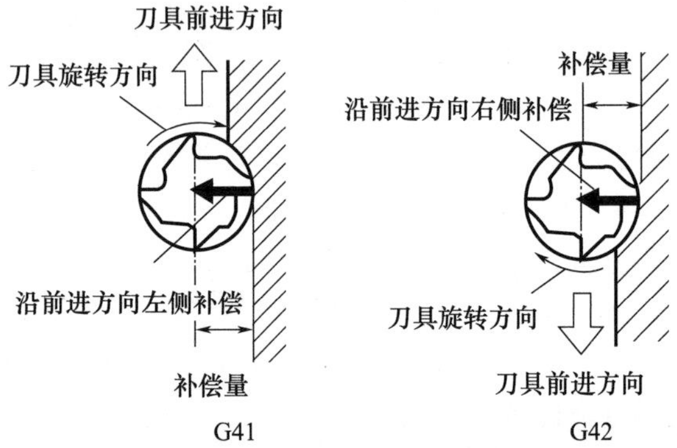

图 2-34　刀具半径补偿方向

编程格式:G01　G41/G42　X～　Y～　H～

G01　G40　X～　Y～

说明:X、Y 为建立刀具半径补偿直线段的终点坐标值;

H 为刀具偏置代号地址字,后面一般用两位数字表示代号。H 代码存放刀具半径值作为偏置量,用于数控系统计算刀具中心的运动轨迹。

刀具半径补偿分为 B 类和 C 类。B 类补偿是只能实现在本程序段内的刀具半径补偿,而对于程序段间的过渡不予处理。对于直线插补段,只能实现程序给定的直线段相对长度的直线插补。对于圆弧插补段可实现程序给定的圆弧半径与刀具半径之和或差的同心圆插补。对于仅具有刀具半径补偿 B 功能的数控系统,在编程时除零件轮廓各程序段外,还应考虑尖角过渡,增加尖角过渡辅助程序段。

刀具半径补偿 C 功能可实现自动尖角过渡,只要给出零件轮廓的程序数据,数控系统便能自动地进行拐角处的刀具轨迹交点的计算。刀具半径补偿 C 功能可用于内、外拐角轮廓的加工,编制程序时可不考虑其尖角过渡。以下所讲的刀具补偿都是指 C 功能补偿。

刀具半径补偿过程包括三步:建立刀补、刀补进行和刀补撤销。

数控系统启动时,总是处在刀补撤销状态。这时,刀具的偏移向量为 0,刀具中心轨迹与编程路线一致。在补偿撤销状态下,如果同时满足以下三个条件的程序段被执行,系统就进入偏置状态,即建立了补偿。

(1)G41 或 G 42 被指定,系统即进入 G41 或 G42 状态;

(2)刀具补偿的偏置量不是 H00;

(3)在偏置平面内指定了不为 0 的任意一轴上的移动。

建立刀具补偿的过程,如图 2-35(a)所示。当建立起正确的偏移向量后,系统就将按程序要求实现刀具中心的运动,如图 2-34(b)所示。需要注意的是,在补偿状态中不得变换补偿平面，否则系统将报警。

当加工处在偏置状态时，如果满足下列任一条件的程序段被执行，那么系统就进入刀补撤销状态，过程如图 2－34(c)所示。

(1)指定了 G40；

(2)指定了 H00 为刀具补偿的偏置号。

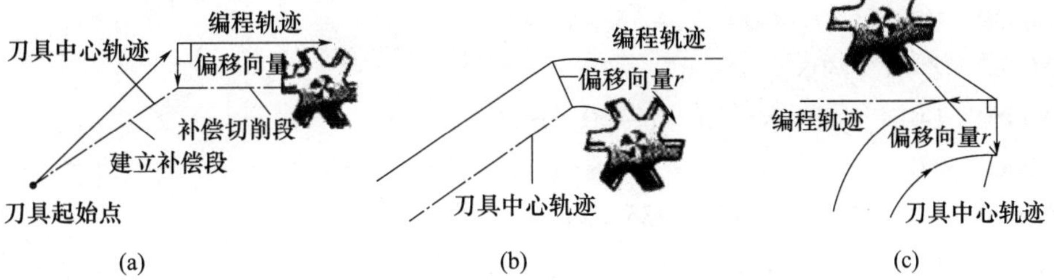

图 2－35　刀具半径补偿

(a)建立刀补；(b)刀补进行；(c)刀补撤销。

刀具半径补偿的终点应放在刀具切出工件以后，否则会发生碰撞。

例 2－4　应用刀具半径补偿指令在数控铣床上加工图 2－36 所示的零件。

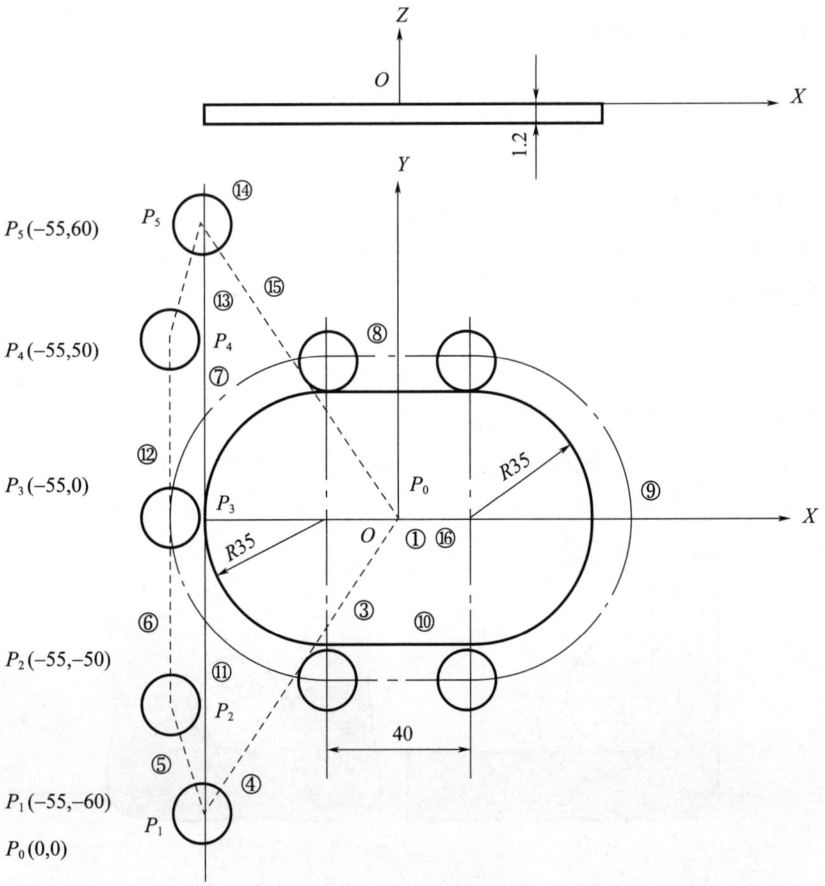

图 2－36　刀补编程实例

解:该零件编程原点选为 O,起刀点在 O,其走刀路线如图 2-36 所示为 1—3—4—5—6—7—8—9—10—11—12—13—14—15—16。刀具半径为 $R5$,主轴转速为 600r/min,进给速度为 120mm/min,刀具偏置地址为 H03,并存入值 5,程序名为 O 0100。程序如下:

```
O 0100
N0010  G92  X0  Y0  Z10;
N0020  S600  M03;
N0030  G90  G17  G00  X-55  Y-60;
N0040  Z-2  M08
N0050  G01  G41  X-55  Y-50  H03  F120
N0060  Y0
N0070  G02  X-20  Y35  I35  J0
N0080  G01  X20  Y35
N0090  G02  X20  Y-35  I0  J-35
N0100  G02  X-20  Y-35
N0110  G02  X-55  Y0  I0 J35
N0120  G01 X-55  Y50
N0130  G01  G40  X-55  Y60  M09
N0140  G00  Z10  M05
N0150  X0  Y0
N0160  M30
参数设置:H03=5
```

在使用刀具半径补偿功能时,还应注意以下几个问题。

(1)偏置量的改变。偏置量一般是在刀补撤销状态下通过重新设定偏置量进行改变,但也可以在已偏置状态下改变。这时,每一程序段终点的向量值是根据该程序段所指定的偏移量来计算的。

(2)偏置量的符号。在使用刀具补偿的过程中,如果偏置值的符号为负,那么 G41 和 G42 指令将相互取代,偏移向量也将反向。

(3)应注意由于刀具半径补偿引起的过切,过切发生在如下两种情况:①当刀具半径大于所加工的工件内轮廓拐角时,如图 2-37(a)所示;②当刀具直径大于所加工沟槽时,如图 2-37(b)所示。

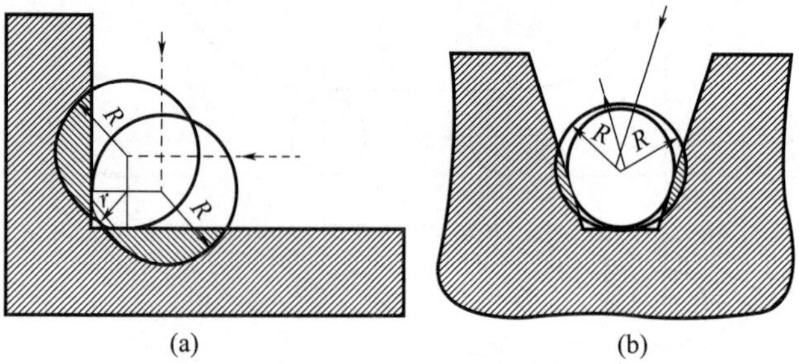

图 2-37　刀具半径补偿引起的过切
(a)加工内轮廓拐角;(b) 加工沟槽。

当刀具磨损或刀具重磨后，刀具半径变小，只需要手工输入改变后的刀具半径，而不必修改已编好的程序。在用同一把半径为 R 的刀具进行粗、精加工时，设精加工余量为 Δ，则粗加工的偏置量为 $R+\Delta$，而精加工的偏置量改为 R 即可，如图 2－38 所示。

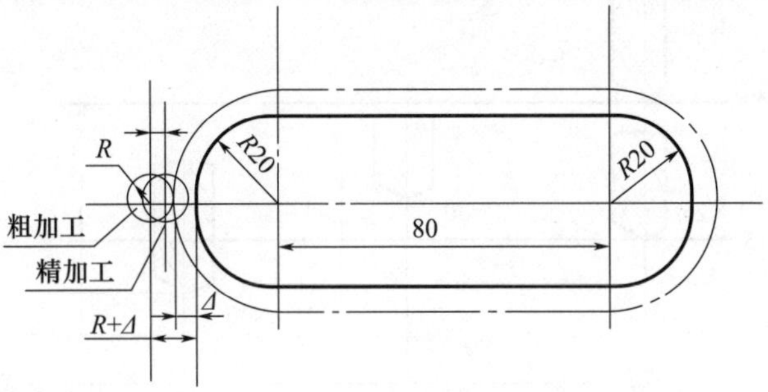

图 2－38　刀具半径补偿应用举例

8. 刀具长度补偿指令——G43、G44、G49

当数控装置具有刀具长度补偿功能时，在程序编制中，就可以不必考虑刀具的实际长度以及各把刀具不同的长度尺寸。使用刀具长度补偿指令，用手工输入刀具长度尺寸，由数控装置自动计算出刀具在长度方向上的位置并进行加工。另外，当刀具磨损、更换新刀或刀具安装有误差时，也可使用刀具长度补偿指令，补偿刀具在长度方向上的尺寸变化，不必重新编制加工程序、重新对刀或重新调整刀具。

G43 指令表示刀具长度正补偿；

G44 指令表示刀具长度负补偿；

G49 指令表示撤销刀具长度补偿。

编程格式：

G01　G43/G44　Z～　H～

…

G01　G49

说明：H 与上述刀具半径补偿时含义相同，不过偏置号中放入刀具的长度补偿值作为偏置量。

无论是采用绝对方式还是增量方式编程，在程序执行时，都是将存放在偏置地址 H 中的偏置量与 Z 坐标的尺寸字进行运算后，按其结果进行 Z 抽的移动。使用 G43 指令时，是将 H 中的值加到 Z 向尺寸字上，使用 G44 指令时，是从 Z 向尺寸字中减去 H 中的数值。

例如，当运行下列程序时，刀具的运动情况如图 2－39 所示。

N10　G92　X0　Y0　Z30

N20　G90　G01　Z15　F100

N25　G01　X30

N30　G43　G01　Z15　H01

N35　G01　X60

N40　G43　G01　Z15　H02

N50　G49　G01　Z30

N60　M30

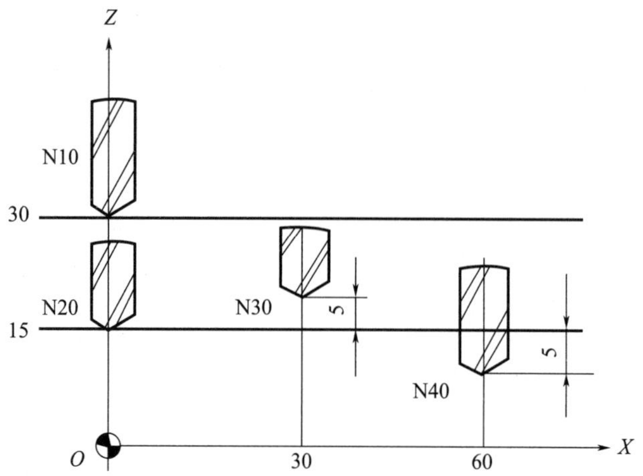

图2-39 刀具长度补偿

设置,H01=5,H02=-5。

9. 固定循环指令

数控加工中,一般一个动作就要编制一条加工程序,但在许多情况下,常需重复一组固定的动作。例如,钻孔时,往往需要快速接近工件、慢速钻孔、钻完快速退回三个固定的动作。又如,车螺纹时,需要切入、车螺纹、刀具径向(或斜向)退出、再快速返回四个动作。对这些典型的、固定的几个动作,用一条固定循环指令去执行,程序段数会大大减少。对于多次重复的固定循环指令(如车螺纹)在程序段中加入"循环次数"指令和每次循环时刀具的推进量,则程序段数更为减少。这种固定循环程序既能使程序编制简短、方便又能提高编程质量。

常用G80~G89作为固定循环指令。而在有些车床中,常用G33~G35与G76~G79作为固定循环指令。固定循环指令随机床的种类、型号、生产厂家等而变化,不是通用的。

以上G指令的应用及编程方法,在具体使用时,还要特别注意各机床说明书(编程手册)中的具体规定,严格按其规定使用。

2.6 数控车床程序编制

数控车床主要用于加工轴类、套类和盘类等回转体零件,可完成端面、内/外圆柱面、锥面、螺纹、回转曲面的切削加工。

2.6.1 数控车床编程特点

(1)被加工零件的径向尺寸图样标注和测量值大多以直径值表示,故一般绝对编程时X以直径值表示,增量编程时U以径向实际位移量的两倍值表示,并附上方向符号(正向省略)。

(2)由于常用棒料毛坯或铸锻件毛坯,加工余量较大,为简化编程,出现了各类固定循环指令,如内/外圆柱面循环、内/外圆锥面循环、切槽循环、端面切削循环、内/外螺纹加工循环等,以便进行多次重复循环切削。

(3)许多数控车床用 X、Z 表示绝对坐标指令,用 U、W 表示增量坐标指令,而不用 G90、G91 指令。

(4)由于车刀刀尖圆弧半径的存在,大多数数控车床具有刀具位置补偿(即长度补偿)和刀具半径补偿功能(G41、G42),可直接按零件轮廓编程。

下面以配置 FANUC - 0T 系统的 MJ - 460 数控车床为例,介绍数控车床加工程序编制方法。

2.6.2　数控工件坐标系的设定

在编制数控加工程序之前,先要设定工件坐标系(编程坐标系)。

1. 数控车床坐标系

在数控车床开机之后,当完成了刀具返回参考点的操作时,屏幕上立即显示刀架中心在机床坐标系中的坐标值,即建立起了机床坐标系。MJ - 460 数控车床的机床坐标系及机床参考点 R 与机床原点 M 的相对位置如图 2 - 40 所示。

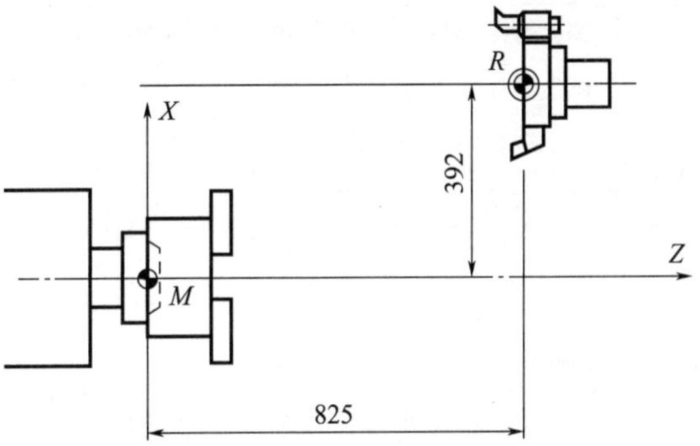

图 2 - 40　MJ - 460 的机床坐标系及机床参考点与机床原点的相对位置

在以下三种情况下,数控系统会失去对机床参考点的记忆,必须使刀架返回参考点 R。

(1)数控车床关机以后重新接通电源开关时。

(2)数控车床解除急停状态后。

(3)数控车床超程报警信号解除之后。

2. 工件坐标系的设定

工件原点一般设在主轴中心线与工件左端面或右端面的交点处。确定了工件原点,也就确定了工件坐标系。工件坐标系设定后,屏幕上显示的是基准车刀刀尖相对工件原点的坐标值。在 FANUC - 0T 系统中,建立工件坐标系使用 G50 功能指令,格式如下:

G50　X ~　Z ~;

X、Z 表示起刀点相对于工件原点的坐标。当系统执行该指令后,刀具并不运动。

例如:在图 2 - 41 中,O 为工件原点。P_0 为刀具起始点,设定工件坐标系的程序段为:

G50　X300　Z480;

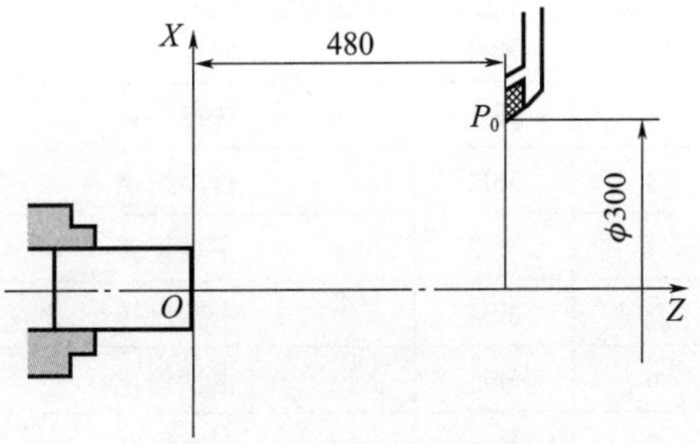

图 2 - 41　设定工件坐标系的例子

换刀点是指刀架转位换刀时所在的位置。

换刀点可以和起刀点重合,也可以在参考点,还可以单独设定一点。设定原则是以刀架转位时不碰撞工件和车床上其他部件为准则。换刀点的坐标值一般用实测的方法来设定。

2.6.3 基本编程指令

FANUC 数控系统要求每个程序有一个程序名,程序名由字母 O 开头和 4 位数字组成如 O0001、O1000、O9999 等。

FANUC－0T 系统 G 代码的分组及功能见表 2－3,M 代码的分组及功能如表 2－4 所示。不同组 G 代码编写在同一程序段内均有效;相同组 G 代码若编写在同一程序段内,后面的 G 代码有效。

表 2－3　FANUC－0T 系统 G 代码的分组及功能

序号	代码	组别	功能	序号	代码	组别	功能
1	G00	01	快速定位	17	G50	00	坐标系、主轴最大转速
2	G01		直线插补	18	G65		调用宏循环
3	G02		圆弧插补(顺时针)	19	G70	00	精车循环
4	G03		圆弧插补(逆时针)	20	G71		外圆粗车循环
5	G04	00	暂停	21	G72		端面粗车循环
6	G10		数据设定	22	G73		固定形状粗车循环
7	G20	06	英寸制	23	G74		深孔钻削循环
8	G21		米制	24	G75		外圆车槽循环
9	G25	08	主轴速度波动检测断	25	G76		螺纹车削复合循环
10	G26		主轴速度波动检测通	26	G90	01	外圆切削循环
11	G27	00	参考点返回检查	27	G92		螺纹切削循环
12	G28		参考点返回	28	G94		端面切削循环
13	G32	01	螺纹切削	29	G96	02	主轴恒线速控制
14	G40	07	取消刀尖半径补偿	30	G97		取消主轴恒线速控制
15	G41		刀尖半径左补偿	31	G98	05	每分钟进给
16	G42		刀尖半径右补偿	32	G99		每转进给

表 2－4　FANUC－0T 系统 M 代码的分组及功能

序号	代码	功能	序号	代码	功能
1	M00	程序停止	8	M09	切削液关
2	M01	选择停止	9	M23	切削螺纹倒角
3	M02	程序结束	10	M24	切削螺纹不倒角
4	M03	主轴正转	11	M30	复位并返回程序开始
5	M04	主轴反转	12	M98	调子程序
6	M05	主轴停止	13	M99	返回子程序
7	M08	切削液开			

00 组代码为非模态代码,其他各组中的 G 代码均为模态代码。模态代码在某一程序

段及之后可以一直有效。非模态代码只在本程序段有效,若下一程序段还有相同的功能,则该代码不能省略。

1. 快速定位指令 G00

格式:G00　X(U) ~ Z(W) ~;

说明:G00 指令使刀具在点位控制方式下从当前点以快移速度向目标点移动,G00 可以简写成 G0。X、U 的坐标值均为直径量。绝对坐标 X、Z 和增量坐标 U、W 可以混编。不运动的坐标可以省略。

如图 2-42 所示,刀尖从点 A 快进到点 B,分别用绝对坐标、增量坐标和混合坐标方式写出的程序段如下:

绝对坐标方式:G00　X40　Z58;

增量坐标方式:G00　U-60　W-28.5;

混合坐标方式:G00　X40　W-28.5;或　G00　U-60　Z58;

2. 直线插补指令 G01

格式: G01　X(U) ~ Z(W) ~ F ~;

说明:

(1)G01 指令使刀具以 F 指定的进给速度直线移动到目标点,一般将其作为切削加工运动指令,既可以单坐标移动,又可以两坐标联动插补移动。X(U)、Z(W)为目标点坐标。F 为进给速度(进给量),在 G98 指令下,F 为每分钟进给量(mm/min);在 G99 指令(默认状态)下,F 为每转进给量(mm/r)。

(2)程序中只有一个坐标值 *X* 或 *Z* 时,刀具将沿该坐标方向移动;有两个坐标值 *X* 和 *Z* 时,刀具将按所给的终点直线两坐标插补运动。如图 2-43 所示,若让刀具从 *O* 点运动到点 *a*,G01 的运动路线是 *Oa*,G00 的运动路线是 *Oba*。

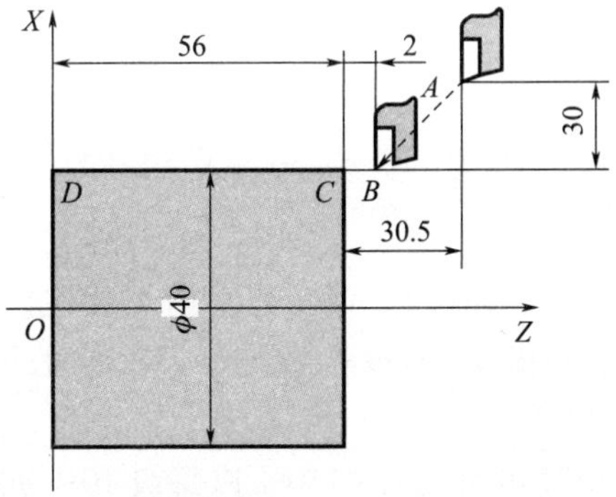

图 2-42　G00 指令例子

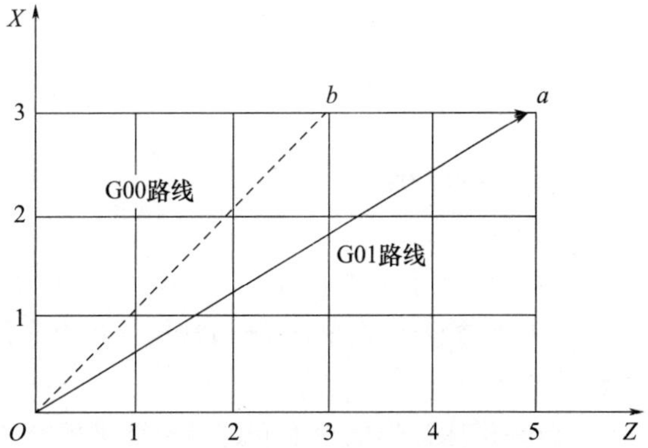

图 2-43　G00 与 G01 的刀具移动路线

3. 圆弧插补指令 G02、G03

格式:G02(G03)　X(U) ~ Z(W) ~ R ~ F ~;

　或　G02(G03)　X(U) ~ Z(W) ~ I ~ K ~ F ~;

说明:

(1)该指令控制刀具按所需圆弧运动。G02 为顺时针圆弧插补指令,G03 为逆时针圆弧插补指令；X、Z表示圆弧终点绝对坐标，U、W表示圆弧终点相对于圆弧起点的增量坐标，R表示圆弧半径，I、K表示圆心相对圆弧起点的增量坐标，F表示进给速度。

（2）以上是按照刀架后置（标准型）情况进行的。若按照刀架前置情况，G02为逆时针圆弧插补指令，G03为顺时针圆弧插补指令。

4. 程序延时（暂停）指令 G04

格式：G04　X ~；或 G04　U ~；或 G04　P ~；

说明：

（1）G04指令按给定时间延时，不做任何动作，延时结束后再自动执行下一段程序。车削环槽、不通孔及自动加工螺纹时，该指令可使刀具在短时间无进给光整加工。

（2）X、U表示s（秒），P表示ms（毫秒）。程序延时范围为16ms ~ 9999.999s。

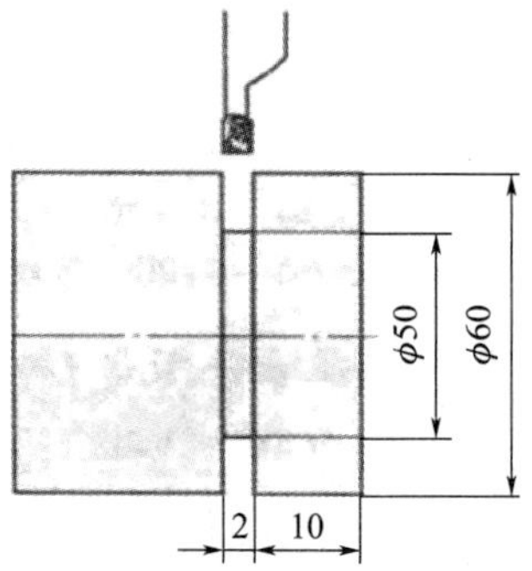

图2－44　车槽

例如：暂停2.5s的加工程序：

G04　X2.5；或 G04　U2.5；或 G04　P2500；

例如：车削图2－44所示 φ50×2 槽，编程如下：

N010　G00　X62　Z－12；

N011　G01　X50　F0.08；

N012　G04　U1；　（工件旋转，而刀具暂停进给1s，目的是保证槽底精度）

N013　G00　X62；

5. 英寸制和米制输入指令 G20、G21

格式：G20（G21）；

说明：

（1）G20表示英寸制输入，G21表示米制（公制）输。G20和G21是两个可以相互取代的代码，但不能在一个程序中同时使用G20和G21。

（2）机床通电后的状态为G21状态。

6. 进给速度控制指令 G98、G99

格式：G98（G99）；

说明：

（1）G98为每分钟进给（mm/min），G99为每转进给（mm/r）。G98通常用于数控铣床、加工中心类进给指令，G99通常用于数控车床类进给指令。G99为数控车床通电后的状态。

（2）在机床操作面板上有进给速度倍率开关，进给速度可在0 ~ 150%以每级10%进行调整。

7. 参考点返回检测指令 G27

格式：G27　X（U）~；（X向参考点检查）

　　　G27　Z（W）~；（Z向参考点检查）

　　　G27　X（U）~ Z（W）~；（X、Z向参考点检查）

说明：

（1）G27指令用于参考点位置检测。执行该指令时刀具以快速运动方式在被指定的位置上定位,到达的位置如果是参考点,则返回参考点灯亮。仅一个轴返回参考点时,对应轴的灯亮。若定位结束后被指定的轴未返回参考点则出现报警。执行该指令前应取消刀具位置偏置。G27 指令运动速度、模式与 G00 一样。

(2)X、Z 表示参考点在编程坐标系的坐标值,U、W 表示到参考点所移动的距离。

(3)执行 G27 指令的前提是机床在通电后必须返回过一次参考点。

8. 自动返回参考点指令 G28

格式:G28　X(U) ~ ;(X 向返回参考点)

G28　Z(W) ~ ;(Z 向返回参考点)

G28　X(U) ~ Z(W) ~ ;(X、Z 向同时返回参考点)

说明:

(1)G28 指令可使被指令的轴自动地返回参考点。X(U)、Z(W)是返回参考点过程中的中间点位置,用绝对坐标或增量坐标指令。

(2)X(U)、Z(W)是刀架出发点与参考点之间的任一中间点,但此中间点不能超过参考点。有时为保证返回参考点的安全,应先 X 向返回参考点,然后 Z 向返回参考点。

如图 2 - 45 所示,在执行"G28　X40　Z50;"后,刀具以快速移动速度从点 *B* 开始移动,经过中间点 *A*(40,50)移动到参考点 *R*。指定中间点的目的是防止与点 *C* 产生干涉,因为 G28 指令运动速度、模式与 G00 一样。

9. 主轴控制指令 G96、G97

格式:G96　S ~ ;

G97　S ~ ;

说明:

(1)G96 指令用于接通机床恒线速控制,此处 S 指定的数值表示切削速度(m/min)。数控装置从刀尖位置处计算出主轴转速,自动而连续地控制主轴转速,使之始终达到由 S 指定的数值。设定恒线速可以使工件各表面获得一致的表面粗糙度。

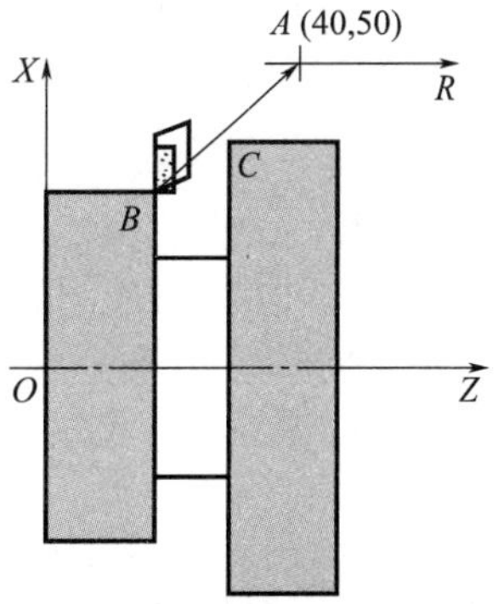

图 2 - 45　自动返回参考点

(2)G97 指令用于取消恒线速控制,并按 S 指定的主轴转速(r/min)旋转,也可以不指定 S。

(3)在恒线速控制中,数控系统是将 X 的坐标值当作工件的直径来计算主轴转速,所以在使用 G96 指令前必须正确地设定工件坐标系。

(4)当刀具逐渐靠近工件中心时,主轴转速会越来越高,此时工件有可能因卡盘调整压力不足而从卡盘中飞出。为防止这种事故发生,在使用 G96 指令之前,最好设定 G50 指令来限制主轴最高转速。

10. 主轴最高转速设定指令 G50

格式:G50　S ~ ;

说明:G50 指令有工件坐标系设定和主轴最高转速设定两种功能,此处指后一种功能,用 S 指定的数值来设定主轴最高转速(r/min),如"G50　S2500;"是把主轴最高转速设定为 2500r/min。

11. 螺纹车削指令 G32

格式:G32　X(U) ~ Z(W) ~ F ~ ;

说明:

(1)使用G32指令可进行等螺距的直螺纹、圆锥螺纹以及端面螺纹的切削。该指令较少使用,因为它不如使用G92、G76指令方便。

(2)X(U)、Z(W)为螺纹终点坐标,F为长轴螺距。

(3)δ_1、δ_2为车削螺纹时的切入量与切出量(图2-46)。一般$\delta_1=2\sim5\text{mm}$,$\delta_2=(1/2\sim1/4)\delta_1$。

(4)背吃刀量及进给次数需要查表确定,否则难以保证螺纹精度,或会发生崩刀现象。

(5)车削螺纹时,主轴转速应在保证生产效率和正常切削的情况下,选择较低转速。

(6)在螺纹粗加工和精加工的全过程中,不能使用进给速度倍率开关调节速度,进给速度保持开关也无效。

例2-5　图2-46为直螺纹车削。已知直螺纹车削参数:螺纹螺距$P=2\text{mm}$,切入量$\delta_1=3\text{mm}$,切出量$\delta_2=1.5\text{mm}$,若分两次车削,每次背吃刀量$a_p=0.5\text{mm}$。试编程。

解:编程如下:

```
……
N100　G00　U-60;
N110　G32　W-74.5　F2;
N120　G00　U60;
N130　W74.5;
N140 U-61;
N150　G32　W-74.5　F2;
N160　G00　U61;
N170　W74.5;
……
```

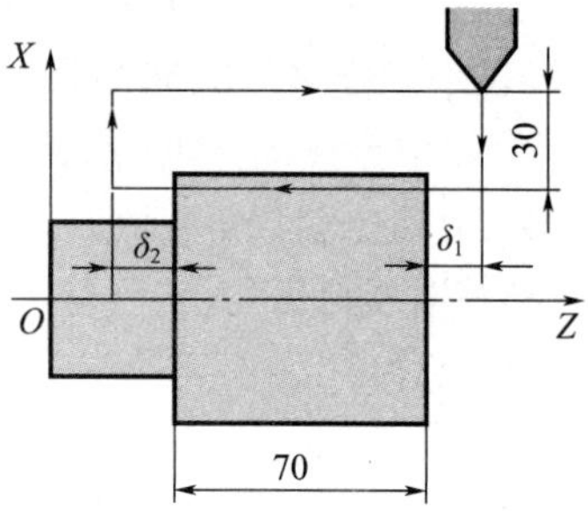

图2-46　直螺纹车削

2.6.4　车削加工循环指令

1. 单一外形固定循环指令 G90、G92、G94

1)外径、内径车削循环指令 G90

格式:圆柱面车削循环:G90　X(U) ~ Z(W) ~ F ~ ;

　　　圆锥面车削循环:G90　X(U) ~ Z(W) ~ R ~ F ~ ;

说明:

(1)X、Z为相对于循环起点的对角点(切削终点)坐标,U、W为对角点相对于循环起点的坐标增量值。

图2-47为圆柱面车削循环,图中R表示G00快速进给,F为按指定速度G01车削进给。单程序段加工时,按一次循环启动键,可进行1、2、3、4轨迹的全部操作。

图2-48为圆锥面车削循环,图中R表示圆锥体大小端的半径差(注:半径量),确定方法是刀具起点坐标大于终点坐标时为正,反之为负,图中R为负值。

(2)G90、G92、G94 都是模态量，在没有被同组的其他代码(G00、G01)取代以前，程序中又出现 M 功能代码时，则先将 G90、G92、G94 代码重新执行一遍，然后执行 M 功能代码。

例如：N100　G90　U－50　W－20　F0.2；

N110　M00；

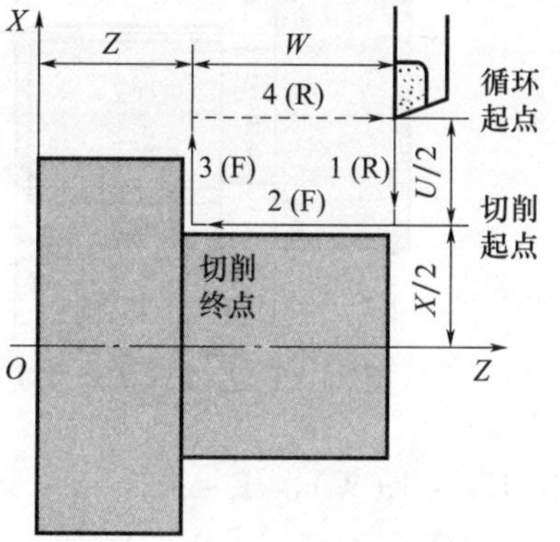

图 2－47　G90 圆柱面车削循环

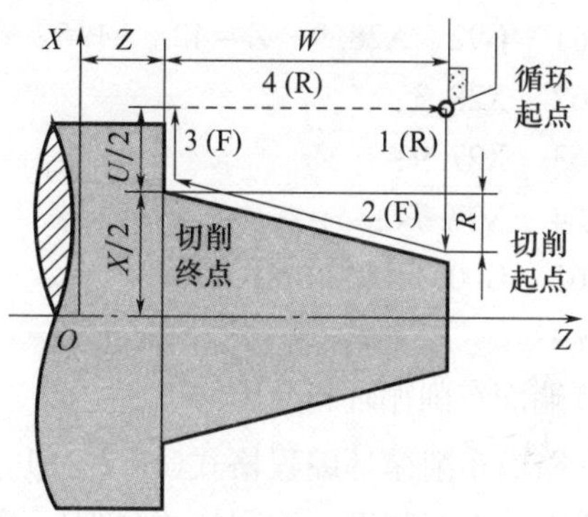

图 2－48　G90 圆锥面车削循环

当执行完 N110 段时，先重复执行 N100 段的动作，然后执行 N110 段。为避免这种情况，应将程序段改为

N100　G90　U－50　W20　F0.2；

N110　G00　M00；(此处 G00 仅取消 G90 状态，并不执行任何动作)

2)螺纹车削循环指令 G92

直螺纹车削循环的编程格式[图 2－49(a)]：G92　X(U)～Z(W)～F～；

圆锥螺纹车削循环的编程格式[图 2－49(b)]：G92　X(U)～Z(W)～R～F～；

说明：X(U)、Z(W)为切削终点坐标，F 为螺纹的螺距或导程，R 为锥螺纹大小端的半径差(半径量)，正负号定义同 G90。

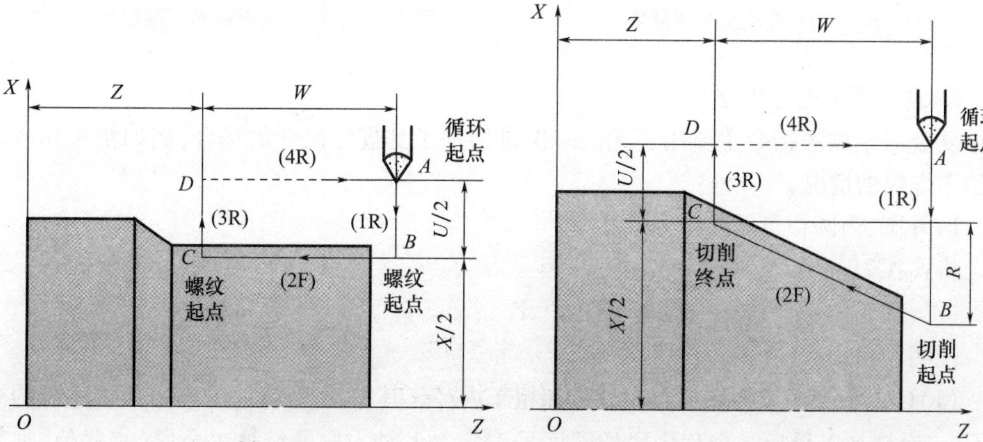

(a)　(b)

图 2－49　G92 螺纹车削循环

(a)直螺纹；(b)圆锥螺纹。

例2-6 编写图2-50所示普通螺纹M30×1.5的加工程序。已知切入量δ_1=5mm,切出量δ_2=2mm。牙顶实际尺寸$d'=d-0.2P=(30-0.2\times1.5)$mm=29.7mm。查表可知,牙深为0.974mm。每刀车削直径量分别为0.8mm、0.6mm、0.4mm、0.16mm。

解:编程如下:

```
……
N60  G00  X35  Z5;
N61  G92  X28.9  Z-42  F1.5;
N62  X28.3;
N63  X27.9;
N64  X27.74;
N65  G00  X200  Z100;
……
```

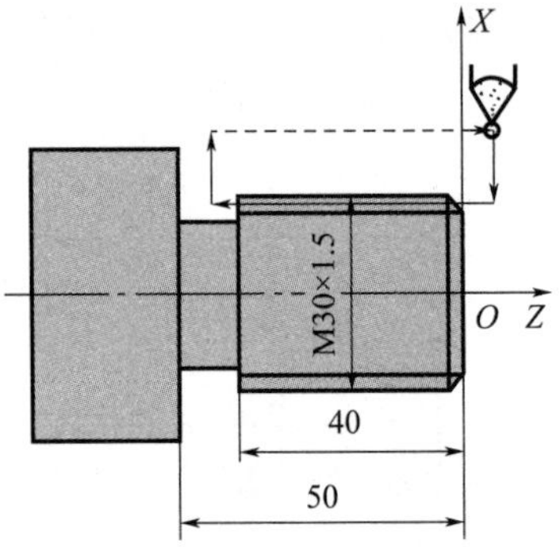

图2-50 G92车削螺纹实例

3)端面车削循环指令G94

直端面车削循环编程格式(图2-51):G94 X(U)~ Z(W)~ F~;

圆锥端面车削循环编程格式(图2-52):G94 X(U)~ Z(W)~ R~ F~;

G94各代码的用法同G90指令。

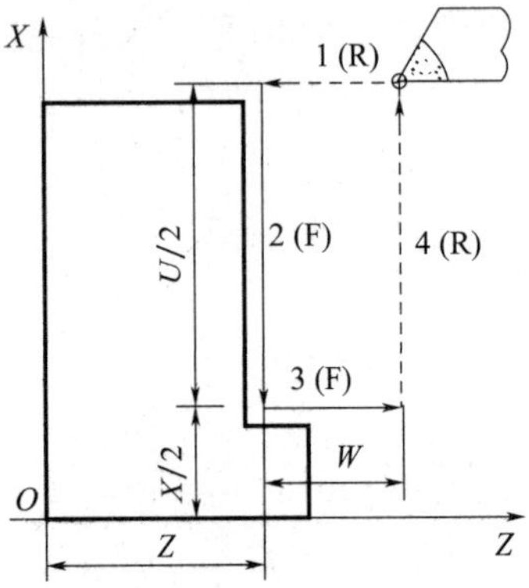

图2-51 G94直端面车削循环

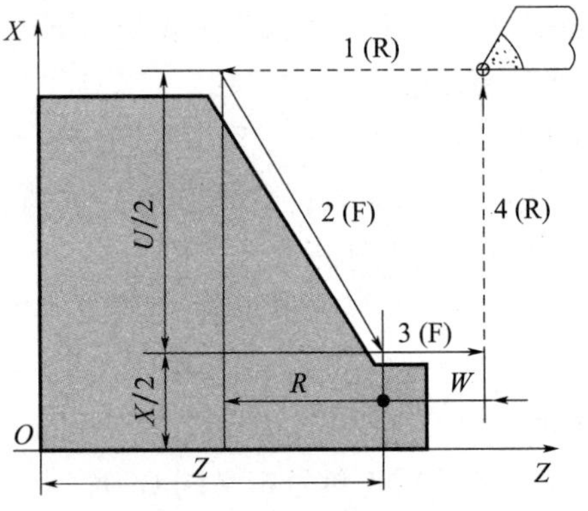

图2-52 G94圆锥端面车削循环

2. 复合固定循环指令

复合固定循环指令主要用于无法一次进给加工到规定尺寸的场合,例如粗车和多次进给车螺纹的情况。

1)外圆、内圆粗车循环指令G71

格式:G71 UΔd Re;

G71 Pn_s Qn_f UΔu WΔw F~;

说明:

(1)G71指令用于毛坯料粗车外径和粗车内径。其中,n_s为精加工第一个程序段的顺序号;n_f为精加工最后一个程序段的顺序号;Δu为X轴方向的精加工余量(直径值,加工外径$\Delta u>0$,加工内径$\Delta u<0$);Δw为Z轴方向的精加工余量;Δd为粗加工每次切削的背吃刀量(半径值,无符号输入);e为每次切削循环的退刀量。

(2)执行 G71 指令时,包含在 n_s 到 n_f 程序段中的 F 功能都不起作用,只有 G71 程序段中或 G71 程序段前设定的 F 功能有效。其刀具循环路径如图 2-53 所示。

2)端面粗车循环指令 G72

格式:G72　WΔd　Re;

　　G72　Pn_s　Qn_f　UΔu　WΔw　F~;

说明:G72 指令适用于圆柱毛坯料端面加工,其刀具循环路径如图 2-54 所示。G72 指令与 G71 指令类似,不同之处就是刀具路径是按径向方向循环的。

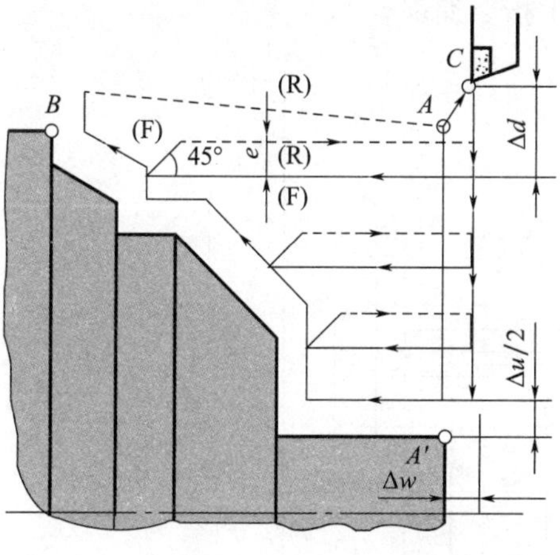

图 2-53　G71 外圆粗车循环

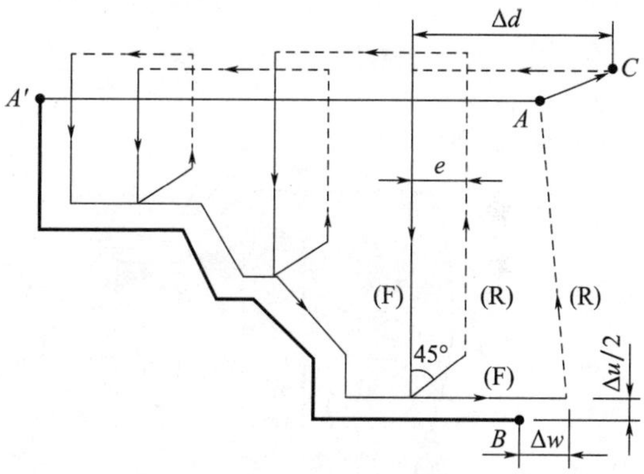

图 2-54　G72 端面粗车循环

3)固定形状粗车循环指令 G73

格式:G73　UΔi　WΔk　Rd;

　　G73　Pn_s　Qn_f　UΔu　WΔw　F~;

说明:

(1)G73 指令与 G71、G72 指令功能相同,只是刀具路径是按工件精加工轮廓进行循环的,如图 2-55 所示。如铸件、锻件等毛坯已具备了简单的零件轮廓,这时粗加工使用 G73 循环指令可以节省时间,提高功效。

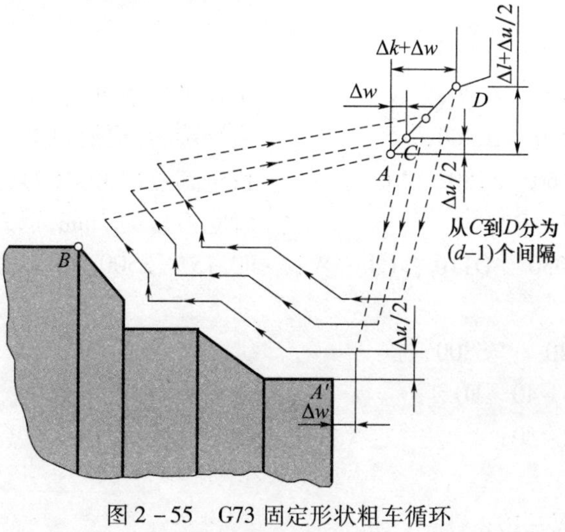

图 2-55　G73 固定形状粗车循环

(2)其中,n_s、n_f、Δu、Δw 的含义与 G71 相同;Δi 为 X 轴方向的总退刀量(半径值);Δk 为 Z 轴方向的总退刀量;d 为重复加工的次数。

4)精车循环指令 G70

格式:G70　Pn_s　Qn_f;

说明:G70 为执行 G71、G72、G73 粗加工循环指令以后的精加工循环指令。在 G70 指令程序段内要给出精加工第一个程序段的顺序号 n_s 和精加工最后一个程序段的顺序号 n_f。

例 2-7　如图 2-56 所示工件,试用 G70、G71 指令编程。

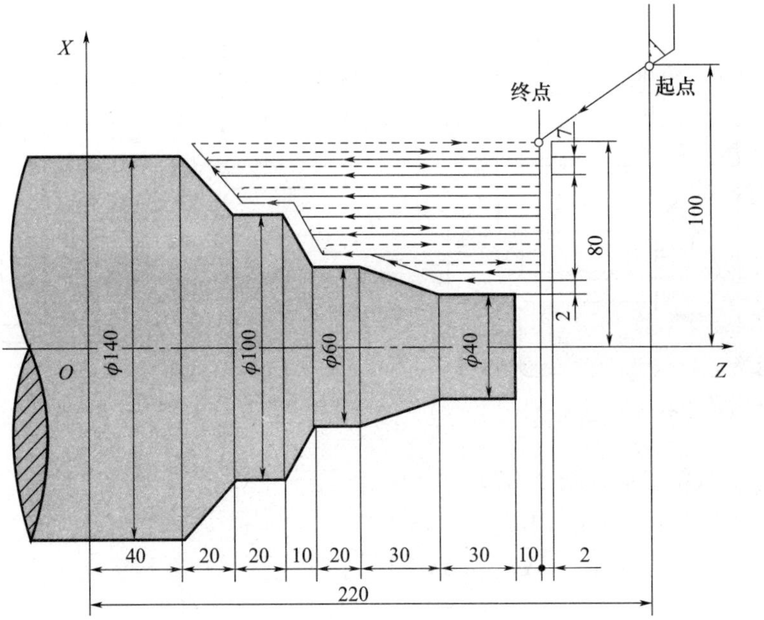

图 2-56　G71、G70 粗精车削实例

解:程序如下:

01000;	程序名
N010　G50　X200　Z220;	编程坐标系设定
N020　M04　S800　T0300;	主轴旋转,更换刀具
N030　G71　X160　Z180　M08;	快进到点(160,180),并打开切削液
N035　G71　U7　R2;	背吃刀量为 7mm,退刀量为 2mm

N040　G71　P050　Q110　U4　W2　F0.15　S500;粗车循环,从程序段 N050 到 N110

N050　G00　X40　S800;

N060　G01　W-40　F0.1;

N070　X60　W-30;

N080　W-20;

N090　X100　W-10;

N100　W－20；

N110　X－140　W－20；

N120　G70　P050　Q110；　　　　精车循环

N130　G00　X200　Z220　M09；　　返回初始点,并关闭切削液

N140　M30；　　　　　　　　　　　程序结束

注意:包含在粗车循环 G71 程序段中的 F、S、T 有效,包含在 n_s 到 n_f 中的 F、S、T 对于粗车无效。因此上例中粗车时的进给量为 0.15mm/r,主轴转速为 500r/min;精车时的进给量为 0.1mm/r,主轴转速为 800r/min。

另外,还有深孔钻削循环指令 G74、螺纹车削复合循环指令 G76,在此不再介绍。

2.6.5　刀具补偿指令

刀具功能又称 T 功能,用于刀具选择和刀具补偿。

格式:T　××　××

说明:

(1)前面的"××"为刀具号(01～12);后面的"××"为刀具补偿号(00～16),其中 00 表示取消某号刀的刀具补偿。

(2)通常以同一编号指令刀具号和刀具补偿号,以减少编程时的错误,如 T0101 表示 01 号刀调用 01 补偿号设定的补偿值,其补偿值存储在刀具补偿存储器内。又如 T0700 表示调用 07 号刀,并取消 07 号刀的补偿值。

数控车床的刀具补偿功能包括刀具位置补偿和刀尖圆弧半径补偿。

1. 刀具位置补偿

刀具位置补偿,又称刀具长度补偿或刀具偏移补偿,用于补偿不同刀具之间的刀尖位置偏移以及刀具的磨损。如图 2－57 所示,在编程与实际加工中,一般以其中一把刀具为基准,并以该刀具的刀尖位置 *A* 为依据来建立工件坐标系。当其他刀具转到加工位置时,由于刀具几何尺寸差异及安装误差,刀尖的位置 *B* 相对于点 *A* 就有偏移量。这样,原来以对刀点 *A* 设定的工件坐标系对这些刀具就不适用了。利用刀具位置补偿功能可以对刀具轴向和径向偏移量 *A* 实行修正,将所有刀具的刀尖位置都移至对刀点 *A*。

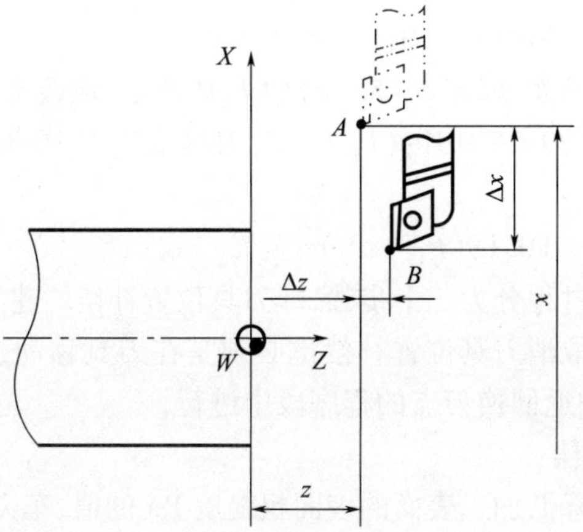

图 2－57　刀具位置补偿

刀具位置补偿一般用机床所配对刀仪自动完成,也可用手动对刀和测量工件加工尺寸的方法,测出每把刀具的位置补偿量并输入相应的存储器中。当程序执行了刀具位置补偿功能后,刀尖的实际位置就代替了原来的位置。

刀具位置补偿一般是在换刀指令后第一个含有移动指令的程序段中进行的。例如,N50 程序段如下:

N50 G00 X50 Z79 T0100;

该程序段中没有刀具补偿,刀尖运动轨迹如图 2-58(b)中所示,即从 P_0运动到 P_1。增加刀具补偿之后变为

N50 G00 X50 Z79 T0101;

若 01 号刀具相对于基准刀具 02 号补偿量为 $X=+4$(直径量)、$Z=-2$,如图 2-58(a)所示。其运动结果如图 2-58(c)中所示,刀尖从 P_0运动到 P_1'。如果下一个程序段是车 ϕ50mm 外圆,那么刀尖由 P_1'点开始运动到 P_2,加工出的零件表面是符合零件图样要求的。

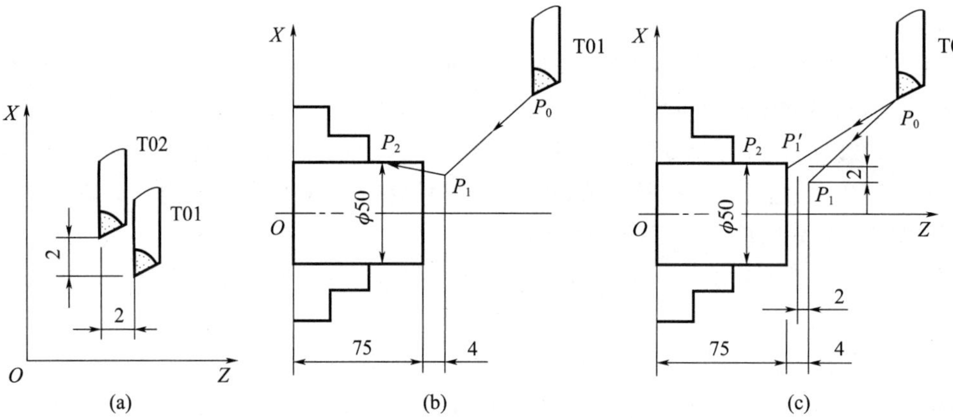

图 2-58 刀具位置补偿例子

(a)T02 为基准刀具;(b)无刀具补偿;(c)有刀具补偿。

如果采用下面的两程序段:

N50 G00 X50 Z79 T0100;($P_0 \rightarrow P_1$)

N60 G01 W-15 T0101 F0.1;($P_1 \rightarrow P_2$)

切削出的工件是圆锥面,如图 2-58(b)中 P_1P_2所示,应改为:

N50 G00 X50 Z79 T0101;($P_0 \rightarrow P_1'$,刀具从点 P_0运动到点 P_1'过程中,建立并执行刀具位置补偿)

N60 G01 W-15 F0.1;($P_1' \rightarrow P_2$)

刀具位置补偿实现过程分为三个步骤,即刀具位置补偿的建立、刀具位置补偿的执行和刀具位置补偿取消。取消刀具位置补偿也必须是在刀具移动过程中进行的,一般是在加工完该道工序之后,在返回换刀点的程序段中进行,

2. 刀尖圆弧半径补偿

为提高刀具寿命和降低加工表面的表面粗糙度 Ra 的值,车刀刀尖通常被刃磨成半径不大的圆弧。编程时以理想刀尖点(又称刀位点或理论刀尖点)来编程。而切削时,实际

起作用的切削刃是圆弧的各切点,这势必会产生加工表面的过切或欠切,如图 2 - 59 所示。刀尖圆弧半径补偿功能就是用来补偿由于刀尖圆弧半径引起的工件形状误差。

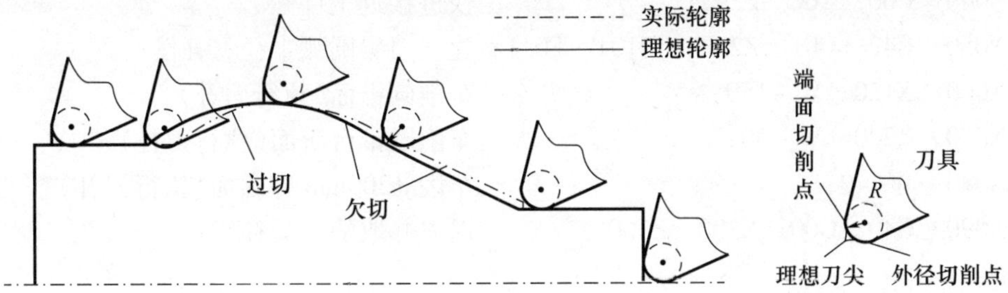

图 2 - 59　刀尖圆弧半径补偿

车刀的形状有很多,它能决定刀尖圆弧所处的位置。将车刀的形状和位置参数称为刀尖方位 T,用 0 ~ 9 表示。车刀的形状和位置如图 2 - 60 所示,点 *P* 为理想刀尖点。

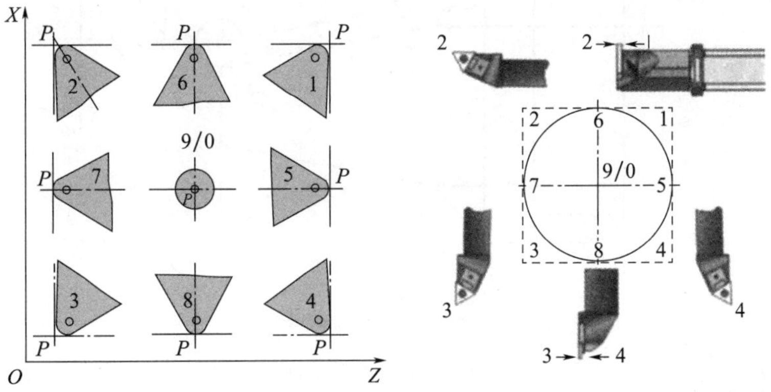

图 2 - 60　车刀的形状和位置

与每个刀具补偿号相对应,有一组刀具位置补偿值 X 和 Z、刀尖圆弧半径 R 以及刀尖方位 T 值。将这些参数值输入存储器中。

刀尖圆弧半径补偿的建立或取消指令格式如下:

G41(或 G42、G40)　G00(或 G01)　X(U) ~ Z(W) ~ T ~ F ~;

说明:

(1)刀尖圆弧半径补偿的建立或取消必须在位移移动指令(G00、G01)中进行。X(U)、Z(W)为建立或取消刀具补偿程序段中刀具移动的终点坐标;T 代表刀具功能,如 T0707 表示用 07 号刀并调用 07 号补偿值建立刀具补偿;F 表示进给量,用 G00 编程时,F 值可省略。G41、G42、G40 均为模态指令。

(2)刀尖圆弧半径补偿和刀具位置补偿一样,其实现过程分为三大步骤,即刀补建立、刀补执行和刀补取消。

(3)如果指令刀具在刀尖半径大于圆弧半径的圆弧内侧移动,则程序将出错。

(4)由于系统内部只有两个程序段的缓冲存储器,因此在刀具补偿的执行过程中,不允许在程序里连续编制两个以上无移动的指令,以及单独编写的 M、S、T 程序段等。

例 2 - 8　车削图 2 - 61 所示的零件,采用刀尖圆弧半径补偿指令编程。

解:程序如下

……

```
N040  G00  X60  Z295;                  快进接近工件
N050  G42  G01  Z290  T0101  F0.1;     建立刀尖圆弧半径右补偿
N060  X120  W-150;                     车削圆锥面(执行刀补)
N070  X200  W-30;                      车削圆锥台阶面(执行刀补)
N080  W-40;                            车削φ200mm外圆面(执行刀补)
N090  G40  G00  X300  Z300;            退刀并取消刀具补偿
```

……

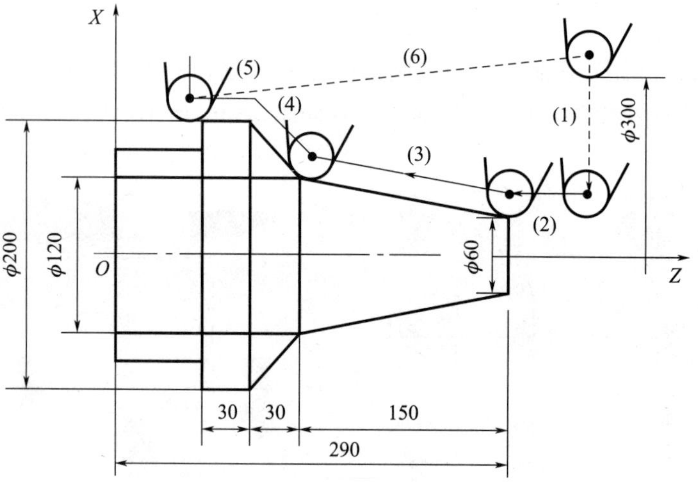

图2-61　刀尖圆弧半径补偿编程

思考题与习题

1. 什么是数控编程？数控编程的步骤有哪些？

2. 数控编程有哪几种方法？各有何特点？

3. 什么是“字地址可变程序段格式”？为什么现代数控系统常用这种格式？

4. 数控车床的 *X*、*Y*、*Z* 坐标轴及其方向是如何确定的？

5. 数控机床的机床坐标系和工件坐标系之间的关系如何？

6. 准备功能G代码和辅助功能M代码在数控编程中的作用如何？

7. M00、M01、M02、M30指令各有何特点？如何应用？

8. F、S、T功能指令各自的作用是什么？

9. 什么是基点？什么是节点？什么是对刀点、刀位点、换刀点？什么是工件原点、机床零点？

10. 试描述数控卧式车床、数控卧式铣床、数控立式铣床的坐标系。

11. G00、G01、G02与G03的不同点在哪里？G41、G42、G43、G44的含义分别是什么？试用图说明。

12. M00、M01、M02 的含义是什么？有何不同？

13. 什么是数控加工的走刀路线？确定走刀路线时通常应考虑哪些问题？

14. 固定循环指令有何作用？

15. 编程时若按零件轮廓编程，数控装置应具备什么功能？

16. 数控编程中的数值计算包含哪些内容？

17. 试编制精车如题图所示零件的加工程序。

18. 铣削如图所示轨迹，起刀点为 A，沿 $A—B—C$ 切削，试用绝对坐标和增量坐标方式分别编程。

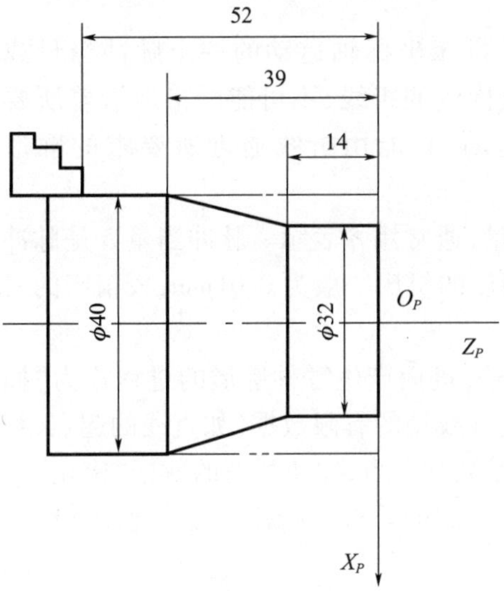

题 17 图

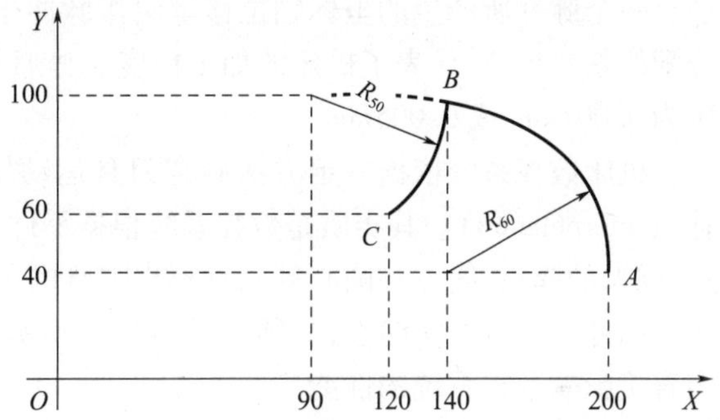

题 18 图

19. 已知毛坯尺寸 ϕ50mm × 80mm，材料为 45 钢，T0101 外圆车刀。用 G90 循环指令编写图示零件的加工程序。

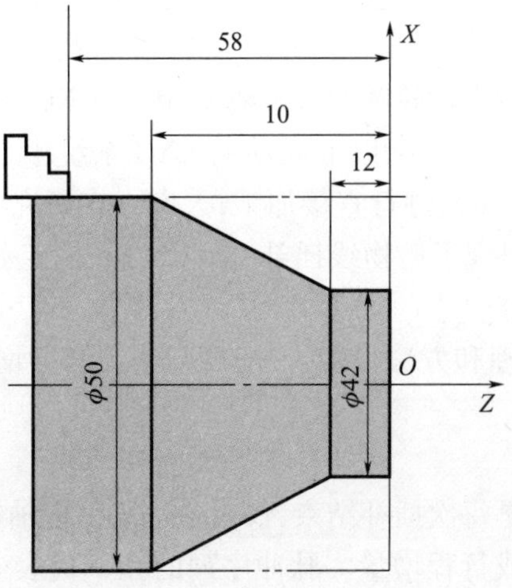

题 19 图

第3章　插补原理、刀具补偿与速度控制

3.1　插补概念

在数控机床中，刀具或工件的基本位移量是机床坐标轴运动的一个脉冲当量或最小设定单位，因此刀具的运动轨迹是由小线段构成的折线，不可能严格地沿着所要求的零件廓形（直线、圆弧或其他类型曲线）运动，只能用折线逼近所要求的廓形曲线。

一个脉冲所产生的坐标轴位移量叫作脉冲当量，通常用 δ 表示。脉冲当量 δ 是脉冲分配的基本单位，代表了机床的加工精度。普通精度的机床一般为 0.01mm，较精密的机床为 0.001mm 或 0.005mm。

机床数控系统依据一定方法确定刀具运动轨迹，进而产生零件廓形的过程称为"插补"（interpolation）。其实质是数控系统根据零件轮廓线型的有限数据（如直线的起点、终点，圆弧的起点、终点和圆心等），计算出刀具的一系列加工点，完成所谓的数据"密化"工作。插补运算具有实时性，必须满足刀具运动实时控制的要求。插补的运算速度和精度会直接影响数控系统的性能。

数控系统中完成插补运算的装置或程序称为插补器。插补器可分为硬件插补、软件插补和软硬件结合插补三种类型。硬件插补器由分立元件或集成电路组成，特点是运算速度快，但灵活性差，不易改变，成本较高。早期 NC 系统的插补运算采用硬件插补方法。在 CNC 系统中插补功能一般由计算机程序来完成，称为软件插补。为满足插补速度和精度越来越高的要求，现代 CNC 系统也采用软件与硬件相结合的方法，由软件完成粗插补，由硬件完成精插补。

由于直线和圆弧是构成零件轮廓的基本线型，因此 CNC 系统一般都具有直线插补和圆弧插补两种基本功能。在三坐标以上联动的 CNC 系统中，一般还具有螺旋线插补功能。为了方便对各种曲线、曲面进行直接加工，人们一直研究各种曲线的插补功能，在一些高档 CNC 系统中，已经出现了抛物线插补、渐开线插补、正弦线插补，以及样条曲线插补和球面螺旋线插补等功能。

插补运算所采用的原理和方法很多，一般可归纳为脉冲增量插补和数据采样插补两大类型。

1. 脉冲增量插补

脉冲增量插补的特点是每次插补结束，仅向各运动坐标轴输出一个控制脉冲，因此各坐标仅产生一个脉冲当量或行程增量。脉冲序列的频率代表坐标运动的速度，而脉冲的数量代表运动位移的大小。

该类插补方法运算简单，容易用硬件电路来实现，早期的硬件插补都是采用这类方

法，主要用于步进电动机驱动的开环控制系统和数据采样插补中的精插补。在目前的CNC系统中可用软件来实现，但仅适用于一些中等速度和中等精度的系统。

脉冲增量插补的方法很多，应用较多的是逐点比较法、数字积分法和比较积分法。

2. 数据采样插补

数据采样插补又称数字增量插补、时间分割插补或时间标量插补，运算过程包括粗插补和精插补两步。第一步为粗插补，采用时间分割思想，根据编程的进给速度将轮廓曲线分割为每个插补周期的进给直线段（又称轮廓步长），以此来逼近轮廓曲线。粗插补的主要工作实际上是轮廓曲线的节点计算。第二步为精插补，是根据位移检测采样周期的大小，采用脉冲增量插补法，在轮廓步长内再插入若干点，进一步进行数据密化。

数据采样插补方法适用于以直流或交流伺服电动机为驱动装置的闭环和半闭环控制系统。粗插补在每个插补周期内计算出坐标位置增量值，而精插补在每个采样周期内采样反馈位置增量值及插补输出的指令位置增量值，然后算出各坐标轴相应的插补指令位置和实际反馈位置，并将二者相比较，求得跟随误差。根据所求得的跟随误差算出相应轴的进给速度指令，并输出给驱动装置。插补周期与采样周期可以相等，也可以不等，通常插补周期是采样周期的整数倍。

3.2 逐点比较法

逐点比较法的基本原理是每次仅向一个坐标轴输出一个进给脉冲，而每走一步都要通过偏差函数，计算到达点的瞬时坐标与规定加工轨迹之间的偏差，然后决定下一步的进给方向。逐点比较法可进行直线插补、圆弧插补，也可用于其他曲线的插补。特点是运算直观，插补误差不大于一个脉冲当量，脉冲输出均匀，调节方便。逐点比较法在两坐标数控机床中应用较为普遍。

3.2.1 逐点比较法直线插补

1. 插补原理

直线插补时，通常将坐标原点设在直线起点上。对于第一象限直线 OA，如图 3-1 所示，其方程可表示为

$$\frac{X}{Y}-\frac{X_e}{Y_e}=0$$

改写为

$$YX_e-XY_e=0$$

若刀具加工点为 $P_i(X_i,Y_y)$，则该点不一定在直线上，其偏差函数为

$$F_i=Y_iX_e-X_iY_e \tag{3-1}$$

若 $F_i>0$，表示加工点位于直线上方，此时

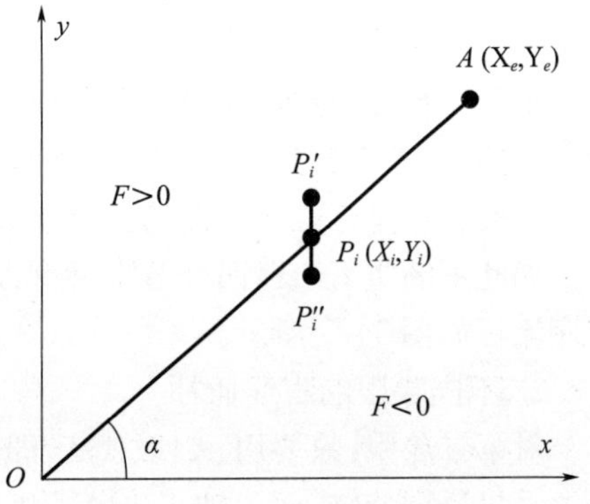

图 3-1 逐点比较法直线插补

向 $+X$ 方向发出一个脉冲,刀具沿 $+X$ 方向前进一个脉冲当量 δ。

若 $F_i=0$,表示加工点位于直线上,此时向 $+X$ 方向发出一个脉冲,刀具沿 $+X$ 方向前进一个脉冲当量 δ。

若 $F_i<0$,表示加工点位于直线下方,此时向 $+Y$ 方向发出一个脉冲,刀具沿 $+Y$ 方向前进一个脉冲当量 δ。

例如,图3-2中待加工直线 OA,运用上述方法,求图中的刀具折线轨迹。

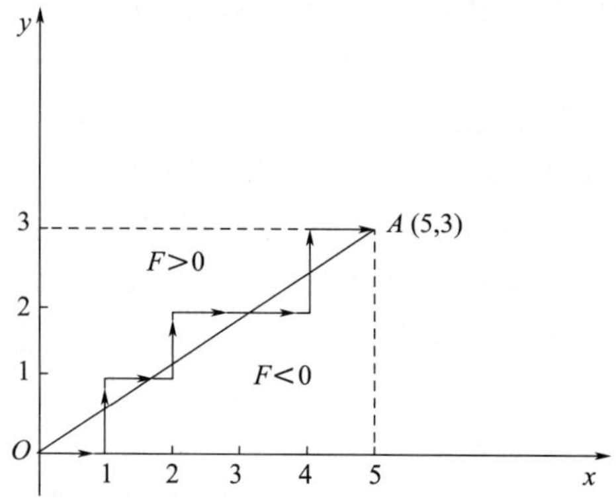

图3-2 直线插补轨迹

按照上述法则进行偏差判别,每次计算偏差函数(式(3-1))时,都要进行乘法与减法运算,这在具体电路或程序中实现不是最方便的。一个简便的方法是,每走一步到新加工点,加工偏差用前一点的加工偏差递推出来,这种方法称"递推法"。

若 $F_i \geqslant 0$,向 $+X$ 方向走一步,坐标单位用脉冲当量表示,则有

$$\begin{cases} X_{i+1}=X_i+1 \\ F_{i+1}=X_eY_i-Y_e(X_i+1)=F_i-Y_e \end{cases} \tag{3-2}$$

若 $F_i<0$,规定 $+Y$ 方向走一步,坐标单位用脉冲当量表示,则有

$$\begin{cases} Y_{i+1}=Y_i+1 \\ F_{i+1}=X_e(Y_i+1)-Y_eX_i=F_i+X_e \end{cases} \tag{3-3}$$

插补过程中用式(3-2)或式(3-3)代替式(3-1)进行偏差计算,可使计算大为简化。

综上所述,逐点比较法直线插补,每走一步要进行以下四个节拍。

第一节拍,偏差判别。判别刀具当前位置相对于给定轮廓的偏离情况,以此决定刀具移动方向。

第二节拍,进给。根据偏差判别结果,控制刀具相对于工件轮廓进给一步,即向给定的轮廓靠拢,减少偏差。

第三节拍,偏差计算。由于刀具改变了位置,因此应计算出刀具当前位置的新偏差,为下一次判别作准备。

第四节拍,终点判别。判别刀具是否已到达被加工轮廓线段的终点。若已到达终点,则停止插补;若未到达终点,则继续插补。

一般将各坐标轴插补进给的总步数 $n=|x_e|+|y_e|$,作为直线插补的终点判别依据。

如此不断重复上述四个节拍就可以加工出所要求的轮廓。第一象限直线插补的运算程序流程如图3-3所示。

2. 不同象限的直线插补

对第二象限,只要用 $|X|$ 取代 X,即可变换到第一象限,至于输出驱动,应使 X 轴向步进电动机反向旋转,而 Y 轴步进电动机仍为正向旋转。

同理,第三、第四象限的直线也可以变换到第一象限,插补运算时,用 $|X|$ 和 $|Y|$ 分别代替 X、Y。输出驱动则是:在第三象限,点在直线上方时向 $-Y$ 方向进给,点在直线下方

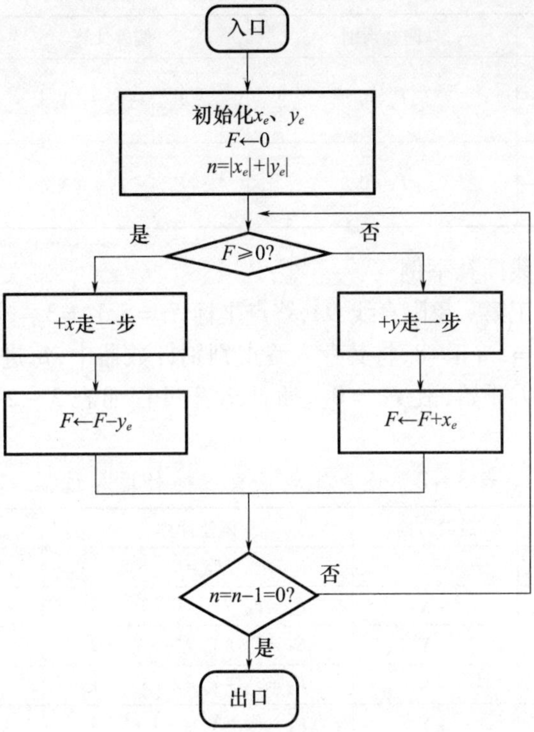

图 3－3　第一象限直线逐点比较法流程

时向 $-X$ 方向进给；在第四象限，点在直线上方时向 $-Y$ 方向进给，点在直线下方时向 $+X$ 方向进给。四个象限的进给方向如图 3－4 所示。逐点比较法直线插补的偏差计算与进给方向具体见表 3－1。

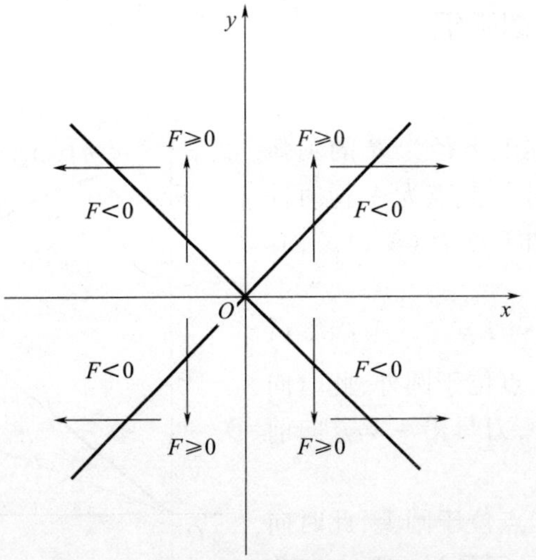

图 3－4　四个象限进给方向

表3-1　XY平面内直线逐点比较法插补的偏差计算与进给方向

所处象限	偏差判别	偏差计算	进给方向
一、四	$F_i \geq 0$	$F_{i+1} \leftarrow F_i - \lvert Y_e \rvert$	$+X$
二、三			$-X$
一、二	$F_i < 0$	$F_{i+1} \leftarrow F_i + \lvert X_e \rvert$	$+Y$
三、四			$-Y$

3. 逐点比较法直线插补举例

例3-1　设欲加工第一象限直线 OA,终点坐标 $X_e = 5, Y_e = 3$。坐标单位为脉冲当量。

解:进给总步数 $n = 5 + 3 = 8$,将其存入终点判别计数器中,每进给一步减1,直至 $n = 0$。插补从直线起点 O 开始,故 $F_0 = 0$。插补运算过程如表3-2所示,插补轨迹图如图3-2所示。

表3-2　逐点比较法直线插补运算过程

序号	偏差判别	进给方向	偏差计算	终点判别
0			$F_0 = 0$	$n = 5 + 3 = 8$
1	$F_0 = 0$	+X	$F_1 = F_0 - Y_e = 0 - 3 = -3$	$n = 8 - 1 = 7$
2	$F_1 < 0$	+Y	$F_2 = F_1 + X_e = -3 + 5 = 2$	$n = 7 - 1 = 6$
3	$F_2 > 0$	+X	$F_3 = F_2 - Y_e = 2 - 3 = -1$	$n = 6 - 1 = 5$
4	$F_3 < 0$	+Y	$F_4 = F_3 + X_e = -1 + 5 = 4$	$n = 5 - 1 = 4$
5	$F_4 > 0$	+X	$F_5 = F_4 - Y_e = 4 - 3 = 1$	$n = 4 - 1 = 3$
6	$F_5 > 0$	+X	$F_6 = F_5 - Y_e = 1 - 3 = -2$	$n = 3 - 1 = 2$
7	$F_6 < 0$	+Y	$F_7 = F_6 + X_e = -2 + 5 = 3$	$n = 2 - 1 = 1$
8	$F_7 > 0$	+X	$F_8 = F_7 - Y_e = 3 - 3 = 0$	$n = 1 - 1 = 0$

3.2.2　逐点比较法圆弧插补

1. 插补原理

如图3-5所示,加工半径为 R 的圆弧 AB,坐标原点定在圆心上。起点为 A,逆时针方向插补。对于任意加工点 $P_i(X_i, Y_y)$,其偏差函数 F_i 可表示为

$$F_i = X_i^2 + Y_i^2 - R^2 \qquad (3-4)$$

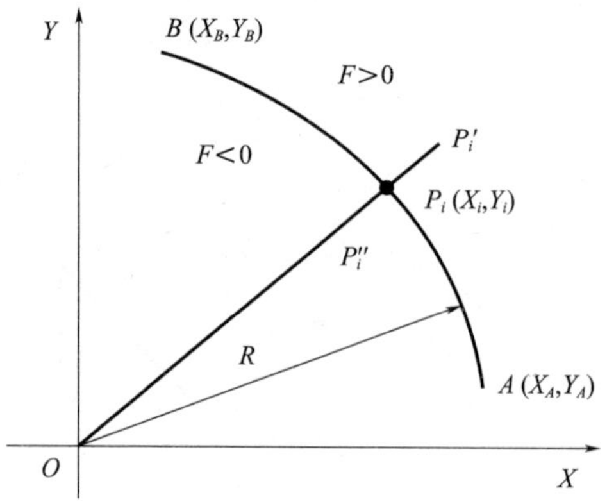

图3-5　逐点比较法圆弧插补

若 $F_i > 0$,表示加工点位于圆外,此时向 $-X$ 方向发出一个脉冲,刀具沿 $-X$ 方向前进一个脉冲当量 δ。

若 $F_i = 0$,表示加工点位于圆上,此时向 $-X$ 方向发出一个脉冲,刀具沿 $-X$ 方向前进一个脉冲当量 δ。

若 $F_i < 0$,表示加工点位于圆内,此时向 $+Y$ 方向发出一个脉冲,刀具沿 $+Y$ 方向前进一个脉冲当量 δ。

也可以采用递推式简化式(3－4)的计算。圆弧加工可分为顺时针加工或逆时针加工，与此相对应的便有逆圆插补和顺圆插补两种方式。下面为第一象限圆弧插补的递推公式。

1)逆圆插补

若 $F_i \geqslant 0$,规定 $-X$ 方向走一步,则有

$$\begin{cases} X_{i+1} = X_i - 1 \\ F_{i+1} = (X_i - 1)^2 + Y_i^2 - R^2 = F_i - 2X_i + 1 \end{cases} \tag{3-5}$$

若 $F_i < 0$,规定 $+Y$ 方向走一步,则有

$$\begin{cases} Y_{i+1} = Y_i + 1 \\ F_{i+1} = X_i^2 + (Y_i + 1)^2 - R^2 = F_i + 2Y_i + 1 \end{cases} \tag{3-6}$$

2)顺圆插补

若 $F_i \geqslant 0$,规定 $-Y$ 方向走一步,则有

$$\begin{cases} Y_{i+1} = Y_i - 1 \\ F_{i+1} = X_i^2 + (Y_i - 1)^2 - R^2 = F_i - 2Y_i + 1 \end{cases} \tag{3-7}$$

若 $F_i < 0$,规定 $+X$ 方向走一步,则有

$$\begin{cases} X_{i+1} = X_i + 1 \\ F_{i+1} = (X_i + 1)^2 + Y_i^2 - R^2 = F_i + 2X_i + 1 \end{cases} \tag{3-8}$$

终点判别可采用与直线插补相同的方法,用插补或进给的总步数 $n = |X_a - X_b| + |Y_a - Y_b|$作为终点判别依据。

圆弧插补运算每进给一步也需要进行偏差判别、进给、偏差计算、终点判断四个工作节拍。第一象限的拟圆插补运算流程如图 3－6 所示。

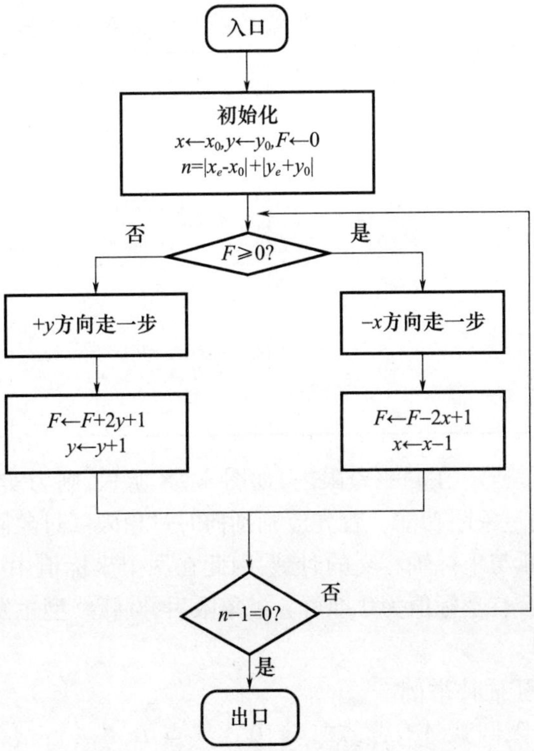

图 3－6　第一象限逆圆插补运算流程

2. 圆弧插补的象限处理

对于其他象限的圆弧插补,可以按照同样方法推导出递推插补公式和进给方向。圆弧所在的象限不同,顺逆不同,则插补公式和进给方向均不同,因此圆弧插补有8种情况。各象限的插补进给方向如图3-7所示。各象限的偏差计算与进给方向判别方法列于表3-3,表中,SR表示顺时针插补的圆弧,NR表示逆时针插补的圆弧,四个象限分别用数字1~4表示,例如,SR2表示第二象限顺圆,NR3表示第三象限逆圆。

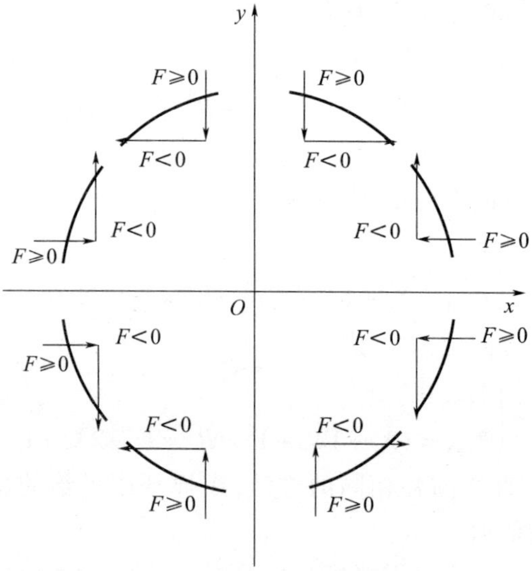

图3-7 逐点比较法圆弧插补四个象限的进给方向

表3-3 逐点比较法圆弧插补四个象限的偏差计算

线型	偏差	偏差计算	进给方向与坐标
SR2,NR3	$F \geq 0$	$F \leftarrow F+2x+1$ $x \leftarrow x+1$	$+\Delta x$
SR1,NR4	$F<0$		
NR1,SR4	$F \geq 0$	$F \leftarrow F-2x+1$ $x \leftarrow x-1$	$-\Delta x$
NR2,SR3	$F<0$		
NR4,SR3	$F \geq 0$	$F \leftarrow F+2y+1$ $y \leftarrow y+1$	$+\Delta y$
NR1,SR2	$F<0$		
SR1,NR2	$F \geq 0$	$F \leftarrow F-2y+1$ $y \leftarrow y-1$	$-\Delta y$
NR3,SR4	$F<0$		

若圆弧的起点和终点不在同一象限内,如图3-8所示,则为实现一个程序段的完整功能,需设置圆弧自动过象限功能。首先应判别何时过象限。过象限有一显著特点,就是过象限时刻正好是圆弧与坐标轴相交的时刻,因此在两个坐标值中必有一个为0,判断是否过象限只要检查是否有坐标值为0即可。过象限后,圆弧线型也发生了改变,以图3-8为例,由SR2变为SR1。

3. 逐点比较法圆弧插补举例

例3-2 第一象限圆弧 AB,起点 $A(4,0)$,终点 $B(0,4)$,试采用逆圆逐点比较法插补。

解:插补总步数 $n = |4-0| + |0-4| = 8$,其插补轨迹如图 3-9 所示,运算过程如表3-4所示。

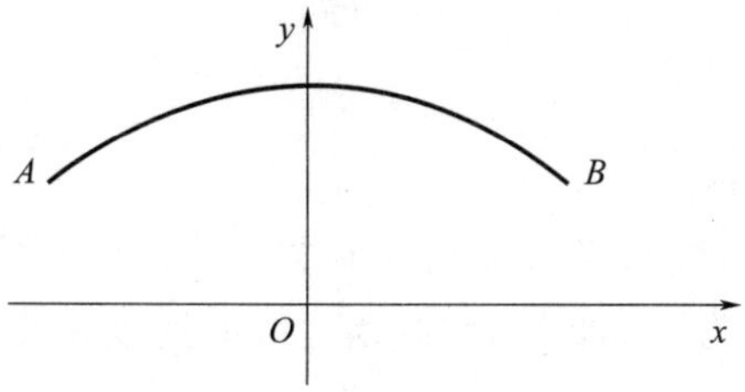

图 3-8 圆弧过象限处理

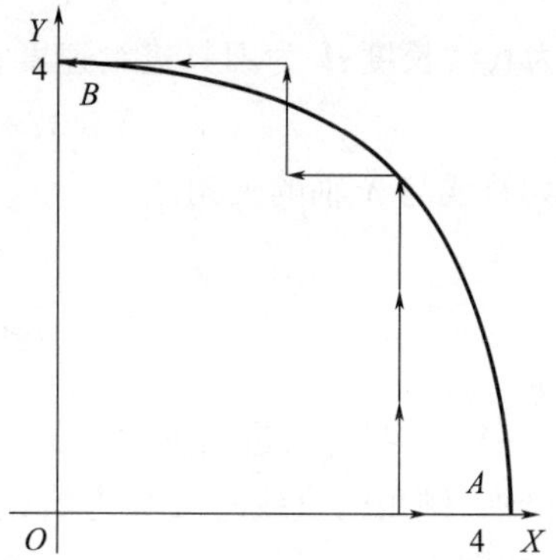

图 3-9 逐点比较法圆弧插补轨迹

表 3-4 逐点比较法圆弧插补

序号	偏差判别	坐标进给	偏差计算	坐标计算	终点判别
起点			$F_0=0$	$x_0=4$ $y_0=0$	$n=4+4=8$
1	$F_0=0$	-X	$F_1=F_0-2x_0+1=-7$	$x_1=4-1=3$ $y_1=0$	$n=8-1=7$
2	$F_1<0$	+Y	$F_2=F_1+2y_1+1=-6$	$x_2=3$ $y_2=y_1+1=1$	$n=7-1=6$
3	$F_2<0$	+Y	$F_3=F_2+2y_2+1=-3$	$x_3=3$ $y_3=2$	$n=6-1=5$
4	$F_3<0$	+Y	$F_4=F_3+2y_3+1=2$	$x_4=3$ $y_4=3$	$n=5-1=4$
5	$F_4>0$	-X	$F_5=F_4-2x_4+1=-3$	$x_5=2$ $y_5=3$	$n=4-1=3$
6	$F_5<0$	+Y	$F_6=F_5+2y_5+1=4$	$x_6=2$ $y_6=4$	$n=3-1=2$
7	$F_6>0$	-X	$F_7=F_6-2x_6+1=1$	$x_7=1$ $y_7=4$	$n=2-1=1$
8	$F_7<0$	-X	$F_8=F_7-2x_7+1=0$	$x_8=0$ $y_8=4$	$n=1-1=0$

3.2.3 逐点比较法的速度分析

刀具进给速度是插补方法的重要性能指标,也是选择插补方法的重要依据。

1. 直线插补的速度分析

直线加工时,有

$$\frac{L}{V}=\frac{N}{f}$$

式中:L 为直线长度;V 为刀具进给速度;N 为插补进给总步数;f 为插补频率。

$$N = X_e + Y_e = L\cos\alpha + L\sin\alpha$$

式中:α 为直线与 X 轴的夹角。

则

$$V=\frac{f}{\sin\alpha+\cos\alpha} \tag{3-9}$$

式(3-9)说明刀具进给速度与插补频率 f、直线与 X 轴夹角 α 有关。若保持 f 不变,加工0°和90°倾角的直线时刀具进给速度最大(为 f),加工45°倾角直线时速度最小(为 $0.707f$),如图3-10所示。

2. 圆弧插补的速度分析

如图3-11所示,点 P 是圆弧 AB 上任意一点,cd 是圆弧在点 P 的切线,切线与 X 轴的夹角为 α。

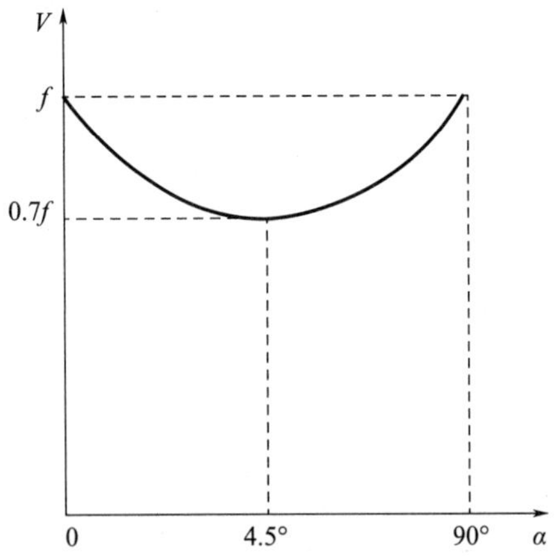

图3-10 逐点比较法直线插补速度的变化

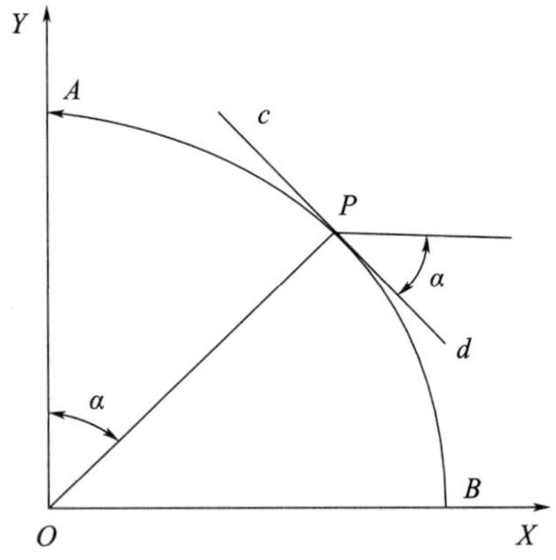

图3-11 逐点比较法直线插补速度的变化

显然刀具在点 P 的速度可认为与插补切线 cd 的速度基本相等,因此,由式(3-9)可知加工圆弧时刀具的进给速度是变化的,除与插补频率成正比外,还与切削点处的半径同 Y 轴的夹角 α 有关,在0°和90°附近进给速度最快(为 f),在45°附近进给速度最慢(为 $0.707f$),进给速度在 $(1\sim0.707)f$ 变化。

3.3 数字积分法

3.3.1 数字积分法的基本原理

数字积分法又称数字微分分析法(digital differential analyzer,DDA)。这种插补方法可以实现一次、二次甚至高次曲线的插补,也可以实现多坐标联动控制。只要输入不多的几个数据,就能加工出圆弧等形状较为复杂的轮廓曲线。作直线插补时,脉冲分配也较均匀。

如图3－12所示,从几何概念上来说,函数 $y = f(t)$ 的积分运算就是求函数曲线所包围的面积 S:

$$S = \int_0^t y\mathrm{d}t \tag{3-10}$$

此面积可以看作许多长方形小面积之和,长方形的宽为自变量 Δt,高为纵坐标 y,则

$$S = \int_0^t y\mathrm{d}t = \sum_{i=0}^{n} y_i \tag{3-11}$$

这种近似积分法称为矩形积分法,该公式又称为矩形公式。如果取 $\Delta t = 1$,即一个脉冲当量,则上式可以简化为

$$S = \sum_{i=0}^{n} y_i \tag{3-12}$$

由此,函数的积分运算变成了变量求和运算。如果所选取的脉冲当量足够小,则用求和运算来代替积分运算所引起的误差一般不会超过容许的数值。

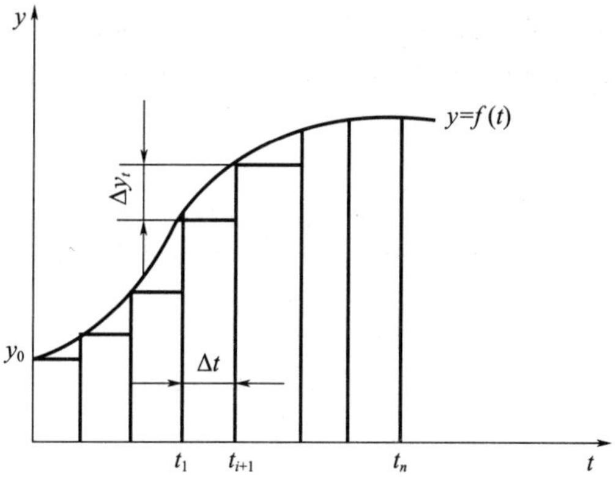

图3－12　函数 $y = f(x)$ 的积分

3.3.2　DDA直线插补

1. DDA直线插补原理

设 xy 平面内有一条直线 OA,起点坐标为(0,0),终点坐标为 (x_e, y_e),如图3－13所示。若以匀速 v 沿 OA 位移,则 v 可分解为动点在 x 轴和 y 轴方向的两个速度 v_x、v_y,根据前述积分计算公式,在 x 轴和 y 轴方向上微小位移增量 Δx、Δy 应为

$$\begin{cases} \Delta x = v_x \Delta t \\ \Delta y = v_y \Delta t \end{cases} \tag{3-13}$$

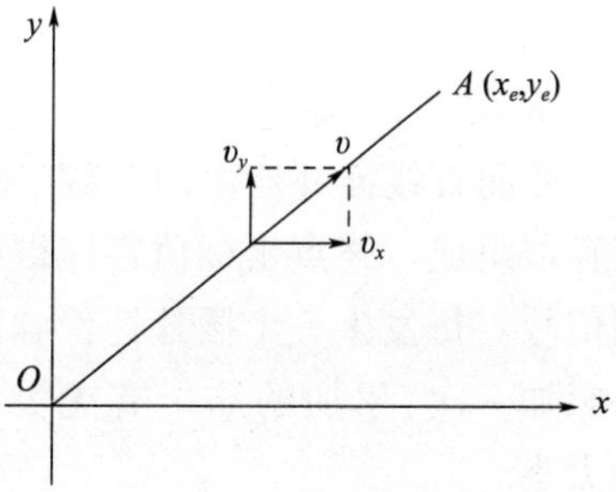

图3－13　直线插补

对于直线函数来说,v_x、v_y、v 和 L(直线长度)满足下式:

$$\begin{cases}\dfrac{v_x}{v}=\dfrac{x_e}{L}\\[2mm]\dfrac{v_y}{v}=\dfrac{y_e}{L}\end{cases}$$

从而有

$$\begin{cases}v_x=kx_e\\v_y=ky_e\end{cases}\tag{3-14}$$

式中：$k=v/L$。

因此，坐标轴的位移增量为

$$\begin{cases}\Delta x=kx_e\Delta t\\\Delta y=ky_e\Delta t\end{cases}\tag{3-15}$$

各坐标轴的位移量为

$$\begin{cases}x=\int_0^t kx_e\mathrm{d}t=k\sum\limits_{i=1}^{n}x_e\Delta t\\y=\int_0^t ky_e\mathrm{d}t=k\sum\limits_{i=1}^{n}y_e\Delta t\end{cases}\tag{3-16}$$

所以，动点从原点走向终点的过程，可以看作各坐标轴每经过一个单位时间间隔 Δt，分别以增量 kx_e 和 ky_e 同时累加的过程。据此可以作出直线插补原理图，如图3-14所示。

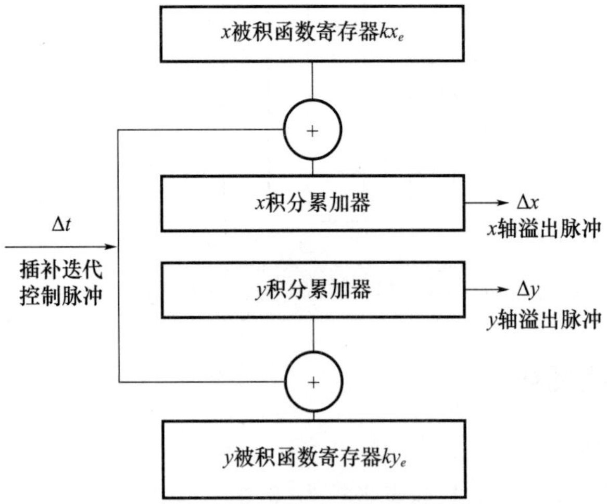

图3-14　xy平面直线插补原理图

平面直线插补器由两个数字积分器组成，每个坐标的积分器由累加器和被积函数寄存器组成。终点坐标值存在被积函数寄存器中，Δt 相当于插补控制脉冲源发出的控制信号。每发生一个插补迭代脉冲（来一个 Δt），使被积函数 kx_e 和 ky_e 向各自的累加器里累加一次，累加的结果有无溢出脉冲 Δx（或 Δt）取决于累加器的容量及 kx_e 和 ky_e 的大小。

假设经过 n 次累加后（取 $\Delta t=1$），x 和 y 分别（或同时）到达终点（x_e、y_e），则下式

成立:

$$\begin{cases} x = \sum_{i=1}^{n} kx_e \Delta t = kx_e n = x_e \\ y = \sum_{i=1}^{n} ky_e \Delta t = ky_e n = y_e \end{cases} \tag{3-17}$$

由此得到 $nk=1$,即 $n=1/k$。该式表明比例常数 k 和累加(迭代)次数 n 的关系,由于 n 必须是整数,所以 k 一定是小数。

k 的选择主要考虑每次增量 Δx 或 Δy 不大于 1,以保证坐标轴上每次分配进给脉冲不超过一个,因此

$$\begin{cases} \Delta x = kx_e < 1 \\ \Delta y = ky_e < 1 \end{cases} \tag{3-18}$$

若取寄存器位数为 N 位,则 x_e 和 y_e 的最大寄存器容量为 2^N-1,故有

$$\begin{cases} \Delta x = kx_e = k(2^N-1) < 1 \\ \Delta y = ky_e = k(2^N-1) < 1 \end{cases} \tag{3-19}$$

所以

$$k < \frac{1}{2^N-1}$$

一般取

$$k < \frac{1}{2^N}$$

可满足

$$\begin{cases} \Delta x = kx_e = \dfrac{2^N-1}{2^N} < 1 \\ \Delta y = ky_e = \dfrac{2^N-1}{2^N} < 1 \end{cases} \tag{3-20}$$

因此,累加次数 n 为

$$n = \frac{1}{k} = 2^N$$

因为 $k=1/2^N$,对于一个二进制数来说,使 kx_e(或 ky_e)等于 x_e(或 y_e)乘以 $1/2^N$ 是很容易实现的,即 x_e(或 y_e)数字本身不变,只要把小数点左移 N 位即可。所以一个 N 位的寄存器存放 x_e(或 y_e)和存放 kx_e(或 ky_e)的数字是相同的,只是后者的小数点出现在最高位数 N 前面,其他无差异。

DDA 直线插补的终点判别较简单,因为直线程序段需要进行 2^N 次累加运算,进行 2^N 次累加后就一定到达终点,故可由一个与积分器中寄存器容量相同的终点计数器 J_E 实现,其初值为 0。每累加一次,J_E 加 1,当累加 2^N 次后,产生溢出,使 $J_E=0$,完成插补。

2. DDA 直线插补流程

用 DDA 法进行插补时,x 和 y 两坐标可同时进给,即可同时送出 Δx、Δy 脉冲,同时每累加一次,要进行一次终点判断。软件流程见图 3-15,其中 J_{v_x}、J_{v_y} 为被积函数寄存器,分别存放 x_e 和 y_e;J_{R_x}、J_{R_y} 为累加寄存器(或称余数寄存器),存放累加溢出后的余数;J_E 为终点计数器。

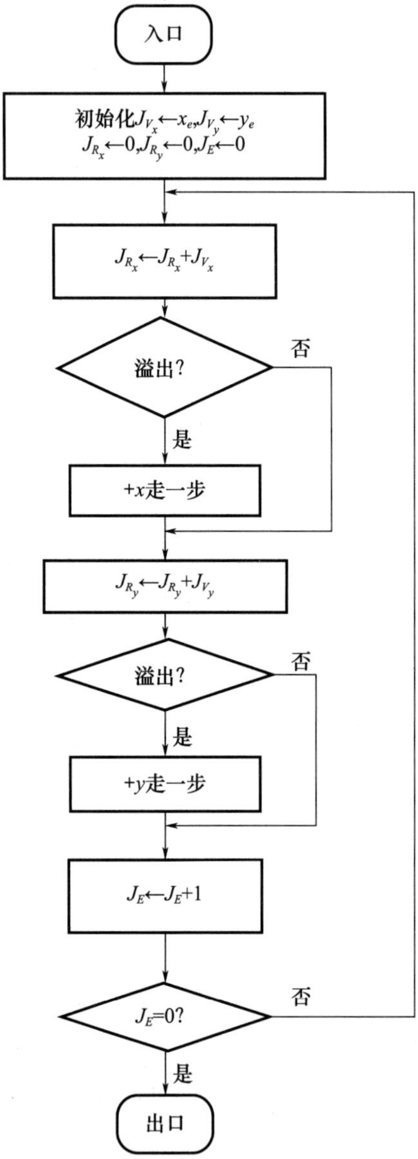

图 3-15　DDA 直线插补软件流程

3. DDA 直线插补举例

例 3-3　设有一直线 OA,起点在坐标原点,终点坐标为 $A(5,3)$。试用 DDA 法插补此直线。

解:$J_{v_x}=5$,$J_{v_y}=3$,选寄存器位数 $N=3$,则累加次数 $n=2^3=8$,运算过程如表 3-5 所示,插补轨迹如图 3-16 所示。

表3-5　DDA直线插补运算过程

累加次数	x积分器			y积分器			终点计数器	备注
(Δt)	$J_{v_x}(X_e)$	J_{R_x}	溢出ΔX	$J_{v_y}(Y_e)$	J_{R_y}	溢出ΔY	J_E	
0	101	000		011	000		000	初始状态
1	101	101		011	011		001	第一次迭代
2	101	010	1	011	110		010	J_{R_x}有进位,ΔX溢出脉冲
3	101	111		011	001	1	011	J_{R_y}有进位,ΔY溢出脉冲
4	101	100	1	011	100		100	ΔX溢出
5	101	001	1	011	111		101	ΔX溢出
6	101	110		011	010	1	110	ΔY溢出
7	101	011	1	011	101		111	ΔX溢出
8	101	000	1	011	000	1	000	ΔX、ΔY同时溢出 $J_E=0$,插补结束

3.3.3　DDA圆弧插补

1. DDA圆弧插补原理

由上述可知,数字积分直线插补的物理意义是使动点沿速度矢量的方向前进,这同样适合于圆弧插补。

以第一象限为例,圆弧AE半径为R,起点为$A(x_0,y_0)$,终点为$E(x_e,y_e)$,$N(x_i,y_i)$为圆弧上的任意动点,动点移动速度为v,分速度为v_x和v_y,如图3-17所示。圆弧方程为

$$\begin{cases} x_i = R\cos\alpha \\ y_i = R\sin\alpha \end{cases} \tag{3-21}$$

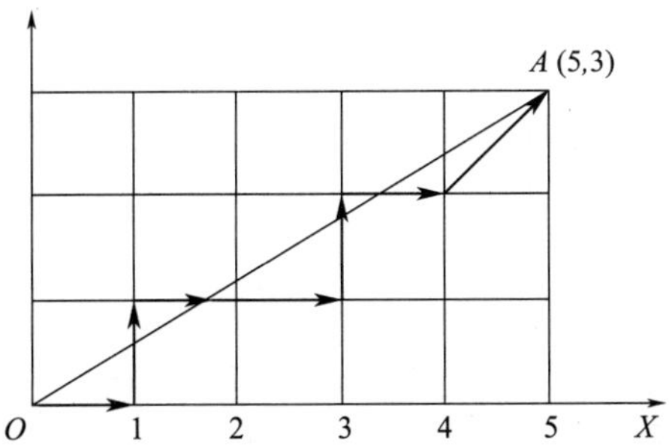

图3-16　DDA直线插补轨迹

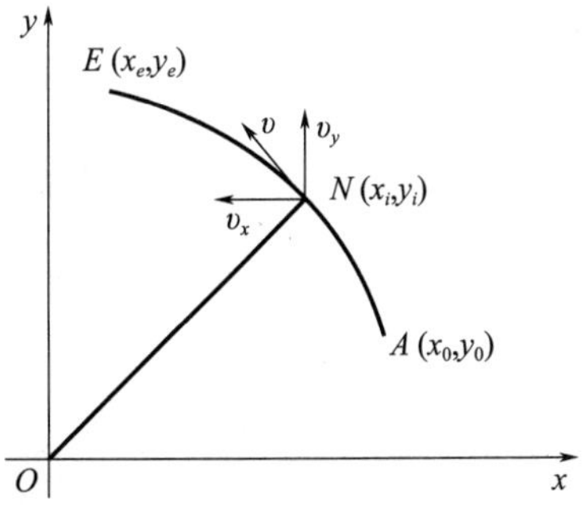

图3-17　第一象限逆圆DDA插补

动点N的分速度为

$$\begin{cases} v_x = \dfrac{\mathrm{d}x_i}{\mathrm{d}t} = -v\sin\alpha = -v\dfrac{y_i}{R} = -\left(\dfrac{v}{R}\right)y_i \\ v_y = \dfrac{\mathrm{d}y_i}{\mathrm{d}t} = v\cos\alpha = v\dfrac{x_i}{R} = \left(\dfrac{v}{R}\right)x_i \end{cases} \tag{3-22}$$

在单位时间Δt内,x、y位移增量方程为

$$\begin{cases}\Delta x_i = v_x\Delta t = -\left(\dfrac{v}{R}\right)y_i\Delta t \\ \Delta y_i = v_y\Delta t = \left(\dfrac{v}{R}\right)x_i\Delta t\end{cases} \tag{3-23}$$

当 v 恒定不变时,则有

$$\frac{v}{R} = k$$

式中:k 为比例常数。式(3-23)可写为

$$\begin{cases}\Delta x_i = -ky_i\Delta t \\ \Delta y_i = kx_i\Delta t\end{cases} \tag{3-24}$$

与 DDA 直线插补一样,取累加器容量为 2^N,$k=1/2^N$,N 为累加器、寄存器的位数,则各坐标的位移量为

$$\begin{cases}x = \displaystyle\int_0^t -ky\mathrm{d}t = -\frac{1}{2^N}\sum_{i=1}^{n} y_i\Delta t \\ y = \displaystyle\int_0^t kx\mathrm{d}t = \frac{1}{2^N}\sum_{i=1}^{n} x_i\Delta t\end{cases} \tag{3-25}$$

图3-18为DDA圆弧插补原理框图。圆弧插补与直线插补的主要区别有两点:一是坐标值 x、y 存入被积函数寄存器 J_{v_x}、J_{v_y} 的对应关系与直线不同,即 x 不是存入 J_{v_x} 而是存入 J_{v_y},y 不是存入 J_{v_y} 而是存入 J_{v_x}。二是 J_{v_x}、J_{v_y} 寄存器中寄存的数值与 DDA 直线插补有本质区别:直线插补时,J_{v_x}(或 J_{v_y})寄存的是终点坐标 x_e(或 y_e),是常数;而在 DDA 圆弧插补时寄存的是动点坐标,是变量。因此在插补过程中,必须根据动点位置的变化来改变 J_{v_x} 和 J_{v_y} 中的内容。在起点时,J_{v_x} 和 J_{v_y} 分别寄存起点坐标 y_0、x_0。对于第一象限逆圆,在插补过程中,J_{R_y} 每溢出一个 Δy 脉冲,J_{v_x} 应加1(因为 J_{v_x} 存放的是动点 y 坐标,J_{R_y} 溢出表示向 $+Y$ 方向发出一个进给脉冲);J_{R_x} 每溢出一个 Δx 脉冲,J_{v_y} 应减1(因为 J_{v_y} 存放的是动点 x 坐标,J_{R_x} 溢出表示向 $-X$ 方向发出一个进给脉冲)。对于其他各种情况的 DDA 圆弧插补,J_{v_x} 和 J_{v_y} 是加1还是减1,取决于动点坐标所在象限及圆弧走向。

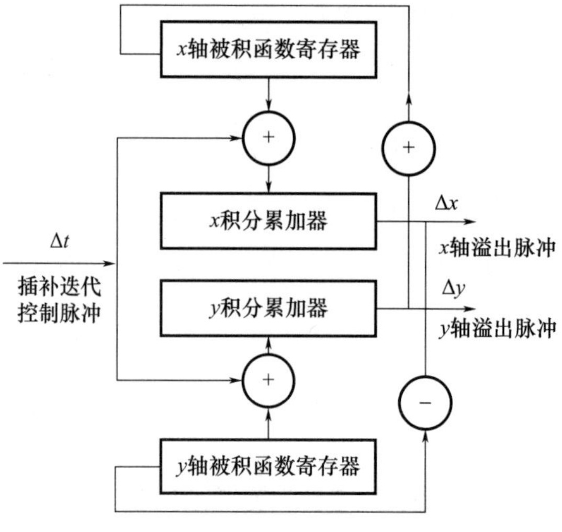

图3-18 DDA圆弧插补原理图

DDA圆弧插补时，由于x、y两个方向到达终点的时间不同，需对x、y两个坐标分别进行终点判断。实现这一点可利用两个终点计数器J_{E_x}和J_{E_y}，把x、y坐标所需输出的脉冲数$|x_0 - x_e|$、$|y_0 - y_e|$分别存入两个计数器中，x或y积分累加器每输出一个脉冲，相应的减法计数器减1，当某一个坐标的计数器为0时，说明该坐标已到达终点，停止该坐标的累加运算。当两个计数器均为0时，圆弧插补结束。

2. DDA圆弧插补举例

例3－4　设有第一象限逆圆弧AB，起点为$A(5,0)$，终点为$E(0,5)$，设寄存器位数N为3，试用DDA法插补此圆弧。

解：插补开始时，$J_{v_x}=0$，$J_{v_y}=5$。寄存器容量为$2^N=2^3=8$。运算过程见表3－6，插补轨迹见图3－19。

表3－6　DDA圆弧插补计算举例

次序	x积分器				y积分器				备注
	J_{v_x}	J_{R_x}	Δx	J_{E_x}	J_{v_y}	J_{R_y}	Δy	J_{E_y}	
0	000	000	0	101	101	000	0	101	初始状态
1	000	000	0	101	101	101	0	101	第一次迭代
2	000	000	0	101	101	010	1	100	J_{R_y}溢出，进给Δy，修正J_{v_x}
3	001	001	0	101	101	111	0	100	
4	001	010	0	101	101	100	1	011	J_{R_y}溢出，进给Δy，修正J_{v_x}
5	010	100	0	101	101	001	1	010	J_{R_y}溢出，进给Δy，修正J_{v_x}
6	011	111	0	101	101	110	0	010	
7	011	010	1	100	101	011	1	001	J_{R_x}、J_{R_y}同时溢出
8	100	110	0	100	100	111	0	001	
9	100	010	1	011	100	011	1	000	J_{R_x}、J_{R_y}同时溢出，Y到达终点
10	101	111	0	011	011				
11	101	001	1	001	011				J_{R_x}溢出，进给Δx，修正J_{v_y}
12	101	001	1	001	010				J_{R_x}溢出，进给Δx，修正J_{v_y}
13	101	110	0	001	001				
14	101	011	1	000	001				J_{R_x}溢出，X到达终点

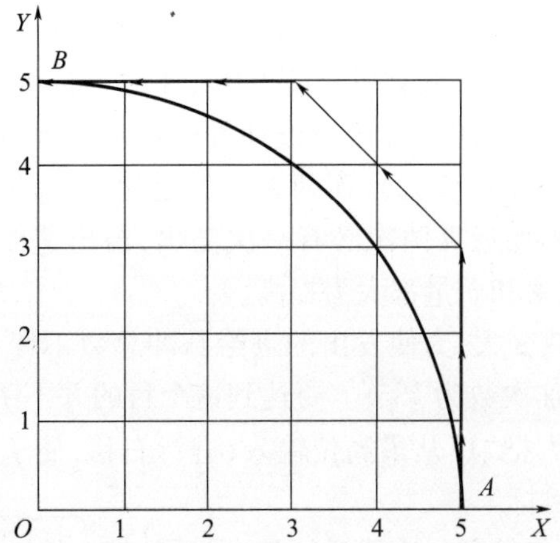

图3－19　DDA圆弧插补轨迹

3. 不同象限的脉冲分配

不同象限的顺圆、逆圆的插补运算过程与原理,与第一象限逆圆基本一致。其不同点在于,控制各坐标轴的 Δx 和 Δy 的进给脉冲分配方向不同,以及修改 J_{v_x} 和 J_{v_y} 内容时,是“+1”还是“-1”要由 y 和 x 坐标的增减而定。各种情况下的脉冲分配方向及 ±1 修正方式如表 3-7 所示。

表 3-7 DDA 圆弧插补时不同象限的脉冲分配及坐标修正

	SR1	SR2	SR3	SR4	NR1	NR2	NR3	NR4
J_{v_x}	-1	+1	-1	+1	+1	-1	+1	-1
J_{v_y}	+1	-1	+1	-1	-1	+1	-1	+1
Δx	+	+	-	-	-	-	+	+
Δy	-	+	+	-	+	-	-	+

3.3.4 改进 DDA 插补质量的措施

使用 DDA 法插补时,其插补进给速度 v 不仅与迭代频率(脉冲频率)f 成正比,而且与余数寄存器的容量 2^N 成正比,与直线段的长度 L(或圆弧半径 R)成正比,它们之间有下述关系:

$$v = 60\delta \frac{L}{2^N} f \tag{3-26}$$

式中:v 为插补进给速度(mm/min);δ 为系统脉冲当量(mm);L 为直线段的长度(mm);2^N 为寄存器的容量;f 为迭代频率。

圆弧插补时,式中 L 应改为圆弧半径 R。

显然,即使给定同样大小的速度指令,直线段的长度不同,其进给速度亦不同(假设 f 和 2^N 为固定),因此难以实现所要求的编程进给速度,必须设法加以改善。常用的改善方法是左移规格化和进给速率编程。

1. 进给速度的均匀化措施——左移规格化

直线插补时,若寄存器中的数其最高位为“1”时,该数称为规格化数;反之,若最高位数为“0”,则该数为非规格化数。显然,规格化数经过两次累加后必有一次溢出;而非规格化数必须作两次以上的累加后才会有溢出。直线插补的左移规格化是:将被积函数寄存器 J_{v_x} 和 J_{v_y} 中的数同时左移(最低有效位输入 0),并记下左移位数,直到 J_{v_x} 和 J_{v_y} 中的一个数是规格化数为止,如图 3-20 所示。直线插补经过左移规格化处理后,x、y 两方向脉冲分配速度扩大同样倍数(左移位数),而两者数值之比不变,所以被插补直线的斜率也不变。因为规格化后,每累加运算两次必有一次溢出,溢出速度不受被积函数的大小影响,较均匀,所以加工的效率和质量都大为提高。

由于左移后,被积函数变大,为使发出的进给脉冲总数不变,就要相应地减少累加次数。如果左移 Q 次,则累加次数为 2^{N-Q}。要达到这个目的并不困难,只要在 J_{v_x} 和 J_{v_y} 左移的同时,终点判断计数器 J_E 把“1”从最高位输入,进行右移,使 J_E 使用长度(位数)缩小 Q 位,实现累加次数减少的目标。

圆弧插补的左移规格化处理与直线插补基本相同,唯一的区别是:圆弧插补的左移规

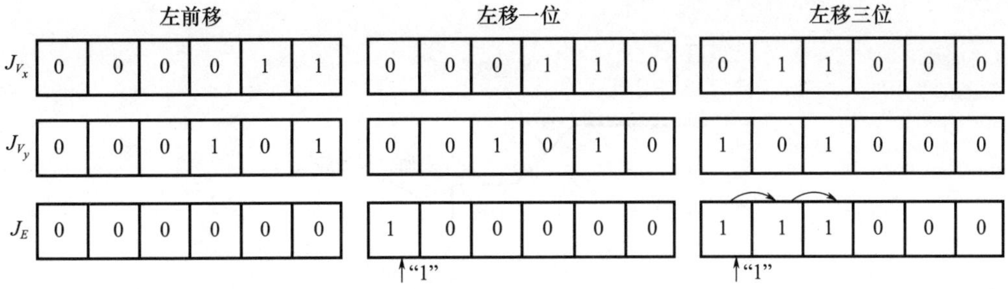

图 3-20　左移规格化示例

格化是使坐标值最大的被积函数寄存器的次高位为"1"(保留一个前零)。也就是说,在圆弧插补中 J_{v_x} 和 J_{v_y} 寄存器中的数 y_i、x_i 随插补而不断修正(作 ±1 修正),作了 ±1 修正后,函数不断增加,若仍取数的最高位"1"作为规格化数,则有可能在 +1 修正后溢出。规格化数以数的次高位为"1",就避免了溢出。

另外,左移 i 位相当于 x、y 坐标值扩大了 2^i 倍,即 J_{v_x} 和 J_{v_y} 寄存器中的数分别为 $2^i y$ 和 $2^i x$。当 y 积分器有溢出时,J_{v_x} 寄存器中的数应改为

$$2^i y \to 2^i(y+1) = 2^i y + 2^i$$

上式说明:若规格化处理时左移了 i 位,对第一象限逆圆插补来说,当 J_{R_y} 中溢出一个脉冲时,J_{v_x} 中的数应该加 2^i(而不是加1),即应在 J_{v_x} 的第 $(i+1)$ 位加1;同理,若 J_{R_x} 有一个脉冲溢出,J_{v_y} 的数应减少 2^i,即在第 $(i+1)$ 位减1。

综上所述,虽然直线插补和圆弧插补时规格化数不一样,但均能提高进给脉冲溢出速度。

2. 插补精度提高的措施——余数积存器预置数

DDA 直线插补的插补误差小于脉冲当量,而圆弧插补误差小于或等于两个脉冲当量。其原因是:当在坐标轴附近进行插补时,一个积分器的被积函数值接近0,而另一个积分器的被积函数值接近最大值(圆弧半径),这样后者连续溢出,而前者几乎无溢出脉冲,两个积分器的溢出脉冲速率相差很大,致使插补轨迹偏离理论曲线,插补误差过大。

减小插补误差的方法如下。

(1)减小脉冲当量。减小脉冲当量(Δt 减小),可以减小插补误差。但参加运算的数(如被积函数值)变大,寄存器的容量则变大,在插补运算速度不变的情况下,进给速度会显著降低。因此欲获得同样的进给速度,需提高插补运算速度。

(2)余数寄存器预置数。在 DDA 迭代之前,余数寄存器 J_{R_x}、J_{R_y} 的初值不置为0,而是预置某一数值。通常采用余数寄存器半加载。半加载是指在 DDA 插补前,给余数寄存器 J_{R_x}、J_{R_y} 的最高有效位置为"1",其余各位均置为"0",即 N 位余数寄存器容量的一半值为 2^{N-1}。这样只要再累加 2^{N-1},就可以产生第一个溢出脉冲,改善溢出脉冲的时间分布,减少插补误差。"半加载"可以使直线插补的误差减小到半个脉冲当量以内,并使圆弧插补的精度得到明显改善。若对例 3-4 进行"半加载",其插补轨迹如图 3-21 中的折线所示。

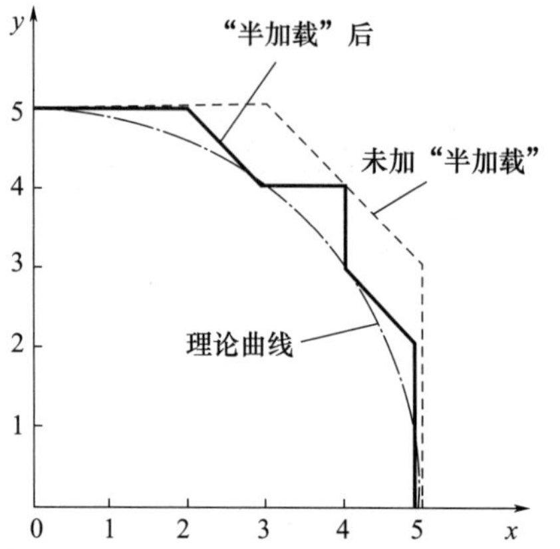

图3－21 "半加载"后的轨迹

3.3.5 多坐标DDA直线插补

DDA插补算法的优点是可以实现多坐标直线插补联动。下面介绍实际加工中常用的空间直线插补。

设在空间直角坐标系中有一直线OE(图3－22),起点为$O(0,0,0)$,终点为$E(x_e、y_e、z_e)$。假定进给速度v是均匀的,v_x、v_y、v_z分别表示动点在x、y、z方向上的移动速度,则有

$$\frac{v}{|OE|}=\frac{v_x}{x_e}=\frac{v_y}{y_e}=\frac{v_z}{z_e}=k \qquad (3-27)$$

式中:k为比例常数。

动点在时间Δt内的坐标轴位移分量为

$$\begin{cases}\Delta x=v_x\Delta t=kx_e\Delta t\\ \Delta y=v_y\Delta t=ky_e\Delta t\\ \Delta z=v_z\Delta t=kz_e\Delta t\end{cases}$$

参照平面内的直线插补可知,各坐标轴经过2^N次累加后分别到达终点,当Δt足够小时,有

$$\begin{cases}x=\sum\limits_{i=1}^{n}kx_e\Delta t=kx_e\sum\limits_{i=1}^{n}\Delta t=kx_en=x_e\\ y=\sum\limits_{i=1}^{n}ky_e\Delta t=ky_e\sum\limits_{i=1}^{n}\Delta t=ky_en=y_e\\ z=\sum\limits_{i=1}^{n}kz_e\Delta t=kz_e\sum\limits_{i=1}^{n}\Delta t=kz_en=z_e\end{cases} \qquad (3-28)$$

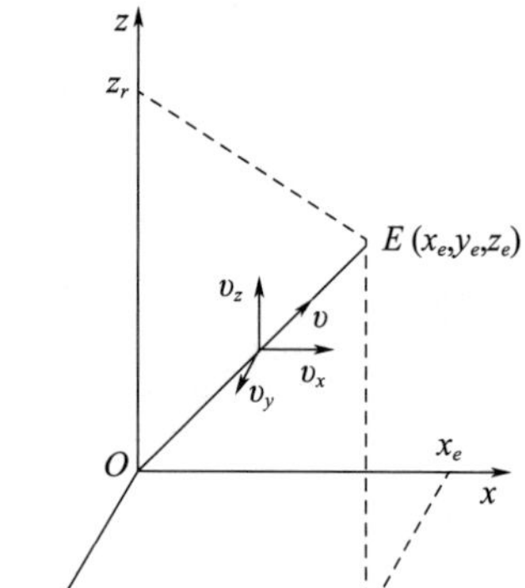

图3－22 空间直线插补

与平面内直线插补一样,每来一个Δt,最多只允许产生一个进给单位的位移增量,故k的选取也为$1/2^N$。空间直线插补时,x、y、z单独累加溢出,彼此独立,易于实现。

3.4　比较积分法

DDA 法能灵活地实现多种函数的插补和多坐标控制，但其进给加工速度随被积函数值的大小而变化，虽然采取了左移规格化等措施，但仍存在速度调节不够方便的缺点。逐点比较法则以判断方式进行插补，其进给脉冲频率完全受指令进给速度的控制，所以速度比较平稳、调节方便，但不能灵活地适应函数类型的变化。

比较积分法综合了逐点比较法和数字积分法的优点，可以实现直线、圆弧、椭圆、抛物线、双曲线、指数曲线和对数曲线等插补功能。它具有插补精度高、运算简单和速度控制容易等特点。该插补方法以直线插补为基础，其他线型可按直线插补进行转换。

3.4.1　比较积分法直线插补

设已知一直线，其方程为

$$y=\frac{y_e}{x_e}x$$

对上式求微分：

$$\frac{\mathrm{d}y}{\mathrm{d}x}=\frac{y_e}{x_e}$$

即

$$y_e\mathrm{d}x=x_e\mathrm{d}y$$

用矩形公式求积得

$$y_e+y_e+\cdots=x_e+x_e+\cdots$$

或

$$\sum_{i=0}^{x-1}y_e=\sum_{j=0}^{y-1}x_e \tag{3-29}$$

式(3－29)表明，x 方向每发出一个进给脉冲，相当于积分值增加一个量 y_e；y 方向每发出一个进给脉冲，相当于积分值增加一个量 x_e，为了得到直线，必须使两个积分相等。

根据式(3－29)，在时间轴上分别作出 x 轴和 y 轴的脉冲序列，如图 3－23 所示。把时间间隔作为积分增量，x 轴上每隔一段时间 y_e 发出一个脉冲，就得到一个时间间隔 y_e；y 轴上每隔一段时间间隔 x_e 发出一个脉冲，就得到一个时间间隔 x_e。当 x 轴发生 x 个脉冲后，其总的时间间隔为式(3－29)的左边

$$\sum_{i=0}^{x-1}y_e=y_e+y_e+\cdots$$

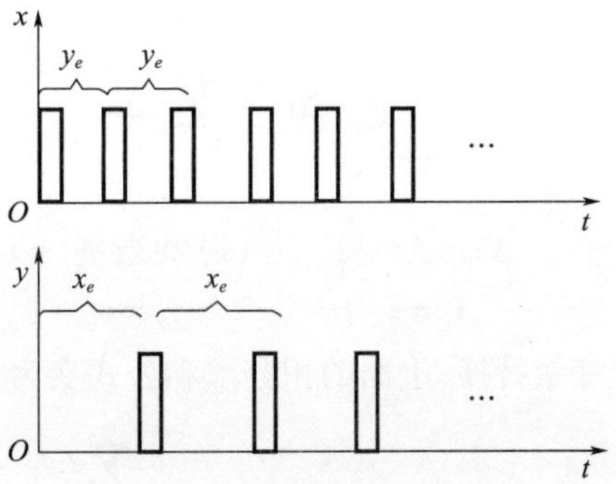

图 3－23　直线插补脉冲序列

同样，如果 y 轴上发出了 y 个脉冲，其总的时间间隔为积分公式(3－29)的右边

$$\sum_{i=0}^{y-1} x_e = x_e + x_e + \cdots$$

由式(3-29)可知,要实现直线插补,必须始终保持上述两个积分式相等。为此,参照逐点比较法,引入一个判别函数,所不同的是,这个判别函数定义为 x 轴脉冲总时间间隔与 y 轴脉冲总时间间隔与之差。用 F 表示为

$$F = \sum_{i=0}^{x-1} y_e - \sum_{j=0}^{y-1} x_e$$

若 x 轴进给一步,则有 $F_{n+1} = F_n + y_e$;

若 y 轴进给一步,则有 $F_{n+1} = F_n - x_e$;

若 x 轴和 y 轴同时进给一步,则有 $F_{n+1} = F_n + y_e - x_e$。

这样,可取一个脉冲源控制运算速度,每发出一个脉冲,计算一次 F 值,按 F 值的正负决定下一脉冲应如何进给。即 $F>0$ 时,说明 x 轴输出脉冲时间超前(y_e多发出),这时应控制 y 轴进行 x_e的累加;若 $F<0$,说明 y 轴输出脉冲时间超前(x_e多发出),这时应控制 x 轴进行 y_e的累加,依次进行下去即可实现直线插补。因为是通过将两个积分式相比较的办法来实现插补的,所以称为比较积分法。

3.4.2 比较积分法圆弧插补

设一圆弧以坐标原点为圆心,则其方程为

$$x^2 + y^2 = R^2 \tag{3-30}$$

考虑起点为 $A(x_0, y_0)$、终点为 $B(x_e, y_e)$ 的第一象限顺圆弧 AB,如图 3-24 所示。

对圆弧方程两端取微分,得

$$\frac{dy}{dx} = -\frac{x}{y} = \frac{v_y}{v_x} = k$$

亦即有

$$-y\mathrm{d}y = x\mathrm{d}x$$

利用矩形公式对上式求积可得

$$-\sum_{y=y_0}^{y_e} y\Delta y = \sum_{x=x_0}^{x_e} x\Delta x$$

亦即

$$\sum_{y=y_e}^{y_0} y\Delta y = \sum_{x=x_0}^{x_e} x\Delta x$$

令

$$\Delta x = \Delta y = 1 \qquad (\text{脉冲当量} =1)$$

$$x_e = x_0 + m \qquad y_e = y_0 - n$$

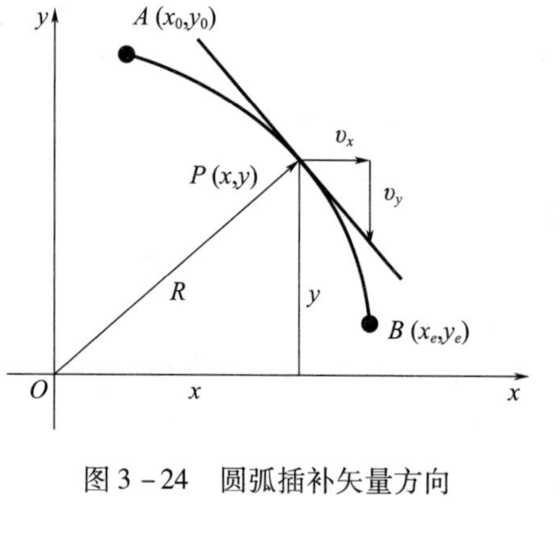

图 3-24 圆弧插补矢量方向

经变量替换,上面的积分求和公式变为

$$\sum_{i=0}^{m} (x_0 + i) = \sum_{j=0}^{n} (y_0 - j) \tag{3-31}$$

将上式展开,得

$$x_0 + (x_0 + 1) + (x_0 + 2) + \cdots = y_0 + (y_0 - 1) + (y_0 - 2) + \cdots$$

式(3－31)表示,若用进给脉冲的时间间隔来描述圆的动点变化规律,则圆函数的脉冲时间间隔在插补过程中是变化的,在某一时刻 x 轴与 y 轴进给脉冲时间间隔之比等于动点所在位置圆的半径矢量的 x 分量与 y 分量之比。式(3－31)是公差分别为＋1 和－1 的等差数列,圆就根据这组等差数列来产生。根据式(3－31)可以作出如图 3－25 所示的第一象限顺圆弧进给脉冲分配序列。

同理,不难得出圆函数在不同象限顺、逆时针加工情况下的矩形求和公式。

第一、第三象限顺圆,第二、第四象限逆圆矩形求和公式为

$$\sum_{i=0}^{m}(x_0+i)=\sum_{j=0}^{n}(y_0-j) \quad (3-32)$$

第二、第四象限顺圆,第一、第三象限逆圆矩形求和公式为

$$\sum_{i=0}^{m}(x_0-i)=\sum_{j=0}^{n}(y_0+j) \quad (3-33)$$

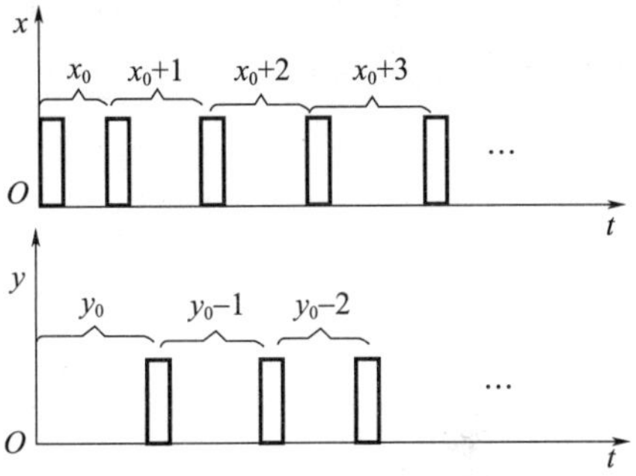

图 3－25　圆弧插补脉冲序列

为实现圆函数插补运算,亦须引进判别函数 F。所不同的是除偏差运算外,在 x 轴(或 y 轴)每发出一个进给脉冲后,还须对被积函数 x(或 y)作＋1 或－1 修正。

3.4.3　比较积分插补的一般算法

采用上述类似的推导过程,可以方便地得到抛物线、椭圆、双曲线等各种二次曲线的插补公式。对于二次曲线,可以利用时间坐标上的两组等差数列表示其脉冲分配过程,只要改变公差的大小和符号就可以得到各种类似的曲线。

通过以上讨论可知,比较积分法与逐点比较法类似,每输出一个脉冲,也需要作偏差判别、坐标进给和新偏差计算等工作。综合直线及一般二次曲线的矩形求和公式,为叙述方便,用 α 和 β 分别表示矩形求和公式中 x 轴和 y 轴进给脉冲时间间隔等差数列的公差。用 A 和 B 分别表示 x 轴和 y 轴进给脉冲的时间间隔。显然,对直线而言,A 和 B 的初始值分别为 $A_0=y_e$,$B_0=x_e$;对于圆,则 $A_0=x_0$,$B_0=y_0$,也可写成 $A_0=x_0|\alpha|$,$B_0=y_0|\beta|$。对于其他二次曲线初始值均可表示为 $A_0=x_0|\alpha|$,$B_0=y_0|\beta|$。用 Δx 和 Δy 表示 x 轴和 y 轴的进给脉冲,则比较积分法的插补步骤如下。

(1)确定基准轴。插补时取脉冲间隔小的轴作为基准轴,即当 $A<B$ 时,取 x 轴作为基准轴;反之,取 y 轴作为基准轴。

(2)脉冲源每发出一个脉冲,基准轴都走一步,非基准轴是否同时走一步,由判别函数 F 决定。

若以 x 轴作为基准轴,当 $F\geqslant 0$ 时,进给 Δx、Δy;当 $F<0$,进给 Δx。

若以 y 轴作为基准轴,当 $F\geqslant 0$ 时,进给 Δx、Δy;当 $F<0$,进给 Δy。

(3)计算新偏差 F_{n+1}。以直线为例,当 x 轴和 y 轴同时进给时,$F_{n+1}=F_n-x_e+y_e$;当只有 x 轴进给时,$F_{n+1}=F_n+y_e$。

(4)修正时间间隔 A 和 B。当 x 轴进给时($\Delta x=1$),$A=A+\alpha$;当 y 轴进给时($\Delta y=$

1),$B=B-\beta$。对于直线来说,因 $\alpha=\beta=0$,故在直线插补时,A、B 无须修正。

(5)判别是否改变基准轴。当 $A=B$ 时更换基准轴,并在偏差计算公式中将 A 与 B 互换。

(6)过象限处理。当插补曲线过象限时需修正进给轴的方向。

(7)终点判别。当 $x=x_e$,并且 $y=y_e$ 时,插补结束,否则重复执行上述各步骤。

适用于直线、圆和一般二次曲线加工的比较积分法程序流程图如图3-26所示,图中先以 x 轴作为基准轴。

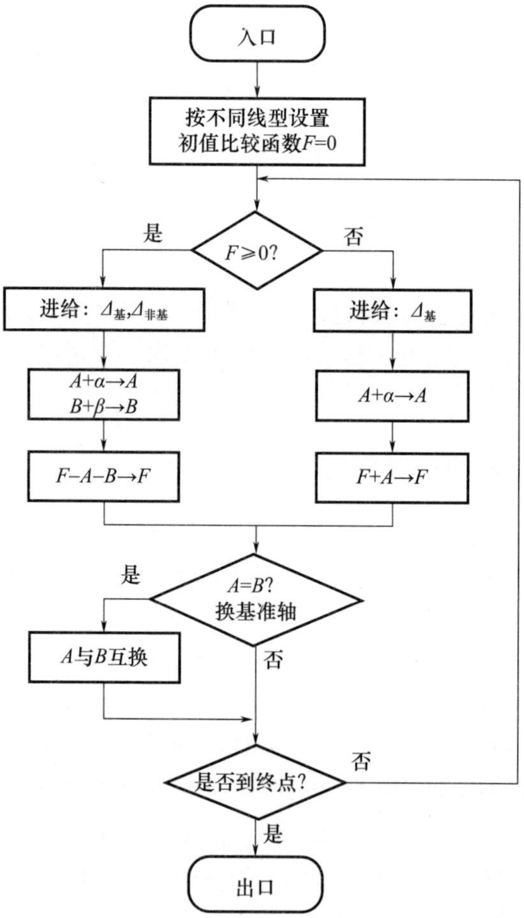

图3-26 比较积分法插补法程序流程

例3-5 试用比较积分法插补第一象限直线 OE,起点 O 在坐标原点,终点为 $E(5,3)$。

解:x 轴脉间 $A=3$,y 轴脉间 $B=5$,表明 x 轴的脉冲间隔 A 小于 y 轴的脉冲间隔 B,即 x 轴的脉冲密度高,因此取 x 轴为基准轴,每次运算后,x 轴都发出一个脉冲(走一步),然后根据运算结果决定 y 轴是否同时要走一步。终点判断计数值为两个轴进给脉冲数的总和。插补过程见表3-8。此处,将 $F=0$ 归于 $F>0$ 一类,插补轨迹如图3-27所示。

表3-8　比较积分法直线插补过程

序号	脉间 A	脉间 B	计算 F	判别 F	进给	终点判别
0	3	5	$F_0=0$			$n=8$
1			$F_0=0$	$F_0=0$	$+\Delta x, +\Delta y$	$n=6$
2			$F_1=F_0+y_e-x_e=-2$	$F_1<0$	$+\Delta x$	$n=5$
3			$F_2=F_1+y_e=1$	$F_2>0$	$+\Delta x, +\Delta y$	$n=3$
4			$F_3=F_2+y_e-x_e=-1$	$F_3<0$	$+\Delta x$	$n=2$
5			$F_4=F_3+y_e=2$	$F_4<0$	$+\Delta x, +\Delta y$	$n=0$

例3-6　试用比较积分法插补第一象限顺时针走向的圆弧 DE,其起点为 $D(0,6)$,终点为 $E(6,0)$,用比较积分法插补。

解:开始时,脉间 $A=3$,$B=6$,因此取 x 轴为基准轴,每次运算后,x 轴都发出一个脉冲。随着插补过程的进行,A 逐渐增大,而 B 逐渐减小,当 A 大于 B 时,基准轴要改变,即 y 轴变成基准轴。计数长度为两个轴进给脉冲数的总和,即 $n=6+6=12$。插补过程列于表3-9,插补轨迹见图3-28。

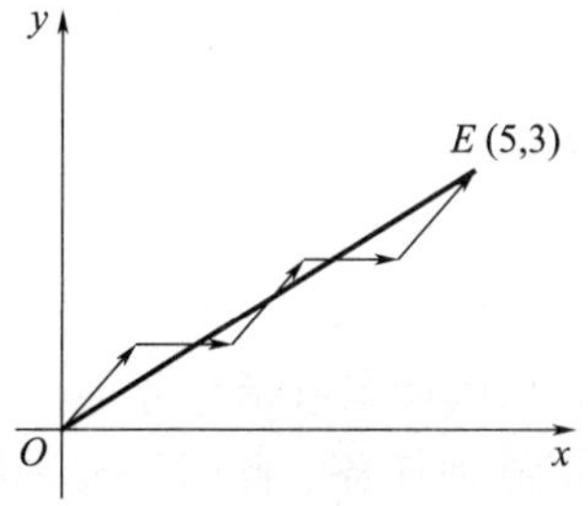

图3-27　比较积分法直线插补轨迹

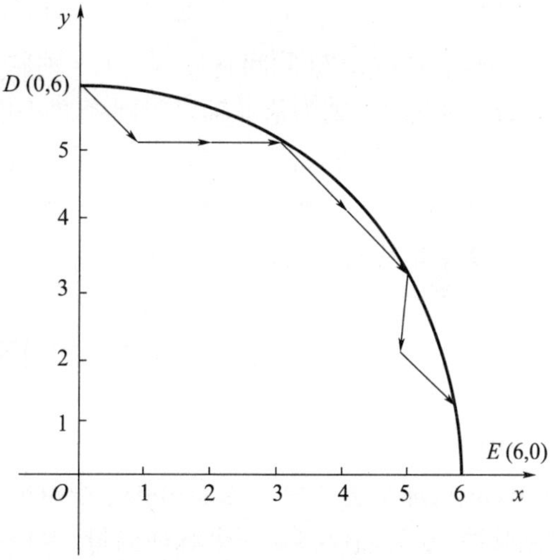

图3-28　比较积分法圆弧插补轨迹

表3-9　比较积分法圆弧插补过程

序号	脉间 A	脉间 B	计算 F	判别 F	进给	终点判别	基准轴
0	0	6	0			$n=12$	X
1			$F_0=0$	$F_0=0$	$+\Delta x, -\Delta y$	$n=10$	X
2	1	5	$F_1=0+1-5=-4$	$F_1<0$	$+\Delta x$	$n=9$	X
3	2	5	$F_2=-4+2=-2$	$F_2<0$	$+\Delta x$	$n=8$	X
4	3	3	$F_3=-2+3=1$	$F_3>0$	$+\Delta x, -\Delta y$	$n=6$	X
5	4	4	$F_4=1+4-4=1$	$F_4>0$	$+\Delta x, -\Delta y$	$n=4$	X
6	5	3	$F_5=1+3-5=1$	$F_5<0$	$-\Delta y$	$n=3$	Y

续表

序号	脉间 A	脉间 B	计算 F	判别 F	进给	终点判别	基准轴
7	5	2	$F_6=-1+2=1$	$F_6>0$	$+\Delta x,-\Delta y$	$n=1$	Y
8	6	1	$F_7=1+1-6=-4$	$F_7<0$	$-\Delta y$	$n=9$	Y

对于圆弧插补,加工指令一经给定,各轴的脉冲间隔是增大还是减小亦即确定。当基准轴转换后,两个轴脉冲间隔增减趋向不变,所以基准轴脉冲进给后,脉冲间隔修正的内容要改变。如开始时基准轴属于脉冲间隔增大的轴,在基准轴变换后(象限不变),把脉冲间隔趋向减小的轴作为基准轴,则基准轴进给后,脉冲间隔是减小的。

例3-7 抛物线插补:抛物线方程为 $x^2=6y$,其起点坐标值为(0,0),用比较积分法插补。

解 对方程 $x^2=6y$ 进行微分得

$$x\mathrm{d}x=3\mathrm{d}y$$

利用矩形公式对上式求和得

$$\sum_{i=0}^{x-1} i=\sum_{j=0}^{y-1} 3$$

开始插补时,x 轴脉间宽度 $A=0$,y 轴脉间宽度 $B=3$,$A<B$,因此取 x 轴为基准轴。与圆弧插补相同,在插补的过程中 A 逐渐增大,而 B 不变,当 $A>B$ 时,基准轴就要进行转换。基准轴由 x 轴变为 y 轴。插补轨迹如图3-29中折线所示。

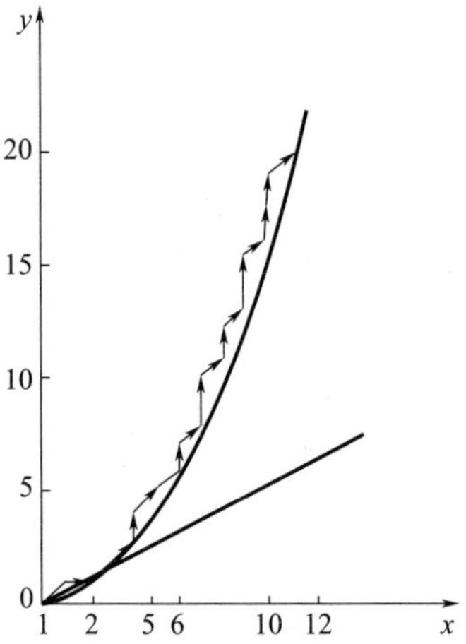

图3-29 抛物线插补轨迹

3.5 数据采样插补

闭环和半闭环数控系统以直流或交流伺服电动机为驱动装置,分辨率较高(≤0.001mm),加工速度快。若采用脉冲增量插补法,计算机要执行多条指令才能产生一个控制脉冲,坐标轴仅移动一个脉冲当量,数控系统无法完成其他任务。此时需要采用数据采样插补方法。

3.5.1 数据采样插补基本原理

数据采样插补由粗插补和精插补两个步骤组成。第一步为粗插补(一般数据采样插补都是指粗插补),是采用时间分割思想,把加工一段直线或圆弧的时间分为许多相等的时间间隔,该时间间隔称为单位时间间隔,即插补周期。根据编程规定的进给速度 F 和插补周期 T,将廓形曲线分割成一段段的轮廓步长 l,$l=FT$。然后,计算出每个插补周期的坐标增量 Δx 和 Δy,进而计算出插补点(动点)的位置坐标。第二步为精插补,是根据位移检测采样周期的大小,采用脉冲增量插补法,在轮廓步长内再插入若干点,进一步进行数据密化。

例如,日本FANUC公司的FANUC-7M系统和美国A-B公司的7360CNC系统都是采用时间分割插补算法，其插补周期分别为8ms和10.24ms。每经过一个单位时间间隔就进行一次插补运算，计算出各个坐标轴在一个插补周期内的进给量。如在7M系统中，设F为程序编制中给定的速度指令（单位为mm/min），插补周期为8ms，则一个插补周期的进给量l（μm）为

$$l=\frac{F\times1000\times8}{60\times1000}=\frac{2}{15}F$$

由上式可知在计算出1个插补周期的进给量l后，根据刀具运动轨迹与坐标轴的几何关系，就可以求出各轴在一个插补周期内的进给量Δx、Δy。

数据采样插补的时间分割法着重解决两个问题：一是如何选择插补周期，因插补周期与插补精度、速度有关；二是如何计算在一个周期内各坐标值的增量值。有了前一个插补周期计算的动点位置值和本次插补周期内坐标轴的增量值，就很容易计算出本插补周期内的动点坐标值。

1. 插补周期与采样周期

插补周期虽然不直接影响进给速度，但对插补误差及更高速运行有影响，插补周期与插补运算时间有密切关系。一旦选定了插补算法，则完成该算法的时间也就确定了。一般来说，插补周期必须大于插补运算所占用的时间。这是因为当系统进行轮廓控制时，CPU除要完成插补运算外，还必须实时地完成其他的一些工作，如显示、监控甚至精插补。所以插补周期T必须大于插补运算时间与完成其他实时任务所需时间之和。

插补周期与位置反馈采样周期有一定的关系，插补周期和采样周期可以相同，也可以不同。如果不同，则选插补周期是采样周期的整数倍。

如FANUC－7M系统采用8ms的插补周期和4ms的位置反馈采样周期。在这种情况下，插补程序每8ms被调用一次，为下一个周期算出各坐标轴应该行进的增量长度；而位置反馈采样程序每4ms调用一次，将插补程序算好的坐标位置增量值除2后再进行直线段的进一步密化（精插补）。

2. 插补周期与精度、速度的关系

在直线插补中，插补所形成的每个小直线段与给定的直线重合，不会造成轨迹误差。在圆弧插补时，一般用内接弦线或内外均差弦线来逼近圆弧，这种逼近必然会造成轨迹误差。图3－30为用内接弦线逼近圆弧，其最大半径误差e_r与插补周期进给量l的关系为

$$r^2=(r-e_r)^2+\left(\frac{l}{2}\right)^2$$

$$2e_r r-e_r^2=\frac{l^2}{4}$$

由于$e_r^2\ll1$，又$l=TF$，则最大半径误差为

$$e_r==\frac{l^2}{8r}=\frac{(TF)^2}{8r}\qquad(3-34)$$

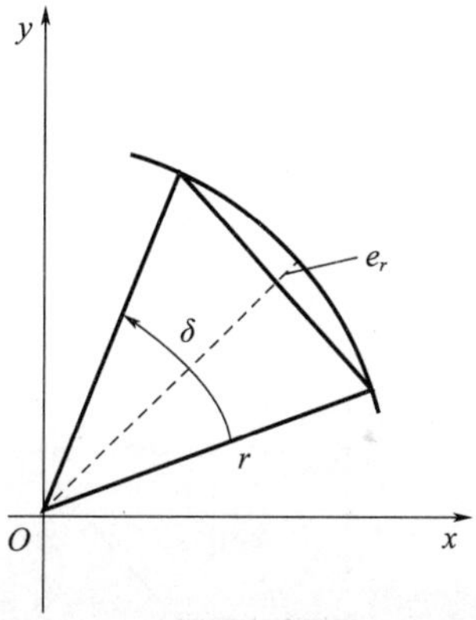

图3－30　用弦线逼近圆弧

式中，T为插补周期；F为刀具速度指令；r为圆弧半径。

由式（3－34）可以看出，圆弧插补时，半径误差e_r与插补周期T有关。在给定圆弧半

径和半径误差的情况下,插补周期应尽可能小,以便获得尽可能大的加工速度。

3.5.2 时间分割法

1. 时间分割直线插补

如图3-31所示,设刀具在 xy 平面中作直线运动,起点为坐标原点,终点为 $E(x_e, y_e)$,OE 与 x 轴夹角为 α,l 为一次插补的进给步长。由图3-29可以确定

$$\tan\alpha = \frac{y_e}{x_e}$$

$$\cos\alpha = \frac{1}{\sqrt{1+\tan^2\alpha}}$$

从而求得本次插补周期内 x 轴和 y 轴的插补进给量为

$$\begin{cases} \Delta x = l\cos\alpha \\ \Delta y = \dfrac{y_e}{x_e}\Delta x \end{cases} \tag{3-35}$$

2. 时间分割圆弧插补

圆弧插补的基本思想是在满足精度要求的前提下,用弦或割线进给代替弧进给,即用直线逼近圆弧。因为圆弧是二次曲线,所以其插补点的计算要比直线复杂得多。

时间分割圆弧插补算法中,有若干种具体方法,下面介绍时间分割圆弧插补的直线函数法。

在图3-32中,顺圆上点 B 是继点 A 之后的插补瞬时点,坐标分别为 $A(x_i, y_i)$,$B(x_{i+1}, y_{i+1})$。在这里,插补是指由点 A 求出下一点 $B(x_{i+1}, y_{i+1})$,实质上是求在一次插补周期的时间内,x 轴和 y 轴的进给量 Δx 和 Δy。根据图中的几何关系,可以推导出如下公式(推导过程略):

$$\frac{\Delta y}{\Delta x} = \frac{x_i + \frac{1}{2}\Delta x}{y_i - \frac{1}{2}\Delta y} = \frac{x_i + \frac{1}{2}l\cos\alpha}{y_i - \frac{1}{2}l\sin\alpha} \tag{3-36}$$

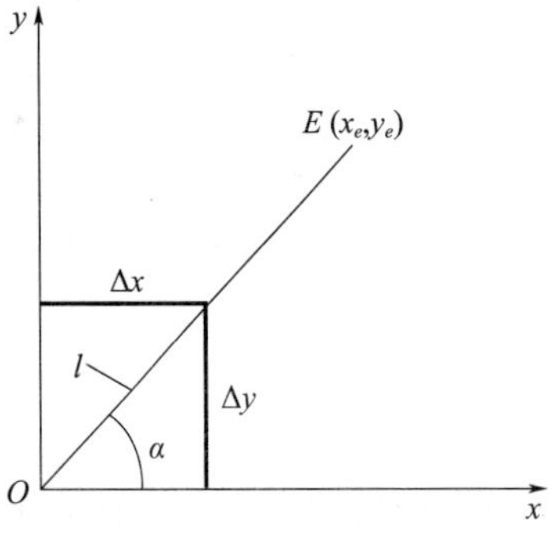

图3-31 时间分割法直线插补

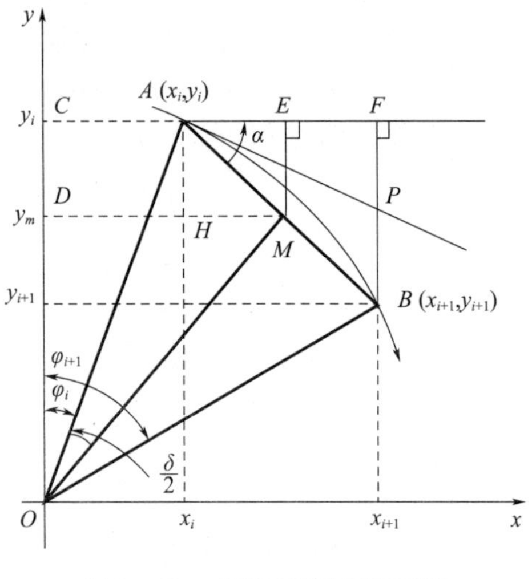

图3-32 直线函数法圆弧插补

其中,α 可用下式计算:

$$\tan\alpha = \tan\left(\varphi_i + \frac{\delta}{2}\right) = \frac{x_i + \frac{l}{2}\cos\alpha}{y_i - \frac{l}{2}\sin\alpha} \tag{3-37}$$

式(3-37)实际上很难求解,可以用 $\cos45°$ 和 $\sin45°$ 分别近似代替 $\cos\alpha$ 和 $\sin\alpha$,求得 $\tan\alpha$,从而求得 α 的近似值。这种近似计算不会使插补点离开圆弧轨迹,这是因为圆弧上任意相邻两点必须满足式(3-36)。它只是引起插补进给量 l 的微小变化,这种变化在实际切削加工中是微不足道的,完全可以认为插补的速度是均匀的。

只要计算出 Δx 和 Δy,就可以求出新的插补点坐标:

$$\begin{cases} x_{i+1} = x_i + \Delta x \\ y_{i+1} = y_i - \Delta y \end{cases} \tag{3-38}$$

在圆弧插补中,由于是以直线(弦)逼近圆弧的,因此插补误差主要表现在半径的绝对误差上,该误差取决于进给速度的大小,进给速度越高,则一个插补周期进给的弦长越长,误差就越大。为此,当加工的圆弧半径确定后,为了使径向绝对误差不致过大,对进给速度要有一个限制。由式(3-34)可以求出

$$l \leqslant \sqrt{8e_r r} \tag{3-39}$$

当 $e_r \leqslant 1\mu m$ 时,若插补周期 $T = 8ms$,则进给速度 v(单位为 mm/min)为

$$v \leqslant \sqrt{8e_r r}/T = \sqrt{450000r}$$

3.6　刀具半径补偿

3.6.1　刀具补偿的基本概念

在数控机床上,安装刀具的刀架(如车床)和主轴头(如铣床和钻床)上必须设置一个参考点,称为刀架参考点。在机床加工中,CNC 系统是通过对刀架参考点的控制来实现对刀具的位置控制的,进而生成加工轨迹,但实际切削时是由刀尖或刀刃边缘完成切削并获得零件轮廓的。对铣刀而言,刀架参考点是刀具中心。刀架参考点运动轨迹并不等于所要加工零件的实际轮廓,而编程人员一般依据零件轮廓来编制程序。这样就需要在刀架参考点与刀具切削点之间进行位置偏置,从而使数控系统的控制对象由刀架参考点变换到刀尖或刀刃边缘,这种变换过程称为刀具补偿。

为了方便编程和不改变已制备好的程序,可利用刀具补偿功能,只需要将刀具尺寸值或变化值输入数控系统,数控系统可自动地对刀具尺寸变化进行补偿,进而生成刀架参考点的运动轨迹。刀具补偿可以带来如下好处。

(1)方便编程,编程时不必考虑刀具结构尺寸,只需要考虑工件廓形尺寸,便能自动生成自动加工中刀架参考点轨迹,包括起刀、退刀与拐角的参考点轨迹。

(2)更换刀具或刀具因磨损尺寸变化时不必更改程序。

(3)通过改变刀具补偿值可使用同一把刀同一程序进行粗、精切。粗加工时只要把打算保留的用于精加工的切削余量加到刀具补偿值中即可。

(4)可以纠正刀具安装误差或对刀误差。若刀具安装或对刀有误差,可通过修改刀具补偿值加以消除。

刀具补偿可分为刀具半径补偿和长度补偿两大类。如图3-33所示,对于圆周切削的铣刀需要半径补偿值r,对于同时进行圆周和端面切削的铣刀则需要半径补偿值和长度补偿值。对于钻头,需要长度补偿值L,对于车刀,需要两个方向长度补偿值(刀具偏置)X_{PF}和Z_{PF},对于精密加工还应考虑刀尖圆弧半径补偿R_s。

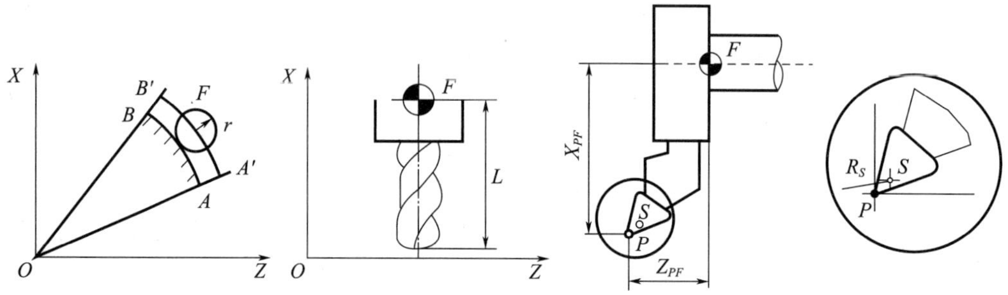

(a) (b) (c)

图3-33　不同刀具补偿示意

(a)铣刀;(b)钻头;(c)车刀。

本节着重讨论刀具半径补偿。

刀具半径补偿通常不是由程序编制人员来完成的。程序编制人员只需要按零件的加工轮廓编制程序,同时用指令G41、G42、G40指示CNC系统,以控制刀具是沿零件轮廓左侧还是右侧切削。实际的刀具半径补偿是在CNC系统内部由计算机自动完成的。CNC系统根据零件轮廓尺寸(直线或圆弧及其起点和终点)和刀具运动的方向指令(G41、G42、G40),以及实际加工中所用的刀具半径值自动地完成刀具半径补偿计算。在零件轮廓加工过程中,刀具半径补偿的执行过程分为三步。

(1)刀补建立。刀具从起点出发沿直线接近加工零件,依据G41或G42使刀具中心在原来的编程轨迹的基础上伸长或缩短一个刀具半径值,即刀具中心从与编程轨迹重合过渡到与编程轨迹偏离一个刀具半径值,如图3-34所示。

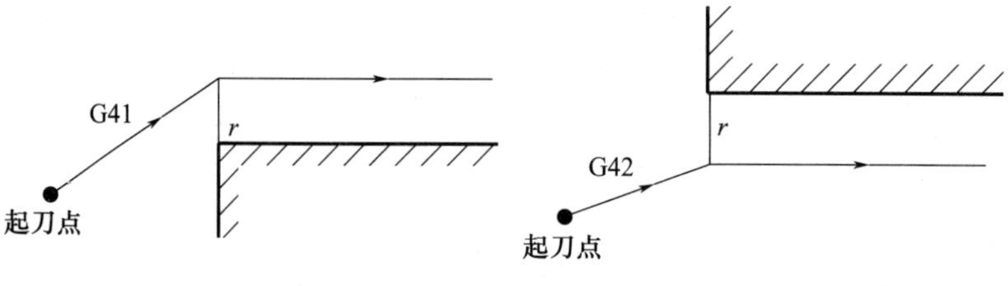

(a) (b)

图3-34　刀补建立

(a)左刀补;(b)右刀补。

(2)刀补进行。刀补指令是模态指令,一旦刀补建立会一直有效,直至刀补被其他刀补代替。在刀补进行期间,刀具中心轨迹始终偏离编程轨迹一个刀具半径值的距离。在轨迹转接处,采用圆弧过渡或直线过渡。

(3)刀补撤销。刀具撤离工件,回到起刀点。与刀补建立时相似,刀具中心轨迹从与编程轨迹相距一个刀具半径值过渡到与编程轨迹重合。

刀具半径补偿仅在指定的二维坐标平面内进行,平面由 G17、G18、G19 指定。

3.6.2　刀具半径计算

刀具半径补偿是 CNC 系统根据编程轨迹(零件廓形)和立铣刀或其他圆头刀具的半径自动生成刀具中心的轨迹。若能自动处理零件廓形中的拐角过渡,则称为 C 功能刀补。若只能处理单程序段补偿,要由编程员额外编程进行拐角过渡,则称为 B 功能刀补,现在已被 C 功能刀补代替。

对于一般的 CNC 系统,其所能实现的轮廓控制仅限于直线和圆弧。对直线而言,刀具半径补偿后的刀具中心运动轨迹是与原直线相平行的直线,因此直线轨迹的刀具补偿计算只需要计算出刀具中心轨迹的起点和终点坐标。对于圆弧而言,刀具半径补偿后的刀具中心运动轨迹是一个与原圆弧同心的圆弧,因此圆弧的刀具半径补偿计算只需要计算出刀补后圆弧起点和终点的坐标值以及刀补后的圆弧半径值。有了这些数据,轨迹控制(直线或圆弧插补)就能够实施。

1. 直线刀具半径补偿计算

如图 3-35 所示,被加工直线 OE 起点在坐标原点,终点 E 的坐标为(x,y)。设刀具半径为 r,刀具偏移后点 E 移动到了点 E',现在要计算的是点 E'的坐标(x',y')。刀具半径在 x 轴和 y 轴的分量 r_x、r_y为

$$\begin{cases} r_x = r\sin\alpha = \dfrac{ry}{\sqrt{x^2+y^2}} \\ r_y = -r\cos\alpha = -\dfrac{rx}{\sqrt{x^2+y^2}} \end{cases}$$

点 E'的坐标为

$$\begin{cases} x' = x + r_x = x + \dfrac{ry}{\sqrt{x^2+y^2}} \\ y' = y + r_y = y - \dfrac{rx}{\sqrt{x^2+y^2}} \end{cases} \tag{3-40}$$

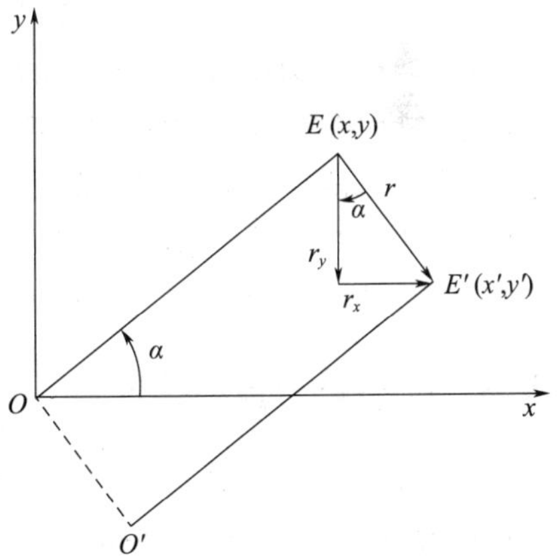

图 3-35　直线刀具半径补偿

式(3-40)是直线刀补计算公式。

起点 O'为上一个程序段的终点,其坐标的求法同点 E'。直线刀偏分量 r_x、r_y的正、负号的确定受直线终点(x,y)所在象限,以及与刀具半径沿切削方向偏向工件的左侧(G41)还是右侧(G42)的影响。

2. 圆弧刀具半径补偿计算

如图 3-36 所示,被加工圆弧 AE,半径为 R,圆心在坐标原点,圆弧起点 A 的坐标为(x_a,y_a),圆弧终点的坐标为(x_e,y_e)。起点 A'为上一个程序段终点的刀具中心点,已求出,现在要计算的是点 E'的坐标(x',y')。

设刀具半径为 r,则点 E 的刀偏分量为

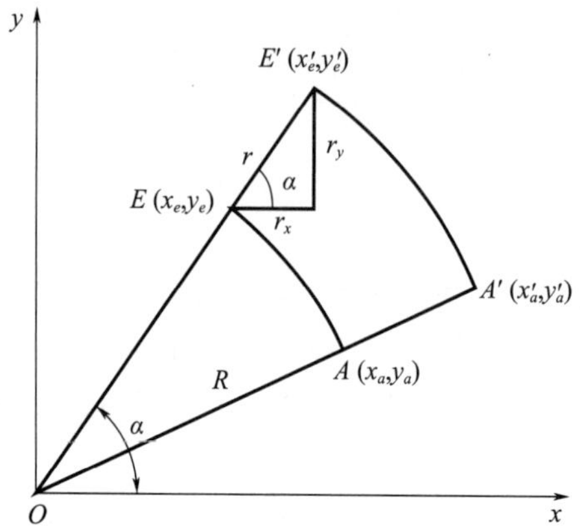

图 3-36　圆弧刀具半径补偿

$$\begin{cases} r_x = r\cos\alpha = r\dfrac{x_e}{R} \\ r_y = r\sin\alpha = r\dfrac{y_e}{R} \end{cases}$$

点 E'的坐标为

$$\begin{cases} x'_e = x_e + r_x = x_e + r\dfrac{x_e}{R} \\ y'_e = y_e + r_y = y_e + r\dfrac{y_e}{R} \end{cases} \tag{3-41}$$

式(3-41)为圆弧刀具半径补偿计算公式。圆弧刀具偏移分量的正、负号的确定与圆弧的走向(G02/G03)、刀具指令(G41 或 G42)以及圆弧所在象限有关。

事实上,刀偏计算的方法很多,仅在 NC 系统中常用的就有 DDA 法、极坐标法、逐点比较法(又称刀具半径矢量法或 r^2法)、矢量判断法等。这些刀具偏移计算方法的采用,大多与数控系统所采用的插补方法有关,也就是随数控系统的不同而异。

3.6.3　C 功能刀具补偿计算

1. C 功能刀具半径补偿的基本概念

极坐标法、r^2法、矢量判断法等一般刀具半径补偿方法(也称刀具补偿),只能计算出直线或圆弧终点的刀具中心值,而对于两个程序段之间在刀补后可能出现的一些特殊情况未给予考虑。

实际上,当程序编制人员按零件的轮廓编制程序时,各程序段之间是连续过渡的,既无间断点,也无重合段。但是,当进行了刀具半径补偿(B 刀具补偿)后,在两个程序段之间的刀具中心轨迹就可能会出现间断点和交叉点。如图 3-37 所示,粗线为编程轮廓,当加工外轮廓时,会出现间断 $A' \sim B'$;当加工内轮廓时,会出现交叉点 C''。

对于只有 B 刀具补偿的 CNC 系统,编程人员必须事先估计出在进行刀具补偿后可能出现的间断点和交叉点的情况,并进行人为处理。如遇到间断点时,可以在两个间断点之间增加一个半径为刀具半径的过渡圆弧段 $A'B'$,遇到交叉点时,事先在两程序段之间增加

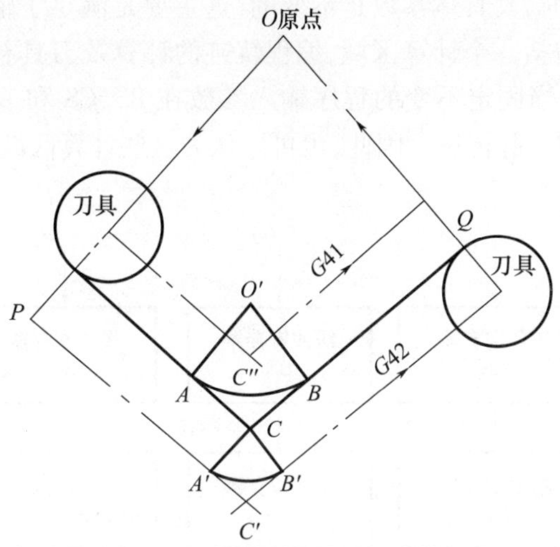

图3-37　B刀具补偿交叉点和间断点

一个过渡圆弧段 AB，圆弧的半径必须大于所使用的刀具的半径。显然，这种仅有 B 刀具补偿功能的 CNC 系统对编程人员是很不方便的。

但最早也是最容易被人们想到的刀具半径补偿方法，就是由数控系统根据和实际轮廓完全一样的编程轨迹，直接算出刀具中心轨迹的转接交点 C' 和 C''，然后再对原来的程序轨迹作伸长或缩短的修正。

以前，C' 和 C'' 点不易求得，主要是由于装置的运算速度和硬件结构的限制。随着 CNC 技术的发展，系统工作方式、运算速度及存储容量都有了很大的改进和增加，采用直线或圆弧过渡，直接求出刀具中心轨迹交点的刀具半径补偿方法已经能够实现，这种方法被称为 C 功能刀具半径补偿(简称 C 刀具补偿)。

2. C 刀具补偿的基本设计思想

B 刀具补偿对编程限制的主要原因是在确定刀具中心轨迹时，都采用了读一段，算一段，再走一段的控制方法。这样，就无法预计由于刀具半径所造成的下一段加工轨迹对本段加工轨迹的影响。于是，对于给定的加工轮廓轨迹来说，当加工内轮廓时，为了避免刀具干涉，合理地选择刀具的半径以及在相邻加工轨迹转接处选用恰当的过渡圆弧等问题，就不得不依靠程序员自己来处理。

为了解决下一段加工轨迹对本段加工轨迹的影响，需要在计算完本段轨迹后，提前将下一段程序读入，然后根据它们之间转接的具体情况，再对本段的轨迹作适当的修正，得到正确的本段加工轨迹。

图3-38(a)是普通系统的工作方法，程序轨迹作为输入数据送至工作寄存器后，由运算器进行刀具补偿运算，运算结果送入输出寄存器 OS，直接作为伺服系统的控制信号。图3-38(b)中是改进后的 NC 系统的工作方法。与图3-38(a)相比，增加了一组数据读入的缓冲寄存器 BS，节省了数据读入时间。往往是 AS 中存放着正在加工的程序段信息，而 BS 中已经存放了下一段所要加工的信息。图3-38(c)是在 CNC 系统中采用 C 刀具补偿方法的原理框图。与之前方法不同的是，CNC 装置内部又设置了一个刀具补偿缓冲区 CS。零件程序的输入参数在 BS、CS、AS 中的存放格式是完全一样的。当某一程序在

BS、CS 和 AS 中被传送时,其具体参数是不变的,这主要是满足了输出显示的需要。实际上,BS、CS 和 AS 各自包括一个计算区域,编程轨迹的计算及刀具补偿修正计算都是在这些计算区域中进行的。当固定不变的程序输入参数在 BS、CS 和 AS 间传送时,对应的计算区域的内容也就跟随一起传送。因此,也可以认为这些计算区域对应的是 BS、CS 和 AS 区域的一部分。

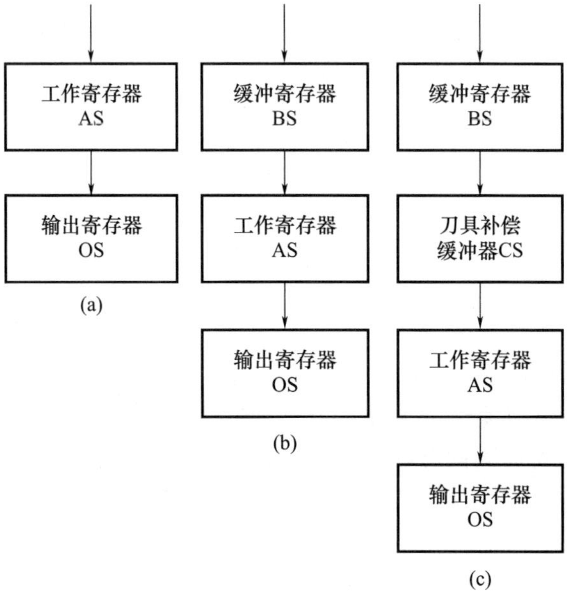

图 3-38　几种数控系统的工作流程

(a)一般方法;(b)改进后的方法;(c)采取 C 刀具补偿的方法。

系统启动后,第一段程序先被读入 BS,在 BS 中算得的第一段编程轨迹被送至 CS 暂存后,又将第二段程序读入 BS,算出第二段的编程轨迹。接着,判别第一、第二两段编程轨迹的连接方式,根据判别结果,再对 CS 中的第一段编程轨迹作相应的修正。修正结束后,按顺序将修正后的第一段编程轨迹由 CS 送入 AS,第二段编程轨迹由 BS 送入 CS。随后,由 CPU 将 AS 中的内容送到 OS 进行插补运算,运算结果送至伺服驱动装置予以执行。当修正了的第一段编程轨迹开始被执行后,利用插补间隙,CPU 又命令第三段程序读入 BS,随后,又根据 BS、CS 中的第三、第二段编程轨迹的连接方式,对 CS 中的第二段编程轨迹进行修正。在刀补工作状态,CNC 装置内部总是同时存有三个程序段的信息。

在具体实现时,为了便于交点的计算以及对各种编程情况进行综合分析,从中找出规律,必须将 C 功能刀具补偿方法所有的编程输入轨迹都当作矢量来看待。

显然,直线段本身就是一个矢量。而圆弧在这里意味着要将起点、终点的半径及起点到终点的弦长都看作矢量,零件刀具半径也作为矢量看待。所谓刀具半径矢量,是指在加工过程中,始终垂直于编程轨迹,大小或等于刀具半径值,方向指向刀具中心的一个矢量。在直线加工时,刀具半径矢量始终垂直于刀具移动方向。在圆弧加工时,刀具半径矢量始终垂直于编程圆弧的瞬时切点的切线,其方向是一直在改变的。

3. 编程轨迹转接类型

实现 C 刀具半径补偿功能,首先要对相邻编程轨迹的转接线型及转接过渡类型进行判别。在一般的 CNC 装置中，所能控制的轮廓轨迹通常只有直线和圆弧，编程轨迹有直线与直线、直线与圆弧、圆弧与直线、圆弧与圆弧四种转接方式。根据两个程序段轨迹矢量的夹角 α（锐角和钝角）和刀具补偿的不同，有三种过渡类型：缩短型、伸长型和插入型。

以直线与直线转接左刀补（G41）为例说明，该转接有 3 种情况，如图 3－39 所示。

（1）缩短型转接。图 3－39（a）、（b）为缩短型转接。*JCK* 为刀具中心轨迹，*OAF* 为零件轮廓轨迹（程编轨迹）。*AB*、*AD* 为刀具半径。∠*JCK* 相对于∠*OAF* 为内角。显然，刀具中心轨迹长度相对于编程轨迹缩短了。

（2）伸长型转接。图 3－39（d）中，∠*JCK* 相对于∠*OAF* 为外角，点 *C* 处于 *JB* 和 *DK* 的延长线交点上。刀具中心轨迹长度相对于编程轨迹延长了。

（3）插入型。在图 3－39（c）中仍需外角过渡，但∠*OAF* 为锐角，若仍用伸长型转接，则将增加刀具的非切削空行程时间，甚至行程超过工作台加工范围。为此，可以在 *JB* 和 *DK* 之间增加一段过渡圆弧，且计算简单，但会使刀具在转角处停顿，零件加工工艺性差。较好的作法是，插入直线，即 C 功能刀补。令 *BC* 等于 *DC′* 且等于刀具半径长度 *AB* 和 *AD*，同时，在中间插入过渡直线 *CC′*。也就是说，刀具中心除沿原来的编程轨迹伸长移动一个刀具半径长度外，还必须增加一个沿直线 *CC′* 的移动，等于在原来的程序段中间插入了一个程序段。

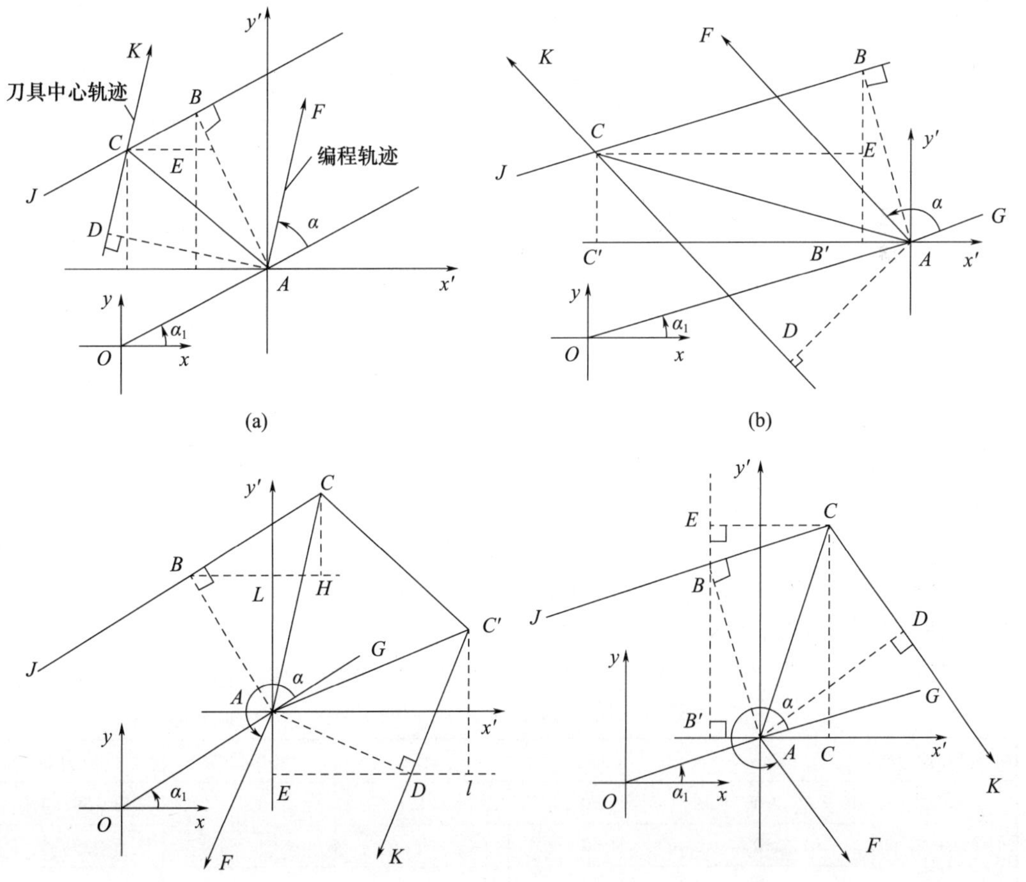

图 3－39　G41 直线与直线转接左刀补情况

（a）、（b）缩短型转接；（c）插入型转接；（d）伸长型转接。

同理,直线与直线转接右刀补情况如图3-40所示。

在同一个坐标平面内直线接直线时,当一段编程轨迹的矢量逆时针旋转到第二段编程轨迹的矢量的旋转角在0°~360°范围变化时,相应刀具中心轨迹的转接将按上述三种类型(伸长型、缩短型、插入型)依次进行。

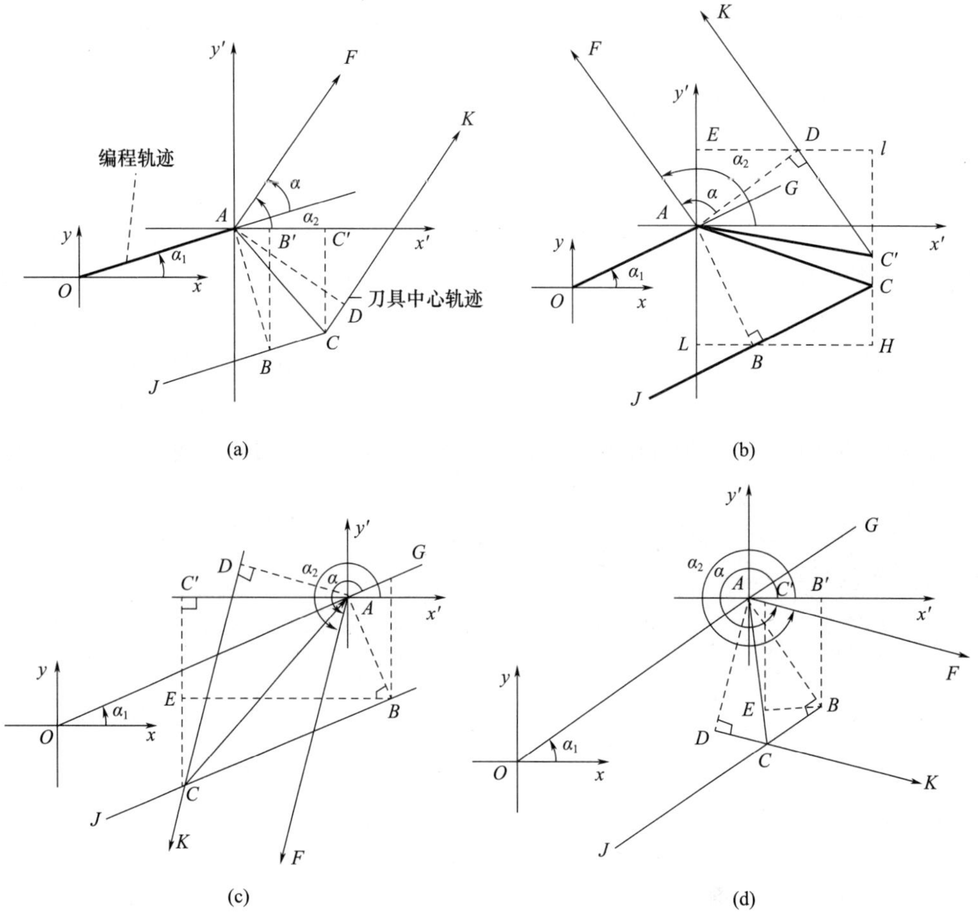

图3-40　G42直线与直线转接右刀补情况

(a) 伸长型转接;(b)插入型转接;(c)、(d) 缩短型转接。

在同一个坐标平面内直线接直线时,当一段编程轨迹的矢量逆时针旋转到第二段编程轨迹的矢量的旋转角在0°~360°范围变化时,相应刀具中心轨迹的转接将按上述三种类型(伸长型、缩短型、插入型)依次进行。

对应于图3-39和图3-40,表3-10列出了直线与直线转接时的全部分类情况。

表3-10　直线与直线转接分类

刀具补偿方向	sinα	cosα	象限	转接类型	对应图号
G41	≥0	≥0	Ⅰ	缩短	3-39(a)
	≥0	<0	Ⅱ		3-39(b)
	<0	<0	Ⅲ	插入	3-39(c)
	<0	≥0	Ⅳ	伸长	3-39(d)

续表

刀具补偿方向	sinα	cosα	象限	转接类型	对应图号
G42	≥0	≥0	Ⅰ	伸长	3-40(a)
	≥0	<0	Ⅱ	插入	3-40(b)
	<0	<0	Ⅲ	缩短	3-40(c)
	<0	≥0	Ⅳ		3-40(d)

与直线接直线一样，圆弧接圆弧时转接类型的区分也可以通过相接的两圆的起点和终点半径矢量的夹角 α 的大小来判别。为了便于分析，往往将圆弧等效于直线处理。

3.7 进给速度与加减速控制

在CNC装置中，为保证在启动或停止时不产生冲击、失步、超程或振荡，数控系统需要对机床的进给运动速度进行加减速控制，即在启动或速度突然升高时，应保证加在伺服电动机上的进给脉冲频率或电压逐渐增大；当停止或速度突降时，应保证加在伺服电动机上的进给脉冲频率或电压逐渐减小。

在CNC装置中，进给速度控制包括依加工工艺要求而编入零件加工程序的进给速度控制，以及加工过程中操作者根据实际加工需要使用倍率旋钮对进给速度所作的手动调节。CNC装置采用的插补算法不同，进给速度及加减速的控制方法也不同。

3.7.1 脉冲增量插补法的进给速度控制

在脉冲增量插补过程中，数控装置不断向各坐标轴发送互相协调的进给脉冲。发出脉冲的数量决定工作台(或刀具)的移动距离、发出脉冲的频率决定工作台(或刀具)的移动速度。因此，可以通过控制输出脉冲频率(或脉冲周期)来控制进给速度。常用的方法有以下两种。

1. 软件延时法

软件延时法是指可以通过软件延时产生一系列频率可调的脉冲序列来实现不同的进给速度及加减速控制。采用这种方法，需要计算每次插补计算、输出及显示等所占用的时间，由各种进给速度要求的进给脉冲间隔时间减去这一时间，得到应该等待的时间。

根据编程进给速度，可以求出要求的进给脉冲频率，从而得到两次插补运算之间的时间间隔 t，它必须大于CPU执行插补程序的时间 $t_{程}$，t 与 $t_{程}$ 之差即为应调节的时间 $t_{延}$，可以编写一个延时子程序来改变进给速度。

例3-8 设某数控装置的脉冲当量 $\delta=0.01$mm，插补程序运行时间 $t_{程}=0.1$ms，若编程进给速度 $v=300$mm/min，求调节时间 $t_{延}$。

解 由 $v=60\delta f$ 得

$$f=\frac{v}{60\delta}=\frac{300}{60\times0.01}=500 \quad (1/\text{s})$$

则插补时间间隔为

$$t=\frac{1}{f}=0.002\text{s}=2(\text{ms})$$

调节时间 $t_{延} = t - t_{延} = 1.9(\mathrm{ms})$。

一般来说,软件延时会降低利用率。但对于开环控制的单微处理器 CNC 装置,一次插补结束,必须在向伺服系统送出脉冲后才能进行下一次插补计算。而延时就是安排在一次插补计算及相关处理完成后至向伺服系统送出脉冲这段时间里,因此对 CPU 的利用率不会产生影响。

2. 中断控制法

由进给速度计算出定时器/计数器的定时时间常数,以控制 CPU 中断。定时器每申请一次中断,CPU 就执行一次中断服务程序,并在中断服务程序中完成一次插补运算并发出进给脉冲。如此连续进行,直至插补完毕。

可以采用变频振荡器实现中断,进给速度经译码后,控制变频振荡器发出一定频率的脉冲,作为中断请求信号,在中断服务程序中完成插补和输出。显然这种方法将会增加硬件开销。用可编程定时器、计数器代替变频振荡器,通过编程进给速度改变可编程定时器、计数器的定时时间,即可产生不同频率的脉冲。以此脉冲作为中断请求信号,产生定时中断,在中断服务程序中完成插补和进给脉冲的输出,以达到对进给速度的控制。

这种方法使 CPU 可以在两个进给脉冲时间间隔内做其他工作,如输入、译码、显示等。进给脉冲频率由定时器定时常数决定。时间常数的大小决定了插补运算的频率,也决定了进给脉冲的输出频率。该方法速度控制比较精确,控制速度不会因为不同计算机主频的不同而改变,所以在很多数控系统中被广泛应用。

3.7.2 数据采样插补算法的进给速度控制

数据采样插补算法的加减速控制多数都采用软件来实现,这给系统带来了较大的灵活性。这种用软件实现的加减速控制既可以放在插补前进行,也可以放在插补后进行。放在插补前的加减速控制称为前加减速控制,放在插补后的加减速控制称为后加减速控制,如图 3-41 所示。

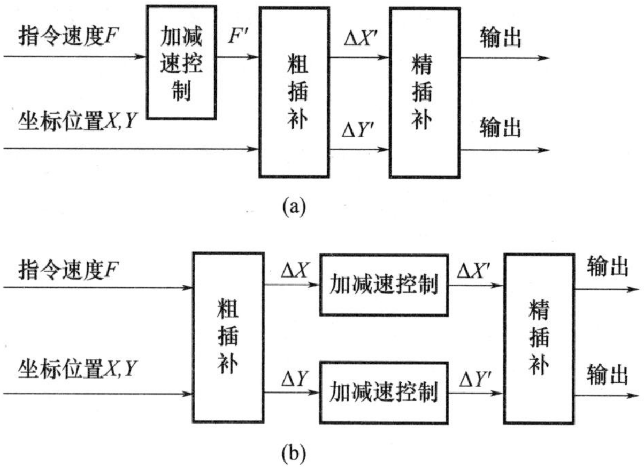

图 3-41 前后加减速控制

(a)前加减速控制;(b)后加减速控制。

前加减速控制，仅对编程速度 F 指令进行控制，其优点是不会影响实际插补输出的位置精度，其缺点是需要预测减速点，而这个减速点要根据实际刀具位置与程序段终点之间的距离来确定，预测工作的计算量较大。

后加减速控制与前加减速控制相反，它是对各运动轴分别进行加减速控制，这种加减速控制不需要专门预测减速点，而是在插补输出为0时才开始减速，经过一定的延时逐渐靠近程序段终点。该方法的缺点是，因为它是对各运动轴分别进行控制，所以在加减速控制以后，实际的各坐标轴的合成位置就可能不准确。但这种影响仅在加减速过程中才会有，当系统进入匀速状态时，这种影响就不存在了。

1. 前加减速控制

1）稳定速度和瞬时速度

稳定速度是指系统处于稳定进给状态时，一个插补周期内的进给量 f_s，可用下式计算：

$$f_s = \frac{FTK}{60 \times 1000} \tag{3-42}$$

式中：f_s 为稳定进给状态下单位插补周期的进给量（mm）；F 为编程进给速度（mm/min）；T 为插补周期（ms）；K 为速度系数，包括快速倍率、切削进给倍率等。

通过该计算公式将编程速度指令或快速进给速度 F 转换成了每个插补周期的进给量，并包括速率倍率调整的因素在内。如果计算出的稳定速度超过系统允许的最大速度（由参数设定），取最大速度为稳定速度。

瞬时速度是指系统在每个插补周期内的进给量。当系统处于稳定进给状态时，瞬时速度 f_i 等于稳定速度 f_s，当系统处于加速（或减速）状态时，$f_i < f_s$（或 $f_i > f_s$）。

2）线性加减速处理

当机床启动、停止或在切削加工过程中改变进给速度时，数控系统自动进行线性加、减速处理。加、减速速率分为空进给和切削进给两种，它们必须作为机床的参数预先设置好。设进给速度为 F（mm/min），加速到 F 所需的时间为 t（ms），则加/减速度 a 按下式计算：

$$a = \frac{1}{60 \times 1000} \times \frac{F}{t} = 1.67 \times 10^{-5} \frac{F}{t} \ (\mathrm{mm/ms^2}) \tag{3-43}$$

（1）加速处理。每插补一次，都应进行稳定速度、瞬时速度的计算和加/减速度处理。当计算出的稳定速度 f_s' 大于原来的稳定速度 f_s 时，需进行加速处理。每加速一次，瞬时速度为

$$f_{i+1} = f_i + aT \tag{3-44}$$

式中：T 为插补周期。

新的瞬时速度 f_{i+1} 作为插补进给量参与插补运算，对各坐标轴进行分配，使坐标轴运动直至新的稳定速度为止。

（2）减速处理。系统每进行一次插补计算，系统都要进行终点判别，计算出刀具距终点的瞬时距离 s_i，并判别是否已到达减速区域。若 $s_i \leqslant s$，表示已到达减速点，则要开始减速。在稳定速度 f_s 和设定的加/减速度 a 确定后，可由下式决定减速区域：

$$s = \frac{f_s^2}{2a} + \Delta s \tag{3-45}$$

式中：Δs 为提前量，可作为参数预先设置好。若不需要提前一段距离开始减速，则可取 $\Delta s=0$，每减速一次后，新的瞬时速度为

$$f_{i+1}=f_i-aT \tag{3-46}$$

新的瞬时速度 f_{i+1} 作为插补进给量参与插补运算，控制各坐标轴移动，直至减速到新的稳定速度或减速到0。

3）终点判别处理

每进行一次插补计算，系统都要计算 s_i，然后进行终点判别。若即将到达终点，就设置相应标志；若本程序段要减速，则要在到达减速区域时设减速标志，并开始减速处理。终点判别计算分为直线和圆弧插补两个方面。

（1）直线插补。如图3-42所示，设刀具沿直线 OE 运动，E 为直线程序段终点，N 为某一瞬时点。在插补计算时，已计算出 x 轴和 y 轴插补进给量为 Δx 和 Δy，所以 N 点的瞬时坐标可由上一插补点的坐标 x_{i-1} 和 y_{i-1} 求得：

$$\begin{cases} x_i=x_{i-1}+\Delta x \\ y_i=y_{i-1}+\Delta y \end{cases}$$

瞬时点离终点 E 的距离 s 为

$$s_i=|NE|=\sqrt{(x_e-x_i)^2+(y_e-y_i)^2} \tag{3-47}$$

（2）圆弧插补。如图3-43所示，设刀具沿圆弧 AE 作顺时针运动，N 为某一瞬间插补点，其坐标值和已在插补计算中求出。点 N 离开终点 E 的距离 s_i 为

$$s_i=\sqrt{(x_e-x_i)^2+(y_e-y_i)^2} \tag{3-48}$$

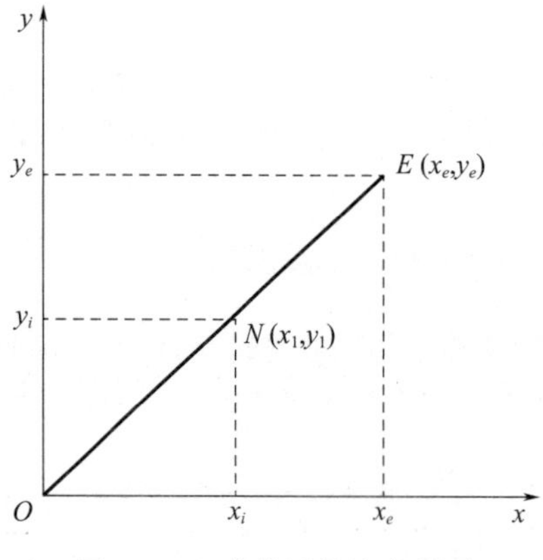

图3-42　直线插补终点判别

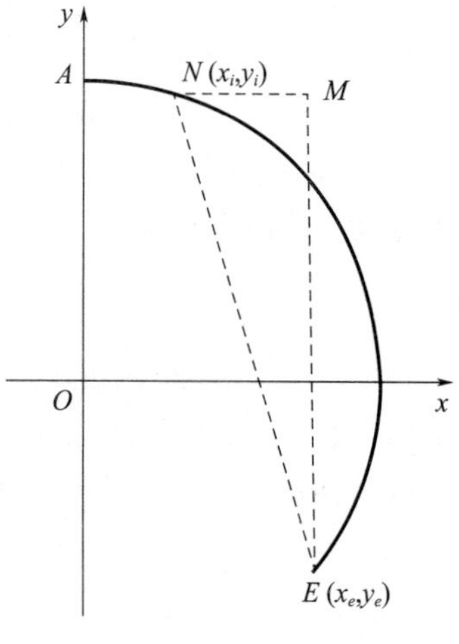

图3-43　圆弧插补终点判别

终点判断原理框图如图3-44所示。

2. 后加减速控制

后加减速控制主要有指数加减速控制算法和直线加减速控制算法。

1）指数加减速控制算法

在切削进给或手动进给时，跟踪响应要求较高，一般采用指数加减速控制，将速度突变处理成速度随时间指数规律上升或下降，见图3-45。

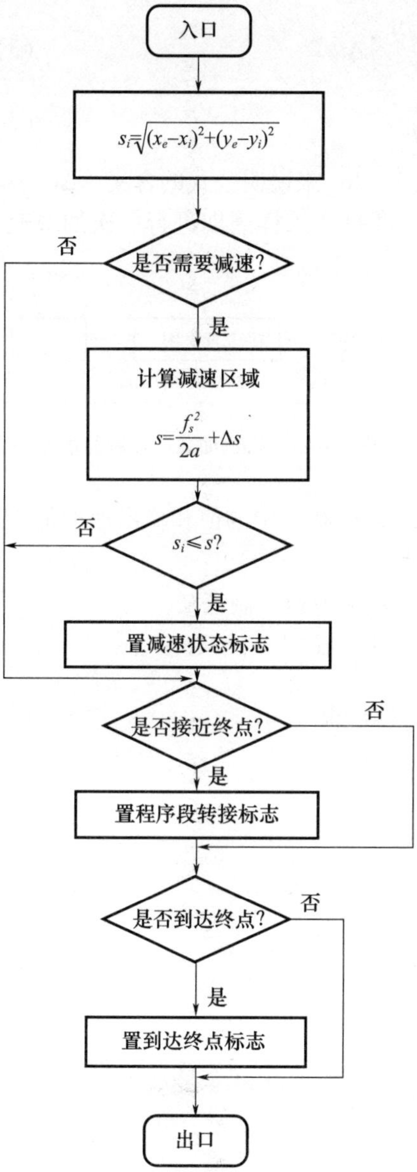

图3-44　终点判断原理框图

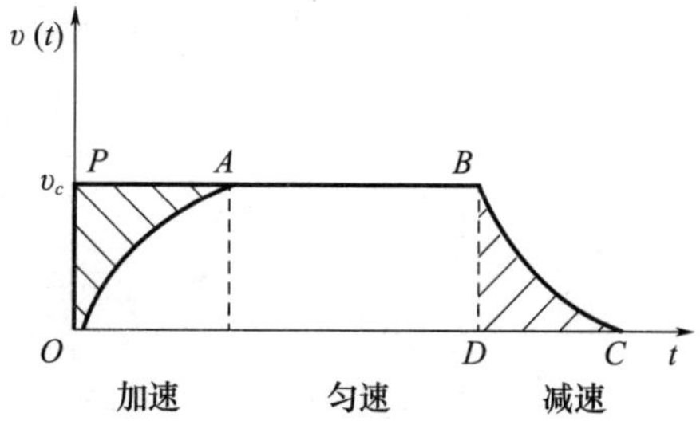

图3-45　指数加减速控制

指数加减速控制时速度与时间的关系是

加速时

$$v(t)=v_c(1-e^{-\frac{t}{T}}) \tag{3-49}$$

匀速时

$$v(t)=v_c \tag{3-50}$$

减速时

$$v(t)=v_c e^{-\frac{t}{T}} \tag{3-51}$$

式中：T 为时间常数；v_c 为稳定速度。

上述过程可以用累加公式实现：

$$E_i = \sum_{k=0}^{i-1}(v_c - v_k)\Delta t \tag{3-52}$$

$$v_i = E_i \frac{1}{T} \tag{3-53}$$

下面结合指数加减速控制算法的原理图(图3-46)来说明公式的含义。Δt为采样周期,它在算法中的作用是对加减速运算进行控制,即每个采样周期进行一次加减速运算。误差寄存器E的作用是对每个采样周期的输入速度v_c与输出速度v之差$E=v_c-v$进行累加。累加结果,一方面保存在误差寄存器E中,另一方面与$1/T$相乘,乘积作为当前采样周期加减速控制的输出v。同时,v又反馈到输入端,准备在下一个采样周期中重复以上过程。公式中的E_i和v_i分别为第i个采样周期误差寄存器E中的值和输出速度值,迭代初值分别为$E_0=0$和$v_0=0$。

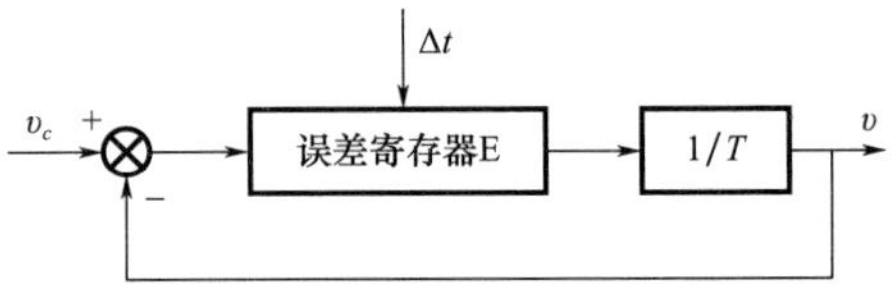

图3-46 指数加减速控制算法原理图

下面来证明式(3-52)和式(3-53)实现的指数加减速控制算法。

当Δt足够小时,式(3-52)和式(3-53)可分别写成

$$E(t) = \int_0^t (v_c - v(t))\,\mathrm{d}t \tag{3-54}$$

$$v(t) = \frac{1}{T}E(t) \tag{3-55}$$

对以上两式分别求导得

$$\frac{\mathrm{d}E(t)}{\mathrm{d}t} = v_c - v(t) \tag{3-56}$$

$$\frac{\mathrm{d}v(t)}{\mathrm{d}t} = \frac{1}{T}\frac{\mathrm{d}E(t)}{\mathrm{d}t} \tag{3-57}$$

将式(3-56)和式(3-57)合并得

$$T\frac{\mathrm{d}v(t)}{\mathrm{d}t} = v_c - v(t)$$

或

$$\frac{\mathrm{d}v(t)}{v_c - v(t)} = \frac{\mathrm{d}t}{T} \tag{3-58}$$

上式两端积分,得

$$\frac{v_c - v(t)}{v_c - v(0)} = \mathrm{e}^{-\frac{t}{T}} \tag{3-59}$$

加速时,$v(0)=0$,故

$$v(t) = v_c(1 - \mathrm{e}^{-\frac{t}{T}}) \tag{3-60}$$

匀速时,$t\to\infty$,故

$$v(t) = v_c \tag{3-61}$$

减速时,$v(0)=0$且输入为0,由式(3-59)得

$$\frac{dE(t)}{dt}=v_c-v(t)=-v(t) \tag{3-62}$$

代入式(3-57)得

$$\frac{dv(t)}{dt}=-\frac{v(t)}{T} \tag{3-63}$$

即

$$\frac{dv(t)}{dt}=-\frac{dt}{T}$$

两端积分,得

$$v(t)=v_0e^{-\frac{t}{T}}=v_ce^{-\frac{t}{T}} \tag{3-64}$$

上述推导过程证明了用式(3-52)和式(3-53)可以实现指数加减速控制。下面进一步推导出其实用的指数加减速算法公式。

参照式(3-52)和式(3-53),令

$$\Delta s_i=v_i\Delta t$$

$$\Delta s_c=v_c\Delta t$$

式中:Δs_c 为每个采样周期加减速的输入位置增量,即每个插补周期内粗插补计算出的坐标位置增量值;S_i为第 i 个插补周期加减速输出的位置增量值。

将以上两式代入式(3-52)和式(3-53)得

$$E_i=\sum_{k=0}^{i-1}(\Delta s_c-\Delta s_i)=E_{i-1}+(\Delta s_c-\Delta s_{i-1}) \tag{3-65}$$

$$\Delta s_i=E_i\frac{1}{T}\qquad (取\ \Delta t=1) \tag{3-66}$$

以上两组公式就是数字增量式指数加减速实用迭代公式。

2)直线加减速控制算法

快速进给时速度变化范围大,要求平稳性好,一般采用直线加减速控制,使速度突然升高时,沿一定斜率的直线上升,速度突然降低时,沿一定斜率的直线下降,如图3-47中的速度变化曲线 $OABC$。

直线加减速控制分为以下5个过程。

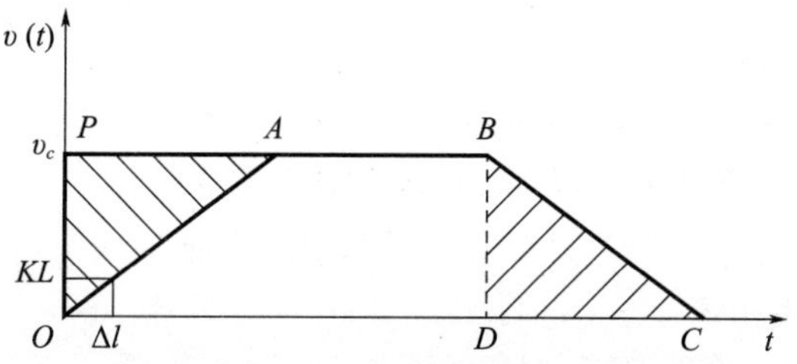

图3-47 直线加减速控制

(1)加速过程。若输入速度 v_c与上一个采样周期的输出速度 v_{i-1}之差大于一个常值 KL,即$(v_c-v_{i-1})>KL$,则必须进行加速控制,使本次采样周期的输出速度增加 KL 值,即

$$v_i=v_{i+1}+KL \tag{3-67}$$

式中:KL 为加减速的速度阶跃因子。

显然在加速过程中,输出速度 v_i 沿斜率为 $K'=\frac{KL}{\Delta t}$ 的直线上升。这里 Δt 为采样周期。

(2)加速过渡过程。当输入速度 v_c 与上次采样周期的输出速度 v_{i-1} 之差满足下式时,即

$$0<(v_c-v_{i-1})<KL \tag{3-68}$$

说明速度已上升至接近匀速。这时可改变本次采样周期的输出速度 v_i,使之与输入速度相等,即

$$v_i=v_c \tag{3-69}$$

经过这个过程后,系统进入稳定速度状态。

(3)匀速过程。在这个过程中,输出速度保持不变,即

$$v_i=v_{i-1} \tag{3-70}$$

(4)减速过渡过程。当输入速度 v_c 与上一个采样周期的输出速度 v_{i-1} 之差满足下式时,即

$$0<(v_{i-1}-v_c)<KL$$

说明应开始减速处理。改变本次采样周期的输出速度 v_i,使之减小到与输入速度 v_c 相等,即

$$v_i=v_c \tag{3-71}$$

(5)减速过程。若输入速度 v_c 小于一个采样周期的输出速度 v_{i-1},但其差值大于 KL 值时,即

$$(v_{i-1}-v)>KL \tag{3-72}$$

则要进行减速控制,使本次采样周期的输出速度 v_i 减小一个 KL 值,即

$$v_i=v_{i-1}-KL \tag{3-73}$$

显然在减速过程中,输出速度沿斜率为 $K'=-\frac{KL}{\Delta t}$ 的直线下降。

后加减速控制的关键是加速过程和减速过程的对称性,即在加速过程中输入加减速控制器的总进给量必须等于该加减速控制器减速过程中实际输出的进给量之和,以保证系统不产生失步和超程。因此,对于指数加减速和直线加减速,必须使图3-43和图3-45区域 OPA 的面积等于区域 DBC 的面积。为此,用位置误差累加寄存器E来记录由于加速延迟而失去的进给量之和。当发现剩下的总进给量小于E寄存器中的值时,即开始减速,在减速过程中,又将误差寄存器E中保存的值按一定规律(指数或直线)逐渐放出,以保证在加减速过程全程结束时,机床到达指定的位置。由此可见,后加减速控制不需要预测减速点,而是通过误差寄存器的进给量来保证加减速过程的对称性,使加减速过程中的两块阴影面积相等。

思考题与习题

1. 何谓插补?数控加工为什么要使用插补?
2. 有哪两类插补算法?它们各有什么特点?
3. 逐点比较法是如何实现的?

4. 数据采样插补是如何实现的？

5. 数据采样直线插补、圆弧插补有无误差？数据采样插补误差与什么有关系？

6. 圆弧终点判别有哪些方法？圆弧自动过象限如何实现？

7. 欲用逐点比较法插补直线 OE，起点坐标为 $O(0,0)$，终点坐标为 $E(8,7)$，试写出插补计算过程并绘出轨迹。

8. 利用逐点比较法插补圆弧 PQ，起点坐标为 $P(7,0)$，终点坐标为 $Q(0,7)$，试写出插补过程并绘出轨迹。

9. 设有一直线 OA，起点坐标为 $O(0,0)$，终点坐标为 $A(8,7)$，试用 DDA 法插补此直线。

10. 设欲加工第Ⅰ、Ⅱ象限逆圆 AE，起点坐标为 $A(6,0)$，终点坐标为 $E(-6,0)$，设寄存器位数为4，用 DDA 法插补此圆。

11. 试用比较积分法插补抛物线 $y^2=6x$ 的 AO 段(如题11图)，并绘出插补轨迹。

12. 简述 DDA 稳速控制的方法及原理。

13. 试用比较积分法插补直线 OE，起点坐标为 $O(0,0)$，终点坐标为 $E(8,7)$。试写出插补计算过程并绘出轨迹。

14. 刀具半径补偿会带来哪些好处？

15. B 刀补与 C 刀补有何区别？

16. 直线与直线转接分类中的缩短型转接、伸长型转接和插入型转接，分别如何计算刀补轨迹？

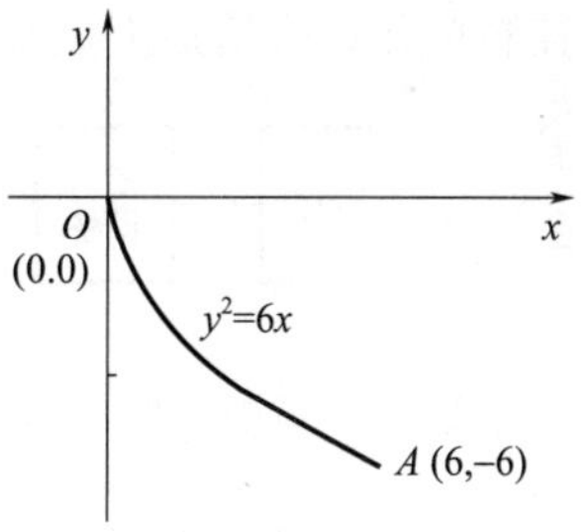

题11图

17. 用 C 语言或 Python 语言，分别编制逐点比较法、DDA 法和比较积分法插补直线或圆弧的程序，要求能够显示插补轨迹和插补过程。

18. 脉冲增量插补的进给速度控制常用哪些方法？

19. 加减速控制有何作用？有哪些实现方法？

20. 设某 CNC 系统的插补周期 $T=8\text{ms}$，进给速度 $F=300\text{mm/min}$，试计算插补步长 L。

21. 圆弧插补的径向误差 $e_r<1\mu\text{m}$，插补周期 $T=8\text{ms}$，插补圆弧半径为100mm，允许最大的进给速度 $v(\text{mm/min})$ 为多少？

第 4 章　计算机数控系统

4.1 概　　述

4.1.1 CNC 系统组成

计算机数控系统(CNC 系统)由程序、输入/输出设备、CNC 装置、可编程控制单元、主轴控制单元和进给速度控制单元等组成,如图 4-1 所示。CNC 系统的核心是 CNC 装置。

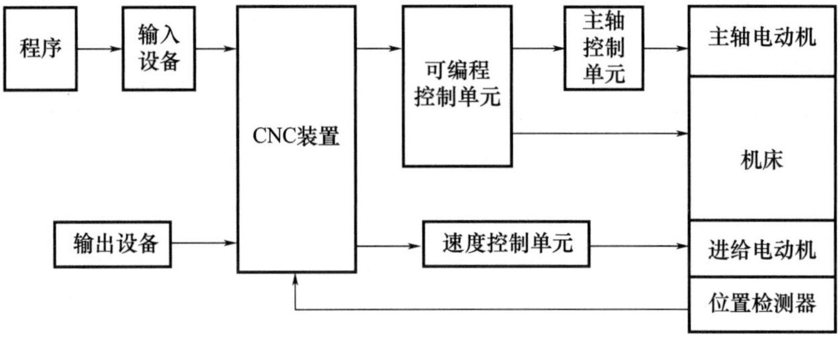

图 4-1　计算机数控系统组成

数控装置有两种类型:一种是完全由硬件逻辑电路构成的专用硬件数控装置,即 NC 装置;另一种是由计算机硬件和软件组成的计算机数控装置,即 CNC 装置。NC 装置是数控技术发展早期普遍采用的数控装置,或称为硬线数控,由于其本身的缺点(柔性低),目前已基本被 CNC 装置取代。

CNC 装置实质上是一种专用计算机,包括硬件和软件两大部分。它除具有一般计算机的结构外,还有和数控机床功能有关的功能模块结构和接口单元。现代数控装置不仅可以通过读取信息载体方式,还可以通过其他方式(例如与上位机通信、CAD/CAM 系统)获得数控加工程序。

数控系统采用可编程控制器(programmable logic controller,PLC)代替传统的机床电器逻辑控制装置,实现数控机床的各种继电器逻辑控制。

4.1.2 CNC 系统工作过程

CNC 装置在其硬件环境支持下,按照系统监控软件的控制逻辑,对输入、译码、刀具补偿、进给速度处理、插补运算、位置控制、I/O 接口处理、显示和诊断等方面进行控制。CNC 装置的工作过程,实际也是 CNC 系统的工作过程。主要内容如下。

1. 输入

输入 CNC 装置的有零件程序、控制参数和补偿量等信息。输入形式有光电阅读机输入、键盘输入、磁盘输入、连接上位计算机的 DNC 接口输入、网络输入。从 CNC 装置工作方式来看,有存储工作方式和手工直接输入(manual direct input,MDI)工作方式。CNC 装置在输入过程中通常还要完成无效码删除、代码校验和代码转换等工作。高档 CNC 装置本身已包含一套自动编程系统或 CAD/CAM 系统,只需要采用键盘输入相应的信息,数控装置本身就能生成数控加工程序。

2. 译码

在输入过程完成之后,CNC 装置就要对输入的信息进行译码,即将零件程序以程序段为单位进行处理,把其中的零件轮廓信息(如起点、终点、直线或圆弧等)、进给速度信息(F 代码)及其他辅助信息(M 代码、S 代码、T 代码等),按照一定的语法规则解释成计算机能识别的数据形式,并以一定的数据格式存放在指定的内存专用区内。在译码过程中还要完成对程序段的语法检查等工作,若发现语法错误便立即报警显示。

3. 补偿

补偿包括刀具补偿和传动链误差补偿。刀具补偿包括刀具长度补偿和刀具半径补偿。刀具补偿的作用是把数控程序中的零件轮廓轨迹转换成刀具中心轨迹。刀具补偿是 CNC 装置在实时插补前要完成的一项插补准备工作。传动链误差补偿是指内联系的传动链中首末两端传动元件之间相对运动的误差。传动链误差补偿包括反向间隙误差补偿和螺距误差补偿。在进给传动链中,齿轮传动、滚珠丝杠螺母副等存在反向间隙,导致工作台在反向运动时电动机空转而工作台不动。滚珠丝杠的螺距累积误差是定位误差中最主要的组成部分。

4. 进给速度处理

CNC 装置在实时插补前,需要进行进给速度处理。编程指令给出的是刀具在各坐标合成方向上的总速度,因此需计算出各坐标方向的具体分速度。同时,还需要对机床的最低和最高速度限制进行判断,并用软件进行进给速度的自动加减速调整。

5. 插补

插补的任务是在曲线的起点、终点之间进行"数据点的密化"。插补程序在每个插补周期运行一次,在每个插补周期内,根据指令进给速度计算出一个微小的直线数据段。插补程序执行的时间直接决定了进给速度的大小,因此,插补计算的实时性很强,只有尽量缩短每次插补运算的时间,才能提高最大进给速度和留有一定的空闲时间,以便更好地处理其他工作。

6. 位置控制

位置控制的主要任务是在每个采样周期内,将插补计算出的指令位置与反馈的实际位置相比较,获得差值去控制进给伺服电动机。在位置控制中,通常还要完成位置回路的增益调整、各坐标方向的螺距误差补偿和反向间隙补偿,以提高机床的定位精度。位置控制既可以通过软件实现,也可以通过硬件实现。

7. I/O 接口

I/O 接口主要处理 CNC 装置面板开关信号和机床电气信号的输入、输出和控制(如换刀、换挡、冷却等)。

8. 显示

CNC 装置显示的主要作用是便于操作者对机床进行各种操作和控制。CNC 装置的显示内容有零件程序、加工参数、刀具位置、机床状态、报警信号等。有些 CNC 装置中还有刀具加工轨迹的静态和动态图形显示。

9. 诊断

现代 CNC 装置都具有联机和脱机诊断的能力。联机诊断是指 CNC 装置中的自诊断程序,能够实时监测系统中的任何异常事件。另外,CNC 装置配备有各种脱机诊断程序,以检查存储器、外围设备(显示器、阅读机等)和 I/O 接口等。脱机诊断还可以采用远程通信方式进行,即远程诊断,通过网络将 CNC 系统与远程通信诊断中心的计算机相连,对 CNC 装置进行诊断、故障定位和修复。

4.1.3 CNC 系统功能

CNC 系统的功能通常包括基本功能和选择功能。基本功能是数控系统必备的功能,选择功能是供用户根据机床的特点和用途进行选择的功能。CNC 系统的功能主要反映在准备功能 G 指令代码和辅助功能 M 指令代码上。根据数控机床的类型、用途、档次,CNC 系统功能有很大的差别。

1. 基本功能

1)控制功能

控制功能可用 CNC 装置能够控制的轴数及同时控制(联动)的轴数来衡量。控制轴有移动轴和回转轴、基本轴和附加轴之分。控制轴数越多,尤其是联动轴数越多,CNC 装置就越复杂,编制程序也越困难。

2)准备功能

准备功能也称 G 功能,用来指定机床动作方式,包括基本移动、程序暂停、平面选择、坐标设定、刀具补偿、基准点返回、固定循环、公英制转换等指令。

3)插补功能

数控装置一般都具有直线插补和圆弧插补功能,高档数控装置还具有抛物线插补、螺旋线插补、极坐标插补、正弦插补、样条插补等功能。数据采样插补是当前的主要方法。由于数控系统控制加工轨迹的实时性很强,插补计算程序不能太长,采用粗精二级插补能满足数控机床高速度和高分辨率的要求。

4)主轴功能

主轴功能是指定主轴转速的功能,用字母 S 和其后的数字表示。在机床操作面板上设有主轴倍率开关,可不用改动程序直接调整主轴的转速。主轴功能还包括恒定线速度功能以及主轴定向准停功能。恒定线速度功能对保证车床或磨床加工工件端面及锥面质量很有意义。主轴定向准停功能使主轴在径向的某一位置准确停止,有自动换刀功能的机床必须有主轴定向准停功能。

5)进给功能

进给功能用于直接指定各轴的进给速度,用 F 代码表示。进给功能包括以下几种:切削进给速度,以每分钟进给量(mm/min)的形式指定,用字母 F 和其后的数字指定;同步进给速度,以主轴每转进给量的形式指定,单位为 mm/r。只有主轴上装有位置编码器(一般为脉冲编码器)的机床才能指定同步进给速度。快速进给速度,通过参数设定,用 G00 指令执行。操作面板上设置了进给倍率开关,无须修改数控程序即可改变机床的进给速度。

6)辅助功能

辅助功能用来指定主轴的起停转向、冷却泵的通和断、换刀等数控加工中不可缺少的辅助操作,用 M 代码表示,从 M00 ~ M99 共 100 种。不同型号的数控装置具有的辅助功能差异较大,而且有许多功能是可以进行自定义的。

7)刀具功能

刀具功能是用来选择刀具的功能,用字母 T 和其后的 2 位或 4 位数字表示。

8)字符和图形显示功能

CNC 装置可配置不同尺寸的显示器,通过软件和接口实现字符和图形显示。

9)自诊断功能

CNC 装置中设置了故障诊断程序,可以防止故障的发生或扩大,在故障出现后可迅速查明故障类型及部位,减少故障停机时间。

2. 选择功能

1)补偿功能

包括刀具补偿和传动链误差补偿(见前述)。

2)固定循环功能

在数控机床加工零件时,像钻孔、镗孔、深孔钻削、攻螺纹这些典型的加工工序,它们的动作循环是相同或相似的。为了简化程序编制,将这些典型动作预先编成程序,存储在内存中,并通过 G 代码来指令,这就形成了固定循环功能。固定循环功能极大地简化了编程工作,其包括钻孔循环、镗孔循环、攻螺纹循环以及复合加工循环等多种加工指令。此外,子程序和宏程序的使用也能进一步简化编程过程,并且还能扩大编程的功能范围。

3)通信功能

CNC 装置通常具有 RS232C 接口,有的还配置有 DNC 接口,可以连接多种输入、输出设备,实现程序和参数的输入、输出和存储。有的 CNC 装置可以与 MAP(制造自动化协议)相连,接入工厂的通信网络,以适应 FMS、CIMS 的要求。

4)人机对话编程功能

根据零件图直接编程,编程员只需要输入表示图样上几何尺寸的简单命令,就能自动地计算出交点、切点和圆心坐标,生成加工程序。还可以根据引导图和说明显示进行对话式编程。一些 CNC 装置还备有用户宏程序,用户可使用 CNC 的宏程序编程指令自编特殊加工子程序,使用时由零件主程序调入,可以重复使用。

4.2　CNC 装置硬件结构

CNC 装置硬件结构可以根据不同标准进行分类。按电路板的插接方式,可分为大板式结构和功能模块式结构。按控制功能的复杂程度,可分为单微处理器结构和多微处理器结构。按硬件的制造方式,可分为专用型结构和通用计算机式结构。此外,按 CNC 装置的开放程度,还可分为封闭式结构、PC 嵌入 NC 式结构、NC 嵌入 PC 式结构和全软件型开放式结构。

4.2.1 大板式结构和功能模块式结构

1. 大板式结构

早期的数控系统采用大板式结构。将主电路板做成大印制电路板,称为主板,包括主中央处理器(CPU)和位置控制等,其他电路板为小板,可插在大板的插槽内,如图4-2所示。大板式结构设计紧凑,可靠性高,但硬件功能固定,灵活性有限,不便于扩充与升级,通常适用于批量大、需定制化的普及型系统。例如,FANUC公司的3/5/6/7系列和A-B公司的8601等。

2. 功能模块式结构

功能模块式结构的CNC装置,是将整个CNC装置按功能划分为若干个功能模块,每个功能模块的硬件按模块化方法设计成尺寸相同的印刷电路板,称为功能模板,各模板均可插到符合相应工业标准总线的母板的插槽内。常见的功能模板有CNC控制板、位置控制板、PLC板、图形板和通信板等。功能模块的控制软件也是模块化的,可采取积木方式组成CNC装置,设计简单,调试与维修方便,具有良好的适应性和扩展性。

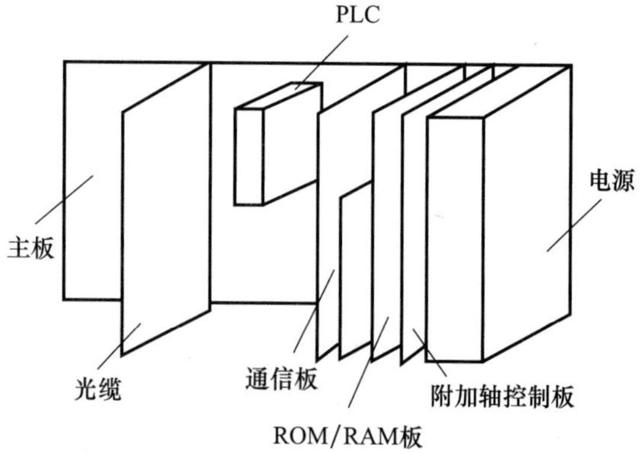

图4-2 大板式结构示意图

例如,一种功能模块式结构的全功能型车床数控系统框图如图4-3所示,系统由CPU板、存储器板、显示控制、键盘和录音机接口、输入/输出接口、手轮脉冲发生器接口、系统电源、伺服控制接口和*X/Y/Z*轴反馈板等功能模板组成,连接各模块的总线可按需选用各种工业标准总线,如工业PC总线、STD总线等。

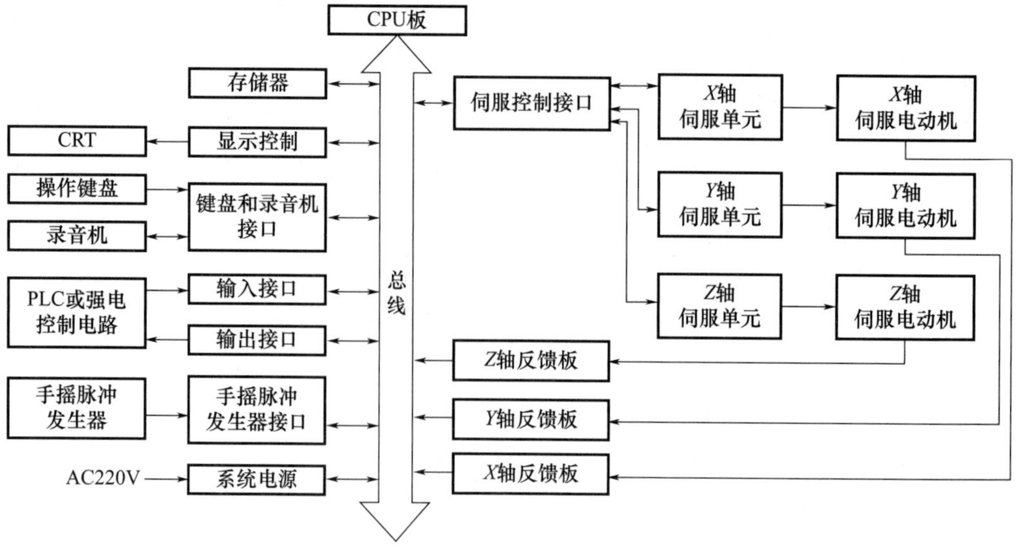

图4-3 功能模块式结构的全功能型车床数控系统框图

功能模块式结构的典型系统有日本FANUC的15/16/18系统、德国西门子的840/880系列,以及美国A-B公司的8600系列等。

4.2.2 单微处理器结构和多微处理器结构

1. 单微处理器结构

单微处理器结构,是指在CNC装置中只有一个CPU。CPU采用集中控制和软件实时调度的方式,分时处理数控中的编辑、译码、插补、刀具补偿、位置控制、加工过程监控、显示等各项任务。采用单微处理器结构的CNC装置有FANUC的6/7系列、西门子的810/820系列等。单微处理器结构框图如图4-4所示。

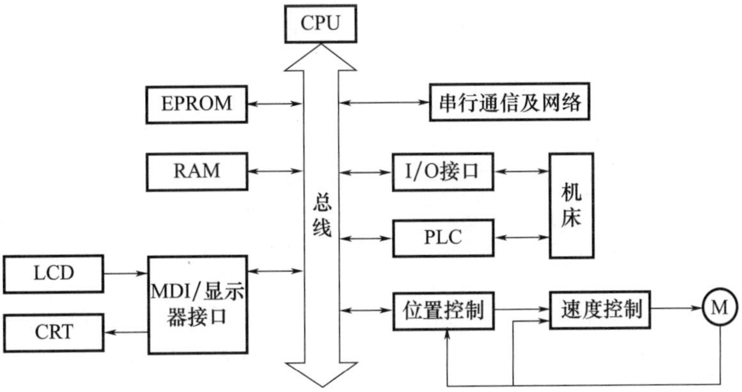

图4-4 单微处理器结构框图

在某些CNC装置中,虽然配备了两个以上的CPU,但只有其中一个能控制系统总线,独享总线资源,并通过总线与存储器、输入输出控制等接口相连。其他CPU则作为专用智能部件,既无法控制总线,也无法直接访问存储器。这种设计采用的是主从结构,因此仍被归类为单处理器结构。

CPU执行系统程序,并读取数控加工程序,对程序段进行译码和数据处理,然后根据处理后得到的指令,进行实时插补和机床位置伺服控制。CPU还将辅助动作指令通过PLC送到机床,同时接收由PLC返回的机床各部分信息并予以处理,以决定下一步的机床动作。

1)单微处理器CNC装置组成

(1)CPU和总线。CPU是CNC装置的核心,主要由运算器和控制器两部分组成。运算器包含算术逻辑运算、寄存器和堆栈等部件,对数据进行算术和逻辑运算。在运算过程中,运算器将运算结果存放在存储器中。通过对运算结果的判断,设置状态寄存器的相应状态。控制器从存储器中依次取出程序指令,经过译码,向CNC装置各部分按顺序发出执行操作的控制信号,使指令得以执行,同时接收执行部件发回来的反馈信息,决定下一步指令操作。CNC装置中常用的CPU规格有8位、16位、32位以及64位。

CPU通过总线与存储器、输入输出控制等接口电路相连,总线可分为数据总线、地址总线和控制总线。数据总线在各部件之间传输数据,其位数和传输的数据宽度相等,采用双方向线。地址总线传输的是地址信号,与数据总线结合使用,以确定数据总线上传输的数据来源地或目的地,采用单方向线。控制总线传输的是管理总线的某些控制信号,采用单方向线。

(2)位置控制模块。CNC位置控制模块的主要功能是控制机床的进给运动坐标轴位置,包括位置控制单元和速度控制单元。位置控制单元接收经插补运算得到的每个坐标轴在单位时间内的位移量,控制伺服电动机工作,并根据接收到的实际位置反馈信号,修正位置指令。速度控制单元接受速度指令,并将速度指令与速度反馈信号相比较,修正速度指令,用其差值去控制伺服电动机以恒定速度运转。

图4-5为位置控制模块框图。位置控制功能由软件和硬件共同实现。软件负责跟随误差和进给速度指令数值的计算。硬件由位置控制输出组件和位置测量组件组成,前者接收进给指令进行D/A变换,为速度单元提供指令电压;后者将位置反馈信号送入跟随误差计数器与指令值进行比较。

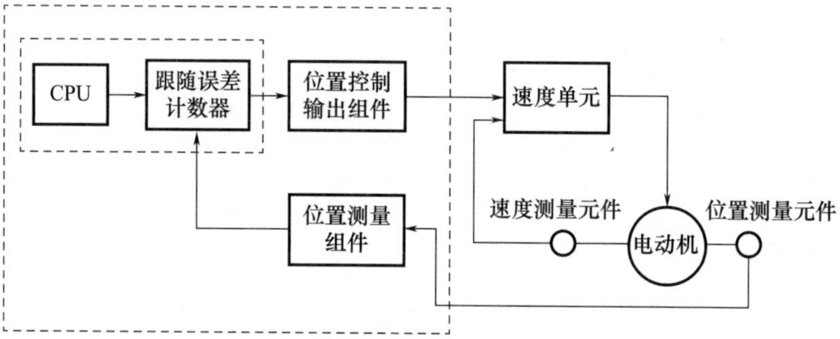

图4-5 位置控制模块框图

(3)存储器。存储器用于存放数据和程序,包括只读存储器(ROM)和随机存储器(RAM)。系统程序存放在紫外线擦除可编程只读存储器(EPROM)或电擦除可编程只读存储器(E^2PROM)中,由厂家写入。即使断电,系统程序也不会丢失。运算的中间结果、需显示的数据、运行中的状态、标志信息等存放在随机存储器(RAM)中,它可以随时读出和写入,断电后信息消失。零件的加工程序、机床参数等存放在有后备电池的CMOS或磁泡存储器中,这些信息能被随机读出,还可以根据操作需要写入和修改,断电后信息仍被保留于存储器中。

(4)I/O接口。数据输入/输出(I/O)接口是CNC装置和机床之间的信息交换桥梁。通常情况下,CNC装置与机床的信号并非直接相连,而是需要通过I/O接口电路来实现连接。

(5)MDI/显示器接口。MDI(手动数据输入)通过数控面板上的键盘操作来实现。当扫描到有按下键的信号时,将数据送入移位寄存器,经数据处理判别该键的属性及其有效性,并进行相关的监控处理。显示器接口在CNC软件的控制下,在LCD或CRT显示器上实现字符和图形的实时显示。

(6)PLC。可编程控制器(PLC)的功能是代替传统机床的继电器逻辑控制来实现各种开关量的控制。数控机床上的PLC多采用内装型。

2)单微处理器 CNC 装置特点

(1)结构简单,容易实现。CNC 装置内只有一个微处理器,对存储、插补计算、输入输出控制、CRT/LCD 显示等功能实现集中控制和分时处理。微处理器通过总线与存储器、输入输出控制等接口电路相连,构成 CNC 装置。

(2)功能受到 CPU 运算速度的限制。实时性要求较高的插补计算,往往受制于微处理器字长、数据宽度、寻址能力和运算速度等因素。如果插补等功能依赖软件来实现,那么数控功能的实现与处理速度之间就会形成明显的矛盾。为解决这一矛盾,可采取增加硬件插补器、配备浮点协处理器、集成有 CPU 的 PLC 等智能部件的措施。

2. 多微处理器结构

在多微处理器结构的 CNC 装置中,有两个或两个以上的处理器,处理器之间可采用紧耦合或松耦合方式。紧耦合有集中的操作系统,实现共享资源;松耦合采用多重操作系统,实现并行处理。

1)多微处理器 CNC 装置的功能模块

多微处理器硬件结构的 CNC 装置采用模块化技术,一般情况下,包括以下六种基本功能模块。

(1)CNC 管理模块。该模块可实现管理和组织整个 CNC 系统各功能模块,使之协调工作,如系统的初始化、中断管理、总线裁决、系统错误识别和处理、系统软硬件诊断等。

(2)CNC 插补模块。该模块完成插补前的预处理,如对零件程序的译码、刀具半径补偿、坐标位移量的计算和进给速度的处理等。然后通过插补计算,为各坐标提供位置给定值。

(3)位置控制模块。插补后的坐标作为位置控制模块的给定值,而实际位置通过相应的传感器反馈给该模块,经过一定的控制算法,实现无超调、无滞后、高性能的位置闭环。

(4)PLC 模块。对零件程序中的开关功能和由机床传来的信号进行逻辑处理,实现各功能和操作方式之间的连锁、机床电气设备的启停、刀具交换、转台分度、工件数量和运转时间的计数等。

(5)操作面板监控和显示模块。零件程序、参数、各种操作命令和数据的输入(如硬盘、键盘、各种开关量和模拟量的输入、上级计算机输入等)、输出(如通过硬盘输出、各种开关量和模拟量输出、打印机输出)、显示(如通过 LED、CRT、LCD 等显示)所需要的各种接口电路。

(6)存储器模块。该模块作为程序和数据的主存储器,或为功能模块间数据传送用的共享存储器。

2)多处理器 CNC 装置的结构类型

多处理器 CNC 按照控制模式分为三类:分布式系统、主从式系统和总线式多主 CPU 系统。各模块间通过共享总线或共享存储器方式实现通信。

(1)分布式系统。如图 4-6 所示,各微处理器均通过一条外部通信链路相互连接,它们之间的通信及对共享资源的使用均依赖网络技术来实现。

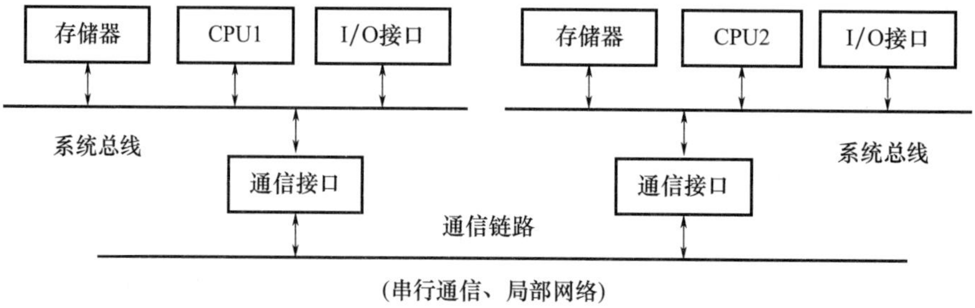

图4-6　分布式多微处理器系统结构

(2)主从式系统。如图4-7所示,有一个微处理器称为主控微处理器,其他则称为从微处理器,各微处理器也都是完整独立的系统。只有主控微处理器能控制总线,并访问总线上的资源,主微处理器通过该总线对从微处理器进行控制、监视,并协调多个微处理器系统的操作;从微处理器只能被动地执行主微处理器发来的命令,或完成一些特定功能,不能与主微处理器一起进行系统的决策和规划等工作,一般不能访问系统总线上的资源。主、从微处理器的通信可以通过I/O接口进行应答,也可以采用双端RAM技术进行,即通信双方都通过自己的总线读/写同一个存储器。

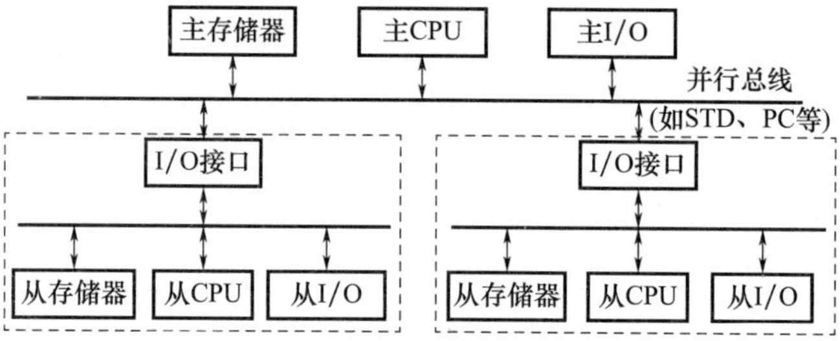

图4-7　主从式多微处理器系统结构

(3)总线式多主CPU系统。如图4-8所示,由一条并行主总线连接多个微处理器系统,每个CPU可以直接访问所有系统资源,包括并行总线、总线上的系统存储器及I/O接口,同时还允许自由而独立地使用所有资源,如局部存储器、局部I/O接口等。各微处理器从逻辑上不分主从。为解决多个主CPU争用并行总线的问题,系统有一个总线仲裁器为各CPU分配总线优先级,保证每一时刻只有总线优先级较高的CPU可以使用并行总线。

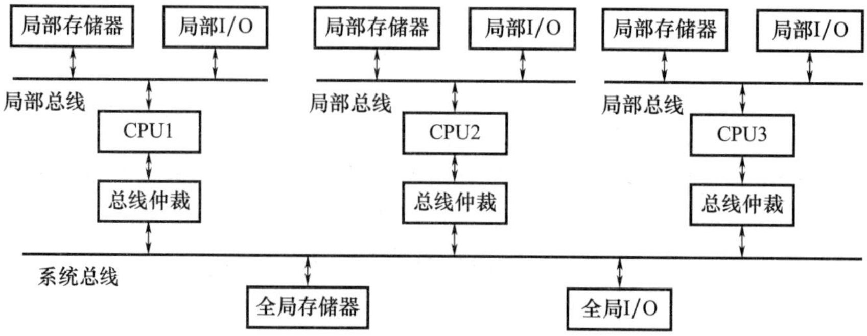

图4-8　总线式多微处理器系统结构

3）多微处理器 CNC 装置的通信方式

多微处理器 CNC 装置通常采用共享总线和共享存储器两种结构方式实现各功能模块之间的互联与通信。

(1)共享总线结构。图 4－9 为多微处理器 CNC 装置共享总线结构框图。把组成 CNC 装置的各个功能部件划分为带有 CPU 或直接内存存取(direct memory access，DMA)器件的主模块和不带 CPU 或 DMA 器件的从模块(如各种 RAM/ROM 模块、I/O 模块)两大类。所有主、从模块都插在配有总线插座的机柜内，共享标准系统总线。系统总线的作用是把各个模块有效连接在一起。按照标准协议交换各种数据和控制信息，实现预定的功能。

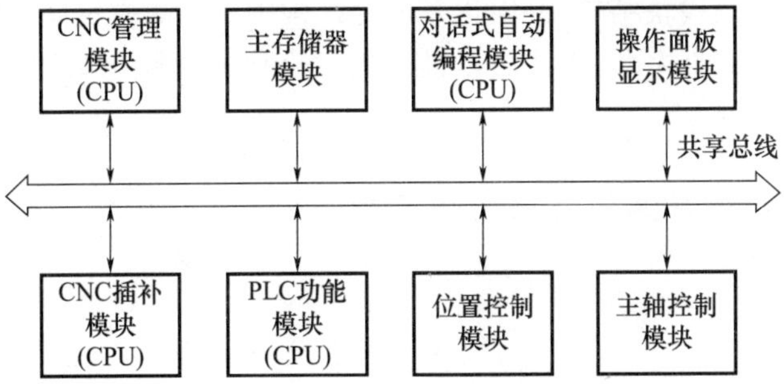

图 4－9 多微处理器 CNC 装置共享总线结构框图

在系统中只有主模块有权控制和使用系统总线。同一时刻只能由一个主模块占有总线，通过仲裁电路裁决各主模块同时请求系统总线的竞争问题，按承担任务的重要程度预先安排好各主模块优先权的高低。总线仲裁的目的就是在各主模块争用总线时，判别出各模块优先级的高低。

(2)共享存储器结构。采用多端口存储器来实现各 CPU 之间的互联和通信。每个端口都配有一套数据、地址和控制线，以供端口访问，由专门的多端口控制逻辑电路解决访问的冲突问题。这种方式因为同一时刻只能有一个微处理器对多端口存储器读/写，所以功能复杂。当微处理器数量增多时，往往会由于争用共享存储器而造成信息传输阻塞，降低系统效率，因此这种结构功能扩展比较困难。图 4－10 为多微处理器共享存储器框图。

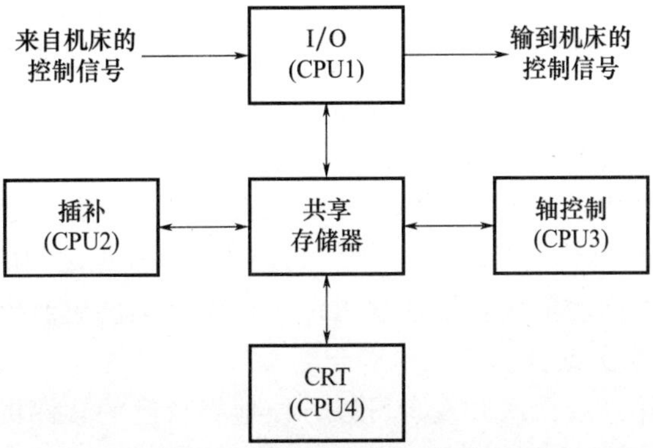

图 4－10 多微处理器共享存储器框图

4）多微处理器 CNC 装置的特点

多微处理器硬件结构多应用于高档的、全功能型的 CNC 机床，以满足机床高进给速度和高加工精度的要求,并实现一些复杂控制功能。

(1)计算处理速度高。在多微处理器硬件结构中,每个微处理器都负责完成系统分配的一部分任务,它们各自独立运行程序,并行工作,因此这种结构比单微处理器硬件结构的计算处理速度更快。

(2)可靠性高。多微处理器硬件结构采用模块化结构,每个模块完成自己的任务。模块易于拆装,会有效减小故障对系统的影响。共享资源既节省了重复单元,降低了成本,又提高了系统的可靠性。

(3)有良好的适应性和扩展性。多微处理器硬件结构由多种基本功能的硬件模块组成,其相应的软件也是模块结构,并固化在硬件结构中。功能模块间有明确定义的接口,接口是固定的,成为工业标准,彼此可以进行信息交换。模块化结构使系统不仅设计简单,而且具有良好的适应性和扩展性。

4.2.3 专用型结构和通用计算机式结构

1. 专用型结构

CNC装置的硬件由各制造厂专门设计和制造,布局合理,结构紧凑,专用性强,但硬件之间彼此不能交换和替代,没有通用性。如FANUC数控系统、SIEMENS数控系统、美国A-B系统等都属于专用型结构。

2. 通用计算机式结构

以工业PC作为CNC装置的支撑平台,由各数控机床制造厂根据数控的需要,插入自己的控制卡和数控软件构成个性化数控系统。由于工业PC生产成本相对较低,因而也就降低了CNC系统的成本。

4.2.4 按开放程度和方式划分的CNC装置结构

开放式数控系统是一种模块化的、可重构的、可扩充的通用数控系统。允许各专业数控厂商根据需要装入自己的硬件模块和数控软件,构建出符合特定需求的CNC装置。主要特点如下。

(1)开放性。开放式数控系统的硬件、软件和总线规范都是对外开放的,允许来自不同厂商的软、硬件模块介入,实现系统的集成和扩展,能够与不同的设备和系统进行连接和通信,具有良好的互操作性。

(2)模块化与标准化。系统采用模块化设计,各模块相互独立,方便用户根据需求进行配置和扩展。遵循标准化的接口和通信协议,便于不同模块之间的协同工作。

(3)可移植性。不同的应用程序模块可以运行于不同供应商提供的系统平台之上,提高了软件的复用性和灵活性。

(4)可扩展性。用户或二次开发者可以方便地将自己的软件集成到数控系统中,形成具有特定功能的专用系统。系统的功能可以通过增减功能模块来实现,无须对整个系统进行大规模修改。

(5)互操作性。提供标准化的接口、通信和交互模型,使不同功能模块能够平等地相互操作,协调工作。

按开放程度和方式,可将 CNC 装置分为如下四类。

1. 封闭式结构

FANUC 0 系统、MITSUBISHIM 50 系统、SIEMENS 810 系统等都是专用的封闭体系结构的数控系统。尽管也可以由用户设计人机界面,但必须使用专门的开发工具(如 SIEMENS 的 WS800A),耗费较多的人力。对系统的功能扩展、改变和维修,都必须求助于系统供应商。

2. PC 嵌入 NC 式结构

将专用结构的 CNC 与 PC 相结合。将非实时控制功能改由 PC 来承担,实时控制功能仍由专用 CNC 装置来实现。系统具有一定的开放性,但其 NC 部分仍然是传统的数控系统,体系结构还是不开放的,用户无法介入数控系统的核心。一方面,保留了传统数控系统的专业性和实时性;另一方面,由于结合了 PC 的强大处理能力和数控软件的专用性,通常具有较高的运动控制精度和稳定性。

例如,FANUC 150/160/180/210 系列是一种典型的 PC 嵌入 NC 式的 CNC 系统。在 FANUC CNC 专用 32 位总线插槽中,插入一块名为 MMC - IV 的 PC 模板,通过专用接口,使 CNC 与 MMC - Ⅳ紧密结合。显然,这种开放式数控系统仅在 MMC 部分开放,其核心——实时控制部分仍是不开放的。

又如,SINUMERIK 840D 是西门子公司 20 世纪 90 年代末推出的 PC 嵌入 NC 型高性能数控系统。其开放性主要表现在两个方面:一方面,可以使用西门子公司的 MMC OEM 软件包,借助 VB 和 C + + 语言来修改 MMC 部分;另一方面,实时控制的 NC 核心部分也具有一定的开放性,可以使用特殊的开发工具,对用户指定的系统循环和宏功能进行调整。

SINUMERIK 840D 采用三 CPU 结构:人机通信 CPU 即 MMC - CPU、数字控制 CPU 即 NC - CPU、可程编逻辑控制器 CPU 即 PLC - CPU。三部分在功能上既相互分工,又互为支持。SINUMERIK 840D 系统所用 CPU 均为 80486 以上多微处理器系统。

在物理结构上,NC - CPU 和 PLC - CPU 合为一体,合成在 NCU(numerical control unit)中,但在逻辑功能上又相互独立。SINMERIK 840D 系统硬件组成原理如图 4 - 11 所示。从图中可以看出,NCU 不仅是 SINUMERIK 840D 的控制中心,也是其连接中心。MMC - CPU 相当于系统的通信中心。

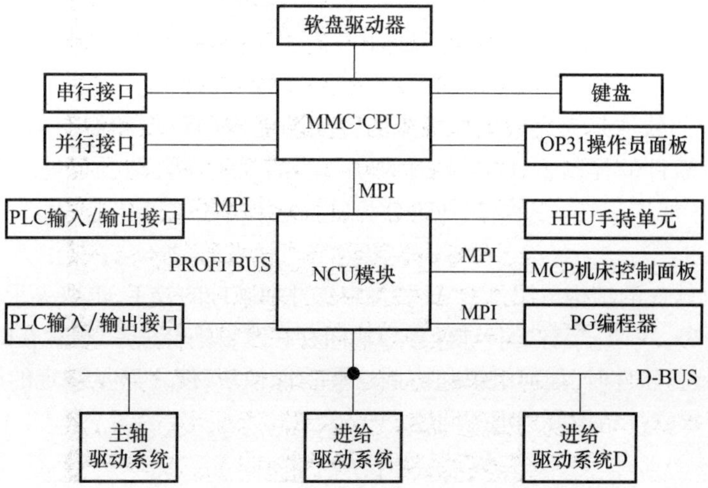

图 4 - 11 SINMERIK 840D 系统硬件组成原理

3. NC 嵌入 PC 式结构

NC 嵌入 PC 型开放式数控系统也可称为“基于运动控制器”的开放式数控系统。将数控功能纳入高性能运动控制卡和运动控制软件中,将运动控制板或者整个 CNC 单元插入 PC 的扩展槽中。运动控制卡通常选用高速 DSP 作为 CPU,具有很强的运动控制和 PLC 控制能力,其开放的接口函数库可供用户在 Windows 平台下自行开发构造所需的数控系统。

运动控制器是一种基于 PC 及工业 PC 的上位控制单元,用于各种运动控制场合,如位移、速度和加速度等。其通过高性能微处理器(如 DSP)及大规模可编程器件实现对多个伺服电机的多轴协调控制。

运动控制器具有脉冲输出、脉冲计数、数字输入、数字输出和模拟量输出等多种功能。它可以发出连续且高频率的脉冲串,通过改变脉冲的频率来控制电机的速度,通过改变脉冲的数量来控制电机的位置。此外,它还能接收外部传感器或编码器产生的脉冲信号,进行位置反馈和误差纠正。

目前运动控制器种类很多,但运用最广泛的运动控制器为可编程运动控制卡(programmable multi - axis controller,PMAC)。PMAC 运动控制卡具有高精度、高可靠性、易于集成等优点。

NC 嵌入 PC 式结构的 CNC 系统,充分利用了计算机的开放性和通用性,使数控系统可以更加容易地与其他软件进行集成和交互。由于数控功能只是作为应用软件运行,系统的成本相对较低,适用于对成本敏感的应用场景。

4. 全软件型开放式结构

这是一种最新型的开放式体系结构的数控系统,所有的数控功能(包括插补、位置控制等)全部都是由计算机软件来实现的,代替了硬件的功能。与前几种数控系统相比,全软件型开放式数控系统性价比极高,更具生命力,是当今开放式数控系统的发展趋势。

CPU 速度的提高和 Windows NT/Linux 等实时操作系统是实现全软件型开放式数控系统的前提。

4.3 CNC 装置软件

CNC 装置的软件是为完成数控机床的各项功能专门设计和编制的,通常称为系统软件。在系统软件的控制下,CNC 装置对输入的加工程序自动进行处理并发出相应的指令,控制机床加工工件。系统软件可分为管理软件和控制软件两大部分,如图 4 - 12 所示。

CNC 系统软件的结构取决于 CNC 装置中软件和硬件的分工,也取决于软件本身所应完成的工作任务。CNC 装置的各项任务模块间存在逻辑耦合关系,也存在时序配合问题。在设计 CNC 装置软件时,如何组织和协调这些功能模块,使之满足一定的时序和逻辑关系,是 CNC 装置软件结构要考虑的问题。

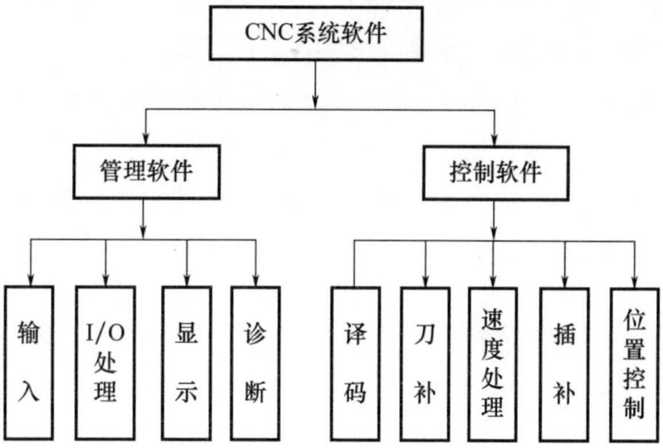

图4－12　CNC系统软件组成

4.3.1　CNC系统软硬件功能划分

因为软件和硬件在逻辑上是等价的，所以在CNC装置中，由硬件完成的工作原则上也可以由软件来完成，但软硬件各有其不同的特点：硬件处理速度较快，但灵活性差，实现复杂控制的功能困难；软件设计灵活，适应性强，但处理速度较慢。图4－13为目前几种典型CNC装置的软硬件功能任务。

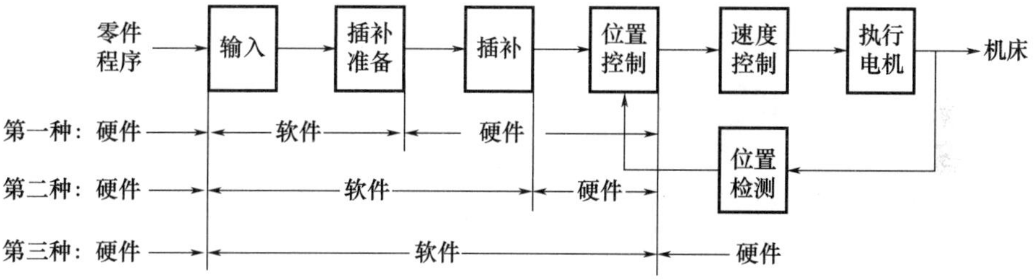

图4－13　CNC装置的软硬件功能任务

从第一种方案到第三种方案，软件所承担的任务越来越多，硬件承担的任务相应减少，这是目前数控技术发展的趋势，即用相对较少且标准化程度高的硬件，配以功能丰富的软件模块。其原因在于计算机的运算处理能力不断增强，软件的实时处理能力大大提高，用软件实现机床的逻辑控制、运动控制，具有较强的灵活性和适应性。

插补和位置控制是两项至关重要且实时性要求极高的任务。通常，若这两项任务均由硬件实现，则称为完全硬件插补器（第一种方案）；若均由软件完成，则称为完全软件插补器（第三种方案）；若分别由软硬件实现，则称为软硬件插补器（第二种方案）。

4.3.2　CNC软件结构特点

1. 多任务性和实时性

在数控加工过程中，CNC装置要完成多种管理任务和控制任务。这些任务实时性要求相当强，尤其是控制任务。实时性是指某任务的执行有严格的时间要求，即必须在系统的规定时间内完成，否则将导致执行结果错误和系统故障。

根据各项任务对实时性要求的强弱程度,可以分为强实时性任务和弱实时性任务,强实时性任务又可分为实时突发性任务和实时周期性任务。

(1)实时突发性任务。任务的发生具有随机性和突发性,是一种异步中断事件,包括故障中断(急停、机械限位、硬件故障等)、机床 PLC 中断等。

(2)实时周期性任务。这类任务是精确地按一定时间间隔发生的,主要包括加工过程中的插补计算、位置控制等任务。为保证加工精度和加工过程的连续性,必须非常实时地处理这类任务。在执行过程中,除系统故障之外,不允许被其他任务中断。

(3)弱实时性任务。这类任务的实时性要求相对较弱,它们只需要保证在某一段时间内得以运行即可。在系统设计时,这类任务或被安排在背景程序中,或根据它们的重要性将其设置成不同的低优先级,再由系统调度程序对它们进行合理的调度。这类任务包括零件程序的编辑、加工状态显示、加工轨迹动态显示等。

2. 并行处理

多任务性和实时性要求 CNC 装置具有并行处理功能,即在同一时间内完成两种或两种以上相同性质或不同性质的工作。例如,当机床正在加工时(执行控制任务),显示器要实时显示加工状态(管理任务),这是控制任务与管理任务的并行。在管理任务中也是如此,当用户将程序送入系统时,显示器便实时显示输入的内容。在控制任务中更是如此,为了保证加工的连续性,刀具补偿、速度处理、插补运算以及位置控制必须同时不间断执行。图 4-14 给出了并行任务处理图,图中双向箭头表示两个模块之间有并行处理关系。

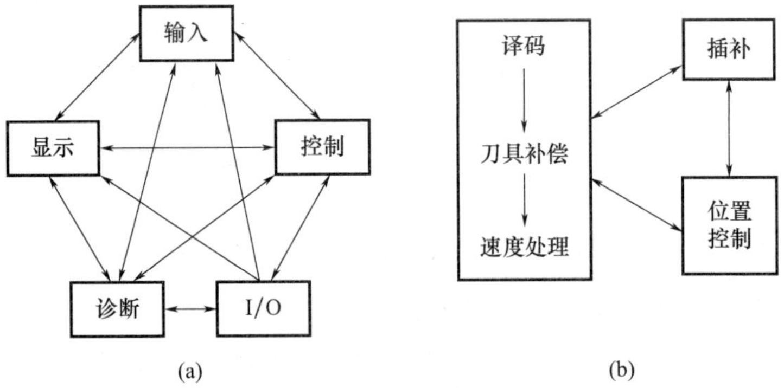

图 4-14 CNC 系统的多任务并行处理

(a)管理任务;(b)控制任务。

CNC 系统有多种并行处理方法。在硬件方面,可以采用设备重复的并行处理技术,例如采用多微处理器,各个微处理器并行地执行各自的实时任务;在软件方面,可采用资源分时共享、时间重叠流水处理等并行处理技术。

(1)资源分时共享

对单 CPU 装置,主要采用资源分时共享的原则来解决多任务的同时运行。其方法是:在一定的时间长度(一般称为时间片)内,根据系统各项任务的实时性要求程度,规定它们占用 CPU 的时间,使它们按规定顺序和优先级别分时共享系统的资源。资源分时共享技术,首先需要解决各子任务占用 CPU 时间的分配原则,即各任务何时占用 CPU,也就是优先级问题；其次要解决各任务占用 CPU 的时间长短问题，即时间片的分配问题。

CNC 装置通常采用循环调度和优先抢占调度相结合的方法来解决上述问题：系统在完成初始化任务后自动进入时间分配循环中，并在循环中依次轮流处理各项任务。对于系统中一些实时性很强的任务则按优先级排列，分别处于不同的中断优先级上作为环外任务，环外任务可以随时中断环内各项任务的执行。图 4－15 为 CNC 装置各项任务分时共享 CPU 资源的示意图。

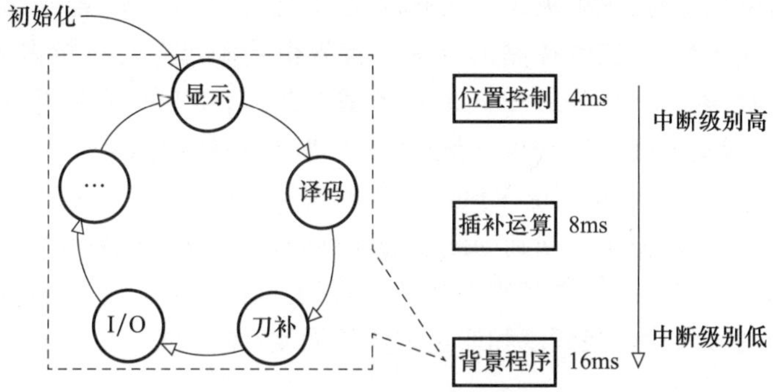

图 4－15 CPU 资源分时共享

每项任务允许占有 CPU 的时间受到一定的限制，对于某些占有 CPU 时间较多的任务，如插补准备（包括译码、刀具半径补偿和速度处理等），可以在其中的某些地方设置断点，当程序运行到断点处时，自动让出 CPU，等到下一个运行时间内自动跳到断点处继续运行。

（2）时间重叠流水处理

当 CPU 处在自动加工工作方式时，其数据的转换过程由零件程序输入、插补准备（包括译码和数据处理）、插补和位置控制四个子过程组成。如果每个子过程的处理时间分别为 t_1、t_2、t_3 和 t_4，零件程序段的数据转换时间将是 $t = t_1 + t_2 + t_3 + t_4$。如果以顺序方式处理每个零件程序段，即第 1 个程序段处理完后再处理第 2 个程序段，依次类推，如图 4－16(a)所示。此时在两个程序段的输出之间将有一个时间为 t 的间隔。时间间隔 t 较大，会导致电动机时转时停，使刀具时走时停，这在加工过程中是不允许的。

消除这种时间间隔的方法是使用时间重叠流水处理技术，如图 4－16(b)所示。在每段较小的时间间隔内，不仅可处理一个子过程，还可处理两个或更多的子过程。每个零件程序段输出之间的时间间隔大为减小，从而保证了加工过程的连续性。

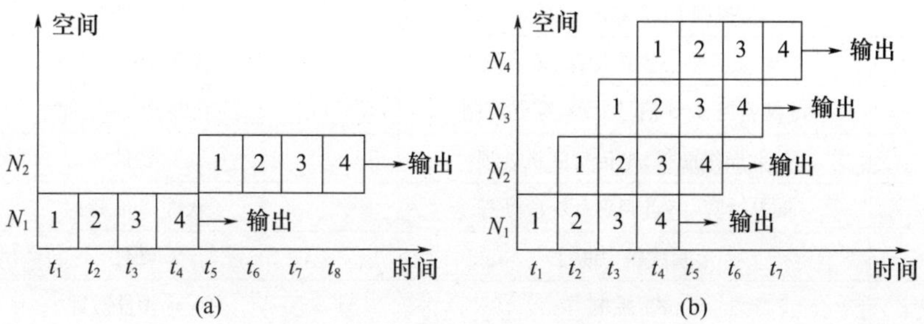

图 4－16 时间重叠流水处理

（a）顺序处理；（b）时间重叠流水处理。

3. 实时中断处理

中断是计算机系统响应外部事件的一种处理技术,它能按任务的重要程度对任务及时响应,而CPU也不必为其花费过多的时间。为满足CNC装置实时任务的要求,系统的调度机制必须具有能根据外界的实时信息以足够快的速度(在系统规定的时间内)进行任务调度的能力。

一般采用优先强占调度机制,其包含两个方面:一是优先调度,在CPU空闲时,当同时有多项任务请求执行时,优先级高的任务将优先得到满足,例如,若位置控制、插补运算两项任务同时请求执行,则位置控制的要求将首先得到满足。二是抢占方式,在CPU正在执行某项任务时,若另一优先级更高的任务请求执行,CPU将立即终止正在执行的任务,转而响应优先级高的任务的请求。例如,当CPU正在执行插补程序时,若此时位置控制任务请求执行,则CPU首先将正在执行任务的现场保护起来(断点保护),然后转入位置控制任务的执行,执行完毕后回到中断前的断点处,继续执行插补任务。

优先抢占调度机制是由硬件和软件共同实现的。除优先抢占调度机制之外,CNC系统往往还同时采用时间片轮换调度和非抢占优先调度。

4.3.3 CNC软件结构模式

CNC系统的中断管理主要由硬件完成,而系统的中断结构决定了CNC系统的软件结构。CNC装置的软件结构模式有两种:中断型结构和前后台型软件结构。

1. 中断型结构模式

除初始化程序之外,整个系统软件的各种功能模块分别安排在不同优先级别的中断服务程序中,整个软件就是一个大的中断系统。其管理功能主要通过各级中断服务程序之间的相互通信来解决,采用优先抢占调度机制。

例如,FANUC-BESK-7CM CNC系统是一个典型的中断型软件结构。该系统将控制程序分为8个不同优先级的中断程序(表4-1)。显示模块为第0级中断,在无其他中断请求时,始终执行。系统测试中断优先级最高,位置控制其次。位置控制被安排在级别较高的中断程序中,其原因是刀具运动的实时性要求最高,CNC装置必须提供及时的服务。

表4-1 数控装置中断型软件结构

中断级别	主要功能	中断源
0	控制CRT/LCD显示	硬件
1	译码、刀具中心轨迹计算、显示处理	软件,16ms定时
2	键盘监控、I/O信号处理、穿孔控制	软件,16ms定时
3	外部操作面板、电传打字机处理	硬件
4	插补计算、终点判别及转段处理	软件,8ms定时
5	阅读机中断	硬件
6	位置控制	4ms硬件时钟
7	测试	硬件

中断请求的发生,除第6级中断是由4ms硬件时钟发生之外,其余的中断均依靠其他

中断设置,即依靠各中断程序之间的相互通信来解决。第6级设置成硬件中断,由时钟定时执行,每4ms中断一次。第6级中断请求两次后,第4级中断产生一次。第4级中断在插补完一个程序段后,要从缓冲器中取出一段并作刀具半径补偿,这时就需要设置第1级中断请求,并把第1级中断的4号口状态字置为"1"。

标志是各程序之间相互通信的有力工具,可以通过状态字来实现。例如,第4级中断主要完成插补功能,每8ms中断一次。译码、刀具半径补偿等在第1级中断中进行。在第1级中断服务程序中,进行完译码和刀具半径补偿后即刻设置标志。是否开放插补中断程序取决于该标志的设置,在未设置译码、刀具半径补偿完成标志时,CNC装置跳过插补服务程序而继续向下执行。

第1级中断:相当于后台程序,进行插补前的准备工作。第1级中断分成13个口,每个口对应于口状态字的一位,每位对应处理一项任务,即第1级中断包括13项子任务,如表4-2所示。

表4-2 FANUC-BESK 7CM CNC系统第1级中断的13种功能

口状态字	对应口的功能
0	显示处理
1	公英制转换
2	部分初始化
3	从存储区(MP、PC或SP区)读一段数控程序到BS区
4	轮廓轨迹转换成刀具中心轨迹
5	"再启动"处理
6	"再启动"开关无效时,刀具回到断点"启动"处理
7	按"启动"按钮时,要读一段程序到BS区的预处理
8	连续加工时,要读一段程序到BS区的预处理
9	纸带阅读机反绕或存储器指针返回首址的处理
A	启动纸带阅读机使纸带正常进给一步
B	置M、S、T指令标志及G96速度换算
C	置纸带反绕标志

在进入第1级中断服务时,先依次查询口状态字的状态,再转入相应的中断服务,其处理过程如图4-17所示。口状态字的置位有两种情况:一是由其他中断根据需要,在请求第1级中断的同时设置相应的口状态字。二是在执行第1级中断的某个口子处理时,设置口状态字的另一位,例如,在8号口的处理程序中,可将2号置为"1",这样8号口程序一旦执行完,即刻转入2号口处理。当某一口的处理结束后,程序将口状态字的对应位清除。

第2级中断:主要功能是对机床控制台的输入信号(控制台送给NC装置的控制开关信号和按钮信号)及NC键盘进行监控处理。其次是穿孔机操作处理,还有M、S、T、H强电信号处理和输出信号处理等。第2级中断的简化框图如图4-18示,程序段的增量以8ms时间为单位。

第3级中断:对用户选用的外部操作面板和电传机进行处理。

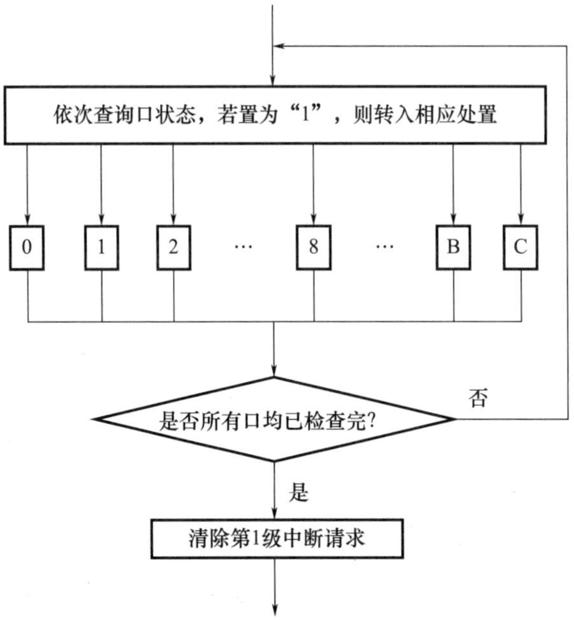

图4-17　第1级中断请求

第4级中断:最重要的功能是完成插补计算。系统采用“时间分割法”(数据采样法)插补。系统输出的是插补周期为8ms的粗插补进给量,精插补进给量则是由伺服系统的硬件与软件来完成的。一次插补处理可以分4个阶段,即速度计算、插补计算、终点判别、进给量变换。

第5级中断:主要对纸带阅读机读入的孔信号进行处理。这种处理基本上可以分为输入代码的有效性判别、代码处理和结束处理三个阶段。

第6级中断:主要完成位置控制、4ms定时计时和存储器奇偶校验工作。该系统中,位置控制是在软件和硬件配合下完成的。软件部分的任务是在第6级中断中,定时地从“实际位置计数器”中回收实际位置值,然后将位置指令值与实际位置值之间的差值换算成速度指令值,送给硬件的“速度指令寄存器”,以控制电动机的运转4ms定时计时。具体办法是:对4ms进行计数,每隔8ms定时地产生1次第3级和第4级软件中断请求。每隔16ms定时地产生1次第1级和第2级软件中断请求。以4ms为时间基准,对4ms进行累加计算,和数就是数控装置使用的时间,这就是计时功能。存储器奇偶校验方法依ROM和RAM而有所不同,通过读、写奇偶校验的方法,来判断RAM是否出错,如果出错,先使伺服系统停止工作,并报警;然后,对出错的区域进行处理。处理过程如图4-19所示。

第7级中断:实际上是工程师的系统调试工作,并不是机床的正式工作。

2. 前后台型软件结构

前后台型软件结构适合于采用集中控制的单微处理器CNC装置。在这种软件结构中,前台程序为实时中断程序,承担了几乎全部实时功能,如位置控制、插补、辅助功能处理、面板扫描及输出等。后台程序主要用来完成管理功能和输入、译码、数据处理等非实时任务,通常称为背景程序。背景程序是一个循环运行程序,在其运行过程中实时中断程序不断插入。

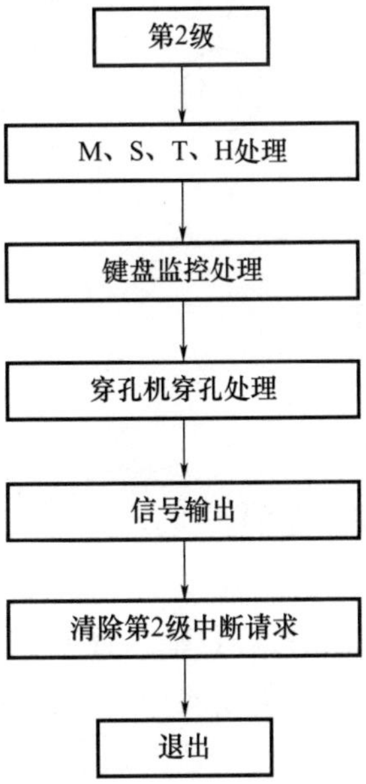

图 4-18　第 2 级中断请求

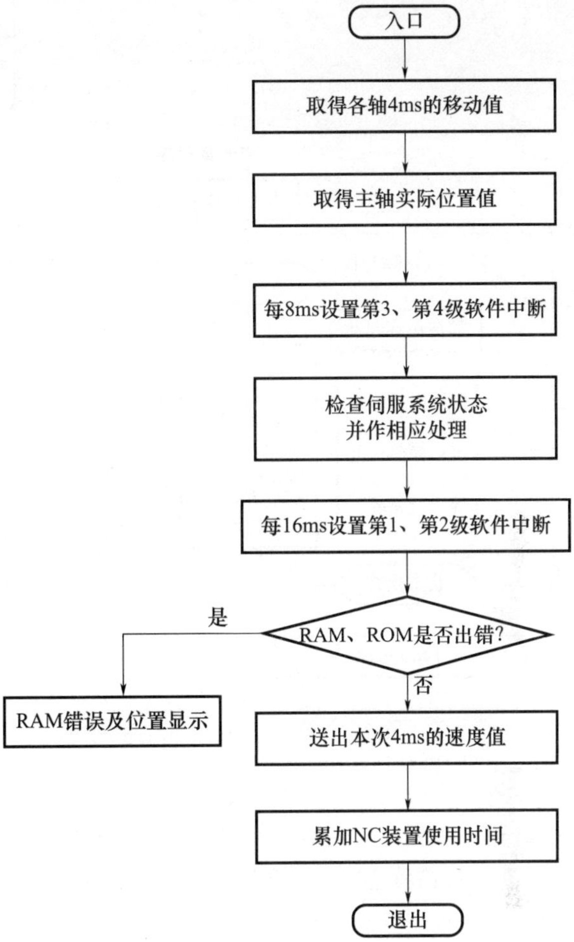

图 4-19　第 6 级中断请求

前后台程序相互配合完成加工任务。如图 4-20 所示，程序启动后，运行完初始化程序即进入背景程序环，同时开放定时中断，每隔个固定时间段便会发生一次定时中断，执行一次中断服务程序由此中断程序和背景程序有条不紊地协同工作。采用优先抢占调度（前台程序）和顺序调度（前后台程序和后台程序内部各项子任务）机制。

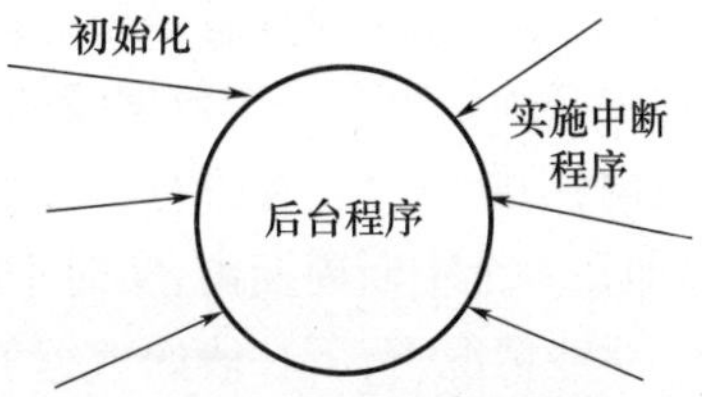

图 4-20　前后台型软件结构

例如，美国 ALLEN - BRADLEY 7360 CNC 系统软件是一种典型的前后台型软件。其结构框图如图 4-21所示。该图的右侧是实时中断程序处理的任务，主要的可屏蔽中断有 10.24ms 实时时钟中断、阅读机中断和键盘中断。其中阅读机中断优先级最高，10.24ms 实时时钟中断优先级次之，键盘中断优先级最低。阅读机中断仅在输入零件程序时启动阅读机后才发生，键盘中断也仅在键盘方式下发生，而 10.24ms 实时时钟中断总是定时发生的。左侧则是背景程序处理的任务。背景程序是一个循环执行的主程序，而实时中断程序按其优先级随时插入背景程序中。

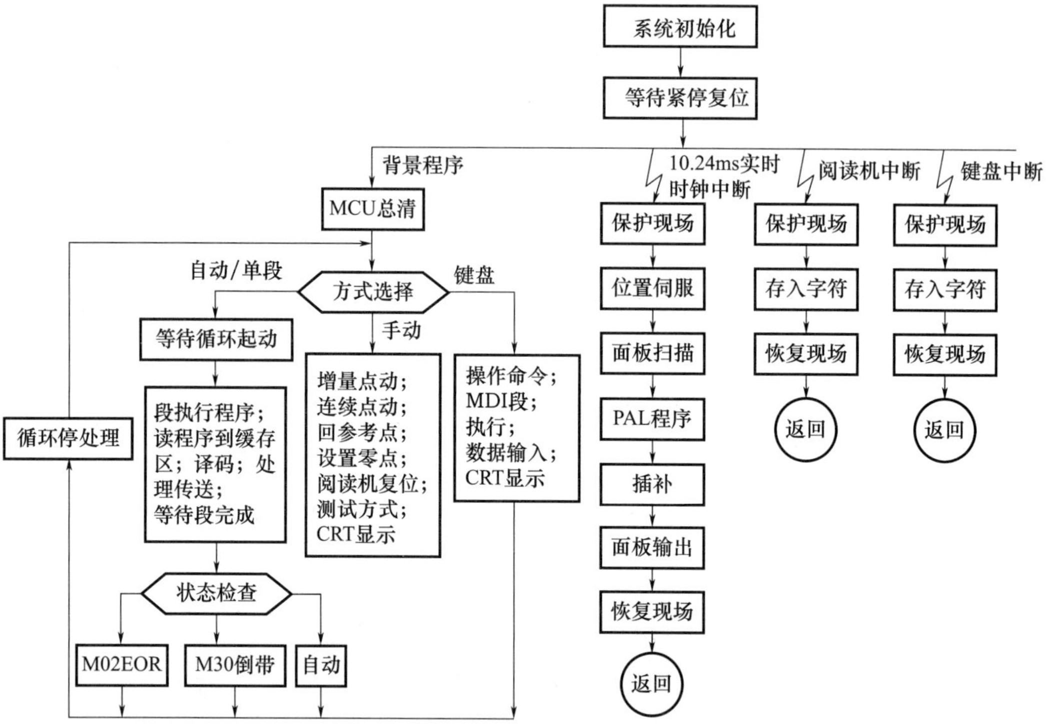

图 4-21 ALLEN-BRADLEY 7360 CNC 系统软件总框图

在背景程序中,自动/单段是数控加工中最主要的工作方式,这种工作方式下的核心任务是进行一个程序段的数据预处理,即插补预处理。一个数据段经过输入译码、数据处理后,就进入就绪状态,等待插补运行。在图 4-21 中,单段执行程序的功能是将数据处理结果中的插补用信息传送到插补缓冲器,并把系统工作寄存器中的辅助信息(S 代码、M 代码、T 代码)送至系统标志单元,以供系统全局使用。在完成了这两种传送之后,背景程序设立一个数据段传送结束标志及一个开放插补标志。在这两个标志建立之前,定时中断程序尽管照常发生,但是不执行插补及辅助信息处理等工作,仅执行一些例行的扫描、监控等功能。这两个标志的设置体现了背景程序对实时中断程序的控制和管理。这两个标志建立后,实时中断程序即开始执行插补、伺服输出、辅助功能处理,同时背景程序开始输入下一程序段,并进行新一个数据段的预处理。

在这里,系统设计者必须保证在任何情况下,在执行当前一个数据段的实时插补运行过程中必须结束下一个数据段的预处理工作,以实现加工过程的连续性。这样,在同一时间段内,中断程序正在进行本段的插补和伺服输出,而背景程序正在进行下一段的数据处理,即在一个中断周期内,实时中断开销一部分时间,其余时间留给背景程序。

一般情况下,下一段的数据处理及其结果传送比本段插补运行的时间短,因此,在数据段执行程序中有一个等待插补完成的循环,在等待过程中不断进行 CRT/LCD 显示。因为在自动/单段工作方式中,有段后停的要求,所以在软件中设置循环停请求。若整个零件程序结束,一般情况下要停机。若仅本段插补加工结束而整个零件程序未结束,则开始新的循环。循环停处理程序是处理各种停止状态的,例如在采用单段工作方式时,每执行完一个程序段就设立循环停状态,等待操作人员按动循环启动按钮。如果系统一直处于正常的加工状态，则跳过该处理程序。

ALLEN – BRADLEY 7360 CNC 系统五级中断的优先级和主要处理功能如表 4 – 3 所示。在各级中断中，非屏蔽中断只在上电和系统故障发生，阅读机中断仅在启动阅读机输入数控加工程序时才发生，键盘中断占用系统时间非常短，因此 10.24ms 实时时钟中断是 ALLEN – BRADLEY 7360 CNC 系统的核心。10.24ms 是 ALLEN – BRADLEY 7360 CNC 系统的实际位置采样周期，也就是采用数据采样插补方法（时间分割法）的插补周期。CNC 系统的实时控制任务包括位置伺服、面板扫描、机床逻辑（可编程应用逻辑 PAL 程序）、实时诊断和轮廓插补等都在 10.24ms 实时时钟中断服务程序中实现。

表 4 – 3　ALLEN – BRADLEY 7360 CNC 系统中断功能表

优先级	中断名称	中断性质	中断处理功能
0	掉电及电源恢复	非屏蔽	掉电停止处理机，上电进入初始化程序，并显示电源信息
1	存储器奇偶错		显示出错地址，停止处理机
2	阅读机	可屏蔽	每读 1 个字符发生 1 次中断，处理并存入阅读机输入缓冲器
3	10.24ms 实时时钟		实现位置控制、扫描 PLC、实时监控和插补等
4	键盘		按键中断，对输入的字符进行处理并存入 MDI 输入缓冲器

4.4　CNC 系统的可编程控制器

数控机床的控制可分为两大部分：一是坐标轴运动的位置控制，二是数控机床的动作顺序控制。坐标轴运动的位置控制实际是控制刀具轨迹，由 CNC 系统软硬件完成。顺序控制部分由 CNC 系统中的可编程控制器（PLC）完成。PLC 接受数控部分送来的 S、T 和 M 等机械顺序动作信息，对其译码，转换成与辅助机械动作对应的控制信号，使执行环节作相应的开关动作。PLC 目前已成为数控机床的基本控制单元。

传统的机床动作顺序控制采用继电器逻辑电路（relay logic circuit, RLC）完成。继电器是一种当输入量（电、磁、声、光、热）达到一定值时，输出量将发生跳跃式变化的自动控制器件。其缺点是功能有限、调整困难、体积大、工作触点少、功耗大、可靠性差。

可编程控制器克服了传统继电器的缺点，并具有如下特点：①使用灵活。只用程序就可实现不同的逻辑关系。②编程简单。可用梯形图编辑逻辑程序。③扩展性好。可以通过扩展 I/O 模块、通信模块等方式，实现对多种不同设备和信号的控制。④带负载能力强。采用大功率晶体管和控制继电器的形式进行输出，能直接驱动执行电器线圈，接通或断开强电线路。⑤可靠性高。面向恶劣的工业环境设计的控制器，在硬件和软件方面均采取了许多有效措施以提高其可靠性，如在硬件方面采取屏蔽、滤波、隔离、电源保护、模块化设计等措施，在软件方面采用自诊断、故障检测、信息保护与恢复等手段。

4.4.1　PLC 组成

PLC 实际上是一个小型工控计算机，由硬件和软件构成。图 4 – 22 为一个小型 PLC 内部结构组成框图。PLC 由 CPU、存储器、输入/输出模块、编程器、电源和外部设备等组成，并且内部通过总线相连。

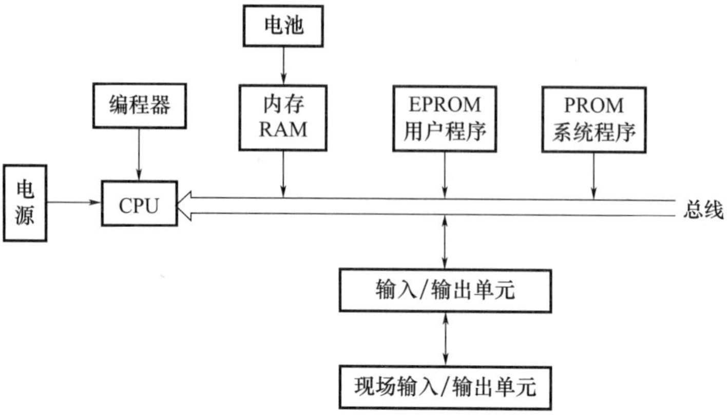

图4-22 小型PLC内部结构组成框图

1. 硬件

(1)CPU。CPU是系统的核心,可直接采用通用微处理器。通过输入模块将现场信息读入,并按用户程序规定的逻辑进行处理,然后将结果输出以控制外部设备。

(2)存储器。存储器主要用于存放系统程序、用户程序和工作数据,包括PROM、EPROM及RAM三种。系统程序在出厂时由制造厂家固化在PROM存储器中;用户程序固化在EPROM中;工作数据是PLC运行过程中需要经常存取、经常变化的一些中间数据,为适应随机存取的要求,一般将其存放在RAM中。

(3)输入/输出模块。输入/输出模块是PLC内部与现场之间进行信息交换的桥梁。一方面,将现场信息转换成标准的数字信号;另一方面,将PLC内部数字信号转换成外部执行元件所要求的信号。根据信号特点可将输入/输出模块分为直流开关量输入/输出模块、交流开关量输入/输出模块、模拟量输入/输出模块和继电器输出模块等。

(4)编程器。编程器可用来开发、调试、运行应用程序。编程器一般由键盘、显示屏、智能处理器、外部设备组成,也可以通过通信接口与PLC相连。

PLC主要有两种编程方法:编程器编程和计算机编程。计算机编程是通过专用通信线把PLC和PC连接起来,并借助PC对PLC编程。

(5)电源单元。将外部提供的交流电转换为可编程序控制器内部所需要的直流电源,还可输出DC 24V。通常电源单元有三路输出:一路供给CPU模块使用,一路供给编程器接口使用,还有一路供给各种智能模板使用。PLC对电源单元的要求较高,既要求具有较好的电磁兼容性能,还要求工作电源稳定,并有过电流、过电压保护功能。电源单元一般还装有后备电池,用于断电时及时保护RAM中的重要信息和标志。

在大、中型PLC中除上述各组成部分外,还配置有扩展接口和智能I/O模板。扩展接口主要用于连接扩展PLC单元,从而扩大PLC规模。智能I/O模块是指其本身含有单独的CPU,能够独立完成某种专用功能的模块。因为它和主CPU是并行工作的,所以大大提高了PLC的运行速度和效率。

2. 软件

软件包括系统软件和应用软件。系统软件是指控制和完成PLC各种功能的程序,一般包括监控程序、编译程序及诊断程序,由生产厂家提供。应用软件是用户根据现场的生产过程和工艺要求而编写的应用程序。

4.4.2 数控机床 PLC

1. 数控机床 PLC 完成的主要功能

在分析 PLC、CNC 和机床各机械部件、机床辅助装置、强电线路之间关系时，常把数控机床分为“CNC 侧”和“机床侧”两大部分。“CNC 侧”包括 CNC 系统的硬件和软件以及与 CNC 系统连接的外围设备。“机床侧”包括机床机械部分及其液压、气压、冷却、润滑、排屑等辅助装置，机床操作面板，继电器线路，机床强电线路，等等。

PLC 处于“CNC 侧”和“机床侧”之间，对“CNC 侧”和“机床侧”的输入/输出信号进行处理。控制的最终对象随数控机床的类型、结构、辅助装置等的不同而有很大差别。机床结构越复杂，辅助装置越多，最终受控对象也越多。一般来说，最终受控对象的数量和控制程序的复杂程度从低到高依次为 CNC 车床、CNC 铣床、加工中心、FMC 和 FMS。CNC 装置和机床输入/输出信号的处理包括如下两个方面。

1) CNC→机床

CNC 的输出数据经 PLC 逻辑处理，通过输入/输出接口送至“机床侧”。CNC 至机床的信息主要是 M、S、T 等功能代码。PLC 向“机床侧”传递的信息主要是控制机床的执行元件，如电磁阀、继电器、接触器，以及确保机床各运动部件状态的信号和故障指示完好等。

(1) M 功能。PLC 完成的 M 功能是多样的。根据不同的 M 代码，可以控制主轴正反转或停止，主轴齿轮箱的变速，冷却液的开、关，卡盘的夹紧、松开，以及自动换刀装置机械手取刀、归刀等运动。

(2) S 功能。S 功能用来指定主轴转速。CNC 装置将 S 代码传递至 PLC，经电平转换、译码、数据转换、限位控制和 D/A 变换，最后送给主轴电动机伺服系统。其中，限位控制是在 S 代码对应的转速大于规定的最高转速时，将其限定在最高转速。当 S 代码对应的转速小于规定的最低速度时，将其限制在最低转速。

(3) T 功能。刀具功能 T 也由 PLC 实现，给自动换刀系统的管理带来了很大方便。自动换刀控制方式有顺序换刀方式和随机存取换刀方式，以后者为主。换刀系统可采用刀座编码制和刀具编码制。T 功能处理过程：CNC 装置送出 T 代码指令给 PLC，PLC 经过译码后，在数据表内检索出 T 代码指定的新刀号所在的数据表的表地址，并与现行刀号进行判别比较，如不符合，则向刀库控制系统发送刀库回转指令，直至刀库定位到新刀号位置时，刀库停止回转，并准备换刀。

2) 机床→CNC

从“机床侧”输入的开关量经 PLC 逻辑处理传送到 CNC 装置中。传递的信息主要是机床操作面板上各开关、按钮等信息，包括机床的启动、停止，工作方式选择，倍率选择，主轴的正转、反转和停止，切削液的开、关，卡盘的夹紧、松开，各坐标轴的点动，换刀及行程限位等开关信号。

2. 数控机床 PLC 的类别

按照输入/输出的点数、程序存储容量的大小，可编程控制器分为小型 PLC、中型 PLC 和大型 PLC。一般数控机床的 PLC 都是小型的，FMS/FMC/MC 的 PLC 可能是中型或大型的可编程控制单元。表4-4为PLC规模的划分指标。

按照PLC与CNC装置的关系,数控机床用PLC可分为两类:内装型PLC与独立型PLC。

表4-4 PLC规模的划分指标

PLC规模	评价指标	
	输入/输出的点数	程序存储容量
小型	小于128点	1KB
中型	128~512点	1~4KB
大型	512点以上	4KB以上

1)内装型PLC

内装型PLC专为数控机床的顺序控制而设计,从属于CNC装置。PLC与NC间的信号传送在CNC装置内部即可实现。PLC与"机床侧"则通过CNC输入/输出接口电路实现信号传送。内装型PLC实际上是CNC装置自带的PLC功能,一般作为一种基本的功能提供给用户。内装型PLC与CNC机床的关系如图4-23所示。

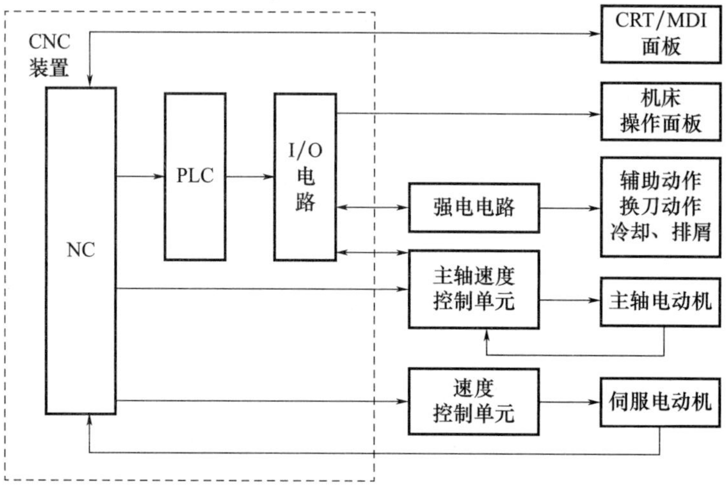

图4-23 内装型PLC与CNC机床的关系

内装型PLC的性能指标(如输入/输出点数、程序最大步数、每步执行时间、程序扫描时间、功能指令数目等)是根据所从属的CNC系统的规格、性能及适用机床的类型等确定的,其硬件和软件与CNC系统一起设计制造。因此,系统结构紧凑,PLC所具有的功能针对性强,技术指标较合理、实用,较适用于单台数控机床(包括加工中心)。

在系统结构上,内装型PLC可与CNC装置共用CPU,也可单独使用一个CPU。前者利用CNC微处理器的余力来发挥PLC的功能,I/O点数较少。后者由于具有独立的PLC,多用于顺序程序复杂、动作速度要求快的场合。内装型PLC一般单独制成一块附加板,插装到CNC主板插座上,不单独配备I/O接口,而使用CNC系统本身的I/O接口。

采用内装型PLC结构,CNC系统可以具有某些高级控制功能,如梯形图编辑和传送功能等，提高了 CNC 装置的性能价格比。

2）独立型 PLC

独立型 PLC 独立于 CNC 装置，也称为通用型 PLC，具有完备的硬件和软件功能，能够独立完成规定控制任务。根据数控机床对控制功能的要求可以灵活选购或自行开发通用型 PLC。独立型 PLC 与 CNC 机床的关系如图 4－24 所示。

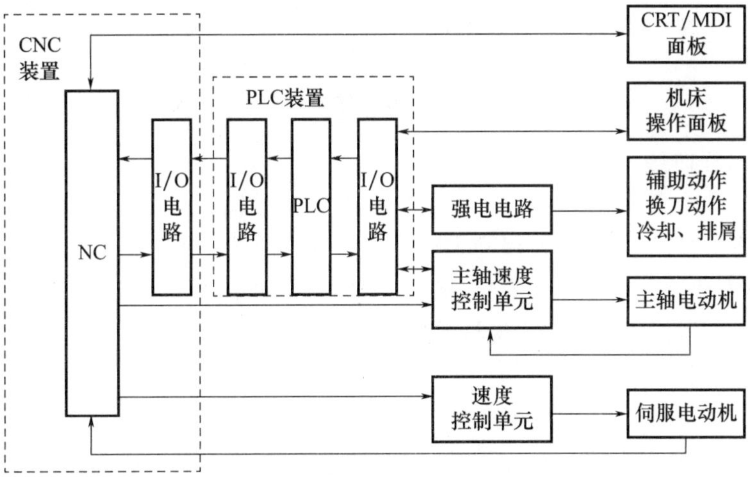

图 4－24　独立型 PLC 与 CNC 机床的关系

独立型 PLC 的基本功能和结构与通用型 PLC 完全相同。数控机床应用的独立型 PLC，多采用积木式模块化结构，装在插板式笼箱内，具有安装方便、功能易于扩展和变换等优点。

PLC 的 I/O 点数可以通过输入/输出模块的增减灵活配置。有的独立型 PLC 还可通过多个远程终端连接器，构成具有大量 I/O 点的网络，以实现大范围的集中控制。CNC 和 PLC 装置均有自己的 I/O 接口电路，因此，要分别进行 PLC 与 CNC 装置的 I/O 连接、PLC 与机床侧的 I/O 连接。

4.4.3　PLC 工作方式

PLC 工作时，对用户程序进行循环扫描并按顺序执行。PLC 接通电源并开始运行后，首先进行自诊断，自诊断时间的长短随用户程序的长短而变化。自诊断通过后，CPU 就对用户程序进行扫描。扫描从 0000H 地址所存的第一条用户程序开始，顺序进行，直至用户程序占有的最后一个地址为止，形成一个扫描周期，周而复始。每扫描一个周期，CPU 进行输入点状态采集、用户程序逻辑解算、相应输出状态的更新和 I/O 执行。当有编程器接入 PLC 时，CPU 还要对编程器的在线输入信号进行响应，并更新显示。

顺序扫描的工作方式简单、直观，它简化了程序设计，确保了 PLC 的可靠运行。一方面，指令被执行后，其结果能立即被后续指令所利用；另一方面，通过 CPU 设置的定时器，可以监控每次扫描是否超时，从而避免程序因 CPU 内部故障而陷入死循环。用户程序的循环扫描执行过程分为三个阶段，即输入采样阶段、程序执行阶段和输出刷新阶段，如图 4－25所示。

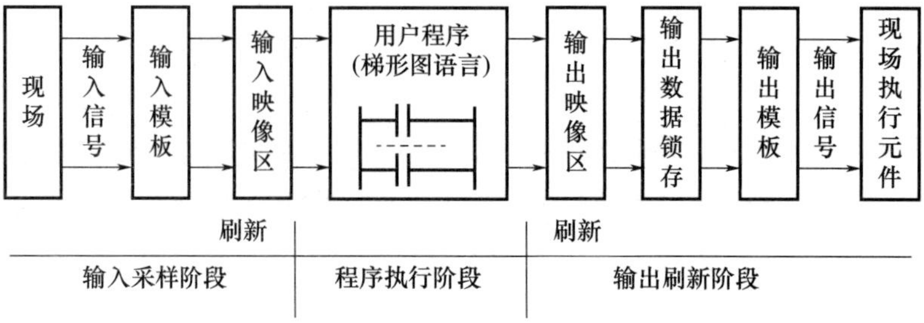

图4－25　PLC程序执行的过程

1. 输入采样阶段

在输入采样阶段,PLC以扫描方式将所有输入端的输入信号状态(ON/OFF状态)读入到输入映像寄存器中,这个过程称为对输入信号的采样。接着转入程序执行阶段,在程序执行期间,即使输入信号状态变化,输入映像寄存器的内容也不会改变。输入状态的变化只能在下一个工作周期的输入采样阶段才被重新读入。

2. 程序执行阶段

在程序执行阶段,PLC对程序按顺序进行扫描。如程序用梯形图表示,则总是按先上后下、先左后右的顺序扫描。每扫描到一条指令时所需要的输入状态或其他单元的状态,分别由输入映像寄存器或输出映像寄存器中读入,然后进行相应的逻辑或算术运算,运算结果再存入专用寄存器。若执行程序输出指令,则将相应的运算结果存入输出映像寄存器。

3. 输出刷新阶段

在所有指令执行完毕后,输出映像寄存器中的状态就是欲输出的状态。在输出刷新阶段将其转存到输出锁存电路,再经输出端子输出信号驱动用户输出设备,这就是PLC的实际输出。

PLC重复地执行上述三个阶段,每重复一次就是一个工作周期(或称扫描周期)。工作周期的长短与程序的长短有关。

CNC机床用PLC具备一般可编程控制器的特点,但由于其是数控机床的一部分,受CNC装置和机床主体的约束,因此其工作方式必须与数控机床的动作方式相协调。

按照响应速度的高低,PLC程序可分为快速响应速度的高级程序和一般响应速度的低级程序两类。要求迅速处理的信号应编在高级程序中处理,把低级程序自动划分成若干个分割段。执行程序时,首先执行高级顺序程序,其次执行低级程序的分割段1,再次执行高级程序,最后执行低级程序的分割段2,这样每执行完低级程序的一个分割段,都要重新扫描执行一次高级程序,以保证高级程序中信号能够快速响应。

例如,FANUC PM0数控系统中的PLC顺序程序由两部分组成:第一级程序(高级程序)和第二级程序(低级程序)。第二级程序的分割是为了执行第一级程序。当分割数为n时,程序的执行过程如图4－26所示。第一级程序仅处理短脉冲信号。这些信号包括急停、各轴超程、返回参考点、减速、外部减速和进给暂停信号等,每8ms执行一次。如果第一级程序较长,那么总的执行时间(包括第二级程序)就会延长。因此,在编写第一级程序时,应使其尽可能短。第二级程序每$(8\times n)$ms执行一次,n为第二级程序分割数。

程序编制完成后，在向 CNC 的调试 RAM 中传送时，第二级程序被自动分割。图中 8ms 中的 1.25ms 用于执行第一级程序和第二级程序，剩余时间由 NC 使用。

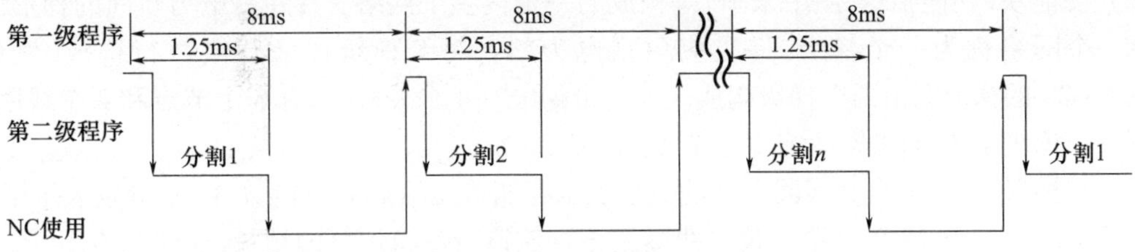

图 4-26 PLC 程序的执行顺序

4.4.4 PLC 编程系统

1. 梯形图与语句表

在 PLC 编程语言中，以梯形图(ladder program，LD)和语句表(梯形图助记符)应用最为广泛。虽然各厂家的 PLC 各不相同，其指令系统的表示方法和语句表中的助记符也不尽相同，但它们的原理基本相同。

梯形图程序采用类似于继电器触点和线圈的图形符号，便于电气设计制造领域的技术人员快速理解和掌握。它沿用了继电器中的触点、线圈串并联等术语和图形表示方法，并融入了一些简单的计算机符号，以实现时间上的顺序控制操作。

图 4-27 为用于电动机起停两地控制的继电器控制电路和与其控制逻辑等效的梯形图。在图 4-27(a)中，S1 和 S3、S2 和 S4 分别为相距甚远的两个操作台上的电动机起、停按钮。K 为起动电动机的接触器线圈。当任意起动按钮(S1 或 S2)被按下时，接触器 K 得电，并通过其触点 K 闭合自保，电动机进入运转状态。当任意停止钮(S3 或 S4)被按下时，接触器失电，其触点 K 断开，电动机停止运转。这样，两个操作台均可独立地控制电动机起停。在图 4-27(b)中，当常开节点 S1 或 S2 闭合时，K 线圈输出，并通过触点 K 闭合自保。当常闭节点 S3 或 S4 断开时，K 线圈无输出，触点 K 亦断开。可见，梯形图的控制逻辑结构及工作原理与继电器逻辑控制电路非常相似。

图 4-27 电动机起停两地控制逻辑

(a)继电器控制；(b)梯形图控制。

图4－28是一段用“梯形图”表示的简单的PLC程序。左右两条竖直线称为电力轨(power rail)。梯形图是电力轨和夹在电力轨间的节点(或称触点)、线圈(或称继电器线圈)、功能块(功能指令,图中未画)等构成的一个或多个网络。在左右电力轨间的梯形图的一个网络称为一个梯级,梯级应包括电力轨。每个梯级由一行或数行构成,例如图4－28的梯形图由两个梯级构成。上一个梯级有4个分行,含有8个节点和2个线圈;下一个梯级由3行构成,含有3个节点和1个线圈。

在梯形图中,节点和线圈下面的数字表示存储单元的某位,如1.1、15.0分别表示第1单元第1位和第15单元第0位。线圈用于存储该行逻辑运算的结果,如同电路图,同一行中各节点的值,有串联(“与”)和并联(“或”)的运算关系。

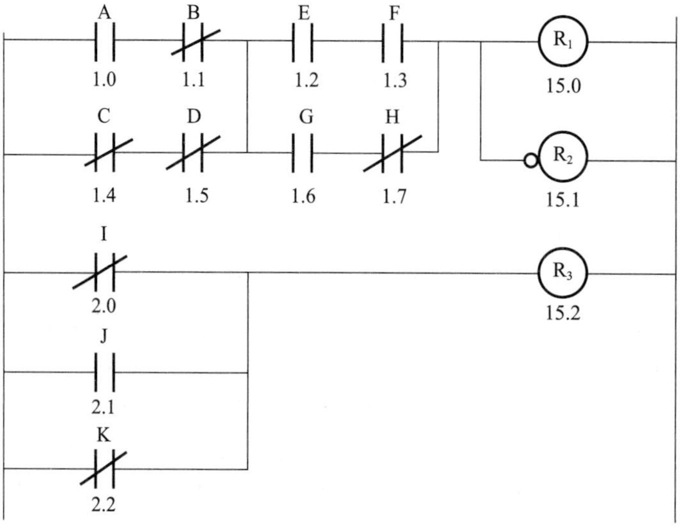

图4－28 梯形图结构

2. 语句表

当采用简易编程器编程时,无法直接用梯形图编制用户程序。为了使编程语言既能保持梯形图的简单、直观和易懂的特点,又能适应简易编程器的编程需求,于是产生了梯形图的派生语言——语句表,又称为指令表或编码表。

每个语句包括语句序号(有的称为地址)、操作码(指令助记符)和数据(参加逻辑运算等操作的节点号)。一般语句的编写可以根据梯形图逐步写出,也可以直接写出而不一定要有梯形图。对于简易编程器,可以通过其键盘输入语句表,将用户程序送入PLC。对于智能型或通用微机编程器,既可直接用梯形图编程,也可用语句表编程。表4－5是图4－28所示梯形图的语句表,采用FANUC PM0的PMC指令系统。

表4－5 梯形图4－28的语句表

序号	指令	地址号位数	备注	运算结果状态		
				ST2	ST1	ST0
1	RD	1.0	A			A
2	AND. NOT	1.1	B			$A\cdot\overline{B}$

续表

序号	指令	地址号位数	备注	运算结果状态		
				ST2	ST1	ST0
3	RD. NOT. STK	1.4	C		$A \cdot \overline{B}$	$\overline{C}$
4	AND. NOT	1.5	D		$A \cdot \overline{B}$	$\overline{C} \cdot \overline{D}$
5	OR. STK					$A \cdot \overline{B} + \overline{C} \cdot \overline{D}$
6	RD. STK	1.2	E		$A \cdot \overline{B} + \overline{C} \cdot \overline{D}$	E
7	AND	1.3	F		$A \cdot \overline{B} + \overline{C} \cdot \overline{D}$	$E \cdot F$
8	RD. STK	1.6	G	$A \cdot \overline{B} + \overline{C} \cdot \overline{D}$	$E \cdot F$	G
9	AND. NOT	1.7	H	$A \cdot \overline{B} + \overline{C} \cdot \overline{D}$	$E \cdot F$	$G \cdot \overline{H}$
10	OR. STK				$A \cdot \overline{B} + \overline{C} \cdot \overline{D}$	$E \cdot F + G \cdot \overline{H}$
11	AND. STK					$(A \cdot \overline{B} + \overline{C} \cdot \overline{D}) \cdot (E \cdot F + G \cdot \overline{H})$
12	WRT	15.0	R_1			$(A \cdot \overline{B} + \overline{C} \cdot \overline{D}) \cdot (E \cdot F + G \cdot \overline{H})$
13	WRT. NOT	15.1	R_2			$(A \cdot \overline{B} + \overline{C} \cdot \overline{D}) \cdot (E \cdot F + G \cdot \overline{H})$
14	RD. NOT	2.0	I			$\overline{I}$
15	OR	2.1	J			$\overline{I} + J$
16	OR. NOT	2.2	K			$\overline{I} + J + \overline{K}$
17	WRT	15.2	R_3			$\overline{I} + J + \overline{K}$

3. 典型 PLC 的指令系统

下面以 FANUC PM0 数控系统为例，简单介绍其 PMC 的功能及指令系统。FANUC 公司产品系列中把 PLC 称为可编程机床控制器（programmable machine controller，PMC），原因是通常的 PLC 主要用于一般的自动化设备，缺少便于机床控制编程的功能指令，而 FANUC 的 PMC 除具有一般 PLC 逻辑功能外，还专门设计了针对机床控制的功能指令，如快捷找刀、机床译码指令等。

1）FANUC PM0 数控系统 PMC 与机床信号接口

FANUC 数控系统各接口信号地址之间关系如图 4－29 所示。CNC 与 PMC 之间的信号地址为 G、F 信号地址，而机床本体信号与 PMC 接口主要是 X 地址和 Y 地址，PMC 处理结果由 Y 地址输出至机床本体，机床本体的输入信号由 X 地址输入。因内置 PMC 和外置 PMC 不同，地址的编排和范围有所不同。在数控机床中与 PMC 的接口信号主要有以下几类。

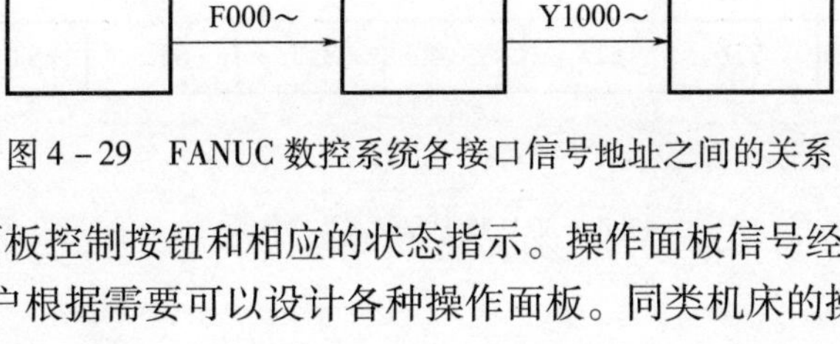

图 4－29　FANUC 数控系统各接口信号地址之间的关系

（1）机床操作面板控制按钮和相应的状态指示。操作面板信号经过 PMC 的 I/O 模块接口进入 PMC。用户根据需要可以设计各种操作面板。同类机床的操作功能基本相同。

(2)机床本体的传感器信号。如限位开关、参考点减速信号、自动刀架的刀位信号等。

(3)机床动作的控制信号。机床具体功能不同,输出功能信号也不同。对于数控车床,常用的输出信号有主轴控制信号(M03、M04、M05)、换刀信号(M06 或 TXX)、冷却泵信号(M08/M09)、车床换挡信号(M41、M42、M43)等。车床其他输出功能可根据需要加以设计。

2)FANUC PMC PM0 指令系统

FANUC PMC PM0 指令系统用地址号来区分不同的信号。不同的地址号分别对应“机床侧”的输入/输出信号、“CNC 侧”的输入/ 输出信号、内部继电器、计数器、保持型继电器(PMC 参数)和数据表,如表 4-6 所示。每个地址由地址号和位号表示为

X127.6

其中,X127 为地址号(字母后三位或四位数字),6 为位号(0~7)。

表 4-6 地址号

字母	信号类型	PM0 PMC PA1
X	来自“机床侧”的输入信号(MT→PMC)	X0~X127 外装 I/O 卡,X1000~X1003 内装 I/O 卡
Y	由 PMC 输出到“机床侧”的信号(PMC→MT)	Y0~Y127 外装 I/O 卡,Y1000~Y1002 内装 I/O 卡
F	来自“CNC 侧”的输入信号(NT→PMC)	F0~F255
G	由 PMC 输出到 NC 的信号(PMC→NT)	G0~G255
R	内部继电器	R0~R999,R9000~R9099
A	信息显示请求信息	A0~A24
C	计数器	C0~C79
T	定时器	T0~T79
K	保持型继电器	K0~K19
D	数据表	D0~D1859

PMC 指令分为基本指令和功能指令两种。当型号不同时,只是功能指令的数目有所不同,指令系统是完全一样的。

在基本指令和功能指令执行过程中,用一个堆栈寄存器暂存逻辑操作的中间结果,堆栈寄存器有 9 位,如图 4-30 所示,按先进后出、后进先出的原理工作。“写”操作结果压入时,堆栈的各原状态全部左移一位;相反地,“取”操作结果时,堆栈全部右移一位,最后压入的信号首先恢复读出。

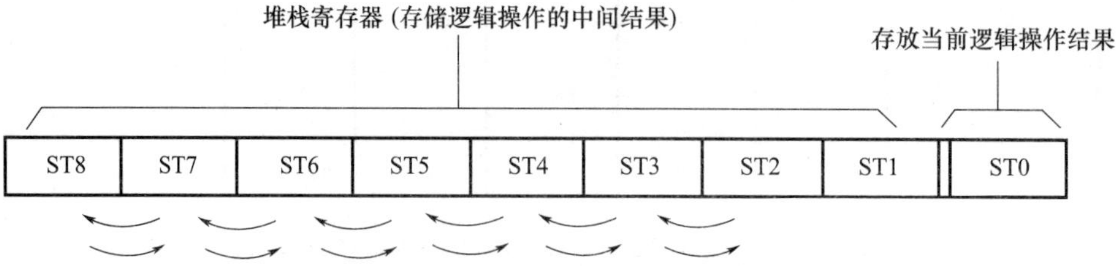

图 4-30 堆栈寄存器操作顺序

(1)基本指令。FANUC 系列 PMC 的基本指令共 14 条,指令及处理内容如表 4-7 所示。

表 4-7 PMC 基本指令及处理功能

序号	指令		功能
	格式 1(代码)	格式 2(LADDER)	
1	RD	R	读入指定的信号状态并设置在 ST0 中
2	RD. NOT	KN	将读入的指定信号的逻辑状态取非后设置到 ST0
3	WRT	W	将逻辑运算结果(ST0 的状态)输出到指定的地址
4	WRT. NOT	WN	将逻辑运算结果(ST0 的状态)取非后输出到指定的地址
5	AND	A	逻辑与
6	AND. NOT	AN	将指定的信号状态取非后逻辑与
7	OR	O	逻辑或
8	OR. NOT	ON	将指定的信号状态取非后逻辑或
9	RD. STK	RS	将寄存器的内容左移 1 位,把指定地址的信号状态设置到 ST0
10	RD. NOT. STK	RNS	将寄存器的内容左移 1 位,把指定地址的信号状态取非后设置到 ST0
11	AND. STK	AS	ST0 和 STI 逻辑与后,堆栈寄存器右移 1 位
12	oR. STK	oS	ST0 和 STI 逻辑或后,堆栈寄存器右移 1 位
13	SET	SET	ST0 和指定地址中的信号逻辑或后,结果返回到指定的地址中
14	RST	RST	ST0 状态取反后和指定地址中的信号逻辑与,结果返回到指定的地址中

以下是基本指令的格式:

基本指令　地址号 . 位数

例如:RD X127. 6

(2)功能指令。数控系统中,译码、定时、计数、最短路径选择、比较、检索、转移、代码转换、四则运算和信息显示等控制功能,仅用一位操作的基本指令编程,实现起来将会十分困难,因此 FANUC 增加了一些具有专门控制功能的指令,即功能指令。功能指令实际是一些子程序,应用功能指令就是调用相应的子程序。

FANUC PMC PM0 的功能指令数目视型号不同而不同,其中 PMC - A、PMC - C、PMC - D为 22 条,PMC - B、PMC - G 为 23 条,PMC - L 为 35 条。

4.4.5 数控机床 PLC 程序设计步骤

用户自行设计和调试数控机床 PLC 顺序程序的流程如图 4-31 所示。

(1)确定机床与 PLC 之间的输入/输出信号。确定哪些机床信号需要输入 PLC,哪些信号需要从 PLC 输出给机床,从而计算出对于 PLC 的输入、输出线的数目。从机床直接送至 NC 的信号线也应包括在从机床到 PLC 的输入线的数目中。

(2) 估算 PLC 存储器容量。存储器容量视机床的复杂程度而定,一般数控车床约 1000 步,小型加工中心约 1500 步,复杂、大型的加工中心约 5000 步。

顺序程序所要求的存储器容量 =(基本指令步数 + 功能指令步数) × 1.1

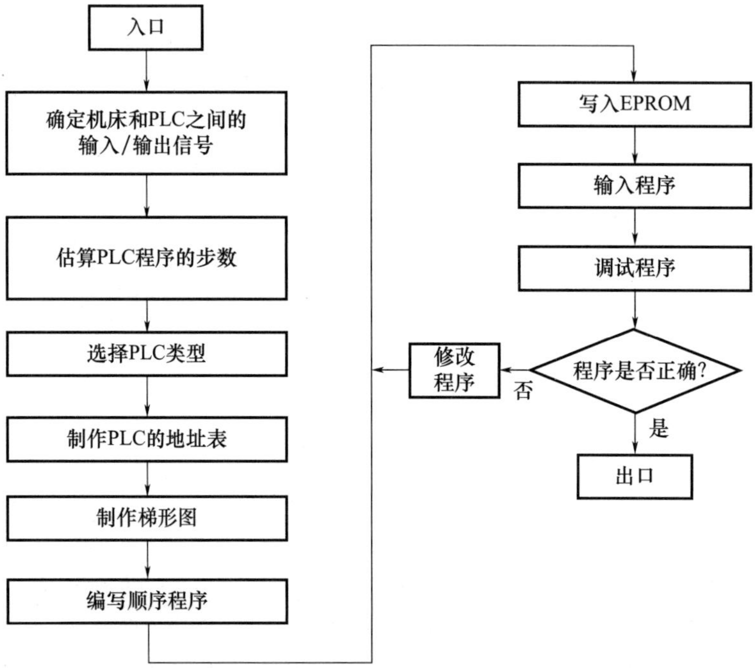

图 4-31　数控机床 PLC 顺序程序设计和调试流程图

基本指令步数 = 基本指令的数目

功能指令步数 = 各个功能指令所用的重复次数 × 相应的功能指令步数 + 功能指令的固定步数

(3)选用 PLC 类型。以所确定的输入、输出线的数目和所估算的 PLC 存贮器容量,以及所选用的数控系统为依据。

(4)制作 PLC 的地址表。全部信号均需要分配指令地址,可分为三类:与 NC 连接的信号地址、机床连接的信号地址、PLC 内部的信号地址。

(5)制作梯形图。根据 PLC 所指定的表达方式和对机床的控制要求,制作顺序控制图(梯形图)。

(6)编写顺序程序。即用 PLC 的指令来描述梯形图的内容,以便于把梯形图上的顺序程序写入存储器中。

(7)写入顺序程序。写入顺序程序有多种方法,一般用编程器键盘输入。

(8)写入 EPROM。确认无误后,把顺序程序写入 EPROM 中。

(9)把 EPROM 插入 PLC 板的指定位置上。

(10)调试顺序程序,可以用模拟装置代替机床,根据机床的状态,用开关状态的“闭合”和“断开”来模拟机床的输入信号,用灯的亮或灭来检查 PLC 的输出信号。

(11)程序调试后,若确认无误,则机床控制程序设计完成;若有误,应修改程序,并从第(7)步重新开始调试,直至确认无误。

4.5 CNC装置的输入/输出和通信接口

4.5.1 CNC装置的输入/输出接口

CNC装置是数控机床的核心,需要通过输入/输出接口电路与外部设备连接,进行信息交换和传递。这些设备包括数据输入/输出设备、机床控制面板、进给驱动线路和主轴驱动线路等。CNC可以利用丰富的通用计算机外设资源,如键盘、显示器等外部设备,无须单独开发。

CNC装置的输入/输出接口电路的主要作用如下。

(1)电平转换和功率放大。由于数控系统的信号往往是TTL脉冲或电平信号,而机床提供和需要的信号不一定是TTL信号,而且有的负载比较大,因此需要进行信号的电平转换和功率放大。

(2)防止干扰引起误动作。要用光电耦合器或继电器将CNC系统与机床之间的信号在电气上加以隔离,防止干扰信号的串入和强电对系统的破坏。

(3)数/模和模/数转换。当采用模拟量传送时,在CNC系统和机床电气设备之间要接入数/模(D/A)和模/数(A/D)转换电路。

(4)防止信号畸变。信号在传输过程中,由于衰减、噪声和反射等影响会发生畸变,因此要根据信号类别及传输线质量,采取一定措施并限制信号的传输距离。

CNC装置的输入/输出接口电路可以分为以下四类。

第1类是与驱动命令有关的连接电路,主要是指与坐标轴进给驱动和主轴驱动的连接电路。

第2类是数控系统与检测系统和测量传感器间的连接电路。

第3类是电源及保护电路。

第4类是通断信号和代码信号连接电路。

其中,第1、第2类接口传递的信息是数控系统与伺服驱动单元(速度控制环)、伺服电动机、位置检测和速度检测之间的控制信息及反馈信息,其属于数字控制及伺服控制。

第3类接口电路由数控机床强电线路中的电源控制电路构成。强电线路由电源变压器、控制变压器、各种断路器、保护开关、接触器、功率继电器及熔断器等连接而成,为辅助交流电动机、电磁铁、离合器、电磁阀等功率执行元件供电。强电线路不能与低压下工作的控制电路或弱电线路直接连接,只能通过断路器、热动开关、中间继电器等器件转换成在直流低压下工作的触点的开、合动作,才能成为继电器逻辑电路和PLC可接收的电信号。

第4类通断信号和代码信号是数控系统与外部传送的输入/输出控制信号。当CNC系统配有PLC时,除极少数高速信号外,信号都通过PLC传送。第4类接口信号根据其功能的必要性可以分为两类:必须信号和任选信号。必须信号是指为了保护人身安全和设备安全,或为了操作、兼容性所必须的信号,如"急停""进给保持""循环启动""NC准备好"等。任选信号是指在特定的数控系统和机床相配时才需要的信号,如"行程极限"

"手动连续进给""NC 报警""程序停止""复位"等。

输入接口电路用于接收机床操作面板的各开关、按钮信号及机床的各种限位开关信号,因此有以触点输入的接收电路和以电压输入的接收电路。触点(接点)输入电路分为有源和无源两类。信号为无源触点的输入情况如图 4－32(a)所示,如行程开关就是无源触点。对于无源触点的输入,依靠 CNC 接口的触点供电回路产生高、低电平信号。信号为有源触点的输入情况如图 4－32(b)所示。

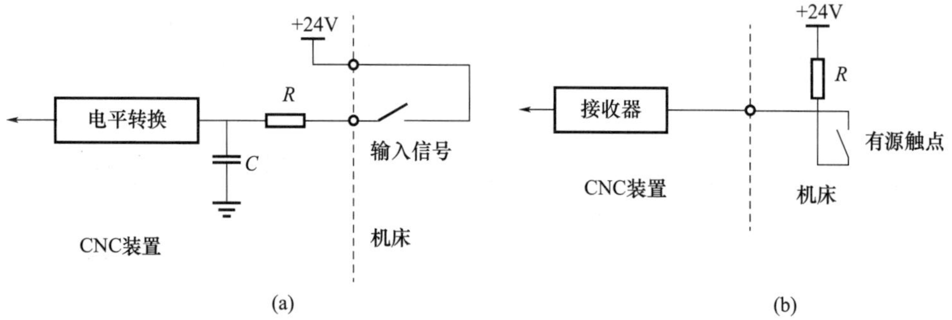

图 4－32　输入/输出接口电路

(a)无源触点;(b)有源触点。

信号滤波常采用阻容滤波器,电平转换采用晶体管或光耦合器。光耦合器既起到隔离信号防干扰的作用,又起到电平转化的作用,在 CNC 装置接口电路中被大量使用。在触点输入电路中不仅要防滤波还要防触点抖动,常用的防抖动方法是采用斯密特触发器[图 4－33(a)]或 R－S 触发器[图 4－33(b)]来整形。

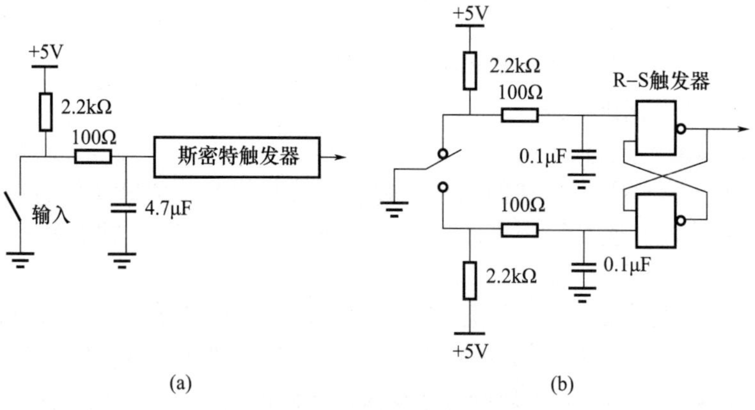

图 4－33　触点防抖动电路

(a)斯密特触发器;(b)R－S 触发器。

在机床输入信号中有些是以电压作为输入信号的,比如接近开关,当遇到铁块时输出低电平信号,无铁块时输出高电平信号。以电压输入的接口电路如图 4－34 所示。

输出接口电路用于将各种机床工作状态的信息输送至操作面板上显示,或把控制机床动作的信号输送至强电箱中。在实际使用中,有继电器输出电路和无触点输出电路两种,如图 4－35 所示。

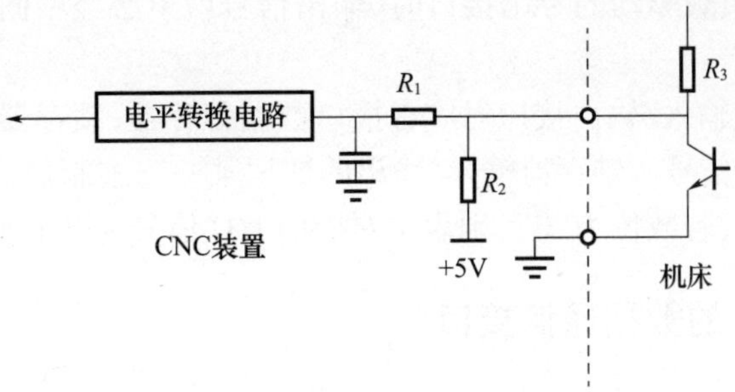

图4-34　以电压输入的接口电路

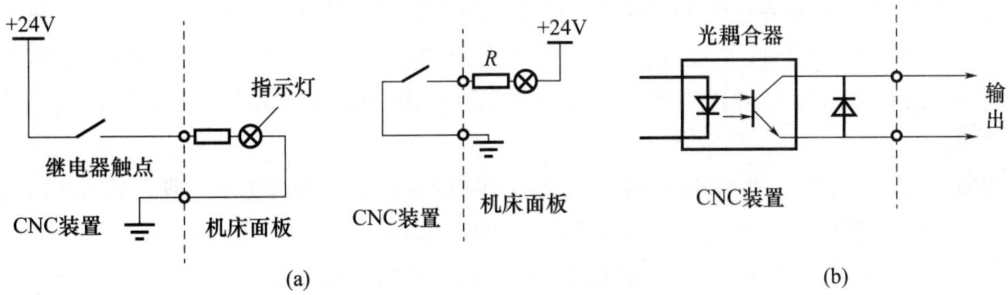

图4-35　输出接口电路

(a)继电器输出电路;(b)无触点输出电路。

图4-36(a)是负载为指示灯的典型信号输出电路,图4-36(b)是负载为继电器线圈的典型信号输出电路。当CNC装置输出高电平时,光耦三极管导通,这样指示灯或继电器线圈有电流通过,使指示灯亮或继电器吸合。当CNC装置输出低电平时,光耦三极管截止,指示灯和继电器无电流回路,故指示灯不亮,继电器不吸合。

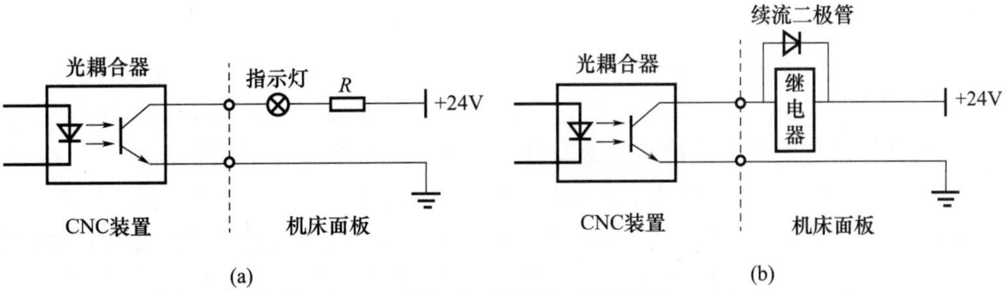

图4-36　典型输出接口电路

(a)负载为指示灯;(b)负载为继电器线圈。

对于电感性负载(如继电器),应增加一续流二极管,在继电器断电时将电能释放。对于电容性负载,应在信号输出负载电路中串联限流电阻,电阻值的选取原则是应确保负载承受的瞬间电流和电压被限制在额定值内。当驱动负载是电磁开关、电磁耦合器、电磁阀线圈等交流负载,或虽是直流负载,但工作电压或工作电流超过输出信号的工作范围时,应选用输出信号驱动中间继电器(电压为24V),然后用它们的触点接通强电线路的功率继电器或直接激励这些负载。当CNC装置带有PLC装置,且具有交流输入、输出信号接口,或有用于直流负载驱动的专用接口时,输出信号就不必经中间继电器过渡,即可以直接驱动负载器件。

CNC装置数字量输入/输出接口对应有接口数据锁存器,锁存器对应一地址,其二进制数位对应一位I/O信号。锁存器输入/输出的数据某一二进制数位为“1”,则表示对应的I/O信号为高电平,若数位为“0”,则表示对应的I/O信号为低电平。

4.5.2 CNC装置的数据通信接口

1. 通信方式及通信协议

CNC装置除需要与数据输出/输入设备等外部设备相连接外,还需要通过数据通信接口,与上级主计算机或通过分布式数控(或称直接式数控,DNC)系统连接,传送零件加工程序、控制参数和补偿量,实现远程编程、监控和诊断。在柔性制造系统(FMS)、计算机集成制造系统(CIMS)等自动化生产系统中,CNC装置通过数据通信接口与其他设备和系统进行集成。

数据在设备间的传送可以采用串行方式或并行方式。并行方式(或并行接口)是指输入/输出数据都按字节传送,一位数据有一根传输线。串行方式(或串行接口)是指与设备进行数据传送的只有一根线,数据按通信规程所约定的编码格式沿一根线逐位依次传送。相距较远的设备间的数据传送采用串行传送方式比较经济。

串行通信时,将设备内的并行数据转换成串行信息后再传送出去,接收时也要将收到的串行信号经过缓冲转换成并行数据,再送至设备内处理。现已有专用接口器件来实现这些功能,如Intel 8251A,Motolora MC6850、MC6852等。为保证数据传送的正确性和一致性,接收和发送双方对数据的传送应确定一致的且共同遵守的约定,包括传送速度、定时、数据格式和数据表示方法等。这些约定称为通信规则或通信协议(protocol)。串行通信协议分为异步协议和同步协议。

异步协议将8位的字符看作一个独立信息,字符在传送的数据流中出现的相对时间是任意的,然而每一字符中的各位以预定的时钟频率传送,即字符内部是同步的,字符间是异步的。采用起止式异步串行传送格式,如图4-37所示。异步传送时,在字符前加一个起始位,其作用是使接收端将其本地时钟与新传来的字符同步,以便正确采样,接收到信号。在字符的结尾要加1位或1.5位或2位终止位以标志一个字符传送的结束。接收端每接收一个字符同步一次。这样异步串行传送每一字符都要增加约20%的额外费用。

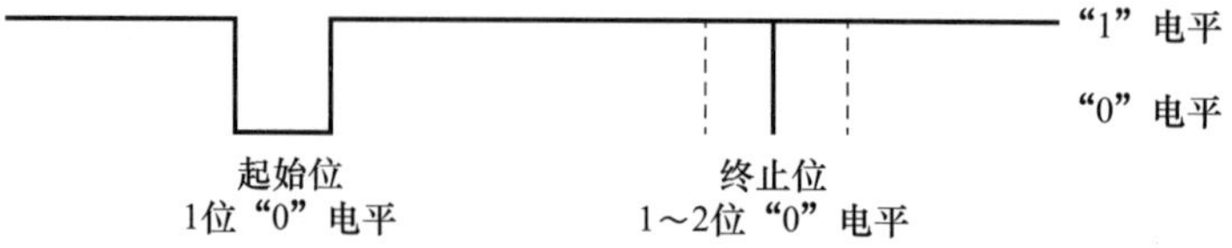

图4-37 起止式异步串行传送格式

同步协议以固定的时钟产生数据流,将要传送的字符组成字符块发送,在字符块的开始和末尾增加控制信息组。同步协议比异步协议的额外费用低得多,并可充分利用传送的带宽,采用较快的传送速率,一般在传送大量数据时使用。传送大量数据时同步协议节省时间,但其接口电路结构要复,成本也较高。通常网络接口采用同步协议。此外,异步协议的检错主要利用字符中奇偶校验位；而同步协议的检错方法复杂，如循环冗余码校验（CRC），检错能力强，但发送和接收机构复杂化。

2. RS－232C 和 RS－422/RS－449

数控机床广泛应用异步串行通信接口传送数据，主要的接口标准有 RS－232C 和 RS－422/RS－449。

RS－232C 是美国电子工业协会（EIA）在 1969 年公布的数据通信标准。该标准定义了数据终端设备（DTE）和数据通信设备（DCE）之间的连接信号的含义及其电压信号规范等。其中 DTE 可以是计算机，DCE 一般指调制解调器。

在 CNC 装置中，RS－232C 接口用以连接光电纸带阅读机、纸带穿孔机、控制面板或手摇脉冲发生器等输入输出设备，也可以通过它与上一级计算机相连接。

RS－232C 接口的传输速率（每秒传送的数据位数，又称波特率）可为 9600、4800、2400、1200、600、300、150、110、75、500。RS－232C 规定标准接口有 25 条线，4 条数据线、11 条控制线、3 条定时线、7 条备用和未定义线，常用的只有 9 条。RS－232C 使用 25 针的 D 型连接器 DB－25，但也可使用其他形式的连接器，如在微型计算机的 RS－232C 串行端口上，大多使用 9 针连接器 DB－9。

RS－232C 规定的电平与 TTL 和 MOS 电路的电平不同。RS－232C 规定逻辑“0”至少为 3V，逻辑“1”为－3V 或更低。电源通常采用 ±12V 或 +15V。

RS－232C 接口的优缺点：①传统串口标准，广泛应用于 PC 上。②传输率较低，不能高于 20Kbps。还要受电气结构单端传输的限制，抗干扰能力差。传输率越高，传输距离越短。与传输线特性也有关，传输线好则传输距离还能拉长。一般为 30m。③只能一对一通信。

为了弥补 RS－232C 的不足，EIA 提出了新的接口标准 RS－422/RS－449。RS－422 标准规定了双端平衡电气接口模块。RS－449 规定了这种接口的机械连接标准，即采用 37 芯的连接器，这与 RS－232C 的 25 芯插座不同。这种平衡发送能保证更可靠、更快速的数据传送，采用双端驱动器发送信号，用差分接收器接收信号，能抵抗传送过程的共模干扰，还允许线路有较大信号衰减，这样可使传送频率高得多，传送距离也比 RS－232C 远得多。

目前，国内使用的数控系统中大部分都带有 RS－232C 串行通信接口，如 FANUC 6M、Cincinnati A2100E 等数控系统均利用 RS－232C 实现数控程序的上传和下载功能。

3. DNC 通信接口技术

直接数字控制（direct numerical control，DNC），主要用于解决早期数控系统因使用纸带而引起的一系列问题，主要功能是下传 NC 程序。之后，DNC 发展到分布式数字控制（distributed numerical control），其内涵和功能也有了扩展。在现代制造环境中，数控机床、加工中心等已不再是孤立的加工设备，而是网络环境下与工程设计系统、管理信息系统直接连接的一个有加工能力的节点。各系统之间须信息共享。

DNC 接口是连接数控设备与工业网络（或上层控制器）的中间环节，主要负责 DNC 计算机与数控设备及工业网络之间的通信。除传送 NC 程序外，还具有系统状态采集和远程控制等功能。

DNC 接口支持多种通信协议和数据传输方式，以适应不同品牌和型号的数控机床。

常用的通信网络主要有串行通信网络、MAP网络、现场总线网络、以太网、工业以太网。

很多CNC装置配备了通用网络接口,如以太网接口,集成了TCP/IP协议,可以直接连入互联网,实现CNC装置与工厂局域网(LAN)或互联网的连接,构建智能制造系统。一些高档的CNC装置还配备了专用通信接口,如MAP(制造自动化协议)接口,适用于特定的自动化生产系统。

4.6 典型CNC系统

1. 日本FANUC数控系统

FANUC数控系统在国内数控机床市场的占有率较高,主要产品有FANUC 0系列、FANUC 0*i*系列和FANUC 16*i*/18*i*/21*i*系列等。

1)FANUC 0系列

FANUC 0系列产品于1985年开发成功,有A、B、C、D四种。在车床、铣床/加工中心、圆柱/平面磨床、冲床等机床中得到广泛的应用。目前,在国内使用最多的是普及型FANUC 0-D和全功能型FANUC 0-C两个系列。

(1)普及型FANUC 0-D系列。0-TD用于车床,0-MD用于铣床及小型加工中心,0-GCD用于内、外圆磨床,0-GSD用于平面磨床,0-PD用于冲床。

(2)全功能型FANUC 0-C系列。0-TC用于通用车床、自动车床,0-MC用于铣床、钻床、加工中心,0-GCC用于内、外圆磨床,0-GSC用于平面磨床,0-TTC用于双刀架4轴车床。

FANUC 0-C数控系统采用了多CPU方式进行分散处理,实现了高速连续的切削。为了实现在切削路径中的高速度、高精度,在系统功能中增加了自动拐角倍率、伺服前馈控制等,大大减小了伺服系统的误差;采用全数字伺服控制结构,实现进给和主轴的全数字化伺服控制。

FANUC 0-C数控系统具有多样功能:刀具寿命管理、极坐标插补、圆柱插补、多边形加工、简易同步控制、串行和模拟的主轴控制、主轴刚性攻丝、多主轴控制功能、主轴同步控制功能、PLC梯形图显示和PLC梯形图编辑功能、PLC轴控制功能等。对PLC的接口增加了高速M、S、T接口功能,进一步缩短了执行时间。在硬件上增加了远程缓冲控制,提高了系统处理外部数据的速度,可实现高速的DNC操作。除通用的宏程序功能以外,还增加了定制型用户宏程序,可以通过编程对显示屏幕、处理过程控制等进行编辑,为用户提供了更大的个性化设计空间。

2)FANUC 0*i*系列

FANUC 0*i*在各机床生产厂家大量采用。系统的结构为模块化结构,其集成度比0系列产品更高。系统的界面、操作、参数等与FANUC 18*i*/16*i*/21*i*基本相同。具有高速矢量响应(high-speed respons vector,HRV)功能,伺服增益设定比0-MD系统高1倍,理论上可使轮廓加工误差减少一半。反向间隙补偿效果比FANUC 0系列产品更为理想。结合预读控制及前馈控制等功能的应用,可减少轮廓加工误差。0*i*-MB/MA用于加工中心和铣床,具有4轴4联动功能;0*i*-TB/TA用于车床,具有4轴2联动功能;0*i*-mate MA用于铣床,具有3轴3联动功能;0*i*-mate TA用于车床,具有2轴2联动功能。

3)FANUC 16*i*/8*i*/21*i* 系列

FANUC 16*i*/18*i*/21*i* 系列产品比 FANUC 0*i* 系统体积进一步缩小,将液晶显示器与CNC 控制部分合为一体,实现了超小型化和超薄型化。而且,通过纳米插补和高响应伺服HRV 控制的高增益伺服系统,以及高分辨率的脉冲编码器可实现高速、高精度加工。利用光导纤维将 CNC 控制单元和多个伺服放大器之间连接起来的高速串行总线,可以实现高速度的数据通信并减少连接电缆。通过互联网对数控系统可进行远程诊断。CNC 系统与 Windows 2000 系统对应,可以使用多种应用软件,不仅支持机床个性化和智能化,而且可以与终端用户自身的个性化相对应。该系列产品中 FANUC 16*i* 系列最大可控 8 轴 6 联动,FANUC 18*i* 系列最大可控 6 轴 4 联动,FANUC 21*i* 系列最大可控 4 轴 4 联动。

最新的 FANUC Series 30*i*/31*i*/32*i* – MODEL B plus 系列,适合多轴多路径控制,最多 6 路径,最大总控制轴数为 34 轴(26 个进给轴,8 个主轴),最大同时控制轴数为 4 轴。提供了丰富的用户自定义功能,供机床制造商自行进行个性化设计。配备了多功能以太网,可以轻松连接外部设备。引入了 CNC – QSSR(CNC – quick and simple startup of robot)技术,可以轻松通过 CNC 系统操作机器人。采用超高速微处理器和高速化的总线处理,进一步减少了循环时间,实现高质量加工。

2. 德国 SIEMENS 数控系统

SINMENS 数控系统,以较好的稳定性和较优的性能价格比,在我国数控机床行业被广泛应用,主要有 SINUMERIK3/8/810/820/850/880/805/802/840 系列。目前,广泛使用的有 SINUMERIK 802、SINUMERIK 810、SINUMERIK 840 等。

1)SINUMERIK 802 系列

SINUMERIK 802 系列主要包括 802S、802C 和 802D 等。802S/C 用于车床、铣床等,可控制 3 个进给轴和 1 个主轴。其中 802S 适于步进电动机驱动;802C 适于伺服电动机驱动;802D 用于车床、铣床、加工中心等,可控制 4 个进给轴和 1 个主轴,以及 PLC I/O 模块,具有图形式循环编程,车削、铣削/钻削工艺循环,FRAME(包括移动、旋转和缩放)等功能,为复杂加工任务提供智能控制。

2)SINUMERIK 810 系列

SINUMERIK 810 系列主要是 810D,最多可控制 6 轴(包括 1 个主轴和 1 个辅助主轴),分为 M、T、G 型,其中 M 型用于铣床、镗床及加工中心,T 型用于车床,G 型用于磨床。将 CNC 系统和驱动控制集成在一块面板上,不仅具有快速的循环处理能力、提前预测功能,可以在集成控制系统上实现快速控制,还具有样条插补功能。温度补偿功能使数控系统在高技术、高速度运行状态下保持正常温度。

3)SINUMERIK 840 系列

SINUMERIK 840 系列,包括 840C、840D 等,是 20 世纪 90 年代中期设计的全数字化数控系统,具有高度模块化及规范化的结构,将 CNC 系统和驱动控制集成在一块面板上,将闭环控制的全部硬件和软件集成在 $1cm^2$ 的空间中,从而便于操作、编程和监控。

840D 系统采用 32 位微处理器,可完成 CNC 连续轨迹控制以及内部集成式 PLC 控制,最多可控制 31 个进给轴和主轴。提供有标准的 PC 软件、硬盘、奔腾处理器,可在 Windows 98/2000 系统下开发自定义的界面。与西门子 611D 伺服驱动模块及西门子S7 – 300PLC 模块构成全数字化数控系统,可实现钻削、车削、铣削、磨削等控制功能,也能应用于剪切、冲压、激光加工等数控加工领域。最新推出的 SINUMERIK 840D sl 系统,在开放性和适用性、PLC、驱动系统、网络功能和图形编程方面有所增强。

3. 华中数控系统

最新的华中8型数控系统,包括车床系列、铣床与加工中心、磨床系列。最大可实现8通道、64轴控制,具备多轴联动加工功能,如5轴RTCP、倾斜面加工、车铣复合、双轴同步等。具备纳米级插补计算精度,最小插补周期为0.125ms。配置总线式伺服驱动系统,可与多种绝对式/增量式旋转编码器和光栅尺配接,实现高速度、高精度加工。具备新型开放式二次开发平台,实现了数控系统内/外部设备全数字化通信和互联。图4-38为华中8型数控系统软硬件平台。

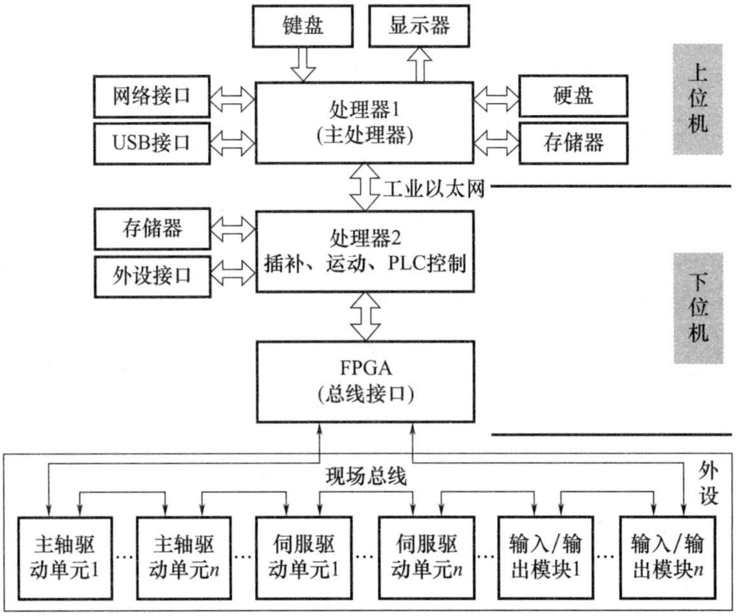

图4-38 华中8型数控系统软硬件平台

开发了基于云计算、大数据、CPS等单元技术,利用控制信息、传感信息、网络信息,实现了数控设备的运行、加工、操作和编程等环节的智能化,以及数控系统远程监控、工艺优化、健康保障、断刀监测等智能化功能。

4. i5 数控系统

i5是沈阳机床集团自主研发的具有网络智能功能的数控系统,采用基于PC的全软件式结构,通过软件实现控制功能。这种结构使数控核心拓扑结构可变,内部模块全部开放,便于模块间的互换、移植或协同工作。采用开放式的EtherCAT总线,开放程度可以达到芯片级,能够支撑数控系统未来的扩展应用,并且具有很丰富的开放资源和第三方设备支持。

i5数控系统的控制精度达到纳米级,产品精度在不用光栅尺测量的情况下也能达到较高水平。其热误差补偿技术可实现主轴 Z 向热伸长的自动采集和基于工况的热误差模型建立及预测,保持较高的尺寸一致性和加工精度。

i5数控系统智能化功能包括:智能编程——i5数控系统提供循环引导编程功能,包括标准化循环和定制化循环支持，用户可以通过图形化引导编程页面实现快速编程和修改。三维仿真——i5数控系统具备三维仿真功能，用户可以在控制屏幕上直接看到加工程序的三维仿真结果，预览后续的加工轨迹，便于及时调整和优化加工方案。远程诊断——支持远程诊断功能，售后服务人员可通过互联网接入数控系统，获取报警信息、日志文件、配置文件等信息，帮助用户快速解决故障。图形诊断——当出现故障时，用户可以通过图形化的引导，逐步快速简单地排除故障，减少停机时间。

思考题与习题

1. CNC装置的主要功能有哪些？

2. 单微处理机结构和多微处理机结构各有何特点？

3. CNC软件结构有哪几种结构模式？

4. 试述采用串行和并行方式进行外部设备与数控机床间的数据通信时的工作原理与特点。

5. 简述RS－232C数据通信接口的特点。

6. 数控机床中PLC控制哪些动作？

7. PLC程序运行的过程如何？

8. 开放式结构数控系统的主要特点是什么？PC嵌入NC型、NC嵌入PC型以及全软件型各有何特点？

9. CNC装置的输入/输出接口电路起什么作用？介绍一种输入接口电路。

10. 什么是异步通信？什么是同步通信？

第 5 章　数控机床检测装置

5.1　概　述

5.1.1　对数控机床检测装置的基本要求

数控机床检测装置的作用是检测机床运动部件的位移和速度，发送反馈信号至数控装置，并与指令信号比较。若有偏差，则将偏差信号放大后控制执行部件（伺服电动机）向着消除偏差的方向运动，直至偏差为零。闭环控制的数控机床加工精度主要取决于检测装置的精度。

对数控机床检测装置的基本要求如下。

（1）检测精度高。检测精度主要包括测量精度和测量分辨率两项。测量精度是指在一定长度或转角范围内测量积累误差的最大值，目前一般长度位置检测精度已达到 ±0.002～0.02mm/m，回转角测量精度达到 ±10″/360°以内。测量分辨率是指测量元件所能正确检测的最小位移量，目前长度位移的分辨率多数为 1μm，高精度系统分辨率可达 0.1μm，回转分辨率为 2"。

（2）高可靠性和高抗干扰性。在长时间运行中保持稳定，故障少；能在不同的环境条件下正常工作，适应温度、湿度、灰尘等变化；具备良好的抗电磁、振动等干扰能力，确保检测结果准确。

（3）快速响应。快速响应表现为应能快速检测并反馈位置或速度信息，以便数控系统及时调整，保证加工效率高。

（4）易于集成。易于集成表现为检测装置应能方便地与数控系统集成，实现数据共享和自动化控制。

此外，还要求数控机床检测装置使用维护方便，成本低，寿命长。由于受使用环境的影响，整个检测装置应具有较好的防尘、防油雾、防切屑等措施。

5.1.2　数控机床检测装置的类型

数控机床常用的位置检测装置如表 5－1 所示。

表 5－1　数控机床位置检测装置的分类

类型	数字式		模拟式	
	增量式	绝对式	增量式	绝对式
回转型	增量式光电脉冲编码器，圆光栅	绝对式光电脉冲编码器，编码盘	旋转变压器，圆感应同步器，圆形磁栅	多级旋转变压器，三速圆形感应同步器

续表

类型	数字式		模拟式	
	增量式	绝对式	增量式	绝对式
直线型	长光栅，激光干涉仪	编码尺，多通道透射光栅	直线感应同步器，磁尺、磁栅	三速直线型感应同步器，绝对值式磁尺

1. 数字式测量和模拟式测量

数字式测量是将测量值以数字形式表示。数字测量的输出信号一般是电脉冲，可以把它直接送至数控装置（计算机）中进行比较和处理。数字式测量具有如下特点：被测量转化成脉冲个数，便于显示和处理；测量装置比较简单，抗干扰能力强。在数字式位置检测装置中，采用较多的有光电编码器、光栅等。

模拟式测量是将测量值用连续的变量（如相位变化、电压幅值变化）表示。在数控机床上，模拟式测量主要用于小量程的测量，如感应同步器的一个线距内的信号相位变化等。模拟式测量特点：直接测量，无须变换；在小量程内可以实现高精度测量。在模拟式位置检测装置中，多采用感应同步器、旋转变压器和磁尺等。

2. 增量式测量和绝对式测量

增量式测量只测量位移增量，每移动一个测量单位就发出一个测量信号。其优点是检测装置简单，任何一点都可以作为测量起点，在轮廓控制数控机床上大多采用这种测量方式。增量式测量中，移距是通过对测量信号计数后读出的，一旦计数有误，将影响后续测量结果。发生事故后不能找到事故前的位置，事故排除后，必须将工作台移到起点重新计数才能找到事故前的正确位置。

绝对式测量可以避免上述缺点，对于被测量的任意一点位置均由固定的零点作为基准，每一被测点都有一个相应的测量值。这种方式对分辨率要求越高，其结构越复杂。

3. 直接测量和间接测量

直接测量是将检测装置直接安装在执行部件上。测量直线位移量常用光栅、感应同步器等检测装置。其优点是直接反映工作台的直线位移量，测量精度高；缺点是检测装置要和执行件行程等长，这对大型数控机床是一个很大的限制。

间接测量是通过测量与工作台直线运动相关联的回转运动，间接地测量工作台的直线位移，检测装置常用旋转变压器等。间接测量方法简便，无行程长度限制；其缺点是测量信号包含直线运动转变为回转运动的传动链误差，从而影响测量精度。

根据检测位移量的类型，把检测装置分为回转型和直线型，回转型用于检测角位移，直线型用于检测直线位移。

在数控机床上除位置检测外，还有速度检测，其目的是精确地控制转速。常用的转速检测装置有测速发电动机、回转式脉冲发生器和频率/电压转换器等。

5.2　旋转变压器

5.2.1　旋转变压器结构和工作原理

旋转变压器是一种旋转式的小型交流电动机，用于角度测量。旋转变压器结构简单，动作灵敏,对环境无特殊要求,输出信号的幅度大,抗干扰性强,工作可靠,为数控机床上经常使用的位移检测元件之一。

旋转变压器在结构上和两相绕线式异步电动机相似,由定子和转子组成。定子绕组为变压器的一次绕组,转子绕组为变压器的二次绕组。定子绕组通过固定在壳体上的接线柱直接引入交流励磁电压。转子绕组产生的感应电流有两种不同的引出方式,即有刷式和无刷式。

图5-1(a)是有刷式旋转变压器。其转子绕组通过滑环和电刷直接引出,其特点是结构简单,体积小,但因电刷与滑环为机械滑动接触,所以可靠性差,寿命也较短。

图5-1(b)是无刷式旋转变压器。其无电刷和滑环,由两大部分组成,即旋转变压器本体和附加变压器。附加变压器的铁心以及绕组均为环形,分别固定于转子轴和壳体上,径向留有一定的间隙。旋转变压器本体的转子绕组与附加变压器的一次绕组相连接,在附加变压器一次绕组中的电信号,即转子绕组中的电信号,通过电磁耦合,经附加变压器二次绕组间接地送出去。这种结构避免了有刷旋转变压器电刷与滑环之间的不良接触造成的影响,提高了可靠性和使用寿命长,但其体积、质量和成本均有所增加。

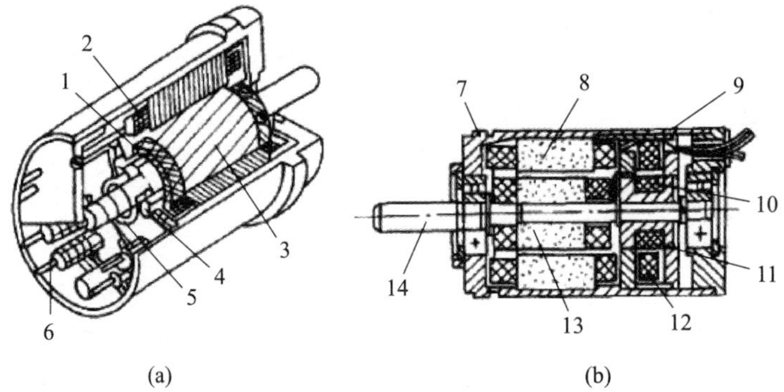

1—转子绕组; 2—定子绕组; 3—转子; 4—整流子; 5—电刷; 6—接线柱; 7—壳体;
8—旋转变压器本体定子; 9—附加变压器定子; 10—附加变压器一次绕组;
11—附加变压器转子线轴; 12—附加变压器二次绕组; 13—旋转变压器本体转子; 14—转子轴。

图5-1 旋转变压器结构

(a)有刷式旋转变压器;(b)无刷式旋转变压器。

旋转变压器是根据互感原理工作的。当在定子绕组上增加交流励磁电压时,通过互感在转子绕组中产生感应电动势,如图5-2所示。其输出电压的大小取决于定子与转子两个绕组轴线在空间的相对角位置θ。二者平行时($\theta=0°$)互感最大,感应电动势也最大[图5-2(c)];二者垂直时($\theta=90°$)互感为0,感应电动势也为0[图5-2(a)]。感应电动势随着转子偏转的角度呈正(余)弦变化:

$$U_2 = nU_1\cos\theta = nU_m\sin\omega t\cos\theta \tag{5-1}$$

式中:U_2为转子绕组感应电动势(感应电压);U_1为定子的励磁电压;U_m为定子励磁电压的幅值;θ为两绕组轴线之间的夹角;n为电磁耦合系数,即变压比,等于两个绕组匝数比N_1/N_2。

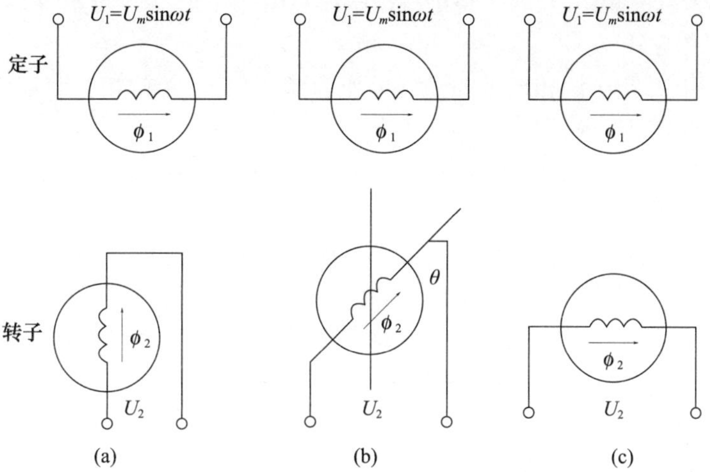

图5－2　两级旋转变压器的工作原理

(a)$\theta=90°$;(b)$0°<\theta<90°$;(c)$\theta=0°$。

5.2.2　旋转变压器应用

旋转变压器有两种工作方式:鉴相工作方式和鉴幅工作方式。

1. 鉴相工作方式

在这种状态下,旋转变压器的定子两相正交绕组即正弦绕组 S 和余弦绕组 C 中分别加上幅值相等、频率相同而相位相差90°的正弦交流电压,如图5－3所示,即

$$U_s=U_m\sin\omega t \qquad U_c=U_m\cos\omega t$$

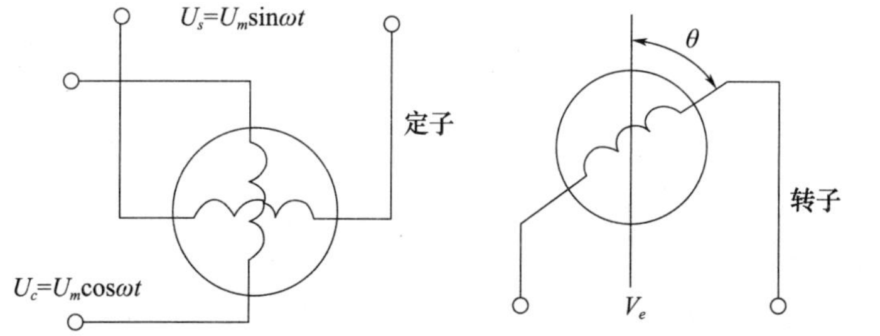

图5－3　旋转变压器定子两相激磁绕组

两相励磁电压在转子绕组中会产生感应电压。当转子绕组中接负载时,其绕组中由于有正弦感应电流通过,从而会造成定子和转子间的气隙中合成磁通畸变。为克服该缺点,转子绕组通常是两个相互垂直的绕组。其中一个绕组作为输出信号,另一个绕组接高阻抗作为补偿。根据线性叠加原理,在转子上工作绕组中的感应电压为

$$U_2=U_s\cos\theta-U_c\sin\theta=nU_m\sin(\omega t-\theta) \tag{5-2}$$

式中:θ 为定子正弦绕组轴线与转子工作绕组轴线之间的夹角;ω 为励磁角频率。

由上式可知,旋转变压器转子绕组中的感应电压 U_2 与定子绕组中的励磁电压同频率,但是相位不同,其相位严格随转子偏角而变化。测量转子绕组输出电压的相位角 θ,便可测得转子相对于定子的空间转角位置。在实际应用时,把对定子正弦绕组励磁的交

流电压相位作为基准相位,与转子绕组输出电压相位作比较,来确定转子转角的位移。

2. 鉴幅工作方式

在这种应用中,定子两相绕组的励磁电压为频率相同、相位相同而幅值分别按正弦、余弦规律变化的交变电压,即

$$U_s = U_m \sin\alpha \sin\omega t \qquad U_c = U_m \cos\alpha \sin\omega t$$

定子励磁信号产生的合成磁通在转子绕组中产生感应电压 U_2,它不仅与转子和定子的相对位置 θ 有关,还与励磁的幅值 $U_m\sin\alpha$ 和 $U_m\cos\alpha$ 有关,即

$$U_2 = nU_s\cos\theta - nU_c\sin\theta = nU_m\sin(\alpha - \theta)\sin\omega t \tag{5-3}$$

式中:α 为定子电压电气角;θ 为定子正弦绕组轴线与转子工作绕组轴线之间的夹角;ω 为励磁角频率。

如果 $\alpha=\theta$,则 $U_2=0$。从物理意义上理解,$\alpha=\theta$ 表示定子绕组合成磁通 ϕ 与转子绕组的线圈平面平行,即无磁力线穿过转子绕组线圈,故感应电压为0。当 ϕ 垂直于转子绕组线圈平面,即 $\alpha=\theta\pm90°$时,转子绕组中感应电压最大。

在实际应用中,根据转子感应电压的大小,不断修改定子励磁信号的 α,从而改变励磁电压幅值,使其跟踪 θ 的变化。当感应电压 U_2 的幅值 $nU_m\sin(\alpha-\theta)$ 为0时,则此时 α 角的大小就是被测角位移 θ 的大小。

普通旋转变压器属增量式测量,如果转子直接接入丝杠,则转子转动一周,仅相当于工作台1个丝杠导程的直线位移,不能反映全行程。因此,在数控机床中,要检测工作台的绝对位置,需要增加一个绝对位置计数器,与旋转变压器配合使用。

5.3 感应同步器

5.3.1 感应同步器结构和工作原理

感应同步器也是一种电磁式的位移检测传感器,实际上它是旋转变压器的展开形式。感应同步器分为旋转式和直线式两种,直线式又分为标准型、窄型、带型和三速式(绝对式)多种形式;旋转式按其直径和级对数的不同,也有多种不同的型号。旋转式用于角度测量,直线式用于长度测量,二者的工作原理相同。这里着重介绍直线式感应同步器。

直线式感应同步器相当于一个展开的多极旋转变压器,如图5-4所示。其主要部件包括定尺和滑尺,定尺安装在机床床身上,滑尺则安装于移动部件(如工作台)上,随工作台一起移动。二者平行放置,保持0.2~0.3mm的间隙。

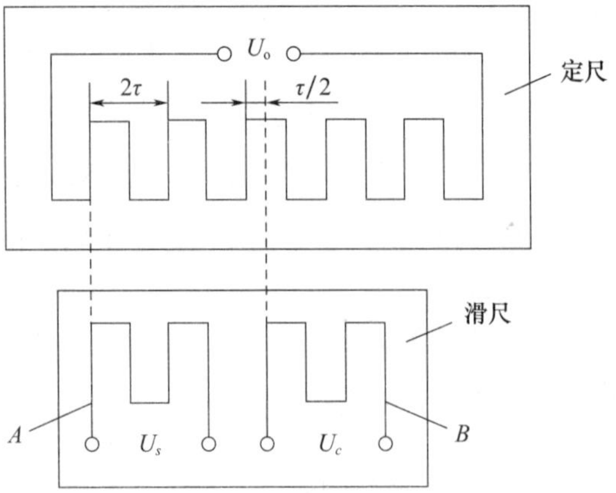

A—正弦励磁绕组;B—余弦励磁绕组。

图5-4 感应同步器的结构示意图

标准的感应同步器定尺长250mm，尺上有单向、均匀、连续的感应绕组；滑尺长100mm，尺上有两组励磁绕组，一组为正弦励磁绕组，如图5－4中A所示，另一组为余弦励磁绕组，如图5－4中B所示。定尺和滑尺绕组的节距相同，用2τ表示。当正弦励磁绕组与定尺绕组对齐时，余弦励磁绕组与定尺绕组相差1/4节距。由于定尺绕组是均匀的，故滑尺上的两个绕组在空间位置上相差1/4节距，即$\pi/2$相位角。

定尺和滑尺的基板采用与机床床身材料的热膨胀系数相近的低碳钢，上面有用光学腐蚀方法制成的铜箔锯齿形的印刷电路绕组，铜箔与基板之间有一层极薄的绝缘层。在定尺的铜绕组上涂一层耐腐蚀的绝缘层，以保护尺面。在滑尺的绕组上用绝缘的黏接剂粘贴一层铝箔，以防静电感应。

感应同步器的工作原理与旋转变压器的工作原理相似。当励磁绕组与感应绕组间发生相对位移时，由于电磁耦合的变化，感应绕组中的感应电压随位移而变化。不同的是，旋转变压器是定子、转子间的旋转位移，而感应同步器是滑尺和定尺间的直线位移。

图5－5说明了定尺感应电压与定尺、滑尺绕组的相对位置的关系。若向滑尺上的正弦绕组通以交流励磁电压，则在定子绕组中产生感应电压。如果滑尺处于图中点A，即滑尺绕组与定尺绕组完全对应重合，则定尺上的感应电压最大。随着滑尺相对定尺做平行移动，感应电压逐渐减小。当滑尺移动至图中点B，即与定尺绕组刚好错开1/4节距时，感应电压为0。再继续移至1/2节距处，即图中点C时，为最大的负值电压（感应电压的幅值与点A相同但极性相反）。再移至3/4节距，即图中点D时，感应电压又变为0。当移动到一个节距位置即图中点E，又恢复初始状态，即与点A情况相同。显然，在定尺和滑尺的相对位移中，感应电压呈周期性变化，其波形为余弦函数。在滑尺移动一个节距的过程中，感应电压变化了一个余弦周期。

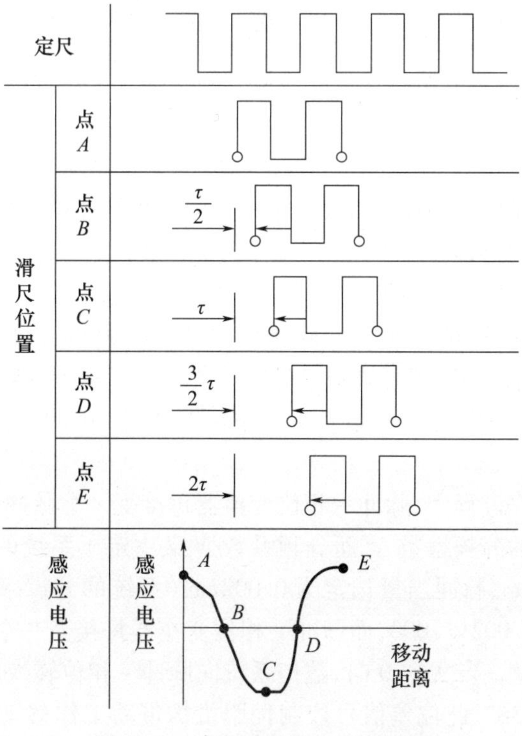

图5－5 感应同步器的工作原理

同样,若在滑尺的余弦绕组中通以交流励磁电压,也能得出定尺绕组中感应电压与两尺相对位移的关系曲线,它们之间为正弦函数关系。

5.3.2 感应同步器应用

根据励磁绕组中励磁供电方式的不同,感应同步器同样可分为鉴相工作方式和鉴幅工作方式。

1. 鉴相工作方式

在这种工作方式下,将滑尺的正弦绕组和余弦绕组分别通以幅值相同、频率相同、相位相差90°的交流电压:

$$U_s = U_m \sin\omega t \qquad U_c = U_m \cos\omega t$$

励磁信号将在空间产生一个以 ω 为频率移动的行波。定尺导片切割磁场,并在其中感应出电势,该电势随着定尺与滑尺相对位置的不同而产生超前或滞后的相位差 θ。按照叠加原理可以直接求出感应电势:

$$U_0 = nU_m \sin\omega t\cos\theta - nU_m \cos\omega t\sin\theta = nU_m \sin(\omega t - \theta) \tag{5-4}$$

式中:n 为电磁耦合系数,通常小于1,随定尺与滑尺绕组平面间的间隙减小而增大;θ 为滑尺绕组相对于定尺绕组的空间相位角,与滑尺相对于定尺位移 x 的关系为

$$\theta = \frac{x}{2\tau} \cdot 2\pi \tag{5-5}$$

ω 为励磁角频率。

在一个节距内,θ 与滑尺移动距离是一一对应的,通过测量定尺感应电势相位 θ,便可测出定尺相对滑尺的位移 x。例如,若检测到定尺输出电压相对于滑尺输入电压的相位为1.8°,在 $\tau = 1\text{mm}$ 时,$x = \frac{1.8^\circ}{360^\circ} \times (2 \times 1) = 0.01(\text{mm})$。

图5-6为感应同步器的鉴相式位移测量控制系统。工作过程中,数控系统发出指令脉冲,经脉冲相位变换器变换成相对于基准相位 θ_0 的指令相位 θ_1,用指令相位 θ_1 表示机床工作的位移增量。而 θ_1 的大小取决于给定脉冲的个数,θ_1 变化的速度取决于给定脉冲的频率,θ_1 相对于 θ_0 的超前和滞后,取决于指令方向。从脉冲相位变换器输出的基准相位信号,经励磁供电线路变为幅值相等、相位相差90°的正、余弦信号,给感应同步器的两个正、余弦绕组供电。这样,定尺绕组输出信号 U_0 相对于 θ_0 的相位差 θ_2 反映了滑尺与定尺的相对位置。因此,将指令相位 θ_1 与实际相位在鉴相器中相比较,若二者相等,即 $\Delta\theta = \theta_1 - \theta_2 = 0$,则说明工作台到达了系统指定位置。若二者不相等,则将 $\Delta\theta$ 作为伺服机构控制器的误差输入信号,调节执行机构带动工作台向 $\Delta\theta$ 减小的方向运动,使其达到指定位置。

在控制系统的工作过程中,脉冲-相位变换器每接受一个脉冲产生的相位增量,取决于脉冲-相位变换器的分频系数 N,而分频系数 N 又决定了系统的分辨率。如果感应同步器的一个节距为2mm,脉冲当量选定为0.002mm(系统的分辨率),则脉冲-相位变换器的分频系数 $N = 2/0.002 = 1000$,而脉冲-相位变换器每接受一个脉冲产生的相位增量应为 $360^\circ/1000 = 0.36^\circ$。当 $\Delta\theta = 0$ 时,数控系统向脉冲-相位转换器发送一个指令脉冲,便产生相位差 $\Delta\theta = 0.36^\circ$,此偏差信号控制伺服机构带动工作移动,使 θ_2 逐渐增大,直至

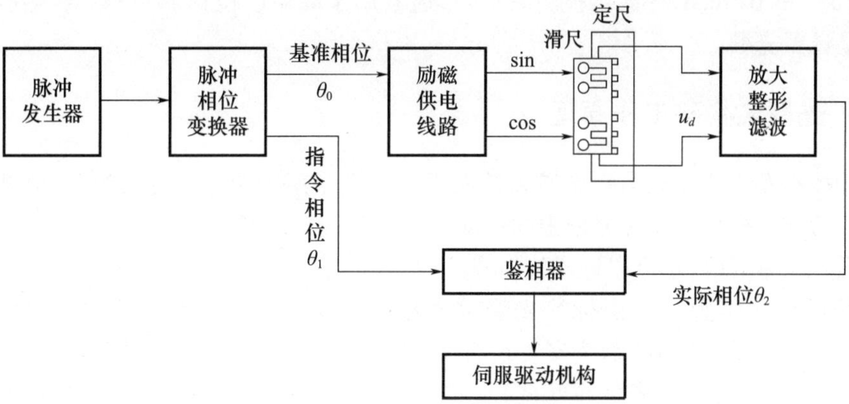

图5-6　感应同步器的鉴相式位移测量控制系统

$\Delta\theta=0$。此时，数控系统又继续发送指令脉冲，产生偏差信号，如此循环使θ_1随指令连续变化，而θ_2紧跟θ_1变化，控制工作台连续运动，直至数控系统不再发送脉冲，工作台停止移动。

2. 鉴幅工作方式

鉴幅工作方式是根据感应输出电压的幅值变化来检测位移的。在这种工作方式下，将滑尺的正弦绕组和余弦绕组分别通以频率相同、相位相同，但幅值不同的交流电压：

$$U_s=U_m\sin\alpha\sin\omega t \qquad U_c=U_m\cos\alpha\sin\omega t$$

式中：α为给定电气角或指令角，用以控制正弦绕组与余弦绕组的幅值。

此时，如果滑尺相对定尺移动一个距离x，其对应的相移为θ，那么在定尺上的感应电势为

$$U_0=nU_m\sin\alpha\sin\omega t\cos\theta-nU_m\cos\alpha\sin\omega t\sin\theta=nU_m\sin(\alpha-\theta)\sin\omega t \tag{5-6}$$

由上式可知，若电气角α已知，则只要测出U_0的幅值$nU_m\sin(\alpha-\theta)$，便可间接地求出θ，通过式(5-5)可获得滑尺相对于定尺的位移x。

感应同步器直接对机床进行位移检测，无中间环节影响，所以精度高。其绕组在每个周期内的任何时间都可以给出仅与绝对位置相对应的单值电压信号，不受干扰的影响，所以工作可靠，抗干扰性强。定尺与滑尺之间无接触磨损，安装简单，维修方便，寿命长。通过拼接方法，可以增大测量距离，成本低，工艺性好。正因为具有如此多的优点，感应同步器在实践中应用非常广泛。

5.4　光　　栅

光栅是利用光的反射、透射和干涉现象制成的一种非接触式光电检测装置，具有精度高、响应速度快等优点。目前，光栅传感器应用在高精度数控机床的伺服系统中，其检测精度仅次于激光式测量，可达1μm以下。

光栅有物理光栅和计量光栅。物理光栅刻线比较细密，两刻线之间的距离（称为栅距）为0.002～0.005mm，它通常用于光谱分析和光波波长的测定。计量光栅刻线较粗，栅

距为 0.004 ~0.025mm,在数字检测系统中,通常用于高精度位移的检测。在数控系统中应用的是计量光栅。

5.4.1 光栅结构和工作原理

光栅按运动方式可分为圆光栅和长光栅。圆光栅用于角位移的检测,长光栅用于直线位移的检测。根据光线在光栅中的运动路径分为透射光栅和反射光栅。一般光栅传感器都是做成增量式的,也可以做成绝对式。

长光栅检测装置主要由标尺光栅和光栅读数头(包含指示光栅)两部分组成,如图 5 -7所示。通常,光栅读数头安装在机床的固定部件(如机床底座)上,标尺光栅固定在机床的运动部件(如工作台或丝杠)上,二者产生相对移动。在光栅读数头中,安装了一个指示光栅(图 5 -8),当光栅读数头相对于标尺光栅移动时,指示光栅便在标尺光栅上移动。标尺光栅和指示光栅的平行度以及二者之间的间隙要严格保证(0.05 ~0.1mm)。

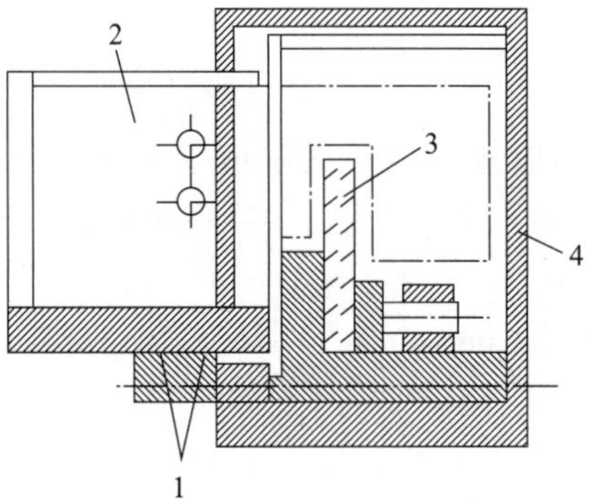

1—防护垫; 2—光栅读数头; 3—标尺光栅; 4—防护罩。

图 5 -7　光栅的结构

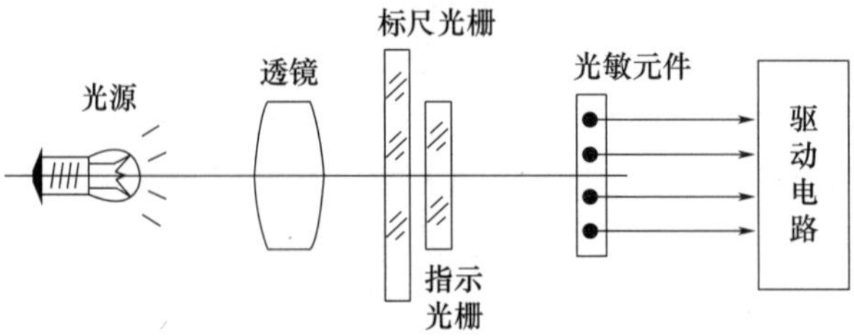

图 5 -8　光栅读数头

光栅尺是用真空镀膜的方法光刻上均匀密集线纹的透明玻璃片或长条形金属镜面。对于长光栅,这些线纹相互平行,各线纹之间的距离相等,称此距离为栅距。对于圆光栅,这些线纹是等栅距角向心条纹,两条向心条纹线之间的夹角叫作栅距角。栅距和栅距角是光栅的重要参数。金属反射光栅的线纹密度为 20 ~50 个条纹;玻璃透射光栅为每毫米100 ~250 个条纹。对于圆光栅,若直径为 70mm,则一周内刻线 100 ~768 条;若直径为110mm,则一周内刻线可达 600 ~1024 条,甚至更高。同一个光栅元件,其标尺光栅和指示光栅的线纹密度必须相同。

光栅读数头由光源、透镜、指示光栅、光敏元件和驱动线路组成，如图5－8所示。图中的标尺光栅不属于光栅读数头，但它要穿过光栅读数头，且保证与指示光栅有准确的相互位置关系。光栅读数头有分光读数头、反射读数头和镜像读数头等几种。

读数头的光源一般采用白炽灯泡。白炽灯泡发出的辐射光线经过透镜后变成平行光束，照射在光栅尺上。光敏元件是一种将光强信号转换为电信号的光电转换元件，它接收透过光栅尺的光强信号，并将其转换成与之成比例的电压信号。由于光敏元件产生的电压信号一般比较微弱，在长距离传送时很容易被各种干扰信号淹没、覆盖，造成传送失真。为保证光敏元件输出的信号在传送中不失真，应首先将该电压信号进行功率放大和电压放大，然后再进行传送。驱动电路是实现对光敏元件输出信号进行功率和电压放大的线路。

如果将指示光栅在其自身的平面内转过一个很小的角度β，使两块光栅的刻线相交，当平行光线垂直照射标尺光栅时，则在相交区域出现明暗交替、间隔相等的粗大条纹，称为莫尔条纹，如图5－9所示。严格来说，莫尔条纹排列的方向与两片光栅线纹夹角的平分线相垂直。莫尔条纹中两条亮纹或两条暗纹之间的距离称为莫尔条纹的节距，以p表示。莫尔条纹具有以下特性。

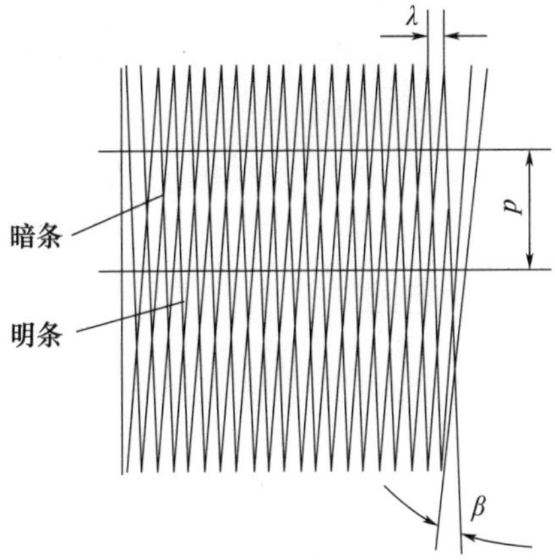

图5－9　光栅的工作原理

（1）莫尔条纹的变化规律。两块光栅相对移过一个栅距λ，莫尔条纹移过一个条纹节距p。由于光的衍射与干涉作用，莫尔条纹的变化规律近似正（余）弦函数，变化周期数与两光栅相对移过的栅距数同步。因此，只要读出移过莫尔条纹的数目，就可知道光栅移过了多少个栅距。而栅距是已知的，所以光栅的移动距离就可以通过光电检测系统对移过的莫尔条纹进行计数、处理后自动测量出来。

（2）放大作用。在两光栅栅线夹角β较小的情况下，莫尔条纹节距p和光栅栅距λ、栅线夹角β之间有下列关系：

$$p = \lambda/\beta \tag{5-7}$$

在栅距为0.1mm时，光栅的刻线无法用肉眼来分辨，但其莫尔条纹却清晰可见。莫尔条纹是一种简单的放大机构，其放大倍数取决于两光栅刻线的交角β，如$\lambda = 0.01\text{mm}$，$\beta = 0.01\text{rad}$，则由上式可得$p = 1\text{mm}$，即放大倍数为$1/\beta = 100$倍。

（3）均化误差作用。莫尔条纹是由若干光栅条纹共同作用形成的，栅距之间的相邻误差被平均化了,消除了由于栅距不均匀、断裂等造成的误差。

5.4.2 光栅辨向原理

用一个光电传感器只能进行计数,不能辨向。要进行辨向,至少用两个光电传感器。图5-10为光栅传感器的安装示意图。通过两个狭缝 S_1 和 S_2 的光束分别被两个光电传感器接受。当光栅移动时,莫尔条纹通过两个狭缝的时间不同,波形相同,相位差90°。至于哪个超前,取决于标尺光栅移动的方向。当标尺光栅向右移动时,莫尔条纹向上移动,缝隙 S_2 的信号输出波形超前1/4周期;同理,当标尺光栅向左移动,莫尔条纹向下移动,缝隙 S_1 的输出信号超前1/4周期。根据两狭缝输出信号的超前和滞后可以确定标尺光栅的移动方向。

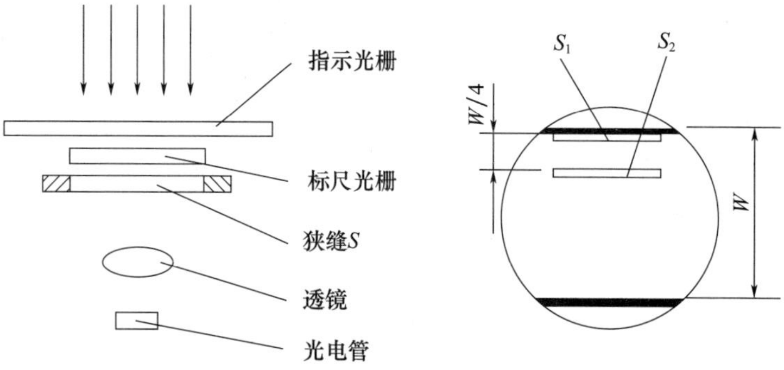

图5-10 光栅的辨向原理

5.4.3 光栅位移-数字变换电路

莫尔条纹的光强度近似呈正(余)弦曲线变化,光电元件所感应的光电流变化规律近似为正(余)弦曲线。经放大、整形后,形成脉冲,可以作为计数脉冲,直接输入计算机系统中的计数器中计算脉冲数,进行显示和处理。根据脉冲的个数可以确定位移量,根据脉冲的频率可以确定位移速度。

为提高光栅检测装置的精度,可以提高刻线精度和增加刻线密度。但是刻线密度大于200线/mm以上的细光栅刻线制造困难,成本高。为提高精度和降低成本,工程上采用莫尔条纹的细分技术来提高测量精度和分辨率。细分技术有光学细分、机械细分和电子细分等几种。数控机床伺服系统中,应用最多的是电子细分方法。

图5-11为一种常用的4倍频光栅位移-数字变换电路。图5-11(a)中,光栅移动时产生的莫尔条纹由光电元件接受,经过位移-数字变化电路形成正、反向脉冲,由可逆计数器接收。a、b、c、d 是4块硅光电池,产生的电信号在相位上彼此相差90°。a、c 信号是相位相差180°的两个信号,送入差动放大器放大,得到正弦信号,将信号幅度放大到足够大。同理 b、d 信号送入另一个差动放大器,得到余弦信号。正弦、余弦信号经整形变成方波 A 和 B,A 和 B 信号经反相得到 C 和 D 信号,A、B、C、D 信号再经微分变成窄脉冲 A'、B'、C'、D',即在每个方波的上升沿产生窄脉冲,如图5-11(b)和图5-11(c)所示。门电路把0°、90°、180°、270°四个位置上产生的窄脉冲组合起来,根据不同的移动方向形成正向脉冲或反向脉冲,用可逆计数器进行计数,就可测量出光栅

的实际位移。4 倍频光栅位移－数字变换电路，每隔 1/4 光栅节距产生一个脉冲，分辨精度可以提高 4 倍。

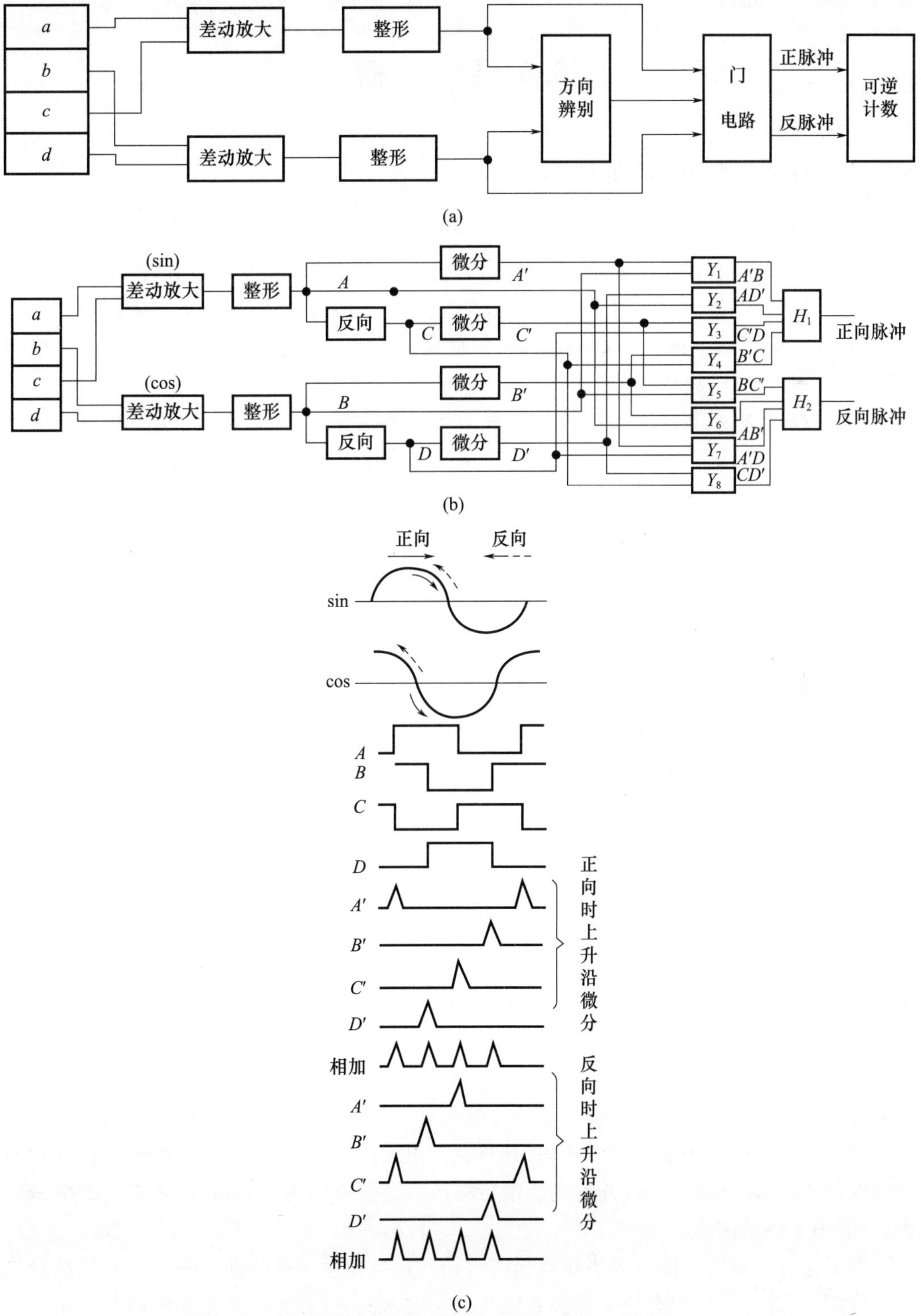

图 5－11　4 倍频光栅位移－数字变换电路

(a)原理框图;(b)逻辑电路图;(c)波形图。

在光栅位移-数字变换电路中,除上面介绍的4倍频电路以外,还有8倍频、10倍频、20倍频电路等。例如,刻线密度为100线/mm的光栅,10倍频后,其最小读数值为1μm,可用于精密位移测量。

5.5 磁 栅

5.5.1 磁栅结构和工作原理

磁栅又称为磁尺,是一种录有等节距磁化信号的磁性标尺或磁盘,其录磁和拾磁原理与普通磁带相似。在检磁过程中,磁头读取磁性标尺上的磁化信号并把其转换成电信号,然后通过检测电路将磁头相对于磁性标尺的位置送入计算机或数显装置。磁栅可用于长度和角度的测量,精度高、安装调整方便,对使用环境要求较低。高精度的磁栅位置检测装置可用于各种精密机床和数控机床。

磁栅按磁性标尺基体的形状可分为平面实体型磁栅、带状磁栅、线状磁栅和圆型磁栅,前三种用于直线位移测量,后一种用于角位移测量。图5-12为磁栅结构框图,其由磁性标尺、磁头和检测电路组成。

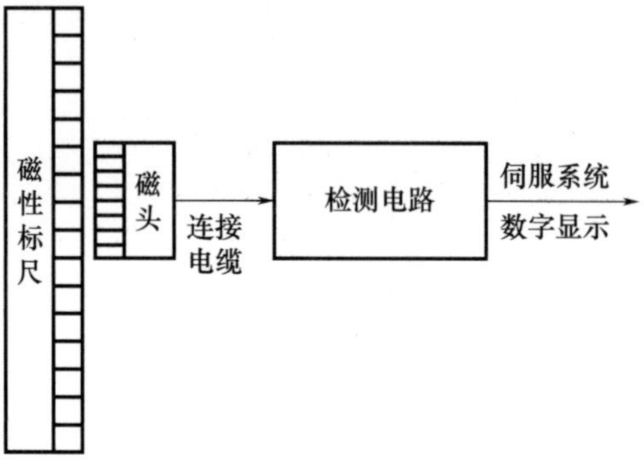

图5-12 磁栅结构框图

磁性标尺常采用不导磁材料做基体,在表面镀上一层10~30μm厚的高导磁材料,形成均匀磁膜。再用录磁磁头在尺上记录相等节距的周期性磁化信号,用以作为测量基准,信号可为正弦波、方波等,节距通常有0.05μm、0.1μm、0.2μm、1mm等几种。最后,在磁尺表面涂上一层1~2μm厚的保护层,以防磁头与磁尺频繁接触而形成磁膜磨损。

拾磁磁头是一种磁电转换器,用来把磁尺上的磁化信号检测出来变成电信号送给检测电路。拾磁磁头可分为动态磁头与静态磁头。

动态磁头又称为速度响应型磁头,其只有一组输出绕组,只有当磁头和磁尺有一定相对速度时才能读取磁化信号,并有电压信号输出。这种磁头用于录音机、磁带机的拾磁磁头,不能用于测量位移。

用于位置检测的磁栅要求当磁尺与磁头相对运动速度很低或处于静止时亦能测量位移或位置,因此应采用静态磁头。静态磁头又称磁通响应型磁头,其在普通动态磁头上加有带励磁线圈的可饱和铁芯,利用可饱和铁芯的磁性调制的原理。静态磁头可分为单磁头、双磁头和多磁头。

励磁电流在一个周期内两次过零、两次出现峰值。对应的磁开关通断各两次。在磁路由通到断的时间内，输出线圈中交链磁通量 $\Phi_0 \to 0$；在磁路由断到通的时间内，输出线圈中交链磁通量由 $0 \to \Phi_0$。Φ_0 由磁性标尺中磁信号决定。因此，输出线圈中输出的是一个调幅信号：

$$U_{sc} = U_m \cos\left(\frac{2\pi d}{P}\right) \sin\omega t \tag{5-8}$$

式中：U_{sc} 为输出线圈中输出感应电势；U_m 为输出感应电势的峰值；P 为磁性标尺的节距；d 为磁头对磁性标尺的位移量；ω 为输出线圈感应电势的频率。

由上式可见，磁头输出信号的幅值是位移 d 的函数。只要测出 U_{sc} 过 0 次数，就可知道 d 的大小。

单个磁头的输出信号小，而且对磁性标尺上磁化信号的节距和波形要求也比较高。在实际应用中，常将几十个磁头以一定方式串联构成多间隙磁头使用。

为了辨别磁头移动方向，通常采用间距为 $(n+1/4)p$ 的两组磁头（$n=1,2,3,\cdots$），并使两组磁头的励磁电流相位相差 45°，这样两组磁头输出电势信号相位相差 90°。

第一组磁头输出信号如果为

$$U_{sc1} = U_m \cos\left(\frac{2\pi d}{P}\right) \sin\omega t \tag{5-9}$$

则第二组磁头输出的信号为

$$U_{sc2} = U_m \sin\left(\frac{2\pi d}{P}\right) \sin\omega t \tag{5-10}$$

5.5.2　磁栅应用

根据检测方法的不同，磁栅应用也可分为幅值检测和相位检测两种。通常，相位检测应用较多，这里讨论相位检测方式。

相位检测时，在两组磁头 A、B 的励磁绕组中通以同频率、同相位、同幅值的励磁电流，即

$$i_a = i_b = I_0 \sin \frac{\omega}{2} t$$

式中：I_0 为励磁电流的幅值。

取磁尺上某极点 N 为起点，若 A 磁头离开该 N 极点的距离为 d，则 A、B 磁头上拾磁绕组输出的感应电势分别为

$$U_{sc1} = U_m \sin\omega t \sin \frac{2\pi d}{P}$$

$$U_{sc2} = U_m \sin\omega t \cos \frac{2\pi d}{P}$$

式中：U_m 为磁头输出电压幅值；ω 为输出感应电势的频率；P 为磁性标尺的节距。

把磁头 A 输出的感应电势 U_{sc1} 中的信号 $U_m \sin\omega t$ 移相 $\frac{\pi}{2}$，得到 $U'_{sc1} = U_m \cos\omega t \sin \frac{2\pi d}{P}$。在求和电路中，将 U'_{sc1} 和 U_{sc2} 相加，得到总的输出：

$$U_{sc}=U'_{sc1}+U_{sc2}=U_m\cos\omega t\sin\frac{2\pi d}{P}+U_m\sin\omega t\cos\frac{2\pi d}{P}$$
$$=U_m\sin\left(\omega t+\frac{2\pi d}{P}\right) \tag{5-11}$$

从上式可以看出,这和旋转变压器、感应同步器的鉴相方式应用一样。测量出 U_{sc} 的相位 $\frac{2\pi d}{p}$ 就可以得到位移 d 的大小。

5.6 光电脉冲编码器

脉冲编码器是一种旋转式脉冲发生器,能把机械转角变成电脉冲,是数控机床上使用广泛的位置检测装置。经过电路变换后也可用于速度检测。按测量的坐标系,脉冲编码器可分为增量式和绝对式。按信号的读取方式又可将脉冲编码器分为光电式、接触式和电磁式。从精度和可靠性方面来看,光电式脉冲编码器优于其他两种。数控机床上主要使用光电式脉冲编码器。

光电脉冲编码器按其每转发出脉冲数的多少,又有多种型号。数控机床上常用的脉冲编码器有2000脉冲/转、2500脉冲/转和3000脉冲/转等,在高速度、高精度数字伺服系统中应用高分辨率的脉冲编码器,如20000脉冲/转、25000脉冲/转和30000脉冲/转等,乃至每转发出几百万个脉冲的脉冲编码器,该编码器装置内部采用了微处理器。

5.6.1 光电脉冲编码器结构和工作原理

1. 增量式光电脉冲编码器

增量式光电脉冲编码器的结构组成如图5-13所示。圆光栅2的圆周上刻有相等间距的细密线纹,分为透光和不透光的部分,相邻的两个透光和不透光线纹的距离构成一个节距。圆光栅与工作轴一起旋转。在圆盘里圈不透光圆环上刻有一条透光条纹,用来产生一转脉冲信号 Z。与圆光栅相对平行地放置一个固定的扇形薄片3,称为指示光栅,上面刻有相差1/4节距的两个狭缝(在同一圆周上,称为辨向狭缝)。两个狭缝与旋转圆光栅配合产生 A、B 两组脉冲,用于计数和辨向。在圆光栅和指示光栅两边,与圆光栅垂直的方向上固定安装有光源1、光敏元件4。此外,还有用于信号处理的电路板。脉冲编码器通过十字连接头或键与伺服电动机相连,其法兰盘固定在电动机端面上,罩上防护罩6,构成一个完整的检测装置。

当圆光栅旋转时,光线透过两个光栅的线纹部分,形成明暗相间的条纹。光电元件接收这些明暗相间的光信号,并转换为交替变化的电信号。该信号为两路近似于正弦波的电流信号 A 和 B,如图5-14所示。A 和 B 信号相位相差90°,经放大和整形变成方波信号。圆光栅正转则 A 相超前 B 相90°,对应电动机正转;圆光栅反转则 B 相超前 A 相90°,对应电动机反转。若以方波的前沿或后沿产生计数脉冲,则可形成代表正向位移或反向位移的脉冲序列。此外,光电脉冲编码器还有“一转脉冲”Z,称为 Z 相脉冲、基准脉冲或零点脉冲,其可作为坐标原点信号和加工螺纹时的同步信号。

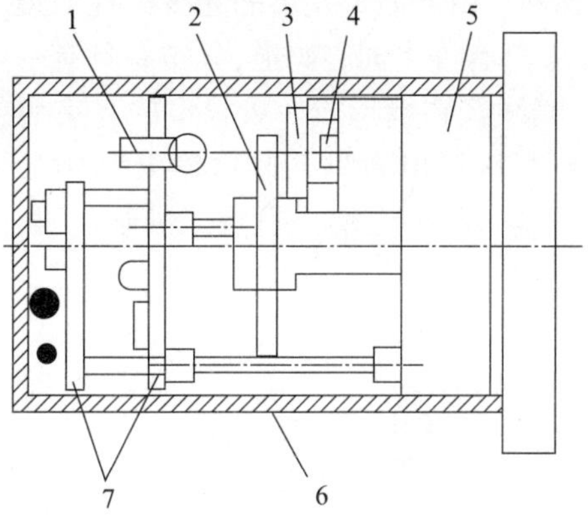

1—光源；2—圆光栅；3—指示光栅；4—光敏元件；
5—机械部件；6—防护罩；7—电路板。

图5-13 增量式光电脉冲编码器的结构组成

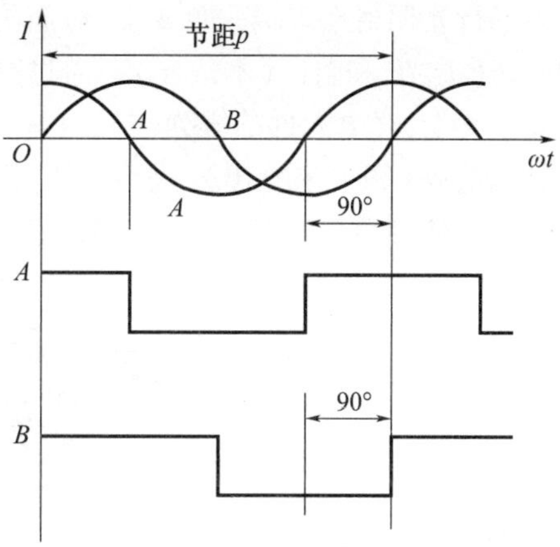

图5-14 光电脉冲编码器输出的波形

因此，光电脉冲编码器输出信号有 A、$\overline{A}$、B、$\overline{B}$、Z、$\overline{Z}$ 等信号，这些信号作为位移测量脉冲，并经过频率-电压变换作为速度反馈信号，进行速度调节。

增量式光电脉冲编码器只能进行相对测量，一旦在测量过程中出现计数错误，之后的测量中均会出现计数误差。而绝对式光电脉冲编码器克服了其缺点。

2. 绝对式光电脉冲编码器

绝对式光电脉冲编码器在码盘的每一转角位置都刻有表示该位置的唯一代码，通过读取编码盘上的代码（图案）来获取轴的位置。从编码器使用的计数制来分类，有二进制编码、二进制循环码（葛莱码）、二-十进制码等编码器。从结构原理来分类，有接触式、光电式和电磁式等。常用的是光电式二进制循环码编码器。

图5-15(a)为六位二进制码盘，图5-15(b)为四位二进制循环码码盘，图5-15(c)为六位循环码码盘。码盘上有许多同心圆（码道），其代表某种计数制的一位，每个同心圆上均有透光与不透光（或绝缘与导电）的部分。透光部分为"1"，不透光部分为"0"，这样就组成了不同的图案。每一径向，若干同心圆组成的图案代表了某一绝对计数值。二进制码盘的计数图案的改变按二进制规律变化。纯二进制编码方式的缺点是：相邻两个二进制数可能有多位二进制码不同，当数码切换时会有多个数位需要切换，容易产生读数错误。而二进制循环码由于其图案的切换每次只有一位数，因此可以避免读数错误的发生。

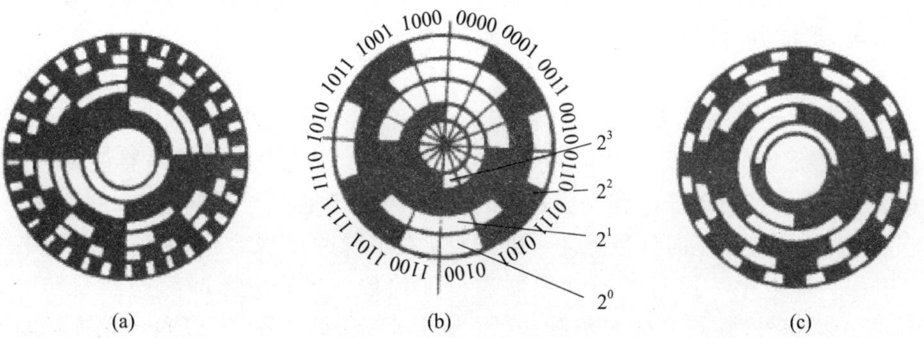

图5-15 绝对式编码盘

(a)六位二进制码盘；(b)四位二进制循环码码盘；(c)六位循环码码盘。

图5－16是绝对式光电编码盘的工作原理图。由光源1发出的光线经柱面镜2变成一束平行光照射在玻璃码盘3上,玻璃码盘3上刻有许多同心码道,分布有具有一定规律的亮区(透光)和暗区(不透光)。通过亮区的光线经狭缝形成一束很窄的光束照射在光电元件5上,光电元件的排列与码道一一对应,亮区输出为“1”,暗区输出为“0”,再经信号处理电路(图中未画出),进行放大、整形、锁存、译码等,输出自然二进制代码,以此代表码盘轴的转角,从而实现了角度的绝对值测量。

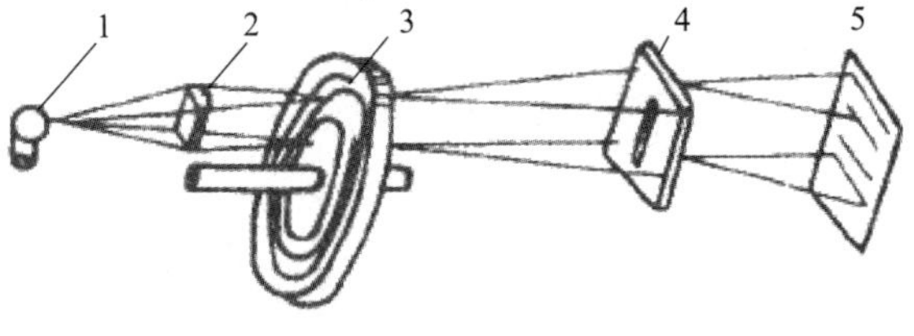

1—光源；2—柱面镜；3—玻璃码盘；4—狭缝；5—光电元件。

图5－16　绝对式光电编码盘的工作原理

绝对式光电编码器虽无计数误差,但是精度受到最低位(最外圆上)分段宽度的限制,其计数长度有限。为了得到更大的计数长度,将增量式光电脉冲编码器和绝对式光电脉冲编码器组合在一起,形成混合式绝对式光电脉冲编码器。在圆盘的最外圆是高密度的增量条纹,中间有四个码道组成绝对式的四位葛莱码,每1/4同心圆被葛莱码分割为16个等分段。圆盘最里面有发“一转信号”的狭缝。

也可以采用组合式码盘,即用一个粗计数码盘和一个精计数码盘组合计数,两个码盘之间用一定传动比的齿轮连接,从精到粗按进位数制进行降速传动,从而使精码盘转一圈,向粗码盘进一位,粗码盘转一格。

绝对式光电脉冲编码器是一种直接编码和直接测量的检测装置,它能指示绝对位置,无累积误差;即使电源切断后位置信息也不丢失;允许的最高旋转速度较高。缺点是为提高精度和分辨率,必须增加码道数,使结构变得复杂,价格也较贵。绝对式光电脉冲编码器在数控设备中得到了广泛应用。

5.6.2　光电脉冲编码器应用

光电脉冲编码器将位置检测信号反馈给CNC装置有两种方式:一种是适应带加减计数要求的可逆计数器,形成加计数脉冲和减计数脉冲;另一种是适应有计数控制和计数要求的计数器,形成方向控制信号和计数脉冲。

图5－17为第一种方式的电路图和波形图。光电脉冲编码器的输出脉冲信号A、$\overline{A}$、B、$\overline{B}$经过差分驱动传输进入CNC装置,仍为A相信号和B相信号,如图5－17(a)所示。将A、B信号整形后,变成规整的方波(电路中点a、b)。当光电脉冲编码器正转时,A相信号超前B相信号,经过单稳电路变成d点的窄脉冲,与B相信号反向后点c的信号一起进入“与”门,由点e输出正向计数脉冲。由于点f在窄脉冲出现时,点b信号为低电平,所以点f也保持低电平。这时可逆计数器进行加计数。当光电脉冲编码器反转时,B相信号超前A相信号,在点d输出窄脉冲,因为点d保持低电平,所以点e保持低电平;而点f输出窄脉冲,作为反向减计数脉冲。这时可逆计数器进行减计数。这样就实现了

在不同旋转方向时，数字脉冲由不同通道输出，分别进入可逆计数器做进一步的误差处理工作。

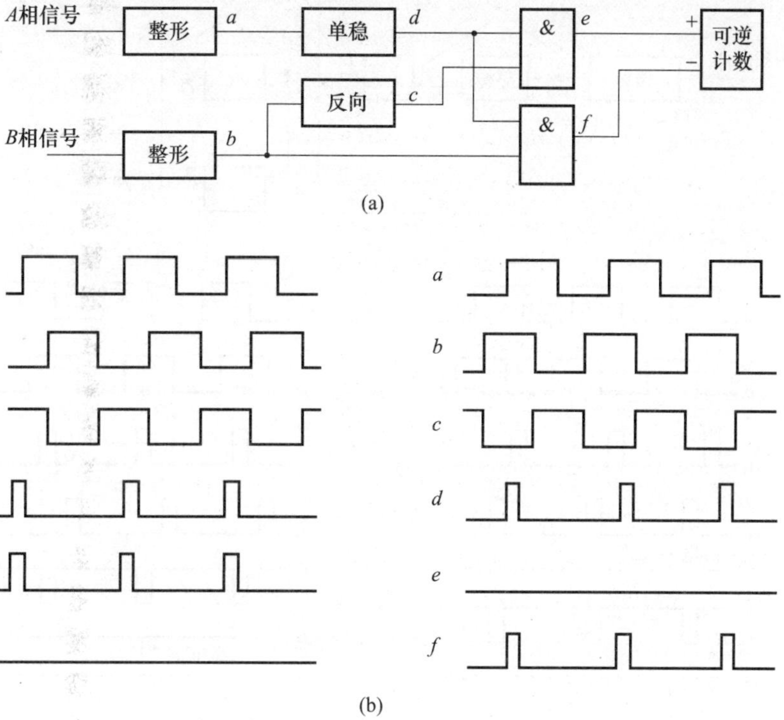

图 5－17　光电脉冲编码器的应用一

(a)电路图；(b)波形图。

图 5－18 为产生方向控制信号和计数脉冲的电路图和波形图。光电脉冲编码器的输出信号 A、$\bar{A}$、B、$\bar{B}$ 经差分驱动传输进入 CNC 装置，为 A 相信号和 B 相信号，该两相信号为本电路的输入脉冲。经整形和单稳后变成 A_1、B_1 窄脉冲。正走时，A 相脉冲超前 B 相脉冲，B 方波和 A_1 窄脉冲进入 C“与非门”，A 方波和 B_1 窄脉冲进入 D“与非门”，则 C 门和 D 门分别输出高电平和负脉冲。这两个信号使由 1、2“与非”门组成的 RS 触发器置“0”（此时，Q 端输出“0”，代表正方向），使 3“与非门”输出正走计数脉冲。反走时，B 相脉冲超前 A 相脉冲。B、A_1 和 A、B_1 信号同样进入 C、D 门，但由于其信号相位不同，使 C、D 门分别输出负脉冲和高电平，从而将 RS 触发器置“1”（Q 端输出“1”，代表负方向）、3 门输出反走计数脉冲。不论正走、反走，与非门 3 都是计数脉冲输出门，RS 触发器的 Q 端输出方向控制信号。

在现代全数字数控伺服系统中，由专门的微处理器通过软件对光电脉冲编码器的信号进行采集、处理、传送和调理，完成位置控制任务。

上面介绍的光电脉冲编码器主要用在进给系统中。如果主运动（主轴控制）中也采用这种光电脉冲编码器，则该系统成为具有位置控制功能的主轴控制系统，或者叫作 C 轴控制。在一般主轴控制系统中，采用主轴位置脉冲编码器。其原理与光电脉冲编码器一样，只是光栅线纹数为 1024 个/周，经 4 倍频细分电路后，为每转 4096 个脉冲。主轴每转发出的脉冲数，也可是 2 的更多倍数。

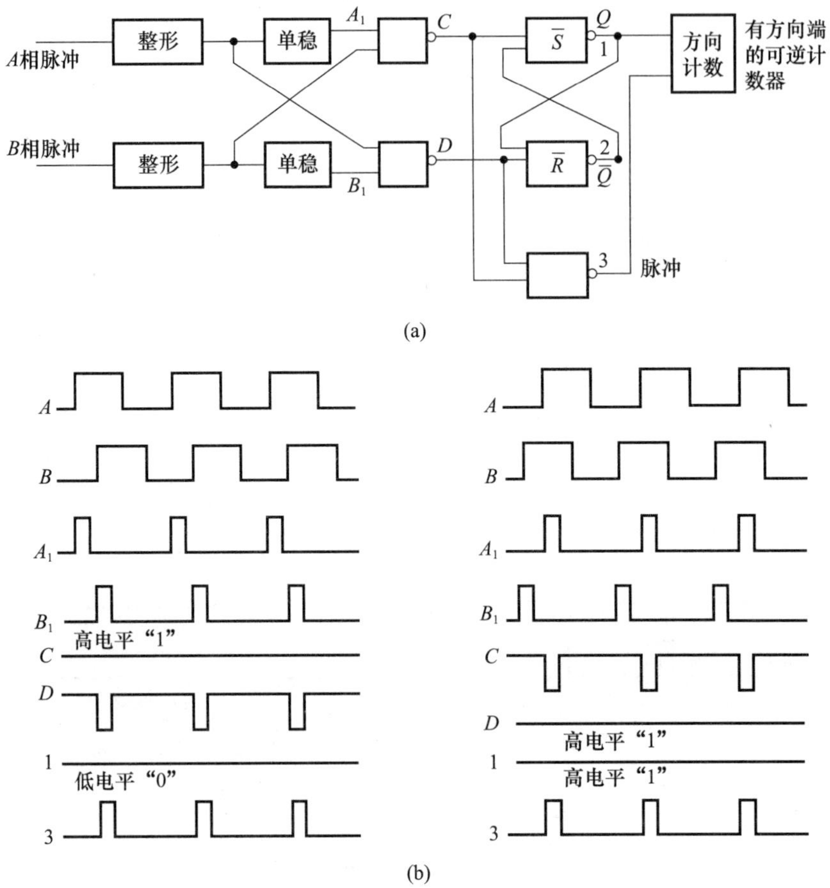

图5-18　光电脉冲编码器的应用二

(a)电路图;(b)波形图。

主轴位置脉冲编码器的作用是自动换刀时的主轴准停和车削螺纹时的进刀点、退刀点的定位。加工中心自动换刀时,需要定向控制主轴停在某一固定位置,以便在该处进行换刀等动作。只要数控系统发出换刀指令,利用主轴位置脉冲编码器输出的信号使主轴停在规定的位置上。数控车床车削螺纹时需要多次走刀,车刀和主轴都要求停在固定的准确位置,其主轴的起点、终点角度位置以主轴位置脉冲编码器的“零脉冲”作为基准来准确保证。

在进给坐标轴中,还应用一种手摇脉冲发生器,一般每转产生1000个脉冲,脉冲当量为1μm,其作用是慢速对刀和手动调整机床。

思考题与习题

1. 数控机床对检测装置有哪些要求?

2. 试述旋转变压器和感应同步器两种不同工作方式的原理,写出相应的感应电压的形式。

3. 试述4倍频光栅位移-数字变换电路的工作原理。

4. 莫尔条纹的特点有哪些？在光栅的信息处理过程中倍频数越大越好吗？

5. 光电脉冲编码器如何辨别旋转方向？增量式光电脉冲编码器和绝对式光电脉冲编码器有何不同？

6. 二进制循环码编码盘的特点是什么？

7. 简述磁栅的工作原理。

第6章　数控机床伺服驱动系统

6.1　概　　述

数控机床伺服驱动系统是指以机床运动部件（如工作台、主轴和刀具等）的位置和速度作为控制量的自动控制系统，简称为伺服系统或随动系统。伺服系统接受来自数控装置的进给脉冲信号，经过信号变换及电压、功率放大，驱动机床运动部件运动，并保证运动的快速性和准确性。

6.1.1　对数控机床伺服驱动系统的基本要求

伺服系统作为数控装置和机床的联系环节，是数控机床的重要组成部分。数控机床的精度和速度等技术指标很大程度上取决于伺服系统的性能。为满足数控机床的高精度、高效率和高可靠性，伺服驱动系统需要具备以下基本要求。

1. 精度高

伺服系统控制数控机床的速度和位移输出。为保证加工质量，伺服系统应能够实现高精度的位置控制，通常要求定位精度在微米级别甚至更高。系统在多次运行中应能保持一致的定位精度，即较好地重复定位精度，确保加工的一致性。在速度控制中，要求较高的调速精度，具有比较强的抗负载扰动能力，即对静态、动态精度要求都比较高。另外，伺服系统的反馈装置应具有高分辨率，以实现精细的运动控制。

2. 快速响应特性好

为了保证轮廓切削形状和较低的加工表面粗糙度，伺服系统应具备快速动态响应能力，能够迅速跟随指令信号的变化，减少滞后时间。现代数控机床的插补时间都在20ms以内，在短时间内指令变化一次，要求伺服系统动态、静态误差小，反向死区小，能频繁启、停和正、反向运动。支持高加速度和减速度，以满足高速加工的需求。

3. 调速范围宽

调速范围是指运动部件最高转速（或速度）与最低转速（或速度）之比。由于工件材料、刀具以及加工要求各不相同，要保证数控机床在任何情况下都能得到最佳切削条件，伺服系统就必须有足够的调速范围。这样既能满足高速加工要求，又能满足低速精细加工要求。

对于高档数控机床，要求在分辨率为1μm的情况下，进给速度范围为0～240m/min，且无级连续可调。对于一般的数控机床，要求进给伺服系统在0～24m/min范围内能够工作即可。同时，要求速度均匀、稳定、无爬行，且速降要小。零速度时要求伺服电动机处于锁紧状态，以维持定位精度。主轴伺服系统主要是速度控制，一般要求低速（额定转速以下）的恒转矩调速具有1：100～1000的调速范围，高速（额定转速以上）的恒功率调速具有1:10以上的调速范围。

4. 稳定性好

稳定是指系统在给定输入或外界干扰作用下,能在短暂的调节之后,达到新的或者恢复到原来的平衡状态。伺服系统要有较强的抗干扰能力。稳定性是保证数控机床正常工作的条件,直接影响数控加工的精度和表面粗糙度。

5. 可靠性高

伺服驱动系统应具备高可靠性,减少故障发生的概率。同时,伺服系统还应具备较强的环境适应能力,能够在不同温度、湿度、振动等条件下稳定运行。伺服系统的关键部件(如电机、驱动器、编码器等)应具有较长的使用寿命。另外,伺服系统应具备过载保护功能,防止因过载而损坏设备。还应具有紧急停止功能。

6. 兼容性好

伺服系统应与数控系统良好兼容,能够准确接收和执行数控系统发出的指令。支持多种通信协议,便于与其他设备集成。

7. 智能化功能

例如,伺服系统应具备故障自诊断功能,能够实时监测系统状态并提示故障信息;具有参数自适应功能,能够根据负载变化自动调整控制参数,以优化性能;支持运行数据的采集和分析,便于实现预测性维护和工艺优化。

6.1.2 数控机床伺服驱动系统分类

1. 按有无检测反馈环节分类

按有无反馈检测元件,可以将伺服系统分为开环、闭环和半闭环伺服系统。图6-1为闭环伺服驱动系统的基本组成。

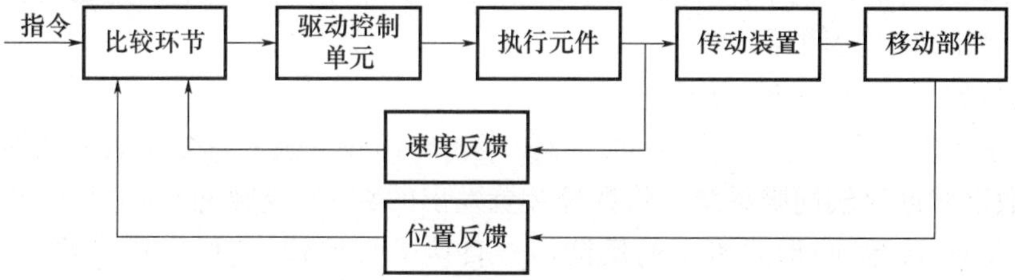

图6-1 闭环伺服驱动系统的基本组成

(1)开环伺服系统。开环伺服系统只有指令信号的前向控制通道,没有检测反馈控制通道。在图6-1中,若无比较环节和位置反馈/速度反馈环节,则构成了开环伺服系统。驱动控制单元的作用是将进给指令转化为执行元件所需要的信号形式,执行元件则将该信号转化为相应的机械位移。通常,执行元件选用步进电动机,工作原理是将指令数字脉冲信号转换为电动机的角位移。因为系统不对输出进行检测,所以执行元件对系统的特性具有重要影响。

开环系统的结构简单,易于控制,具有精度低、低速不平稳、高速扭矩小的特点。主要用于轻载、负载变化不大或经济型数控机床上。

(2)闭环伺服系统。闭环伺服系统实际是误差控制随动系统,如图6-1所示。位置反馈元件将工作台的实际位置检测后反馈给比较环节,比较环节将指令信号和反馈信号进行比较,以二者的差值作为伺服系统的跟随误差,经驱动控制单元和控制执行元件带动工作台运动,消除误差。执行元件为直流伺服电动机或交流伺服电动机。位置检测装置安放在最终运动部件(如工作台)上,用于检测各坐标轴的实时位移量或者实际所处位置。

在闭环控制中还引入了将实际速度与给定速度比较的速度反馈环节,作用是对电动机运行状态实时进行校正、控制,达到速度稳定和变化平稳的目的,从而改善位置环的控制品质。由速度反馈电路送出的转速信号是在驱动电路中进行比较的,而由位置反馈电路送出的位置信号是在数控系统中进行比较的。一般来说,速度比较是通过硬件电路完成的,而位置比较是通过软件完成的。

这种既有指令的前向控制通道,又有测量输出的反馈控制通道,就构成了闭环控制伺服系统。从理论上讲,全闭环伺服系统的精度取决于检测装置的精度。检测装置精度高,环内各种机电误差都可以得到校正和补偿,从而使系统具有很高的跟随精度和定位精度。但这并不意味着可降低对机床结构和传动装置的要求,其各种非线性(摩擦特性、刚性、间隙)都会影响反馈控制品质。闭环系统结构复杂,调试、维修较困难,主要用于精密、大型数控设备上。

(3)半闭环伺服系统。位置检测元件不在最终运动部件(如工作台)上,而是在电动机轴端或丝杠轴端。与检测工作台线位移相比,检测轴角位移较为容易。半闭环系统通过角位移的测量间接计算出工作台的实际位移量。最末一段的机械传动部件不在控制环内。容易获得稳定的控制特性。只要检测元件分辨率高、精度高,并使机械传动件具有相应的精度,就会获得较高精度和较快速度。

半闭环系统中,一般将光电脉冲编码器作为检测元件,既可用于位置检测,也可用于速度检测(经过转换)。半闭环控制系统的精度介于开环和全闭环系统之间。精度虽没有闭环高,调试却比全闭环方便。

2. 按位置反馈比较控制方式

按位置反馈比较控制方式的不同,闭环、半闭环伺服系统又可分为以下几种。

(1)数字脉冲比较伺服系统。将数控装置发出的数字(或脉冲)指令信号与检测装置测得的以数字(或脉冲)形式表示的反馈信号直接进行比较,获得位置误差,实现闭环控制。数字脉冲比较伺服系统结构简单,容易实现,工作稳定。

(2)鉴相式伺服系统。位置检测装置采取相位工作方式,指令信号与反馈信号都变成某个载波的相位,然后通过二者相位的比较,获得实际位置与指令位置的偏差,实现闭环控制。鉴相式伺服系统适用于感应式检测元件(如旋转变压器、感应同步器),可得到满意的精度。此外,由于载波频率高,响应快,抗干扰性强,更适于连续控制的伺服系统。

(3)鉴幅式伺服系统。以位置检测信号的幅值大小来反映机械位移的数值,并以此信号作为位置反馈信号。一般还要将此幅值信号转换成数字信号才与指令数字信号进行比较,从而获得位置偏差信号,构成闭环控制系统。

在以上三种伺服系统中,鉴相式和鉴幅式系伺服统从结构上和安装维护上都比数字脉冲比较伺服系统复杂,性能要求也高,所以一般情况下,数字脉冲比较伺服系统应用广泛。

(4)全数字伺服系统。随着微电子技术、计算机技术和伺服控制技术的发展,数控伺服系统已开始采用高速度、高精度的全数字伺服系统,使伺服控制技术从模拟方式、混合方式走向全数字方式。基于位置、速度、电流的三环反馈控制(位置环→速度环→电流环),实现完全数字化处理,并且用软件实现数字 PID。全数字伺服系统采用了许多新的控制技术和改进伺服性能的措施,使控制精度和品质大幅提高。

3. 按伺服系统的用途和功能分类

按伺服系统的用途和功能,伺服系统可分为进给伺服系统和主轴伺服系统。

进给伺服系统即一般概念的位置伺服系统,包括速度控制环和位置控制环。进给伺服系统控制机床各进给坐标轴的进给运动,具有定位和轮廓跟踪功能,是数控机床中要求最高的伺服控制。

主轴伺服系统一般只是速度控制系统,控制主轴的旋转运动,提供切削过程中的转矩和功率,完成在转速范围内的无级变速和转速调节,此时,实际是一种主轴驱动系统。当主轴伺服系统要求有位置控制功能时(如数控车床类机床),称为 C 轴控制功能。这时,主轴与进给伺服系统一样,为位置伺服控制系统。

另外,数控加工中心刀库的刀具位置控制,实际上是一种简易位置伺服系统,用于在刀库的不同位置选择刀具。

4. 按执行元件分类

按执行元件,可将伺服系统分为电液伺服系统和电气伺服系统。

(1)电液伺服系统。电液伺服系统的执行元件通常为电液脉冲电动机和电液伺服电动机。数控机床发展的初期,多数采用电液伺服系统。电液伺服系统在低速下可以得到很高的输出力矩,并具有刚性好、时间常数小、反应快和速度平稳等优点。然而,液压系统需要油箱、油管等供油系统,体积大。此外,电液伺服系统还有噪声、漏油等问题,从 20 世纪 70 年代起其被电气伺服系统代替。只是当具有特殊要求时,才采用电液伺服系统。

(2)电气伺服系统。电气伺服系统的执行元件为伺服电动机。伺服电动机根据输入的控制信号产生角位移或角速度,带动被控对象运动。数控伺服系统中常用的伺服电动机有步进电动机、直流伺服电动机和交流伺服电动机等,因而,电气伺服系统分为步进伺服系统、直流伺服系统和交流伺服系统。近几年直线电动机以其独有的优势,在高速数控机床上应用广泛。

6.2　步进伺服系统

步进伺服系统,又称开环步进伺服系统,由步进电动机和驱动控制线路两部分组成,执行元件为步进电动机。系统中没有位置反馈和速度反馈电路,指令是单向传递的,不像闭环伺服系统那样需要进行复杂的设计计算与试验校正,因此,步进伺服系统具有结构简单、使用维护方便、可靠性高和制造成本低等一系列优点。但步进电动机的最高转速通常比直流伺服电动机和交流伺服电动机低,加工精度低,且在低速时容易产生振动。主要适用于速度、精度要求不高的经济型数控机床或对现有的普通机床进行数控化的技术改造。

6.2.1 步进电动机

步进电动机是一种控制电动机,它将电脉冲信号转换成相应角位移并进行控制。与普通匀速旋转的电动机不同,其是步进式运动的,每输入一个脉冲,电动机转轴就转过一定角度,所以称为步进电动机。电动机角位移量与电脉冲数成正比,转速与脉冲频率成正比,旋转方向取决于脉冲的顺序。改变脉冲频率的高低就可以在很大范围内调速,并能迅速起动、制动、反转。若用同一频率的脉冲源控制几台步进电动机,它们可以同步运行。

1. 步进电动机的种类和工作原理

步进电动机的种类繁多,有旋转运动的、直线运动的和平面运动的。从结构上看,它分为反应式与励磁式。反应式步进电动机的转子无绕组,由被励磁的定子绕组产生反应转矩实现步进运行。反应式步进电动机有轴向分相和径向分相两种。励磁式步进电动机的定子和转子均有励磁绕组,由电磁转距实现步进运动。按转子励磁方式,又可分为供电励磁和永磁式两种。步进电动机按定子数目可分为单段定子式与多段定子式。按相数可分为单相、两相、三相及多相。

目前反应式步进电动机使用较为广泛,下面以反应式步进电动机为例,介绍步进电动机的工作原理。

图6-2所示为径向分相式的三相反应式步进电动机的工作原理图。其定子有6个极,每极都绕有控制绕组,每两个相对的极组成一相。转子有4个均匀分布的齿,上面无绕组。定子绕组依次通电,转子被吸引逐步前进,每步转过的角度称为步距角。

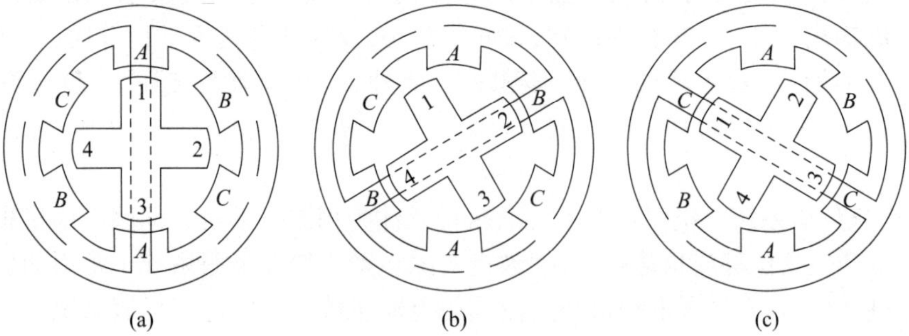

图6-2 三相反应式步进电动机的工作原理图
(a)A相通电;(b)B相通电;(c)C相通电。

当A相通电时,B相和C相都不通电。磁通总是沿着磁阻最小的路径通过,使转子的1、3齿与定子A相的两个磁极齿对齐。此时,因转子只受到径向力而无切向力,故转矩为0,转子被锁定在该位置上,如图6-2(a)所示。随后A相断电,B相通电,转子受电磁力的作用,逆时针旋转30°,使2、4齿与B相磁极齿对齐,如图6-2(b)所示。若使B相断电,C相通电,转子再转30°,使1、3齿与C相磁极齿对齐,如图6-2(c)所示。当C相断电,A相再次通电时,2、4齿与A相磁极齿对齐,转子又转过30°。依此类推,形成步进式旋转。

从一相通电换接到另一相通电,称为一拍,每拍转子转过一个步距角。按$A \to B \to C \to A$顺序通电时,电动机的转子便会按此顺序逐步旋转。反之,若按$A \to C \to B \to A$的顺序通电，则电动机就会反向转动。这种三相依次单相通电的方式，称为三相单三拍式运行。这里的“单”是指每次只有一相绕组通电，“三拍”是指一个循环内换接了三次，即 A、B、C 三拍。单三拍通电方式每次只有一相控制绕组通电吸引转子，容易使转子在平衡位置附近产生振荡，运行稳定性较差。另外，在切换时一相控制绕组断电而另一相控制绕组开始通电，容易造成失步，因而实际上很少采用这种通电方式。

三相反应式步进电动机也可以按三相双三拍方式运行，即通电顺序为 $AB \to BC \to CA \to AB$，每次有两相绕组同时通电。这种通电方式转子受到的感应力矩大，静态误差小，定位精度高。另外，通电状态转换时始终有一相控制绕组通电，电动机工作稳定，不易失步。

此外，还有三相六拍通电方式，即通电顺序为 $A \to AB \to B \to BC \to C \to CA \to A$。这种通电方式是单、双相轮流通电，具有双三拍的特点，且通电状态增加 1 倍，使步距角减小了一半。三相六拍的步距角为 15°。

上述反应式步进电动机的步距角较大，如在数控机床中使用，就会影响到加工精度。在实际中使用最多的是一种单段反应式步进电动机。图 6－3 为一种具有代表性的单段三相反应式步进电动机结构图。其定子上有 6 个磁极，上面的绕组按星形连接成 A、B、C 三相，每相绕组有两个磁极，转子铁芯上均匀分布 40 个小齿，定子每个极靴上均布 5 个小齿。同时，定子、转子的齿数应该适当配合，即要求在 $A-A$ 相一对磁极下，定子、转子齿一一对齐时，下一相（B 相）绕组所在的一对磁极下的定子、转子齿错开一个齿距的 $1/m$（m 为相数）；再下一相（C 相）的一对磁极下的定子、转子齿错开 $2/m$，依次类推。

2. 步进电动机的主要特性

1）步距角和静态步距误差

步进电动机的步距角 α 是步进电动机绕组的通电状态每改变一次，转子转过的角度。其是决定步进式伺服系统脉冲当量的重要参数。步距角 α 由定子相数、转子齿数和通电方式决定，即

$$\alpha = \frac{360^\circ}{mzk} \qquad (6-1)$$

式中：m 为定子的相数；z 为转子的齿数；k 为通电方式系数，三相三拍时 $k=1$，三相六拍时 $k=2$。数控机床中常见的反应式步进电动机的步距角一般为 0.5°～3°。步距角越小，数控机床的控制精度越高。厂家对每种步进电动机给出两种步距角，彼此相差 1 倍。大的为供电拍数与相数相等时的步距角，小的为供电拍数与相数不相等时的步距角。

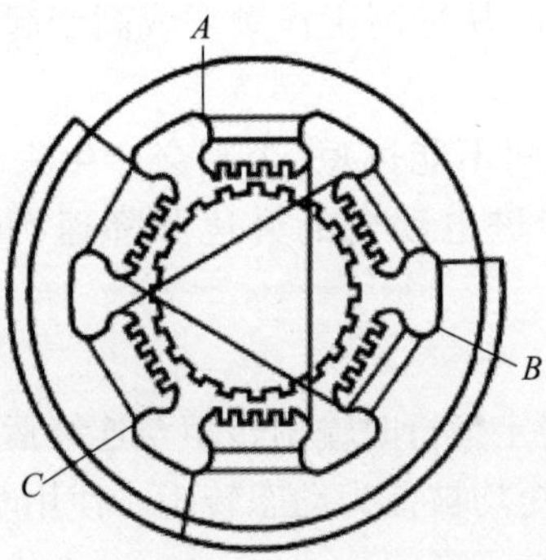

图 6－3　单段三相反应式步进电动机结构图

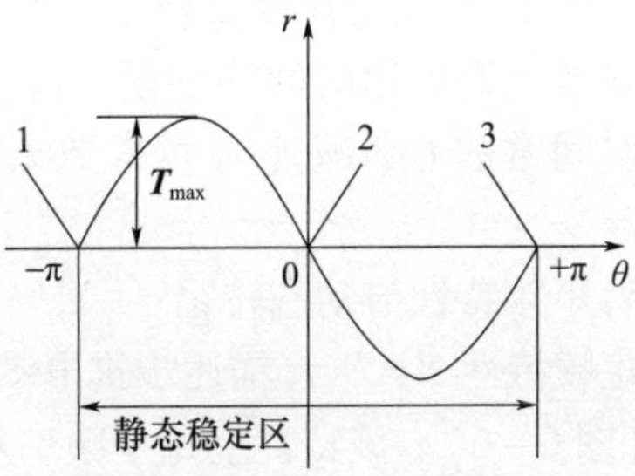

1，3—不稳定平衡点；2—稳定平衡点。

图 6－4　静态矩角特性

步进电动机每走一步的步距角 α 应是圆周 360°的等分值。但是,实际的步距角与理论值有误差,在一转内各步距误差的最大值,称为步距误差,其取决于制造精度、齿槽的分布不均匀和气隙不均匀等因素。步进电动机的静态步距误差通常在 10′以内。

2)矩角特性与静态转距

当步进电动机不改变通电状态时,转子处在静止状态。如果在电动机轴上外加一个负载转矩,使转子按一定方向转过一个角度 θ 后稳定下来。此时,转子所受的电磁转矩 $\boldsymbol{T}$ 称为静态转矩,它与负载转距相等。角度 θ 称为失调角。不断改变负载转距,就得到静态转矩与失调角的关系,称为静态距角特性,如图 6-4 所示。在静态稳定区内,当外加转矩去除时,转子在电磁转矩作用下,仍能回到稳定平衡点位置($\theta=0$)。

该特性上的电磁转矩最大值 $\boldsymbol{T}_{max}$ 称为最大静态转矩。$\boldsymbol{T}_{max}$ 表示了步进电动机承受负载的能力,$\boldsymbol{T}_{max}$ 越大,电动机带负载的能力越强,运行的快速性和稳定越好。各相矩角特性差异不应过大,否则会影响步距精度及引起低频振荡。最大静态转矩与通电状态和各相绕组电流有关,但电流增加到一定值时磁路饱和,就对最大静转矩影响不大了。

3)起动频率

转子的转速一般慢于旋转磁场的速度(换相速度),起动时若脉冲频率较高,则转子来不及获得足够的能量跟上旋转磁场的速度,引起丢步。另外,在电动机制动和突然换向时,转子获得过多的能量,转子的平均速度大于旋转磁场速度,产生严重的过冲,这种现象称为超步。

空载时,步进电动机由静止状态突然起动,并进入不丢步的正常运行的最高频率,称为起动频率(或称突跳频率)。若步进电动机的指令脉冲频率大于起动频率,则电动机就不能正常工作。步进电动机在带负载(尤其是惯性负载)下的起动频率比空载低,而且随着负载加大,起动频率会进一步降低。

4)连续运行频率

步进电动机起动以后,其运行速度能跟踪指令脉冲频率连续上升而不丢步的最高工作频率,称为连续运行频率。连续运行频率远大于起动频率,且随着电动机所带负载的性质、大小而异,也与驱动电源有较大关系。

5)加减速特性

加减速特性是描述步进电动机由静止到工作频率和由工作频率到静止的加减速过程中,定子绕组通电状态的变化频率与时间的关系。当要求步进电动机起动到大于起动频率的工作频率时,变化速度必须逐渐上升;同样,从最高工作频率或高于起动频率的工作频率到停止时,变化速度必须逐渐下降。

逐渐上升加速时间和逐渐下降的减速时间不能过短,否则会产生丢步或超步。用加速时间常数 t_a 和减速时间常数 t_d 来描述步进电动机的升速和降速特性,如图 6-5 所示。

6)矩频特性与动态转距

矩频特性 $T=F(f)$ 描述步进电动机连续稳定运行时输出转矩与连续运行频率之间的关系(图 6-6)。该特性上每个频率对应的转矩均被称为动态转矩。使用时,一定要考虑动态转矩随连续运行频率的上升而下降的特点。

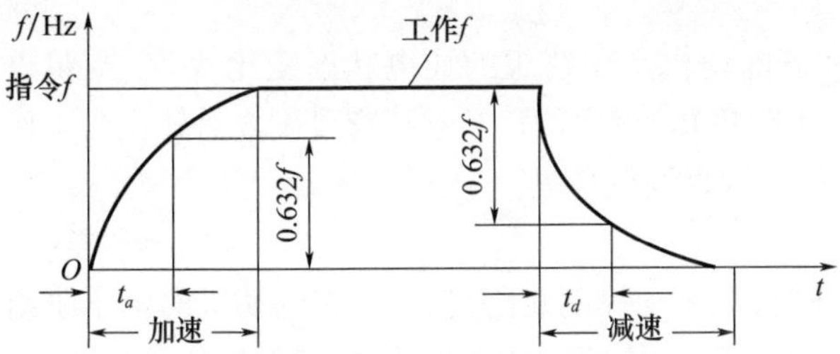

图6-5　加减速特性曲线

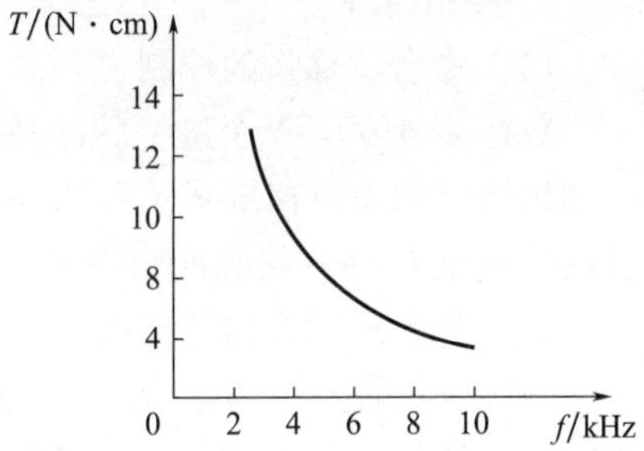

图6-6　矩频特性

上述步进电动机的主要特性除第一项外,其余五项均与驱动电源有很大关系。例如驱动电源性能好,步进电动机的特性可得到明显改善。

3. 步进电动机的优缺点

1)角位移输出与输入的脉冲数相对应,每转一周都有固定步数,转过一周后,误差归零。在不丢步的情况下运行,步距误差不会长期积累。

2)在负载能力范围内,步距角和转速仅与脉冲频率高低有关,不受电源电压波动或负载变化的影响,也不受环境条件如温度、气压、冲击和振动等的影响,因而可组成结构简单而精度高的开环控制系统。具有无电刷、简单、抗干扰能力强的特点。

有的步进电动机(如永磁式)在绕组不通电的情况下还有一定的定位转矩,有些在停机后某相绕组保持通电状态,即具有自锁能力,停止迅速,不需外加机械制动装置。此外,步距角能在很大范围内变化,例如从几分到几十度,适合不同传动装置的要求,且在小步距角的情况下,可以不经减速器而获得低速运行,当采用了速度和位置检测装置后也可用于闭环伺服系统中。

3)动态响应快,易于起停、正反转及变速。

4)存在振荡和丢步现象,振动和噪声大。振荡现象主要发生于低频区、共振区和突然停车时。在低频区时,步进电动机单步运行,由一个稳定点变化到另一个稳定点时,转子要在新的稳定点附近来回振荡若干次,最后才稳定下来。在共振区时,步进电动机的脉冲频率接近步进电动机的振荡频率或振荡频率的分频或倍频,使振荡加剧,严重时造成丢步。通过增加阻尼的方法可减少振荡。

5)带负载能力差,需放大功率。

6)不能直接使用普通的交直流电源驱动。

6.2.2　驱动控制线路

步进电动机驱动控制线路的作用是接收数控装置发出的进给脉冲信号,并将其转换为控制步进电动机各相定子绕组依次通电、断电的信号,使步进电动机运转。步进电动机的转子与机床丝杠连在一起(也可通过齿轮传动接到丝杠上),通过丝杠带动工作台运动。也就是说,步进式伺服系统受驱动控制线路的控制,将代表进给脉冲的电信号通过步进电动机转变为具有一定大小和方向的机械角位移,通过齿轮和丝杠带动工作台移动。

1. 控制原理

1)工作台位移量的控制

数控装置发出 N 个进给脉冲,使步进电动机定子绕组的通电状态变化 N 次,则步进电动机转过的角位移量 $\varphi = N \cdot \alpha$(α 为步距角)。该角位移经丝杠螺母副之后转化为工作台的位移量 L,即进给脉冲数决定了工作台的直线位移量。

2)工作台运动方向的控制

当数控装置发出的进给脉冲是正向时,经驱动控制线路之后,步进电动机的定子绕组按一定顺序依次通电、断电。当进给脉冲是反向时,定子各相绕组则按相反的顺序通电、断电。因此,改变进给脉冲的方向,可改变定子绕组的通电顺序,使步进电动机正转或反转,从而改变工作台的进给方向。

3)工作台进给速度的控制

数控装置发出的进给脉冲频率 f,经驱动控制线路后,转换为控制步进电动机定子绕组的通电、断电的电平信号变化频率。定子绕组通电状态的变化频率决定了步进电动机转子的转速,也就决定了工作台的进给速度 $v = 60f\delta$(mm/min),其中 δ 为脉冲当量。在相同脉冲频率 f 的条件下,脉冲当量 δ 越小,则进给速度越小,进给运动的分辨率和精度越高。

2. 驱动控制线路

驱动控制线路将具有一定频率 f、一定数量和方向的进给脉冲转换成控制步进电动机各相定子绕组通断电的电平信号。电平信号的变化频率、变化次数和通电顺序与进给指令脉冲的频率、数量和方向对应。为了能够实现以上功能,一个较完善的步进电动机驱动控制线路由脉冲混合电路、加减脉冲分配电路、加减速电路、环形分配器和功率放大器组成,如图6-7所示,其中脉冲混合电路、加减脉冲分配电路、加减速电路和环形分配器既可用硬件线路来实现,也可用软件来实现。

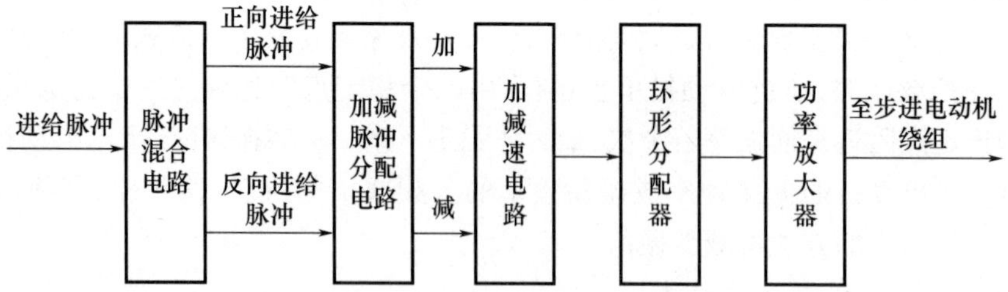

图6-7 驱动控制线路框图

1)脉冲混合电路

无论是来自数控系统的插补信号,还是各种类型的误差补偿信号、手动进给信号及手动回原点信号等,其目的无非是使工作台正向进给或反向进给。必须将这些信号混合为使工作台正向进给的“正向进给”信号或使工作台反向进给的“反向进给”信号,由脉冲混合电路来实现此功能。

2)加减脉冲分配电路

当机床在进给脉冲的控制下正在沿某一方向进给时,由于各种补偿脉冲的存在,可能还会出现极个别的反向进给脉冲,这些与正在进给方向相反的个别脉冲指令的出现,意味着执行元件即步进电动机正在沿着一个方向旋转时，再向相反的方向旋转几个步距角。一般采用的方法是，从正在进给方向的进给脉冲指令中抵消相同数量反向补偿脉冲，这由加减脉冲分配电路来实现。

3）加减速电路

加减速电路又称自动升降速电路。根据步进电动机加减速特性，进入步进电动机定子绕组的电平信号的频率变化要平滑，而且应有一定的时间常数。从加减脉冲分配电路来的进给脉冲频率的变化是有跃变的，因此，为保证步进电动机能够正常、可靠地工作，此跃变频率必须首先进行缓冲，使之变成符合步进电动机加减速特性的脉冲频率，然后再送入定子绕组。加减速电路就是为此而设置的。图6－8为加减速电路的原理框图。

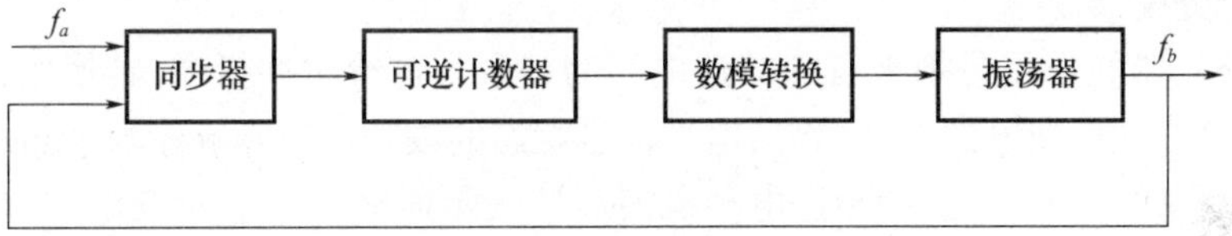

图6－8　加减速电路的原理框图

该加减速电路由同步器、可逆计数器、数模转换电路和RC变频振荡器四部分组成。同步器的作用是使进给脉冲p_a（其频率为f_a）和从RC变频振荡器来的脉冲p_b（其频率为f_b）不会在同一时刻出现，以防止p_a和p_b同时进入可逆计数器，以免可逆计数器在同一时刻既作加法又作减法，产生计数错误。RC变频振荡器的作用是将经数模转换器输出的电压信号转换成脉冲信号，脉冲的频率与电压值的大小成正比。数模转换线路的作用是将数字量转换为模拟量。

在系统工作前，先将可逆计数器清"0"，振荡器输出脉冲的频率$f_b=0$。如图6－9所示，进给开始时，进给脉冲的频率f_a由0跃变到f_1，而$f_b=0$，可逆计数器的存数i以频率f_1变化增长。但由于开始时计数器内容为0，RC变频振荡器输出脉冲的频率f_b从0开始，随计数器存数增长的速度逐渐增大，f_b增加以后，又反馈回去使可逆计数器作减法计数，抑制计数器存数的增长。计数器存数i增长速度减小之后，振荡器输出脉冲的频率f_b增加的速度也随之减小，经时间t_1后，$f_a=f_b(f_1=f_2)$，达到平衡，这就是升速过程。

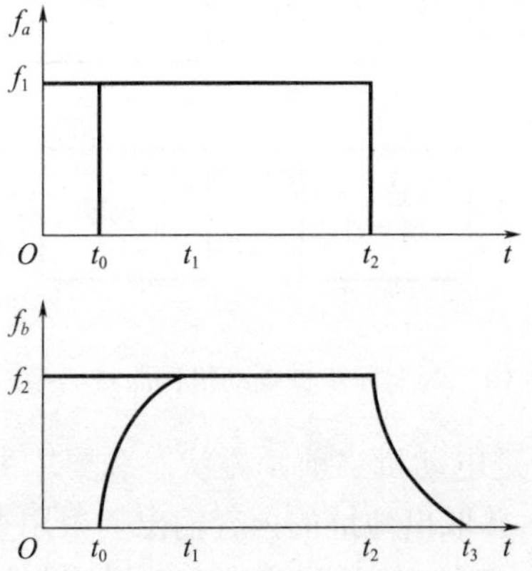

图6－9　加减速电路输入输出特性曲线

在$f_a=f_b$后,计数器存数i增长速度为0,即存数不变,因而振荡器的频率亦稳定下来,这就是匀速过程。

若经过一段时间t_2后,进给脉冲由f_2突变为0,计数器的存数便以$f_b=f_1$的频率下降,相应地,振荡器输出的脉冲频率f_b随之下降,直到计数器为0,$f_b=0$,步进电动机停止运转,这就是降速过程。

在整个升速、匀速和降速过程中,进给脉冲p_a使可逆计数器作加法计数,RC变频振荡器的输出脉冲p_b使可逆计数器作减法计数,而最后计数器的内容为0,故进给脉冲p_a的个数和RC变频振荡器的输出脉冲p_b的个数相等。由于RC变频振荡器输出的脉冲p_b是进入步进电动机的工作脉冲,因此经过该加减速电路并不会产生丢步。

4)环形分配器

环形分配器的作用是把来自加减速电路的一系列进给脉冲指令,转换成控制步进电动机定子绕组通电、断电的电平信号,电平信号状态的改变次数及顺序与进给脉冲的数量及方向对应。如对于三相三拍步进电动机,若“1”表示通电,“0”表示断电,A、B、C是其三相定子绕组,则经环形分配器后,每来一个进给脉冲指令,A、B、C应按(100)→(010)→(001)→(001)→(100)→……的顺序改变一次。

环形分配器有硬件环形分配器和软件环形分配器两种形式。硬件环形分配器是由触发器和门电路构成的硬件逻辑线路。现在市场上已经有集成度高、抗干扰性强的PMOS和CMOS环形分配器芯片供选用。下面主要介绍实现脉冲序列分配的软件环形分配器。

以三相反应式步进电动机的软件环形分配器的设计为例,简要说明基于查表法的软环形分配器的程序设计方法。图6-10为两坐标步进电动机伺服进给系统框图。X向和Z向步进电动机的三相定子绕组分别为A、B、C相和a、b、c相,分别经各自的放大器、光电耦合器与计算机的PIO(并行输入/输出接口)的PA_0~PA_5相连。步进电动机环形分配器的输出状态表如表6-1所示。表中的内容即是步进电动机的励磁状态,与接口接线紧密相关。

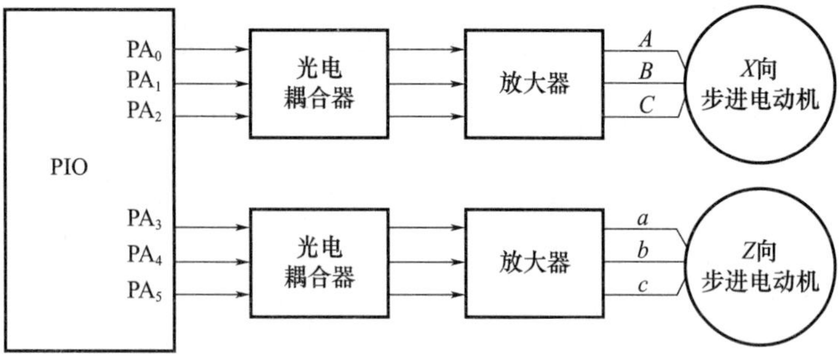

图6-10 两坐标步进电动机伺服进给系统框图

查表法的关键是根据步进电动机当前励磁状态和要求的正向或反向运转的要求,如何从表中找到相应单元地址,并取出地址的内容输出。采用查表程序中用的基址(表格首址)加索引值(序号)的方法。正转时,只要步进电动机当前状态序号不是表底序号,序号加1就是下一状态的序号;若是表底序号,需要将表底序号修改成表首序号。反转时,须判断当前序号是否为表首序号,若不是表首序号则序号减 1;若是表首序号,需要将表首序号修改成表底序号。

表 6-1　步进电动机环形分配器的输出状态表

X 向步进电动机							Z 向步进电动机						
节拍序号	*C*	*B*	*A*	存储单元		方向	节拍序号	*c*	*b*	*a*	存储单元		方向
	PA_2	PA_1	PA_0	地址	内容			PA_5	PA_4	PA_3	地址	内容	
0	0	0	1	2A00H	01H	反转⟷正转	0	0	0	1	2A10H	08H	反转⟷正转
1	0	1	1	2A01H	03H		1	0	1	1	2A11HP	18H	
2	0	1	0	2A02H	02H		2	0	1	0	2A12H	10H	
3	1	1	0	2A03H	06H		3	1	1	0	2A13H	30H	
4	1	0	0	2A04H	04H		4	1	0	0	2A14H	20H	
5	1	0	1	2A05H	05H		5	1	0	1	2A15H	28H	

5)功率放大器

从环形分配器来的进给控制信号的电流只有几毫安,而步进电动机的定子绕组需要几安培电流。因此,需要对从环形分配器来的信号进行功率放大,以提供幅值足够、前后沿较好的励磁电流。

功放电路的类型有很多,从使用元器件来分,可以用功率晶体管、可关断晶闸管、混合元件来组成放大电路;从工作原理来分有单电压、高低电压切换、斩波恒流、调频调压、细分电路等。功率晶体管用的较为普遍,功率晶体管处于过饱和工作状态下。从工作原理上讲,目前用的多是斩波恒流、调频调压和细分电路。

(1)单电压功率放大电路。图 6-11 为一种典型的单电压供电功放电路,步进电动机的每一相绕组都有一套这样的电路。

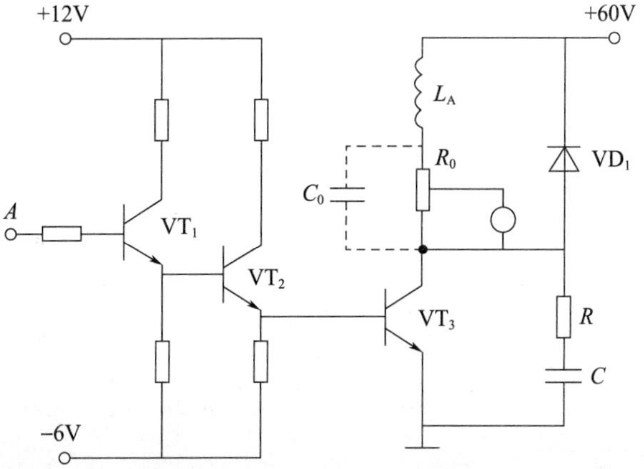

图 6-11　单电压供电功放电路

电路由两级射极跟随器和一级功率反相器组成。第一级射极跟随器 VT_1 主要起隔离作用,使功率放大器对环形分配器的影响减小,第二级射极跟随器 VT_2 管处于放大区,用以改善功放器的动态特性。另外,由于射极跟随器的输出阻抗较低,可使加到功率管 VT_3 的脉冲前沿较好。

当环形分配器的 A 输出端为高电平时，VT_3饱和导通，步进电动机 A 相绕组 L_A中的电流从零开始按指数规律上升到稳态值。当 A 端为低电平时，VT_1、VT_2处于小电流放大状态，VT_2的射极电位，也就是 VT_3的基极电位不可能使 VT_3导通，绕组 L_A断电。此时，由于绕组的电感存在，将在绕组两端产生很大的感应电动势。其和电源电压一起加到 VT_3管上，将造成过压击穿。因此，绕组 L_A并联有续流二极管 VD_1，VT_3的集电极与发射极之间并联 RC 吸收回路以保护功率管 VT_3不被损坏。在绕组 L_A上串联电阻 R_0，用以限流和减小供电回路的时间常数，并联加速电容 C_0用以提高绕组的瞬间过压，这样可使绕组 L_A中的电流上升速度提高，从而提高起动频率。但是串入电阻 R_0后，无功功耗增大。为保持稳态电流，相应的驱动电压相较于无串接电阻时大为提升，对晶体管的耐压要求更高，为克服上述缺点，出现了双电压供电电路。

(2)双电压供电功率放大电路。双电压供电功率放大器又称高低电压供电功放器，图6－12为双电压供电功率放大器。该电路包括功率放大级(由功率管 V_g、V_d组成)、前置放大器和单稳延时电路。二极管 VD_d用作高低压隔离，VD_g和 R_g是高压放电回路。高压导通时间由单稳延时电路整定，通常为100～600μs，对功率步进电动机可达几千微秒。

当环形分配器输出高电平时，两只功率放大管 V_g、V_d同时导通，电动机绕组以＋80V电压供电，绕组电流按 $L/(R_d+r)$的时间常数向电流稳定值 $u_g/(R_d+r)$上升，当达到单稳延时时间时，V_g管截止，改由＋12V 供电，维持绕组额定电流。若高低压之比为 u_g/u_d，则电流上升率也提高 u_g/u_d倍，上升时间明显减小。当低压断开时，电感 L 中储能通过 R_g、VD_g及 u_g和 u_d构成的回路放电，放电电流的稳态值为$(u_g-u_d)/(R_g+R_d+r)$，因此也加快了放电过程。这种供电电路由于加快了绕组电流的上升和下降过程，故有利于提高步进电动机的起动频率和最高连续工作频率。由于额定电流是由低压维持的，只需要较小的限流电阻，所以功耗大为减小。

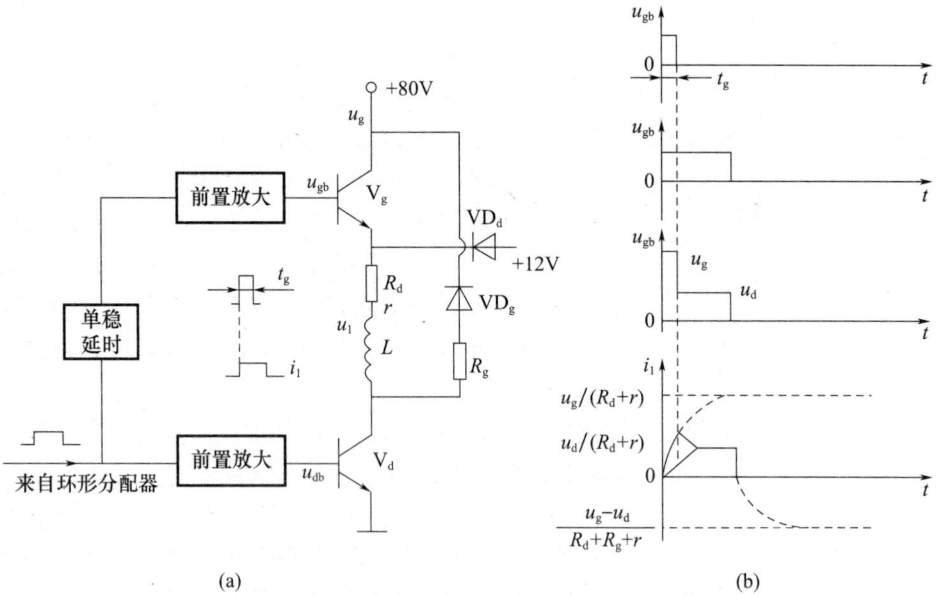

图6－12　双电压供电功率放大器

(a)原理框图;(b)波形图。

(3)斩波恒流功放电路。斩波恒流功放电路如图 6－13 所示。该电路的特点是工作时 V_{in}端输入方波步进信号：当 V_{in}为“0”电平，由与门 A_2输出 V_b为“0”电平，功率管 VT 截止，绕组 W 上无电流通过，采样电阻 R_3上无反馈电压，A_1放大器输出高电平。而当 V_{in}为高电平时，由与门 A_2输出的 V_b也是高电平，功率管 VT 导通，绕组 W 上有电流，采样电阻 R_3上出现反馈电压 V_f，由分压电阻 R_1、R_2得到设定电压与反馈电压相减，来决定 A_1输出电平的高低，以及 V_{in}信号能否通过与门 A_2。若 $V_{ref} > V_f$时，V_{in}信号通过与门，形成 V_b正脉冲，打开功率管 VT；反之，$V_{ref} < V_f$时信号被截止，无 V_b正脉冲，功率管 VT 截止。这样在一个 V_{in}脉冲内，功率管 VT 会多次通断，使绕组电流在设定值上下波动。各点的波形如图 6－13(b)所示。

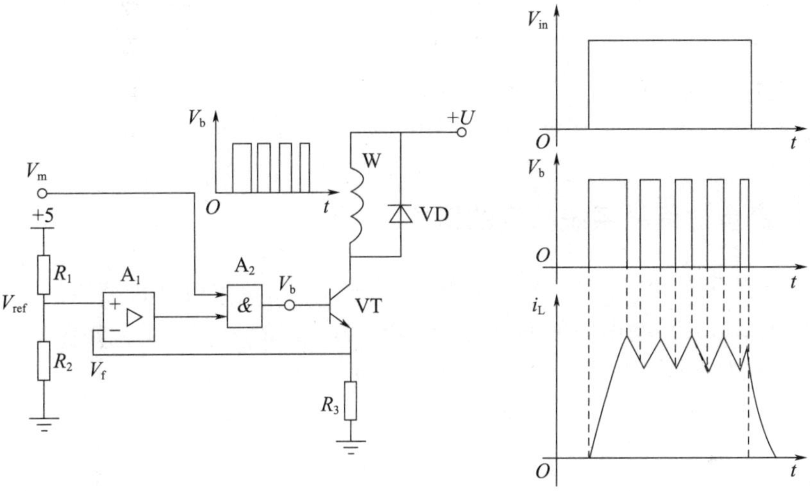

(a)　　　　(b)

图 6－13　斩波恒流攻放电路原理图

(a)电路原理；(b)电流波形。

在这种控制方法中，绕组上的电流大小和外加电压大小 $+U$ 无关，由于采样电阻 R_3的反馈作用，使绕组上的电流可以稳定在额定的数值上，是一种恒流驱动方案，所以对电源的要求很低。

这种驱动电路中绕组上的电流不随步进电动机的转速而变化，从而保证在很大的频率范围内，步进电动机都输出恒定的转矩。这种驱动电路虽然复杂，但绕组的脉冲电流边沿陡，因为采样电阻的阻值很小(一般小于 0.2Ω)，所以主回路电阻较小，系统的时间常数较小，反应较快，功耗小、效率高。这种功放电路在实际中经常使用。

图 6－14 是利用集成斩波恒流功放芯片 SLA7026M 构成实用四相步进电动机的功率驱动电路。其中 A、B、C、D 是四相控制信号输入端，通过分压电阻 R_2、R_3得到控制信号 V_{ref}，由芯片的 REFA、REFB 端输入；R_5、R_6是绕组电流采样电阻，分别接在 RSA、RSB 端上，控制绕组电流；功率输出端 OUTA、$\overline{\text{OUTA}}$、OUTB、$\overline{\text{OUTB}}$分别接在步进电动机的 A、B、C、D 四个绕组上；VS 为稳压管，用来防止输入电流超过额定值而损坏芯片和电动机。

SLA7026M 芯片的最大输出电流为 2A，可直接驱动小功率电动机。对于数控机床所用较大功率步进电动机，可在芯片输出端接大功率管以放大输出电流和功率。

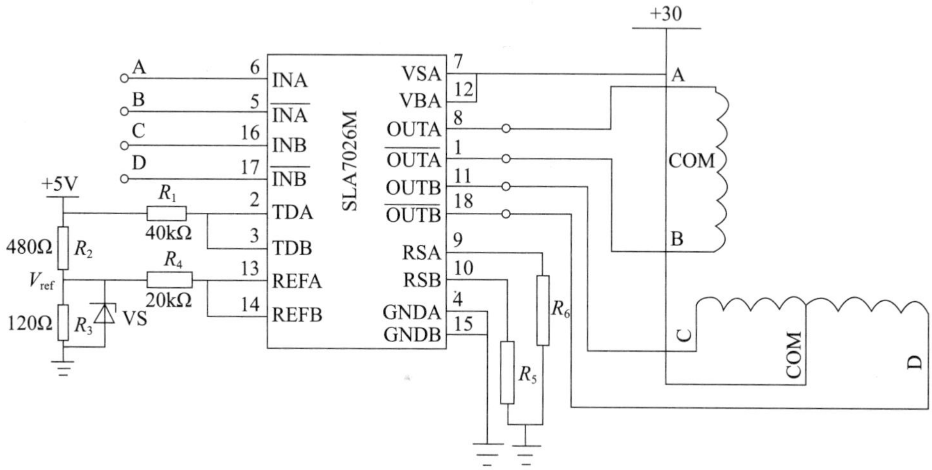

图6-14　斩波恒流驱动实用电路图

6.2.3　提高步进伺服系统精度的措施

步进式伺服系统是一个开环伺服系统,在此系统中,步进电动机的质量、机械传动部分的结构和质量以及控制电路的完善与否,均影响系统的工作精度。要提高系统的工作精度,可以考虑改善步进电动机的性能,减小步距角;采用精密传动副,减少传动链中传动间隙等。但这些因素往往由于结构和工艺的关系而受到一定的制约。为此,需要从控制方法上采取一些措施,弥补其不足。

1. 传动间隙补偿

在进给传动结构中,提高传动元件的制造精度并采取消除传动间隙的措施,可以减小传动间隙,但不能完全消除。由于间隙的存在,接收反向进给指令时,最初的若干个指令脉冲只能起到消除间隙的作用,因此产生了传动误差。传动间隙补偿的基本方法是:当接收反向位移指令时,首先不向步进电动机输送反向位移脉冲,而是由间隙补偿电路或补偿软件产生一定数量的补偿脉冲,使步进电动机转动越过传动间隙,然后再按指令脉冲使执行部件作准确的位移。间隙补偿的数目由实测决定,并作为参数存储起来。接收反向指令信号后,每向步进电动机输送一个补偿脉冲的同时,将所存储的补偿脉冲数减1,直至存数为0时,发出补偿完成信号,控制脉冲输出门向步进电动机分配进给指令脉冲。

2. 螺距误差补偿

在步进式伺服驱动系统中,丝杠的螺距累积误差直接影响工作台的位移精度,若要提高系统的精度,就必须予以补偿。补偿原理如图6-15所示。通过对丝杠的螺距进行实测,得到丝杠全程的误差分布曲线。误差有正负之分:当误差为正时,表明实际的移动距离大于理论的移动距离,应该采用扣除进给脉冲指令的方式进行误差的补偿,使步进电动机少走一步;当误差为负时,表明实际的移动距离小于理论的移动距离,应该采取增加进给脉冲指令的方式进行误差的补偿,使步进电动机多走一步。具体的做法如下。

(1)安置两个补偿杆分别负责正误差和负误差的补偿。

(2)在两个补偿杆上,根据丝杠全程的误差分布情况及如上所述螺距误差的补偿原理,设置补偿开关或挡块。

(3)当机床工作台移动时,安装在机床上的微动开关每与挡块接触一次,就发出一个误差补偿信号,对螺距误差进行补偿,以消除螺距的积累误差。

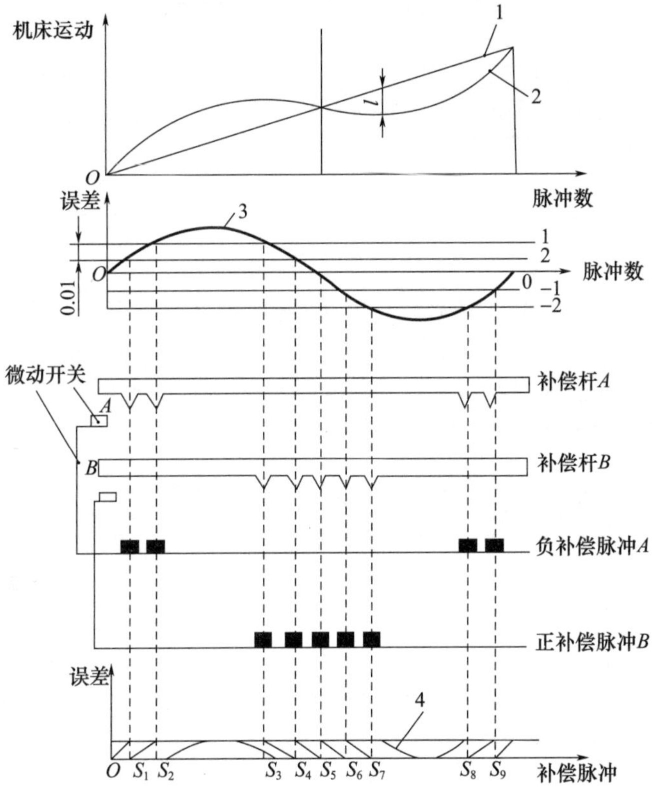

图6-15　螺距误差补偿原理图

3. 细分驱动技术

如前所述,步进电动机定子绕组的通电状态每改变一次,转子就会转过一个步距角。步距角的大小只有两种,即整步工作或半步工作。但在三相步进电动机的双三拍通电的方式下是两相同时通电,转子的齿和定子的齿不对齐而是停在两相定子齿的中间位置。若两相通以不同大小的电流,那么转子的齿就会在两齿的中间任何位置,且偏向电流较大的齿。若将通向定子的额定电流分成 n 等份,转子以 n 次通电方式最终达到额定电流,使原来每个脉冲走一个步距角,变成了每次通电走 $1/n$ 个步距角,即将原来一个步距角细分为 n 等份,从而提高了步进电动机的精度,这种控制方法称为步进电动机的细分控制,或称为细分驱动。

细分方案的本质就是通过一定措施生成阶梯电压或电流,然后通向定子绕组。在简单的情况下,定子绕组上的电流是线性变化,要求较高时可以是正弦规律变化。实际应用中可以采用如下方法:绕组中的电流以若干个等幅等宽的阶梯上升到额定值,或以同样的阶梯从额定值降至0。这种控制方案虽然驱动电源的结构复杂,但它不改变电动机内部的结构就可以获得更小的步距角和更高的分辨率,且电动机运转平稳。

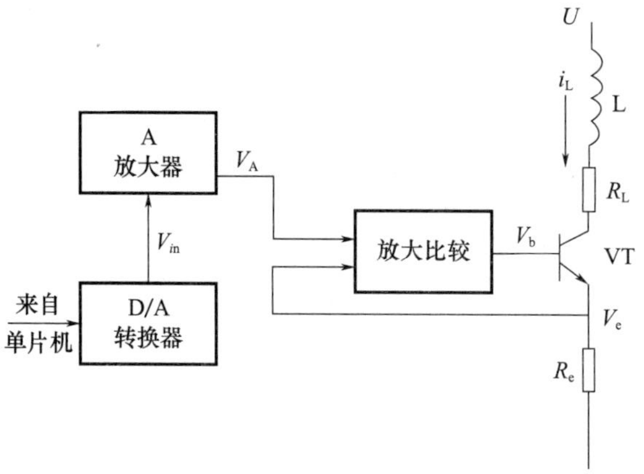

图6-16 可变细分控制功率放大电路

细分技术的关键是如何获得阶梯波,以往阶梯波的获得电路比较复杂,但单片机的应用使细分驱动变得十分灵活。下面就介绍细分技术的一种方法,其原理如图6-16所示。该电路主要由D/A转换器、放大器、比较放大电路和线性功放电路组成。D/A转换器将来自单片机的数字量转变成对应的模拟量 V_{in},放大器将其放大为 V_A,比较放大电路通过绕组电流的采样电压 V_e 和电压 V_A 进行比较,产生调节信号 V_b,控制绕组电流 i_L。

当来自单片机的数据 D_j 输入给D/A转换器转换为电压 V_{inj},并经过放大器放大为 V_{Aj},比较器与功放级组成一个闭环调节系统,对应于 V_{Aj} 在绕组中的电流为 i_{Lj}。如果电流 i_L 下降,则绕组电流采样电压 V_e 下降,$V_{Aj}-V_e$ 上升,V_b 增大,i_L 上升,最终使绕组电流稳定于 i_{Lj}。因此通过反馈控制,来自单片机的任何一个数据 D_j,都会在绕组上产生一个恒定的电流 i_L。

若数据 D 突然由 D_j 增加为 D_K,通过D/A转换器和放大器后,输出电压由 V_{Aj} 增加为 V_{Ak},使 $V_{Ak}-V_e$ 产生正跳变,相应的 V_b 也产生正跳变,从而使电流迅速上升,当 D_j 减小时情况刚好相反,且上述过程是该电路的瞬间响应。因此可以产生阶梯状的电流波形。

细分数的大小取决于D/A转换的精度,若为8位D/A转换器,其值为00H-FFH,若要每个阶梯的电流值相等,则要求细分的步数必须能对255整除,此时的细分数可能为3、5、15、17、51、85。改变其每次突变的数值,就可以实现不同的细分控制。

6.3 直流伺服系统

以直流电动机作为执行元件的闭环伺服系统称为直流伺服系统。直流伺服电动机容易进行调速,他励直流电动机又具有较硬的机械特性,因而在数控伺服系统中早有使用。

6.3.1 直流伺服电动机

1. 直流伺服电动机的类型和结构

直流伺服电动机的类型很多。根据磁场产生的方式,直流电动机可分为他励式和永磁式两类;按电枢的结构和形状,可分成一般电枢式、无槽电枢式、印刷电枢式、绕线盘式和空心杯电枢式等;按电动机的转动惯量不同,可分为大惯量、中惯量和小惯量。在数控机床中,进给系统驱动常采用小惯性直流伺服电动机和大惯量宽调速直流伺服电动机,主轴系统驱动采用他励直流伺服电动机。

直流伺服电动机的类型虽然有很多种,但其结构一般主要包括以下三大部分。

(1)定子。定子磁极可产生定子磁场。他励式磁极由冲压硅钢片叠压而成,外绕线圈,通以直流电流产生磁场;永磁式磁极由永磁材料制成。

(2)转子。转子又称为电枢,由硅钢片叠压而成,表面嵌有线圈,通以直流电流时,在定子磁场作用下产生电磁转矩,带动负载旋转。

(3)电刷与换向片。为使产生的电磁转矩保持恒定方向,以保证转子能沿固定方向均匀地连续旋转,将电刷与外加直流电源连接,将换向片与电枢线圈连接。

2. 直流伺服电动机的工作原理

1)永磁式直流电动机

如图6-17所示,将直流电压加到A、B两电刷之间,电流从A电刷流入,从B电刷流出,载流导体*ab*在磁场中受到逆时针方向的作用力(按左手定则确定),同理,载流导体*cd*也受到逆时针方向的作用力。因此,转子在逆时针方向的电磁转矩下旋转起来。当电枢转过90°,电枢线圈处于磁极的中性面时,电刷与换向片断开,无电磁转矩作用;但由于惯性的作用,电枢将继续转动一个角度,当电刷与换向片再次接触时,导体*ab*和*cd*交换了位置(相对中性面区分),导体*ab*和*cd*中的电流方向改变,这就保证了电枢受到的电磁转矩方向不变,因而电枢可以连续转动。

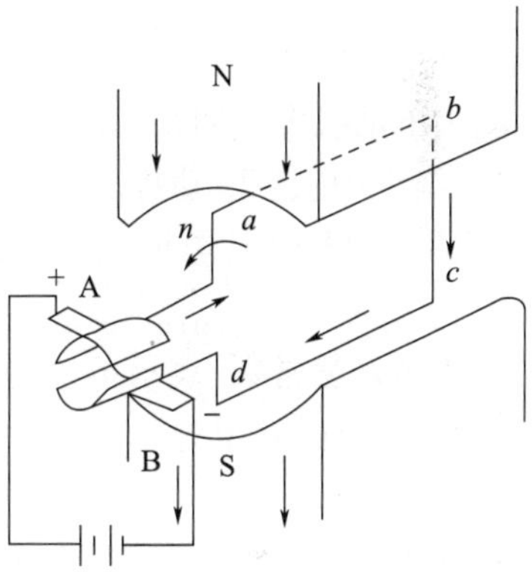

图6-17　永磁式直流电动机工作原理

实际电动机的结构比较复杂,为得到足够大的转矩,往往在电枢上安装许多绕组。

2)他励式直流电动机

他励式直流电动机结构原理如图6-18(a)所示。在定子上有励磁绕组和补偿绕组,转子(电枢)绕组通过电刷供电。由于转子磁场和定子磁场始终正交,因而产生转矩,使转子旋转,由图6-18(b)可知,定子励磁磁动势E_r和转子磁动势E_a垂直正交,补偿绕组与电枢绕组串联,电流i_a又产生补偿磁动势E_c,E_c与E_r方向相反,其作用是抵消电枢磁场对定子磁场的影响,使电动机有良好的调速特性。

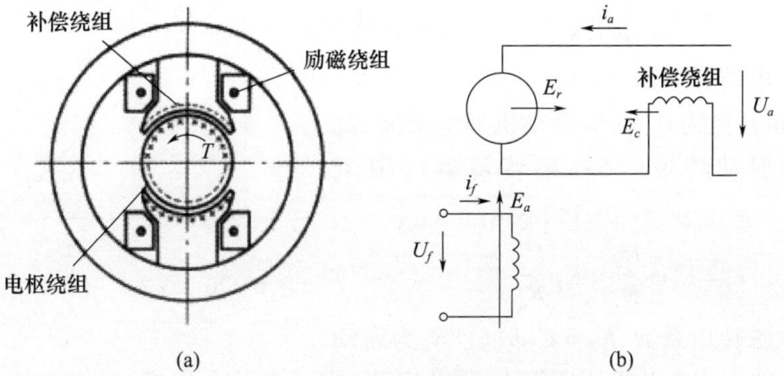

图6-18　他励式直流电动机结构原理

(a)结构图;(b)原理图。

3. 直流伺服电动机的机械特性

以他励式直流伺服电动机为例,研究直流电动机的机械特性。如图6-19所示,电枢回路的电压平衡方程式为

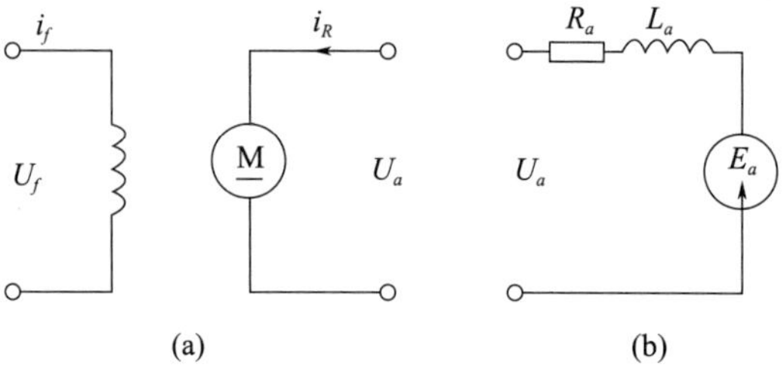

图6-19 他励式直流伺服电动机工作原理

(a)工作原理;(b)等效电路。

$$U_a = E_a + I_a R_a \tag{6-2}$$

式中:R_a为电动机电枢回路的总电阻;U_a为电动机电枢的端电压;I_a为电动机电枢的电流;E_a为电枢绕组的感应电动势。

当磁通Φ恒定时,电枢绕组的感应电动势与转速成正比,则

$$E_a = C_E \phi n \tag{6-3}$$

式中:C_E为电动势常数,表示单位转速时所产生的电动势;n为电动机转速。

电动机的电磁转矩为

$$T_m = C_T \phi I_a \tag{6-4}$$

式中:T_m为电动机电磁转矩;C_T为转矩常数,表示单位电流所产生的转矩。

联立求解式(6-2)、式(6-3)和式(6-4),即可得出直流伺服电动机的转速公式:

$$n = \frac{U_a}{C_E \phi} - \frac{R_a}{C_E C_T \phi^2} T_m \tag{6-5}$$

由转速公式(6-5)可得到直流电动机的转速n与电磁转矩T的关系,此关系称为机械特性,如图6-20所示。机械特性是电动机的静态特性,是稳定运行时带动负载的性能。稳定运行时,电磁转矩与负载转矩相等。

当负载转矩为0时,电磁转矩也为0,这时的转速称为理想空载转速,用n_0表示:

$$n_0 = \frac{U_a}{C_E \phi} = \frac{U_a}{K_E} \tag{6-6}$$

式中:K_E为反电动势系数,$K_E = C_E \phi$。

当电动机转速为0时,即电动机通电瞬间,此时的转矩为启动转矩(又称堵转转矩),用T_s表示:

$$T_s = C_T \phi \frac{U_a}{R_a} = K_T \frac{U_a}{R_a} \tag{6-7}$$

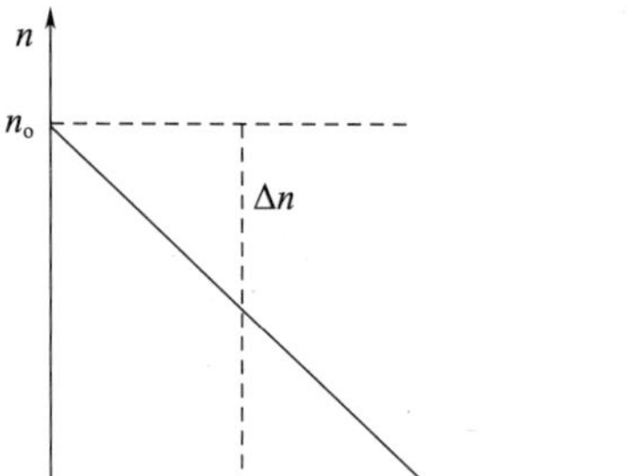

图6-20 直流伺服电动机的机械特性

式中:K_T为电磁转矩系数,$K_T = C_T \phi$;U_a/R_a为启动时的电流,一般直流电动机该值很小,因此启动力矩不能满足要求。

当电动机带动负载转矩 T_L时，电动机转速与理想空载转速会有一个转速差值 Δn，它反映了电动机机械特性的硬度，Δn 越小，表明机械特性越硬。由式(6－5)可得

$$\Delta n = \frac{R_a}{K_T K_E} T_L \tag{6-8}$$

Δn 的大小与电动机的调速范围密切相关。如果 Δn 值比较大，不可能实现宽范围的调速。而永磁式直流伺服电动机的机械特性的 Δn 值比较小，能满足这一要求，因此进给系统一般采用永磁式直流电动机。

由式(6－5)可知，直流电动机的调速方式有三种，即调节电阻 R_a、调节电枢电压 U_a 和调节磁通 Φ 的值。

调节电枢串联电阻来调速，不经济，调速范围有限，很少采用。

调节电枢电压时，磁场磁通 Φ 保持不变，而且运行过程中允许电枢电流达到额定值，由式(6－4)可知，电动机电磁转矩 T_m保持不变，为额定值，因此称调压调速为恒转矩调速。

调磁调速时，励磁回路的电流不能超过额定值，减小励磁电流，使磁通下降，此时转矩 T_m下降，转速上升，输出功率基本维持不变，故又称为恒功率调速。调节电枢电压调速和调节磁通调速的调速曲线如图6－21所示。

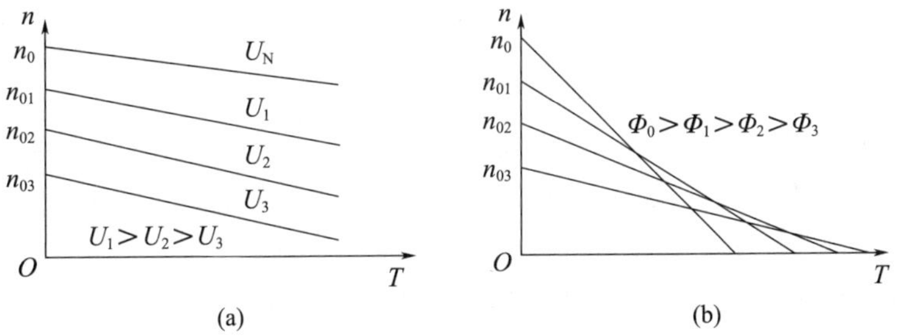

图6－21　直流电动机的调速特性

(a)改变电枢电压时的机械特性；(b)改变磁通时的机械特性。

由图6－21(a)可见，当调节电枢电压时，直流电动机的机械特性为一组平行线，即机械特性曲线的斜率不变，而只改变电动机的理想空载转速，保持了原有较硬的机械持性。数控机床伺服进给动系统的调速采用调节电枢电压调速方式。

由图6－21(b)可见，调磁调速不但改变了电动机的理想转速，而且使直流电动机机械特性变软。调磁调速主要用于机床主轴电动机调速。

6.3.2　直流伺服电动机的速度控制单元

数控机床伺服系统中，速度控制已经成为一个独立、完整的模块，称为速度控制单元。直流伺服电动机由直流电源供电，为调节电动机转速，需要灵活控制直流电压的大小和方向。直流速度控制单元较多采用晶闸管调速系统、晶体管脉宽调制(pulse width modulation，PWM)调速系统。直流速度控制单元接收转速指令信号(多为电压值)，通过速度控制电路变为电动机的电枢电压，达到速度调节的目的。

1. 晶闸管直流调速

晶闸管直流调速,也称为可控硅(silicon controlled rectifier,SCR)调速,是通过调节触发装置的控制电压大小(控制晶闸管的开放角)来移动触发脉冲的相位,从而改变整流电压的大小,使直流电动机电枢电压变化而平滑调速。

在大功率及调速要求不是很高的直流伺服电动机调速控制中,广泛采用晶闸管调速控制方式。用晶闸管可构成多种整流电路。目前,数控机床中多采用三相全控桥式整流电路作为直流速度控制单元的主电路。图6-22为一个具有两组三相全控桥式晶闸管直流调速系统主电路,其中有两组正负对接的晶闸管:一组用于提供正向电压,供电动机正转;另一组用于提供反向电压,供电动机反转。通过对12个晶闸管触发延迟角的控制,达到控制电动机电枢电压的目的,从而对电动机进行调速。

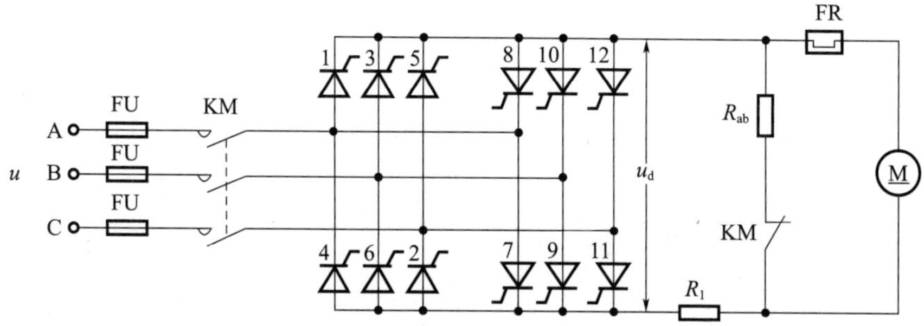

图6-22 三相全控桥式晶闸管直流调速系统主电路

图6-23为一种典型的双环调速系统组成框图,其速度调节器和电流调节器均是由线性集成放大器和阻容元件构成的PI调节器。U_τ 为速度控制环的给定值,是来自数控系统的运算结果,并经D/A转换后的模拟量参考值,一般为直流-10~+10V。速度反馈元件可采用测速发电机或脉冲编码器,并直接安装在电动机的轴上。测速发电机发出的电压 U_f 可以直接反馈回来与 U_τ 进行比较;而脉冲编码器发出的脉冲频率要经过频率/电压变换,转变为电压的模拟量值,再与 U_τ 进行比较。I_τ 来自速度调节器的输出,为电流控制环的输入值。I_f 为电流的反馈值,检测的是电动机电枢电路的电流。

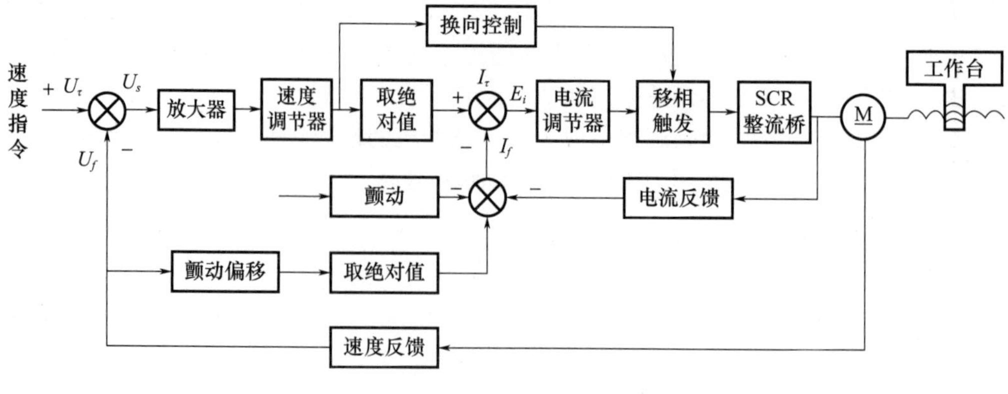

图6-23 双环调速系统组成框图

在双环调速系统中,速度控制环起主导作用,其调速过程如下:当速度指令信号 U_τ 增大时,U_s 增大,速度调节器的输出加大,I_τ 也随之加大,从而使电流调节器的输出也加大。

使脉冲触发器的脉冲前移，晶闸管的触发角前移，导通角增大，晶闸管整流桥输出的直流电压增大，直流电动机 M 转速上升；当电动机转速上升到 $U_f(=U_\tau)$时，调节过程结束，系统达到稳态运行状态。当系统受到外界干扰时，如负载增加，转速下降，U_f 减小，U_s 增大。

经过上述调节过程可使转速回升到原始稳定值，实现转速的无静差。电流控制环的作用主要是在启动和堵转时限制最大电枢电流。另外，当扰动发生在环之中时，如果电网电压下降，则整流器输出电压随之降低，在电动机转速由于惯性未来得及变化之前，首先是回路电流减小，反馈电流 I_f 减小，E_i 随之增大，电流调节器输出增加，使晶闸管的触发角前移，晶闸管整流桥的输出电压回升。当 I_f 又回升到原始值时，调节过程结束，实现电流的无静差。

综上所述，具有速度外环、电流内环的双环调速系统具有良好的静态、动态指标，其启动过程很快，可最大限度地利用电动机的过载能力，使过渡过程最短。其缺点是：在低速轻载时，电枢电流出现断续，电动机机械特性变软，电压总放大倍数下降，同时动态品质变坏。可采用电枢电流自适应调节器或增加一个电压调节内环，构成三环来解决以上问题。

晶闸管直流调速的缺点：在低速轻载时，电枢电流出现断续，机械特性变软，整流装置的外特性变陡，总放大倍数下降，同时也使动态品质恶化。

2. PWM 调速

PWM 调速是在大功率开关晶体管的基极上，加上脉宽可调的方波电压，控制开关管的导通率，达到调速的目的。

与晶闸管调速相比，PWM 调速具有以下特点：①频带宽。晶体管的“结电容”小，截止频率高于晶闸管，因此可允许系统有较高的工作频率，PWM 调速的开关工作频率多为 2kHz 或 5kHz，远大于晶闸管调速，整个系统的快速响应性好，能给出极快的定位速度和很高的定位精度，适合于起动频繁的场合。②电动机脉动小。输出转矩平稳，对低速加工有利。③电源的功率因数高。④动态硬度好。系统具有良好的线性。晶体管脉宽调制型的直流调速系统在中小功率直流伺服系统中得到了广泛的应用。

PWM 调速系统的主要缺点是不能承受高的过载电流，功率还不能做得很大，故在大功率场合中，还是采用晶闸管直流调速系统。

脉宽调制器的基本工作原理是，利用大功率晶体管的开关作用，将直流电压转换成一定频率的方波电压，加到直流电动机的电枢上。通过对方波脉冲宽度的控制，改变电枢的平均电压，从而调节电动机的转速。图 6-24 为 PWM 调速系统的工作原理图。设将图 6-24(a)中的开关 S 周期性地闭合、断开，开和关的周期是 T，在一个周期内，闭合的时间为 τ，断开的时间为 $T-\tau$。若外加电源的电压 U 是常数，则电源加到电动机电枢上的电压波形将是一个方波序列，其高度为 U，宽度为 τ，如图 6-24(b)所示。其平均值 U_a 为

$$U_a = \frac{1}{T}\int_0^T u\mathrm{d}t = \frac{\tau}{T}U = \delta U \tag{6-9}$$

式中：$\delta=\tau/T$ 为导通率。当 T 不变时，只要连续地改变 $\tau(0\sim T)$，就可使电枢电压的平均值 U_a由 0 连续变化至 U，从而连续地改变电动机的转速。实际的 PWM-M 系统用大功率三极管代替开关 S。其开关频率是 2000Hz，即 $T=1/2000=0.5\text{ms}$。

图 6-24(a)中的二极管是续流二极管，当 S 断开时，由于电枢电感 L_a的存在，电动机的电枢电流 I_a可通过它形成回路而泄流。

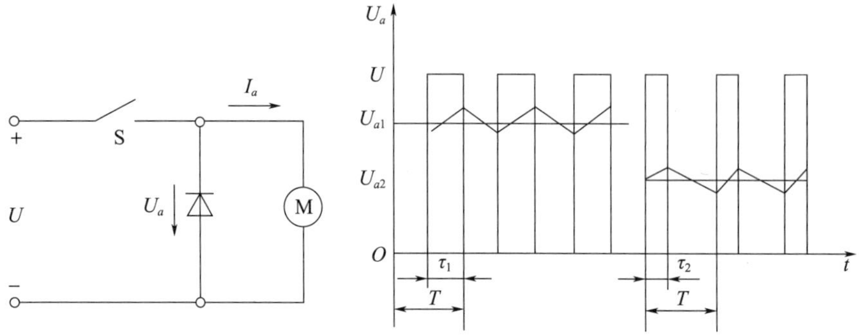

(a)　　　　(b)

图 6－24　PWM 调速系统原理图

(a)电路图;(b)电压波形。

如图 6－24(a)所示的电路只能实现电动机单方向的速度调节,为使电动机实现双向调速,必须采用桥式电路。图 6－25 所示的桥式电路为 PWM 调速系统的主回路电气原理图。图中 4 个大功率三极管 VT_1 ~ VT_4组成电桥。如果在 VT_1和 VT_3的基极加正脉冲的同时,在 VT_2和 VT_4的基极加负脉冲,这时 VT_1和 VT_3导通,VT_2和 VT_4截止,电流沿 +90V→c→VT_1→d→M→b→VT_3→a→0V 的路径流通。设此时电动机的转向为正向。反之,如果在三极管 VT_1和 VT_3的基极加负脉冲,在 VT_2和 VT_4的基极加正脉冲,则 VT_2和 VT_4导通,VT_1和 VT_3截止,电流沿 +90V→c→VT_2→b→M→d→VT_4→a→0V 的路径流通。电流的方向与前一种情况相反,电动机反向旋转。显然,如果改变加到 VT_1和 VT_3,VT_2和 VT_4这两组管子基极上控制脉冲的正负和导通率 δ,就可以改变电动机的转向和转速。

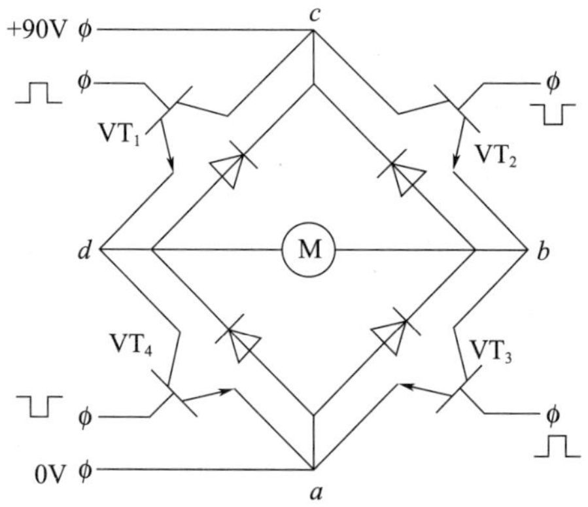

图 6－25　PWM 调速系统的主回路电气原理图

图 6－26 是直流伺服电动机的 PWM 调速系统组成原理框图。该系统由控制回路和主回路组成。控制部分包括速度调节器、电流调节器、固定频率振荡器、三角波发生器、脉宽调制器及基极驱动电路,主回路包括功率放大器和全波整流器。

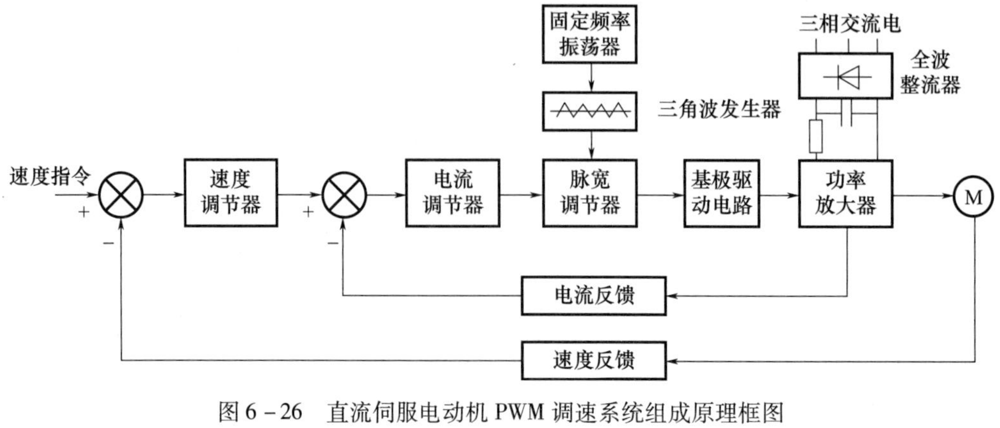

图 6－26　直流伺服电动机 PWM 调速系统组成原理框图

速度调节器与晶闸管调速系统相同,控制方法仍然是采用双环控制。

与晶闸管直流调速系统不同的只是脉宽调制器、基极驱动电路和功率放大器部分,它们是PWM调速系统的核心。电流控制器的输出电压即经变换后的速度指令电压,三角波电压经脉宽调制电路调制后得到调宽的脉冲电压,作为控制信号输送至晶体管脉宽调制放大器各相关晶体管的基极,使调宽脉冲电压得到放大,成为直流伺服电动机电枢的输入电压。

脉宽调制器的任务是将连续控制信号变成方波脉冲信号,作为功率转换电路的基极输入信号,来控制直流伺服电动机的转矩和转速。方波脉冲信号可由脉宽调制器生成,也可由全数字软件生成。

6.4　交流伺服系统

直流伺服电动机虽然调速性能优良,但如下缺点限制了其应用:电刷和换向器易磨损,维护成本高;换向器换向时会产生火花,限制了电动机的最高速度及应用环境;电动机结构复杂,成本高。交流伺服电动机克服了直流伺服电动机的上述缺点,同时又具备经济可靠、输出功率大及动态响应好等优点。

目前,交流伺服系统已实现了全数字化,即在伺服系统中,除驱动级外,电流环、速度环和位置环全部数字化。伺服系统的控制模型、数控功能、静动态补偿、前馈控制、最优控制、自学习功能等均由微处理器及其控制软件高速实时地实现。交流伺服系统,已逐渐取代直流伺服系统。

6.4.1　交流伺服电动机

交流伺服电动机分为永磁式交流伺服电动机和感应式交流伺服电动机。永磁式交流伺服电动机相当于交流同步电动机,常用于进给伺服系统。感应式交流伺服电动机相当于交流感应异步电动机,常用于主轴伺服系统。

两种交流伺服电动机的工作原理都是由定子绕组产生旋转磁场,使转子跟随定子旋转磁场一起运行。不同点是永磁式交流伺服电动机的转速与外加交流电源的频率存在严格的同步关系,即电动机的转速等于同步转速;而感应式交流伺服电动机由于需要转速差才能产生电磁转矩,所以电动机的转速低于同步转速,转速差随外负载的增大而增大。

永磁式交流伺服电动机由定子、转子和检测元件三部分组成,其结构如图6-27所示。定子具有齿槽,槽内嵌有三相绕组,其形状与普通感应电动机的定子结构相同。但为了改善伺服电动机的散热性能,外形呈多边形,且无外壳。

转子由多块永久磁铁和冲片组成。这种结构的优点是气隙磁密较高,极数较多。还有一类是具有极靴的星形转子,采用矩形磁铁或整体星形磁铁。转子磁铁磁性材料的性能直接影响伺服电动机的性能和外形尺寸。现在一般采用第三代稀土永磁合金——钕铁硼(Nd-Fe-B)合金。

定子三相绕组接上交流电源后,就会产生一个旋转磁场,以同步转速 n_s 旋转。定子旋转磁场与转子的永久磁铁磁极互相吸引,并带着转子一起旋转,使转子也以同步转速 n_s 旋转。

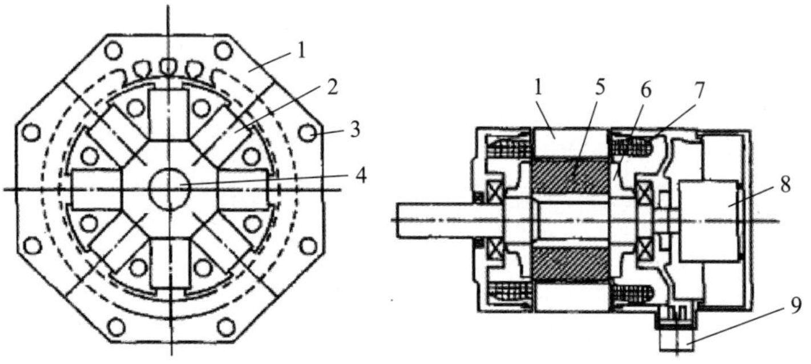

(a) (b)

1—定子；2—永久磁铁；3—轴向通风孔；4—转轴；5—转子；6—压板；
7—定子三相绕组；8—脉冲编码器；9—出线盒。

图6－27 永磁式交流伺服电动机的结构
(a)横剖面；(b)纵剖面。

转子加上负载转矩，将造成定子磁场轴线与转子磁极轴线不重合，其夹角为 θ。若负载发生变化，θ 角也跟着变化，但只要不超过一定限度，转子始终跟着定子的旋转磁场以恒定的同步转速 n_s 旋转。转子转速为

$$n = n_s = 60f/p(\mathrm{r/min}) \qquad (6-10)$$

式中：f 为电源的频率；p 为磁极对数。

永磁式交流伺服电动机转矩－速度特性曲线如图6－28所示。永磁式交流伺服电动机的机械特性比永磁式直流伺服电动机的机械特性更强，其直线更接近水平线。此外，断续工作区的范围更大，尤其在高速区域，这对提高电动机加减速能力十分有利。

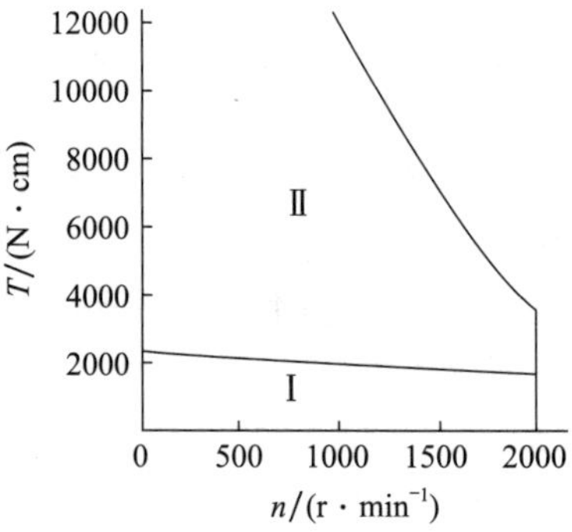

Ⅰ—连续工作区；Ⅱ—断续工作区。

图6－28 永磁式交流伺服电动机转矩－速度特性

6.4.2 交流伺服电动机的速度控制单元

由式(6－10)可知，可以通过改变电动机电源频率来无级调节电动机的转速。该方法可方便地获得与频率成正比的速度。变频调速的关键环节是变频器。

变频器的功能是将电网电压提供的恒压恒频交流电变换为变压变频的交流电，对交流电动机实现无级变速。变频器可分为交－交变频和交－直－交变频两种，如图6－29所示。

交－交变频[图6－29(a)]利用可控硅整流器直接将工频交流电(频率为50Hz)变成频率较低的脉动交流电，正组输出正脉冲，反组输出负脉冲，这个脉动交流电的基波就是所需的变频电压。这种方法所得到的交流电波动比较大，而且最大频率即为变频器输入的工频电压频率。

交－直－交变频[图6－29(b)]先将交流电整流成直流电，然后将直流电压变成矩形脉冲电压，这个矩形脉冲波的基波就是所需的变频电压。这种调频方式输出的交流电波

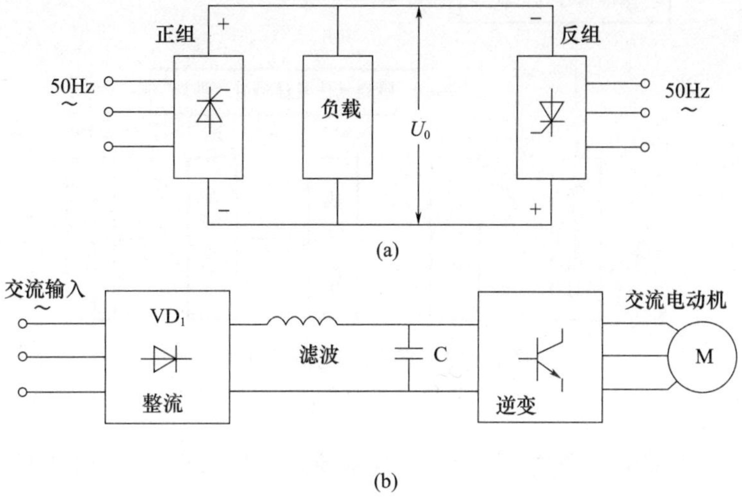

图6-29　两种变频方式

(a)交-交变频;(b)交-直-交变频。

动小,调频范围比较宽,调节线性度好。

数控机床上常采用交-直-交变频调速。在交-直-交变频中,根据中间直流电压是否可调,可分为中间直流电压可调PWM逆变器型、中间直流电压固定的PWM逆变器型;根据中间直流电路上的储能元件是大电容还是大电感,可分为电压型逆变器和电流型逆变器。

采用了PWM逆变器的变频器简称PWM型变频器。PWM的调制方法有很多,其中正弦波调制方法是最广泛的一种,简称SPWM。SPWM适用于永磁式交流伺服电动机和感应式交流伺服电动机,具有输入功率因数高和输出波形好的优点,是一种最基本、应用最广泛的调制方法。

6.5　位置控制

位置控制是伺服系统的基本功能,是实现运动精度的重要保证。位置反馈和控制方式不同,伺服系统的结构和工作原理也不同。

6.5.1　鉴相式伺服系统

鉴相式伺服系统是采用相位比较方法实现位置闭环及半闭环控制的伺服系统,是数控机床中使用较多的一种位置控制系统。具有工作可靠、抗干扰性强、精度高等优点,但由于增加了位置检测、反馈、比较等元件,结构比较复杂,调试也比较困难。

1. 鉴相式伺服系统的组成

图6-30为鉴相式伺服系统框图,其主要由基准信号发生器、脉冲调相器、检测元件及信号处理线路、鉴相器、驱动线路和执行元件等组成。

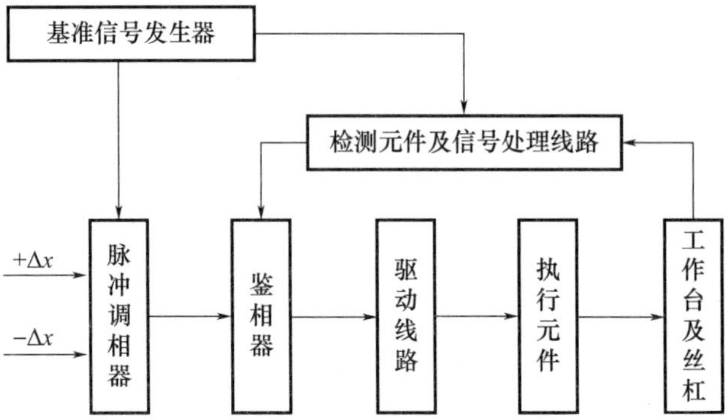

图6-30　鉴相式伺服系统框图

1)基准信号发生器

基准信号发生器输出的是一列具有一定频率的脉冲信号,其作用是为伺服系统提供一个相位比较基准。

2)脉冲调相器

脉冲调相器又称数字相位转换器,其作用是将来自数控装置的进给脉冲信号转换为相位变化的信号,该相位变化信号既可用正弦信号表示,也可用方波信号表示。若数控装置无进给脉冲输出,则脉冲调相器的输出与基准信号发生器的基准信号同相位,即二者无相位差。若数控装置有脉冲输出,则数控装置每输出一个正向或反向进给脉冲,脉冲调相器的输出将超前或滞后基准信号一个相应的相位角 φ_1。若 CNC 装置输出 N 个正向进给脉冲,则脉冲调相器的输出就超前基准信号一个相位角 $\varphi = N\varphi_1$。

3)检测元件及信号处理线路

检测元件和信号处理线路的作用是检测工作台的位移量,并表达成与基准信号之间的相位差。此相位差的大小体现了工作台的实际位移量。

4)鉴相器

鉴相器的输入信号有两路,一路是来自脉冲调相器的指令信号,另一路是来自检测元件及信号处理线路的反馈信号,它反映了工作台的实际位移量大小。这两路信号都用与基准信号之间的相位差来表示,且同频率、同周期。当工作台实际移动距离不满足进给要求的距离时,这两个信号之间便存在一个相位差,此相位差的大小就代表了工作台实际移动距离与进给要求距离的误差,鉴相器就是鉴别这个误差的电路,其输出是与此相位差成正比的电压信号。

5)驱动线路和执行元件

鉴相器的输出信号一般比较微弱,不能直接驱动执行元件,驱动线路的任务就是将鉴相器的输出进行电压、功率放大,如有需要,再进行信号转换,转换成驱动执行元件所需的信号形式。驱动线路的输出与鉴相器的输出成比例。

执行元件的作用是实现电信号和机械位移的转换,其将驱动线路输出的代表工作台指令进给量的电信号转换为工作台的实际进给,直接带动工作台移动。

2. 鉴相式伺服系统的工作原理

鉴相式伺服系统利用相位比较的原理进行工作。当数控机床的数控装置要求工作台沿一个方向进给时，插补器或插补软件便产生一系列进给脉冲。该进给脉冲作为指令脉冲，其数量代表了工作台的指令进给量，其频率代表了工作台的进给速度，其方向代表了工作台的进给方向。

进给脉冲首先送入伺服系统位置环的脉冲调相器。假定送入伺服系统200个X轴正向脉冲，进给脉冲经脉冲调相器变为超前基准信号相位角$\varphi=200\varphi_1$的信号（φ_1为一个脉冲超前的相位角），该信号代表了进给脉冲，它作为指令信号被送入鉴相器并作为相位比较的一个量。在工作台运动以前，因工作台无位移，故检测元件及信号处理线路的输出与基准信号同相位，即两者相位差为$\theta=0$，该信号作为反馈信号也被送入鉴相器。在鉴相器中，指令信号与反馈信号进行比较。由于指令信号和反馈信号都是相对于基准信号的相位变化信号，因此，二者之间的相位差就等于指令信号相对于基准信号的相位差φ减去反馈信号相对于基准信号的相位差θ，即$\varphi-\theta$。此时，因指令信号相对于基准信号超前了$200\varphi_1$，即$\varphi-\theta=200\varphi_1$。鉴相器将该相位差检测出来并作为跟随误差信号，经直流放大，变为速度控制单元的速度指令输入值，然后由速度控制单元驱动电动机带动工作台运动，使工作台正向进给。

工作台正向进给后，检测元件马上检测出进给位移，并经过信号处理线路转变为超前基准信号一个相位角的信号，该信号被送入鉴相器与指令信号进行比较。若$\theta\neq\varphi$，说明工作台实际移动的距离不等于指令信号要求的移动距离，鉴相器将φ和θ的差值检测出来，送入速度控制单元，驱动电动机转动带动工作台进给。若$\theta=\varphi$，说明工作台移动距离等于指令信号要求的移动距离，此时，鉴相器的输出$\varphi-\theta=0$，工作台停止进给。如果数控装置又发出新的进给脉冲，按上述过程继续工作。如果多个坐标进给，只需要将每个坐标都配备一套这样的系统即可。

3. 鉴相式伺服系统的控制线路

1）脉冲调相器

脉冲调相器的功能是按照所输入指令脉冲的要求对载波信号进行相位调整。图6－31为脉冲调相器组成原理框图。在脉冲调相器中，基准脉冲信号f_0由基准脉冲信号发生器产生并分成两路，一路输入分频器1，称为基准分频通道；另一路先经过脉冲加减器再进入分频器2（调相分频通道）。分频器1和分频器2均为N分频二进制计数器。

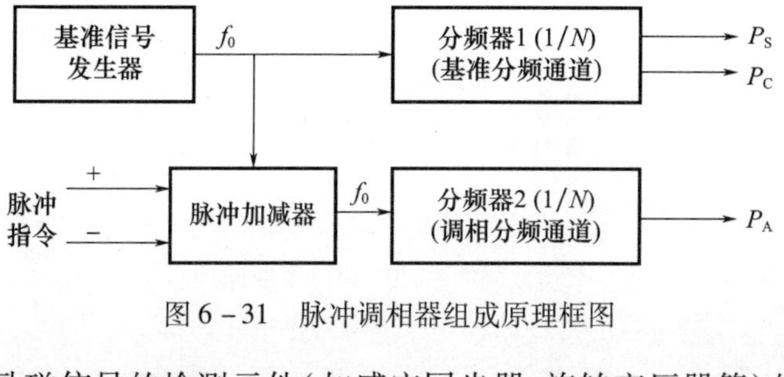

图6－31　脉冲调相器组成原理框图

为适应需要励磁信号的检测元件（如感应同步器、旋转变压器等）的要求，基准分频通道应输出两路频率和幅值相同，但相位相差90°的脉冲信号。再经滤波放大，就变成了正弦、余弦励磁信号，而且它们与基准信号有确定的相位关系。调相分频通道的任务是将指令脉冲信号调制成与基准信号有一定关系的输出脉冲信号P_A，其相位差的大小和极性与指令脉冲有关。

下面说明脉冲-相位变换的原理。用同一脉冲源输出的时钟脉冲去触发容量相同的两个计数器，这两个计数器的最末一级输出是两个频率大大降低了的同频率、同相位信号。假设时钟脉冲频率为 F，计数器(当分频器使用)的容量为 N，则这两个计数器的最后一级输出频率 $f=F/N$。如果在时钟脉冲触发两个计数器之前，先向其中一个计数器(如 x 计数器)输入一定数量脉冲 Δx，则当时钟脉冲触发两个计数器以后，两个计数器输出信号频率仍相同，但相位不同。N 个时钟脉冲使标准计数器的输出变化一个周期，即 360°，$N+\Delta x$ 个脉冲使 x 计数器的输出在变化一个周期(360°)后，又变化 $\varphi=(360°/N)\Delta x$，即超前标准计数器1个相位角 φ。以后每来 N 个时钟脉冲，两个计数器都变化一个周期，其原理图和波形如图6-32(a)、(b)所示。

同理，若在时钟脉冲触发两个计数器的过程中，加入一定数量的脉冲 $+\Delta x$ 给 x 计数器，这样就会使输入给 x 计数器的脉冲总数比给标准计数器的计数脉冲多了 Δx 个，结果使 x 计数器输出的信号相位超前，即 $\varphi=(+\Delta x/N)360°$，如图6-32(c)所示。

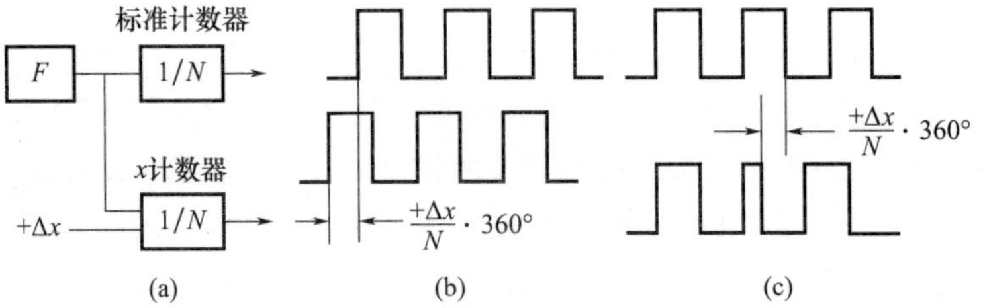

图6-32　脉冲-相位变换原理
(a)原理图；(b)输入 $+\Delta x$ 脉冲前；(c)输入 $+\Delta x$ 脉冲后。

假如在时钟脉冲不断触发两个计数器过程中，加入一定数量的 $-\Delta x$ 脉冲给 x 计数器，使加入的 $-\Delta x$ 个脉冲抵消了进入 x 计数器的 Δx 个时钟脉冲，则在两个计数器的最末一级输出端将出现 x 计数器的相位滞后标准计数器一个相位 φ，$\varphi=(-\Delta x/N)360°$，如图6-33(a)、(b)所示。

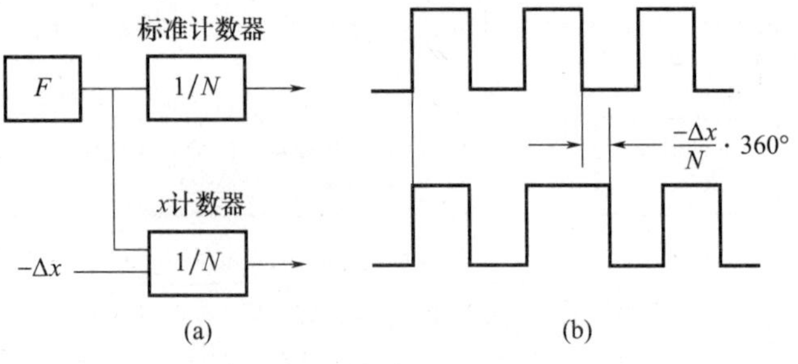

图6-33　脉冲-相位变换原理
(a)原理图；(b)输入 $-\Delta x$ 后。

上述 $+\Delta x$、$-\Delta x$ 脉冲是突然加入的，在两个计数器最后一级相位差的变化 φ 也是突然产生的。但实际上数控装置输出的进给脉冲频率是由加工中采用的进给速度的大小决定的，此时钟脉冲频率低得多，$\pm\Delta x$ 的加入或抵消实际上是逐步缓慢进行的，两个计数器输出端信号相位也是逐渐变化的。

完成脉冲－相位变换时必须由脉冲加减器来完成向基准脉冲中加入或抵消脉冲的任务。图6－34为一种脉冲加减器线路，A、B基准脉冲发生器发出在相位上错开180°的两个同频率时钟脉冲信号，A作为主脉冲，通过与非门Ⅰ送出，作为分频器的分频脉冲。B用作加减脉冲的同步信号。无进给脉冲（指令脉冲）时，与非门Ⅰ开，A基准脉冲由此通过。当来一个$-x$进给脉冲（进给脉冲与A基准脉冲同步）时，触发器Q_1变为“1”状态，接着触发器Q_2变为“1”状态，状态$\overline{Q}_2$封住门Ⅰ，扣除了一个A序列脉冲。如果来一个$+x$进给脉冲，触发器Q_3变“1”状态，接着触发器Q_4变为“1”状态，Q_4端打开Ⅱ门，使A序列输出脉冲中插入一个B序列脉冲。

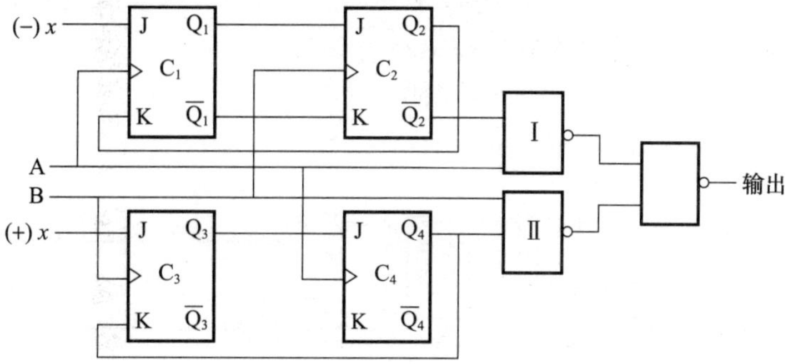

(a)

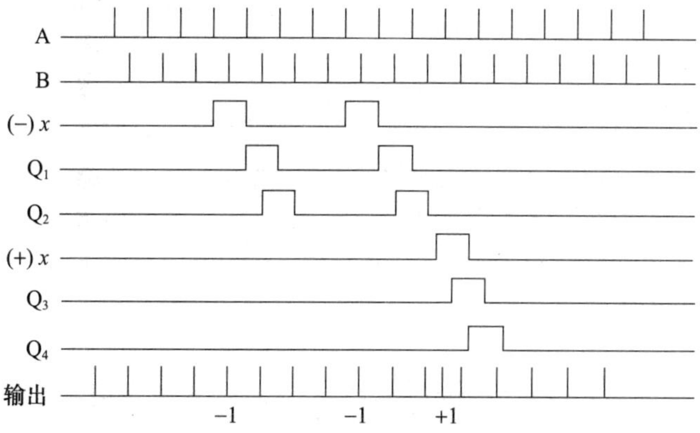

(b)

图6－34　脉冲加减器线路

（a）原理图；（b）波形图。

由上可知，每输入一个$+x$进给脉冲就使A序列输出脉冲增加一个脉冲，因而使分频器产生超前相位的脉冲信号P_A，而每输入一个$-x$进给脉冲就使A序列输出脉冲减少一个脉冲，使分频器产生滞后相位的脉冲信号P_A。

2）鉴相器

鉴相器又称相位比较器，其作用是鉴别指令信号与反馈信号的相位，判别两者之间的相位差，将其变成一个带极性的误差电压信号，作为速度单元的输入信号。

鉴相器的结构形式很多，常用的有二极管鉴相器，可以用来鉴别正弦信号之间的相位差；触发器（门电路）鉴相器，可以对方波信号之间的相位差进行鉴别。二极管鉴相器利用专门的集成元件进行工作,触发器鉴相器采用简单的逻辑电路进行工作。下面以触发器鉴相器为例说明鉴相器的工作原理。

如图6-35所示,触发器为不对称触发的双稳态触发器。从脉冲调相器来的信号P_A和由检测线路来的位置相位信号P_B都是方波(或脉冲)信号,故可用开关工作状态的触发器鉴相器。图中的指令信号P_A和反馈信号P_B分别控制触发器的两个触发端,如果两者相差180°,Q端输出方波,经电平转换,变为对称方波,且正负幅值相对零电位对称,经低通滤波器输出的直流平均电压为0。若反馈信号P_B超前(两个信号比较基准是180°)指令信号P_A一个相位$\Delta\varphi_1$,则输出方波为上窄下宽,其平均电压为一负电压$-\Delta u$。反之为一正电压$+\Delta u$。从输出特性可以看出,相位差$\Delta\varphi$与误差电压Δu呈线性关系。该鉴相器的灵敏度(相位-电压变换系数)为

$$k_d = E_r/180° \quad (伏/度)$$

式中:E_r为电平转换器输出方波的幅值。

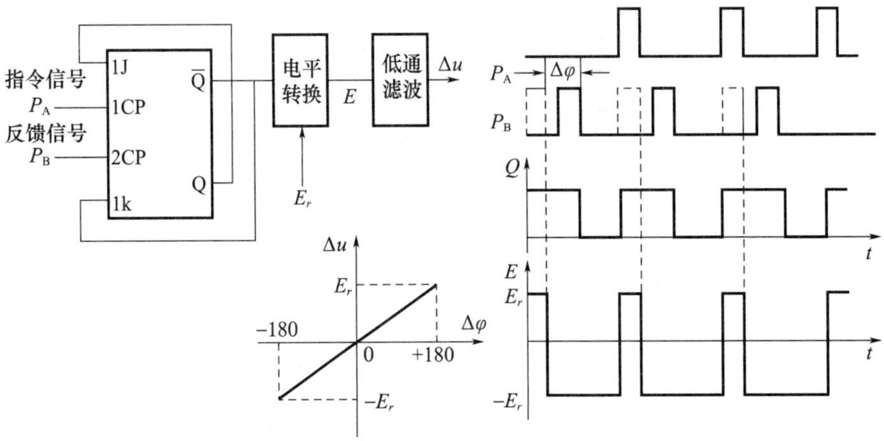

图6-35　触发器鉴相器

6.5.2　鉴幅式伺服系统

鉴幅式伺服系统是以位置检测信号的幅值大小来反映机械位移的数值,并以此作为位置反馈信号与指令信号进行比较构成的闭环控制系统。

图6-36为鉴幅式伺服系统框图。该系统由测量元件及信号处理线路、数模转换器、比较器、放大环节、执行元件和工作台组成。它与鉴相式伺服系统的主要区别有两点:一是其测量元件是以鉴幅式工作状态进行工作的,因此,可用于鉴幅式伺服系统的测量元件有旋转变压器和感应同步器;二是比较器所比较的是数字脉冲量,而与之对应的鉴相式伺服系统的鉴相器所比较的是相位信号,故在鉴幅式伺服系统中,不需要基准信号,两数字脉冲量可直接在比较器中进行脉冲数量的比较。

1. 鉴幅式伺服系统的工作原理

进入比较器的信号有两路,一路来自数控装置插补器或插补软件的进给脉冲,其代表数控装置要求机床工作台移动的位移;另一路来自测量元件及信号处理线路,也是以数字脉冲形式出现的,其代表工作台实际移动的距离。在鉴幅系统工作之前,数控装置和测量

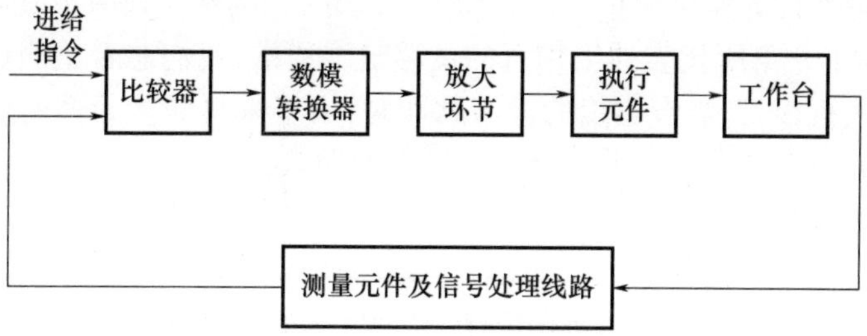

图 6 - 36　鉴幅式伺服系统框图

元件及信号处理线路都无脉冲输出，比较器的输出为 0，这时，执行元件不带动工作台移动。出现进给脉冲信号之后，比较器的输出不再为 0，执行元件开始带动工作台移动，同时以鉴幅式工作的测量元件又将工作台的位移检测出来，经信号处理线路转换成相应的数字脉冲信号，该数字脉冲信号作为反馈信号进入比较器与进给脉冲进行比较。若两者相等，比较器的输出为 0，说明工作台实际移动距离等于指令信号要求工作台移动的距离，执行元件停止带动工作台移动；若两者不相等，说明工作台实际移动距离不等于指令信号要求工作台移动的距离，执行元件继续带动工作台移动，直到比较器的输出为 0。

2. 鉴幅式伺服系统的控制线路

鉴幅式伺服系统中，数模转换电路的作用是将比较器输出的数字量转化为直流电压信号，该信号经驱动线路进行电压和功率放大，驱动执行元件带动工作台移动。测量元件及信号处理线路的作用是将工作台的机械位移检测出来并转换为数字脉冲量。

1）测量元件及信号处理线路

图 6 - 37 为测量元件及信号处理线路框图，其主要由测量元件，解调线路，电压 - 频率转换器和正弦、余弦信号发生器组成。由测量元件的工作原理可知：当工作台移动时，测量元件根据工作台的位移量，即丝杠转角 θ，输出电压信号：

$$V_b = V_m \sin(\alpha - \theta)\sin\omega t$$

式中：α 为测量元件励磁信号的电气角。V_b的幅值 $V_m\sin(\alpha - \theta)$代表工作台的位移。此正弦信号经滤波、放大、检波、整流以后，变成方向与工作台移动方向相对应，幅值与工作台位移成正比的直流电压信号，这个过程称为解调。解调线路也称鉴幅器。解调后的信号经电压 - 频率转换器变成计数脉冲，脉冲的个数与电压幅值成正比，并用符号触发器表示方向。一方面，该计数脉冲及其符号送至比较器与进给脉冲比较；另一方面，经正弦、余弦信号发生器，产生驱动测量元件的两路正弦和余弦信号，使 α 角与此相对应发生改变。该驱动信号是方波信号，它的脉宽随计数脉冲的频率而变。根据傅里叶变换展开式，当该方波信号作用于测量元件时，其基波信号分量为：

$$V_s = V_m \sin\alpha_1 \sin\omega t,\ V_c = V_m \cos\alpha_1 \sin\omega t$$

式中：α_1角的大小由方波的宽度决定。若测量元件的转子没有新位移，因励磁信号电气角由 α 变为 α_1，它所输出的幅值信号也随之变化，而且逐步趋于 0，输出的新幅值可以用下式表示：

$$V'_b = V_m \sin(\alpha_1 - \theta)\sin\omega t$$

若其值不为 0，则 V'_b 将再一次经过解调线路，即电压 - 频率转换器，正弦、余弦信号发生器，产生下一个励磁信号，该励磁信号将使测量元件的输出进一步接近于 0，这个过程不断重复,直到测量元件的输出为0时止。在这个过程中,电压－频率转换器送给比较器的脉冲数量正好等于 θ 角所代表的工作台的位移量。通常,我们总希望测量过渡过程尽可能短,如果这个过程很长,当有连续的进给脉冲时,由于来自测量元件的反馈脉冲不能及时到来,比较器输出的误差信号本身就带有很大的误差,因而必定要造成伺服系统的拖动误差,从而影响加工精度。

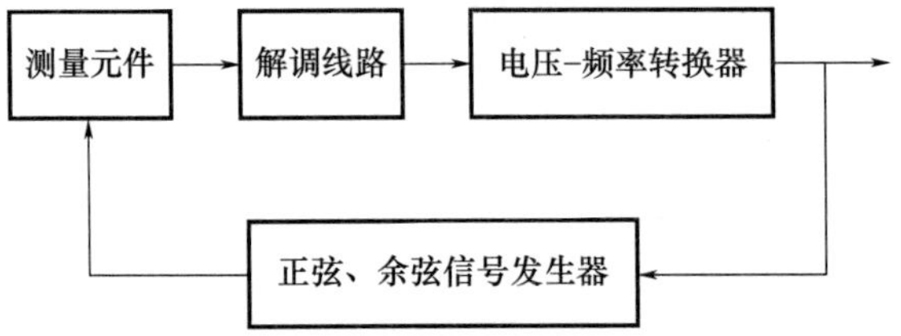

图6－37　测量元件及信号处理线路框图

测量元件的励磁正弦、余弦信号是方波信号,傅里叶展开后可分解为基波信号和无穷个高次谐波信号,测量元件的输出也必然含有这些高次谐波的影响。故在解调线路中,首先必须进行滤波,排除这些高次谐波的影响。

2)解调线路

解调线路就是鉴幅器,由低通滤波器、放大器和检波器三部分组成,图6－38所示为解调线路图。

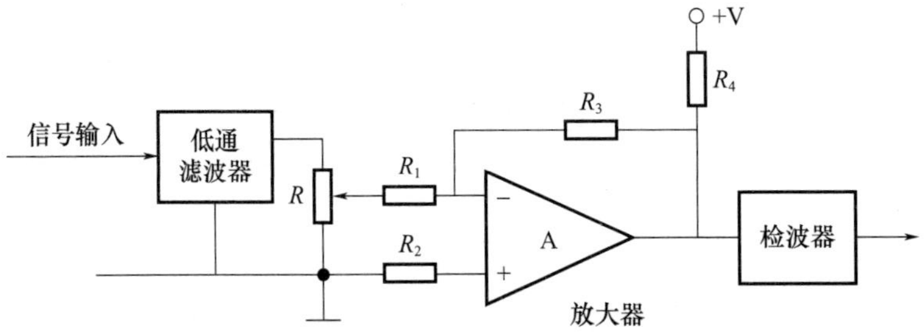

图6－38　解调线路图

如前所述,来自测量元件的信号除包含基波信号 $V_b=V_m\sin(\alpha-\theta)\sin\omega t$ 之外,还有高次谐波,故采用低通滤波器进行滤波。

低通滤波器输出信号的幅值和功率较小,经过一级放大后送至检波器。放大器是集成元件,放大器的参数可根据低通滤波器输出信号的幅值和检波器对它的要求选定。

检波器的作用是将滤波后的基波正弦信号转变为直流电压。如图6－39所示是一种检波器线路图,它是一个带放大器和反相器的电子开关电路。输入信号 V_D 经放大器 A_1、反相器 A_2 和RC线路变成两列相位相反的交变电压信号;参考信号是与 V_D 同频率、同相位的方波信号,当参考信号 D 较高时,控制电子开关 K_1 接通,而此时信号 $\overline{D}$ 较低,控制电子开关 K_2 断开;当参考信号 D 较低时,控制电子开关 K_1 断开,而信号 $\overline{D}$ 较高,控制电子开关 K_2 接通。如前所述,测量元件输出的电压信号为 $V_b=V_m\sin(\alpha-\theta)\sin\omega t$,当工作台正向进给时,$V_b$ 的幅值 $V_m\sin(\alpha-\theta)$ 为正,当工作台反向进给时,$V_m\sin(\alpha-\theta)$ 为负。如果参考信号 D 在 $\sin\omega t$ 为正时较高,那么,工作台正向进给时,检波器的输出 V_e 为正;工作台反相进给时，检波器的输出 V_e 为负，V_e 信号再经过一次滤波去掉脉动成分，就得到平滑的直流电压 V_f，检波器的工作波形图如图 6－40 所示。

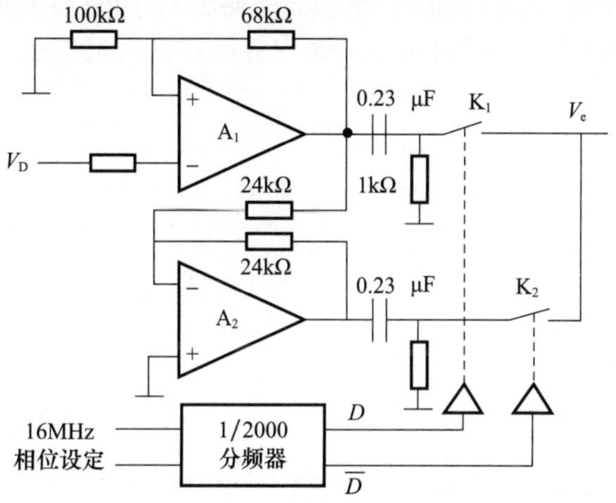

图 6－39　检波器线路图

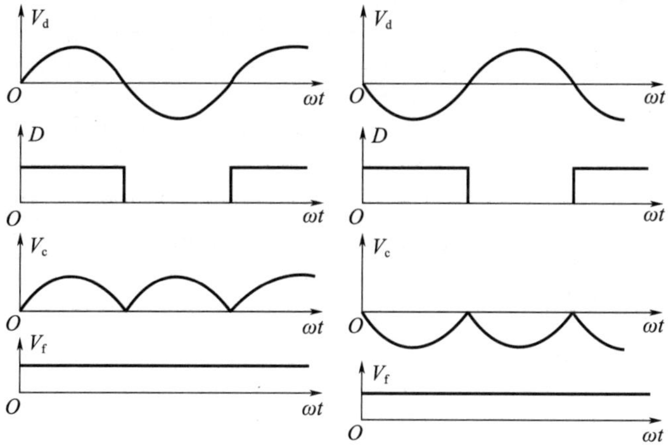

图 6－40　检波器的工作波形图

3）电压－频率转换器

电压－频率转换器的作用是把检波后输出的模拟电压 V_f 变成相应的脉冲序列，V_f 为正时，输出正向脉冲；V_f 为负时，输出反向脉冲。脉冲的方向用符号寄存器的输出表示。V_f 为 0 时，不产生任何脉冲。随着输入电压信号幅值的增加，电压－频率转换器的输出开始出现脉冲。图 6－41 所示是一种电压－频率转换器线路图。

运算放大器 A_1 是一个积分器，输入信号 V_f 幅值大时，A_1 的输出上升到 +2.5V 所需时间短，反之时间长些，如图 6－42 所示。放大器 A_2 和 A_3 是两个电压比较器，其作用是与 A_1 输出的电压进行比较，当 A_1 输出的电压上升到 +2.5V 时，A_2 的输出突然由"1"变为"0"；而 A_1 的输出电压下降到 －2.5V 时，A_3 的输出突然由"1"变为"0"。A_2 和 A_3 的输出经过非门和或非门又被送到同步器，每当 A_2 和 A_3 有由高电平到低电平的跳变时，同步器输出一个同步脉冲。该脉冲经反向器、电阻、三极管 T 和场效应管 G 使积分器 A_1 复位，使 A_1

输出等于输入,同时,A_2和A_3的输出又变为高电平。另外,A_2和A_3的输出脉冲信号又控制D触发器,该触发器作为方向控制使用,由它被置位或复位,指出方向。

由上述分析可知,当工作台正走时,解调器的输出V_f为正;当工作反走时,V_f为负。V_f的大小代表了工作台的位移。经过电压-频率转换器将电压V_f变成了相应频率的脉冲信号。

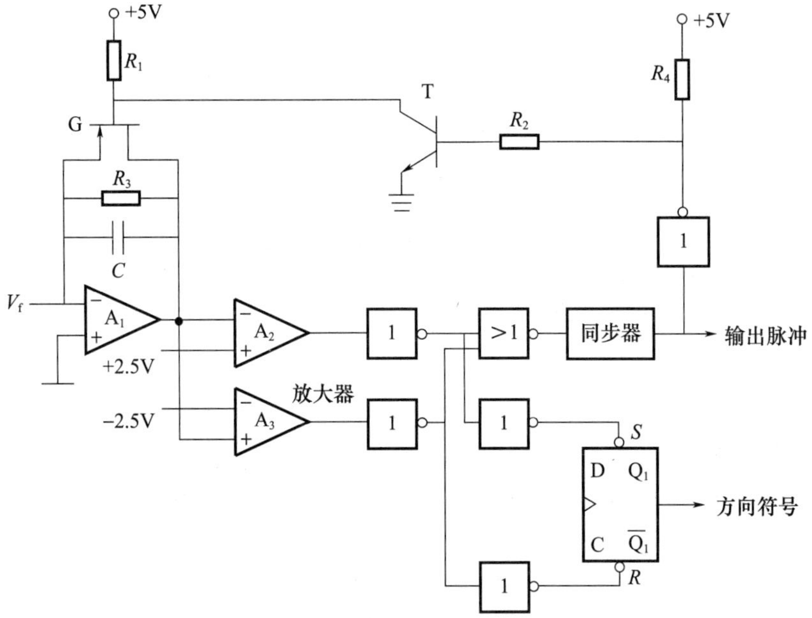

图6-41　电压-频率转换器线路图

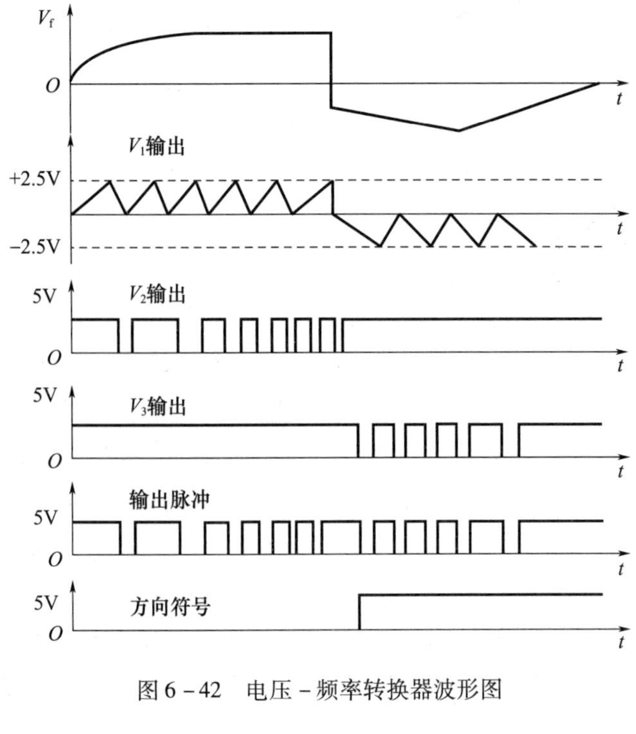

图6-42　电压-频率转换器波形图

4）比较器

比较器的作用是对指令脉冲信号和反馈脉冲信号进行比较。一般来说，来自数控装置的指令脉冲信号可以是两种形式：一种是用一条线路传送进给方向信号，一条线路传送进给脉冲信号；另一种是用一条线路传送正向进给脉冲，一条线路传送反向进给脉冲。来自测量元件及信号处理线路的反馈信号是采用第一种形式表示的。进入比较器的脉冲信号形式不同，比较器的构成也不同。

图6-43所示为指令脉冲为第一种形式时的一种比较器结构。在该比较器中，反馈脉冲一定不能与指令脉冲同时出现。比较器的工作原理是，当有正向指令脉冲出现时，方向符号线路上为“0”电平，1门输出为“1”，则2门打开，使正向指令脉冲通过2门、4门，进入可逆计数器的加端，使可逆计数器作加法计数，其内容由0变为正数。其输出经数模转换、速度单元、驱动电动机使工作台正向移动。工作台移动之后，测量元件将移动的距离检测出来，并经信号处理线路以正向反馈信号送入比较器。该正向反馈信号经6门、8门进入可逆计数器的减端，使可逆计数器作减法计数，可逆计数器内容就是指令信号与反馈信号之差。若指令脉冲为反向脉冲，则经3门、8门进入可逆计数器减端，使可逆计数器作减法计数，可逆计数器内容为负。这时，反馈信号也一定是反向脉冲，反向脉冲经门7、门4进入可逆计数器的加端，使可逆计数器作加法计数。当指令信号由一个方向向另一个方向转换时，一定要在工作台停止后再进行，即可逆计数器内容变为0时再进行，否则要造成加工误差。

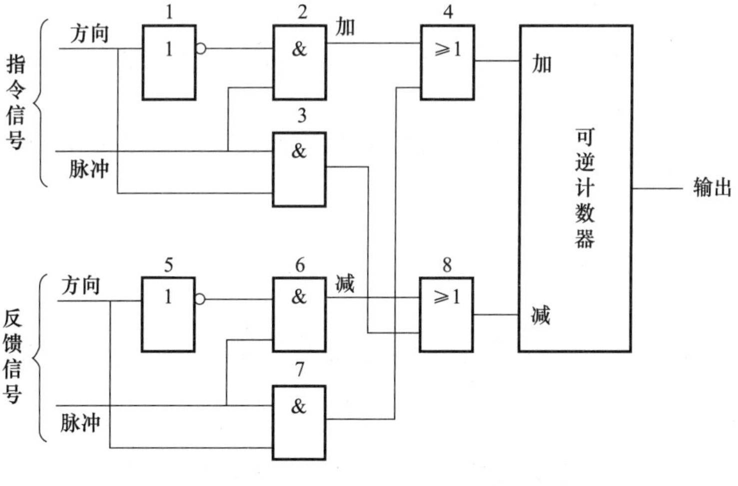

图6-43　比较器

5）正弦、余弦信号发生器

正弦、余弦信号发生器的任务是根据电压-频率转换器输出脉冲的多少和方向，生成测量元件的励磁信号 V_s 和 V_c，即

$$V_s = V_m \sin\alpha \sin\omega t$$

$$V_c = V_m \cos\alpha \sin\omega t$$

式中：α 的大小由脉冲的多少和方向决定；V_s 和 V_c 的频率和周期根据要求可用基准信号的频率和计数器的位数调整、控制。通常，正弦、余弦信号发生器可分为两部分，即脉冲相位转换线路和正弦、余弦信号生成线路。

6)数模转换器

数模转换器也称脉宽调制器,其任务是把比较器的数字量转变为电压信号。目前,已有许多不同精度、不同形式的数模(D/A)转换器,只要满足伺服系统对其输入/输出要求,即可直接选用。

6.5.3 数字脉冲比较式伺服系统

随着数控技术的发展,在位置控制伺服系统中,采用数字脉冲的方法构成位置闭环控制,受到了普遍的重视。这种系统的主要优点是结构比较简单,目前采用较多的是以光栅和光电编码器作为位置检测装置的半闭环控制系统。

1. 数字脉冲比较式伺服系统的组成

比较完整的数字脉冲比较式伺服系统可由六个主要环节组成,如图6-44所示。

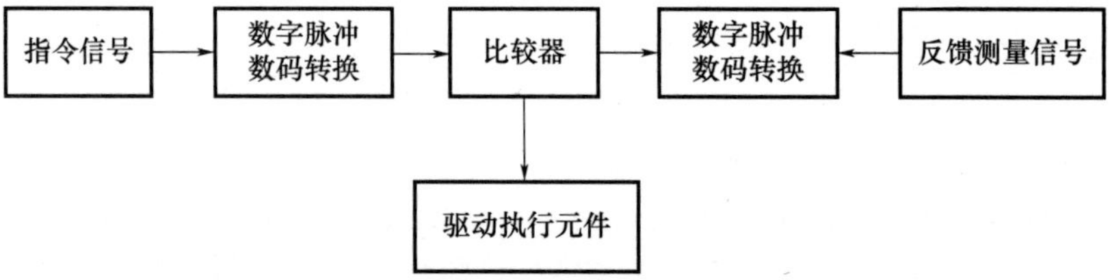

图6-44 数字脉冲比较式伺服系统的组成

1)指令信号

由数控装置提供的指令信号既可以是数字脉冲信号,也可以是数码信号。

2)反馈测量信号

反馈测量信号是由测量装置提供的机床速度、位置反馈信号,既可以是数字脉冲信号,也可以是数码信号。

3)比较器

比较器是完成指令信号与测量反馈信号比较的环节。

4)转换器

转换器是数字脉冲信号与数码的相互转换部件。其依据比较器的功能以及指令信号与反馈信号的性质而决定取舍。

5)驱动执行元件

这部分实质是速度单元和电动机,根据比较器的输出带动工作台移动。

在脉冲比较系统中,常用的测量装置是光栅、编码盘和脉冲编码器。光栅和脉冲编码器能提供数字脉冲信号,而编码盘能提供数码信号。

常用的数字比较器大致有三类:数码比较器、数字脉冲比较器和数码与数字脉冲比较器。

由于指令信号和反馈信号不一定适合比较器的需要,因此,在指令信号和比较器之间,以及反馈信号和比较器之间有时需增加“数字脉冲-数码”转换线路。

比较器的输出反映了指令信号与反馈信号的差值以及差值的方向,将这一输出信号放大后,由速度单元控制执行元件。

一个具体的脉冲比较系统,根据指令信号和测量反馈信号的形式,以及选择比较器的形式，可以包括以上各主要环节，也可以由其中某几个环节组成。

2. 数字脉冲比较式伺服系统的工作原理

下面以采用光电脉冲编码器为测量元件的系统为例，说明数字脉冲比较伺服系统的工作原理。

光电脉冲编码器与伺服电动机的转轴连接，随着电动机的转动产生脉冲序列输出，其脉冲的频率将随着转速的快慢而升降。若工作台处于静止状态，指令脉冲 $P_e=0$，这时反馈脉冲 P_f亦为0，经比较器可得偏差 $e=P_e-P_f=0$，则伺服电动机的速度给定为0，工作台继续保持静止不动。随着指令脉冲的输入，$P_e\neq0$，在工作台尚未移动之前，反馈脉冲 P_f仍为0。经比较器比较，得偏差 $e=P_e-P_f\neq0$，若指令脉冲为正向进给脉冲，则 $e>0$，由速度控制单元驱动电动机带动工作台正向进给。随着电动机运转，光电脉冲编码器将输出反馈脉冲 P_f送入比较器，与指令脉冲 P_e进行比较，若 $e=P_e-P_f\neq0$，则工作台继续运动，不断反馈，直到 $e=P_e-P_f=0$，即反馈脉冲数等于指令脉冲数，工作台停在指令规定的位置上。当指令脉冲为反向运动脉冲时，控制过程与 P_e为正时基本上类似。只是 $e<0$，工作台作反向进给，直至 $e=0$，工作台停在指令所规定的反向某个位置上。

3. 数字脉冲比较式伺服系统的主要功能部件

1)数字脉冲－数码转换器

(1)数字脉冲转换为数码。对于数字脉冲转化为数码，其最简单的实现方法就是采用一个可逆计数器，它将输入的脉冲进行计数，以数码值输出。根据对数码形式的要求不同，可逆计数器可以是二进制的、二－十进制的或其他类型的计数器，图6－45是由两个二－十进制计数器组成的数字脉冲－数码转换器。

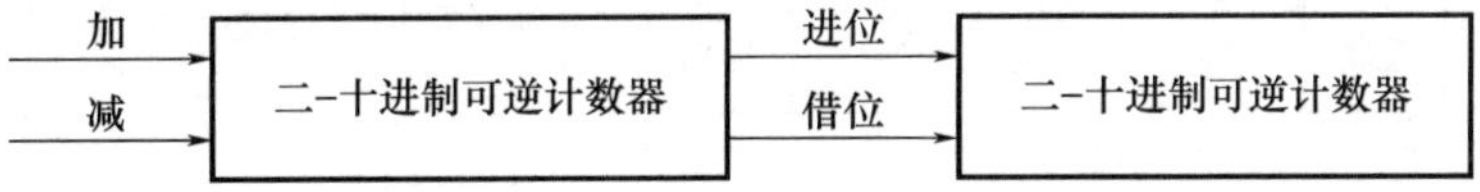

图6－45　数字脉冲转化为数码的线路

(2)数码转换为数字脉冲。对于数码转化为数字脉冲，常用的有两种方法。第一种方法是采用减法计数器组成的线路，如图6－46所示，先将要转换的数码置入减法计数器，当时钟脉冲 *cp* 到来之后，一方面使减法计数器作减法计数，另一方面进入与门。若减法计数器的内容不为"0"，时钟脉冲 *cp* 通过与门输出，若减法计数器的内容变为"0"，则与门被关闭，时钟脉冲 *cp* 不能通过。计数器从开始计数到减为"0"，刚好有等值于数码的数字脉冲从与门输出，从而实现了数码－数字脉冲的转换。第二种方法是用一个数字脉冲乘法器，数字脉冲乘法器实质上就是将输入的二进制数码转化为等值的脉冲数输出，如图6－47所示。

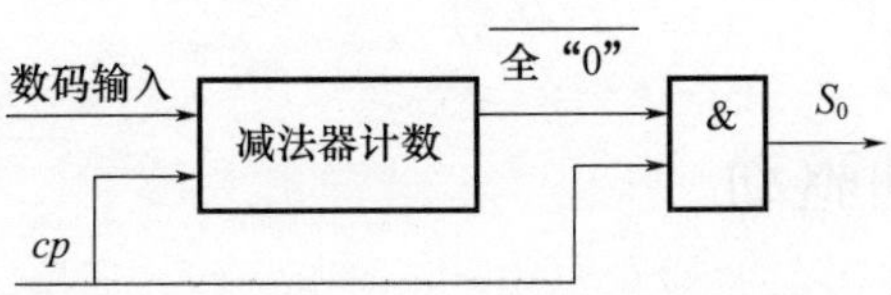

图6－46　数码转化为数字脉冲线路之一

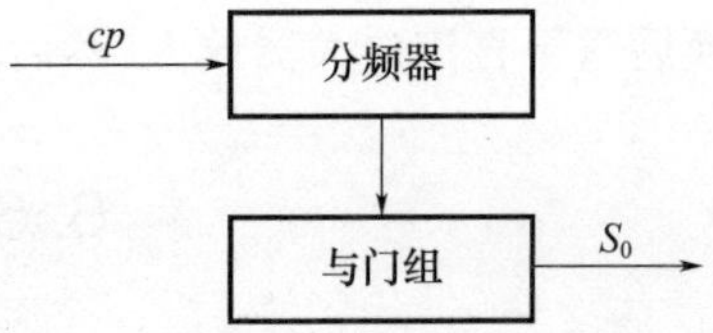

图6－47　数码转化为数字脉冲线路之二

2)比较器

在脉冲比较系统中,使用的比较器有多种结构,根据其功能可分为两种:一种是数码比较器,另一种是数字脉冲比较器。在数码比较器中,比较的是两个数码信号,而输出可以是定性的,即只指出参加比较的数谁大谁小,也可以是定量的,指出大多少或小多少。现在有许多通用大规模芯片可以完成此项任务,用软件程序实现也很方便。数字脉冲比较器中常采用带有可逆回路的可逆计数器进行工作。

6.5.4 全数字伺服系统

随着计算机技术、电子技术和现代控制理论的发展,伺服系统向着交流全数字数控化方向发展,即交流系统取代直流系统,数字控制取代模拟控制。全数字数控是用计算机软件实现数控的各种功能,完成各种参数的控制。全数字伺服系统中,位置环、速度环和电流环的控制均采用软件实现。

图6-48为一个典型的全数字伺服系统结构框图。采用位置控制、速度控制和力矩控制的三环结构。整流器和逆变器的功能是根据控制电路的指令,将直流电转变为伺服电动机定子绕组中的三相交流电流,以产生所需电磁力矩,可以采用集驱动电路保护电路和功率管于一体的智能功率模块(IPM)。

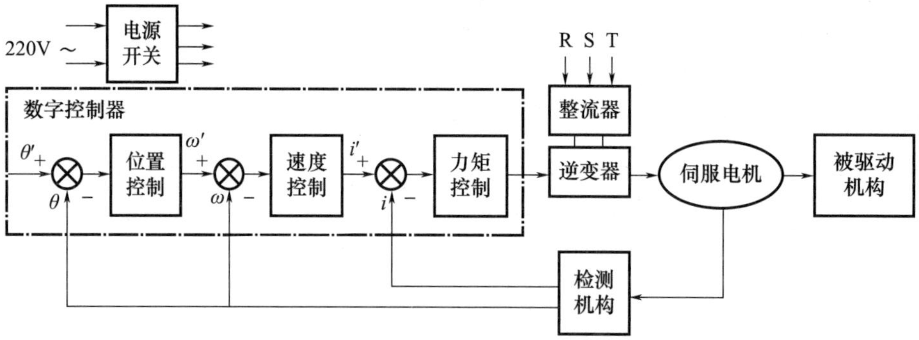

图6-48 全数字伺服系统结框图

数字控制器是全数字伺服系统的核心部分,电动机控制算法实现、系统调节器计算和脉宽调制波的发出都由数字控制器完成。数字信号处理器(DSP)被广泛应用。专用DSP芯片,除具有快速的数据处理能力外,还集成了丰富的用于电动机控制的专用集成电路,如A/D转换器、PWM发生器、定时计数器电路、异步通信电路、CAN总线收发器,并具有高速的可编程静态RAM和大容量的程序存储器。

由于用软件代替了硬件,全数字伺服系统的硬件结构与其他伺服系统相比要简单。来自测量元件的反馈信号直接在计算机中与插补软件产生的指令信号作比较,其差值经数模转换后送至直流放大器放大,然后经执行元件变为工作台移动。

6.6 主轴驱动

数控机床主轴的工作运动通常为旋转运动。主轴驱动系统应具有宽的调速范围,而且能在尽可能宽的调速范围内保持恒功率输出。数控加工要求主轴既能正转,又能反转,而且在两个转向中都能快速制动,即要求主轴驱动系统具有四个象限的驱动能力。为了获得最佳的表面质量和切削效率,主轴转速要求无级调节。

为了满足不同数控机床的加工要求,还对主轴驱动系统提出一些特殊要求,例如:为了能在数控车床等机床上加工螺纹,要求主轴驱动与进给驱动实行同步控制;为了保证端面加工的光洁度,要求数控车床、磨床等机床的主轴驱动系统具有恒线速切削控制;在加工中心上,由于自动换刀的需要,要求主轴驱动系统具有高精度的停位控制;有的数控机床还要求主轴驱动系统具有角度控制功能。

早期的数控机床多采用直流主轴驱动系统。现代数控机床多采用交流主轴驱动系统。下面介绍交流主轴驱动系统。

6.6.1 交流主轴伺服电动机

交流主轴伺服电动机要提供很大的功率,如果用永久磁体,当容量很大时,电动机成本太高。主轴驱动系统的电动机还要具有低速恒转矩、高速恒功率的工况。因此,交流主轴伺服电动机采用感应式异步交流电动机。

交流主轴伺服电动机从结构上分有带换向器和不带换向器两种。通常多用不带换向器的三相感应电动机。其结构是定子上装有对称三相绕组,而在圆柱体的转子铁芯上嵌有均匀分布的导条,导条两端分别用金属环把它们连在一起,称为笼式转子。为增加输出功率,缩小电动机的体积,采用了定子铁芯在空气中直接冷却的办法,没有机壳,而且在定子铁芯上做出了轴向孔以利通风。为此,电动机外形呈多边形而不是圆形。电动机轴的尾部同轴安装有检测元件。交流主轴伺服电动机与普通交流异步感应电动机的结构对比如图6-49所示。

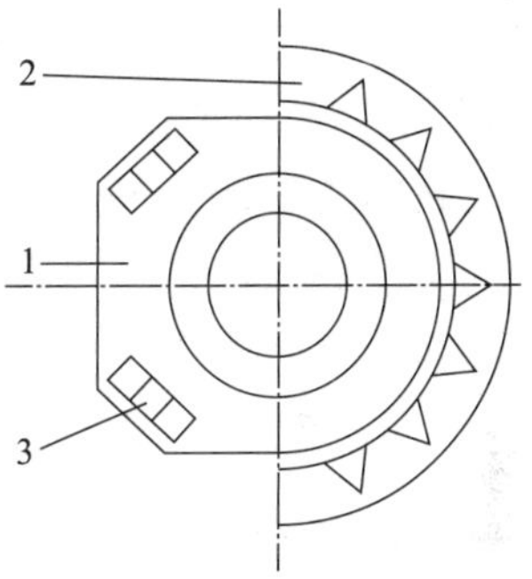

1—交流主轴伺服电动机;2—普通交流异步感应电动机;3—通风孔。

图6-49 交流主轴伺服电动机与普通交流异步感应电动机

交流主轴伺服电动机的工作原理:当定子上对称三相绕组接通对称三相电源以后,由电源供给激磁电流,在定子和转子之间的气隙内建立起以同步转速旋转的旋转磁场,依靠电磁感应作用,在转子导条内产生感应电流。因为转子上导条已构成闭合回路,转子导条中就有电流流过,从而产生电磁转矩,实现由电能变为机械能的能量变换。

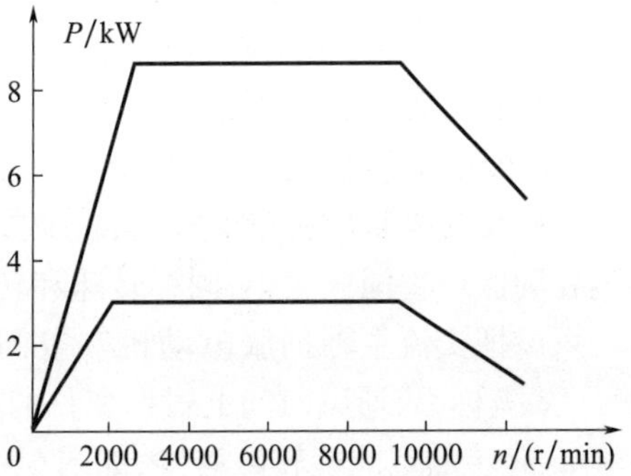

图6-50 交流主轴伺服电动机的特性曲线

图6-50给出了交流主轴伺服电动机功率-速度关系曲线。由图中曲线可知:在基本速度以下为恒转矩区域,在基本速度以上为恒功率区域。但有些电动机,当电动机速度超过某一定值之后,其功率-速度曲线又会向下倾

斜,不能保持恒功率。对于一般主轴电动机,恒功率的速度范围只有1∶3的速比。另外,交流主轴伺服电动机也有一定的过载能力,一般为额定值的1.2~1.5倍,过载时间则为几分钟到半个小时。

交流主轴伺服电动机在结构上有以下三个方面的新发展。

(1)输出转换型交流主轴伺服电动机。为满足机床切削加工的需要,要求主轴电动机在任何切削速度下都能提供恒定的功率。但主轴电动机本身由于特性的限制,在低速时为恒转矩输出,而在高速区为恒功率输出。主轴的恒定特性用恒转矩范围的最高速度和恒功率时最高速之比来表示。一般的交流主轴伺服电动机的比例为1∶3~1∶4。为使低速区也有恒功率,在主轴和电动机之间装有主轴变速箱。如果主轴电动机本身有宽的恒功率范围,则可省掉变速箱,简化主轴结构。现在已开发出一种称为输出转换型交流主轴伺服电动机。输出切换的方法有很多,如三角-星形切换、绕组数切换或二者组合切换,尤其是绕组数切换非常方便。而且,每套绕组都能分别设计成最佳的功率特性,能得到非常宽的恒功率范围,一般能达到1∶8~1∶30。

(2)液体冷却电动机。在电动机尺寸一定的条件下,输出功率受电动机发热的限制。为此,必须解决发热问题。一般采用风扇冷却的方法散热。如果采用液体(润滑油)强迫冷却能在保持小体积条件下获得大的功率输出。液体冷却主轴电动机结构的特点是在电动机外壳和前端盖中间有一个独特的油路通道,用强迫循环的润滑油经此来冷却绕组和轴承,使电动机能在20000r/min高速下连续运行。这类电动机功率范围也很宽。

(3)内装式主轴电动机。如果能将主轴与电动机制成一体,就可省去齿轮结构,使主轴驱动简化,这种主轴称为电主轴。内装式主轴电动机的电动机轴就是主轴本身,而电动机的定子装在主轴头内。

6.6.2 矢量变换控制

对于交流主轴伺服电动机,其电磁转矩为

$$T_e = C_T \boldsymbol{\Phi} I_2 \cos\psi_2 \tag{6-11}$$

式中:C_T为转矩常数;$\boldsymbol{\Phi}$为气隙磁通;I_2为转子电流;$\cos\psi_2$为转子功率因数。

在电磁转矩的表达式中,气隙磁通$\boldsymbol{\Phi}$是由励磁电流产生的,而励磁电流是定子电流和转子电流的合成电流,即与定子电流和转子电流都有关,因此$\boldsymbol{\Phi}$和I_2不是独立变量,它们与$\cos\psi_2$都是转差率S的函数,无法分开进行独立控制。另外,从被控量的特征来看,气隙磁通$\boldsymbol{\Phi}$是旋转的空间矢量,定子电流是周期性变化的时间矢量,矢量既有大小又有相位,比标量难控制得多。由此可见,若要改善交流电动机的控制性能,应该设法将被控变量从矢量转换为标量。通过这种转换,将交流电动机模拟成直流电动机来控制其转矩,从而获得高动态调速性能。

为使交流主轴伺服电动机运转,最重要的是产生旋转磁场。因此,从矢量向标量的转换是在确保产生同样大小、同样转速和转向旋转磁场的条件下,通过绕组等效来实现的。

可以把交流主轴伺服电动机在空间中对称的三相定子绕组U、V、W抽象为静止的$a—b—c$坐标系,通以时间上对称变化的三相正弦交流电流i_a、i_b、i_c后,产生一个以电源角频率ω_0旋转的空间旋转磁场$\boldsymbol{\Phi}$,如图6-51(a)所示。现有空间中的90°两相绕组α、β可以将其抽象为静止的$\alpha—\beta$坐标系,通以时间上相差90°的两相正弦交流电流i_α、i_β,也将产生一旋转磁场，如图 6－51(b)所示。若两相绕组 α、β 产生的旋转磁场，其大小、旋转方向和速度与三相对称绕组所产生的相同，则两套绕组是相互等效的。

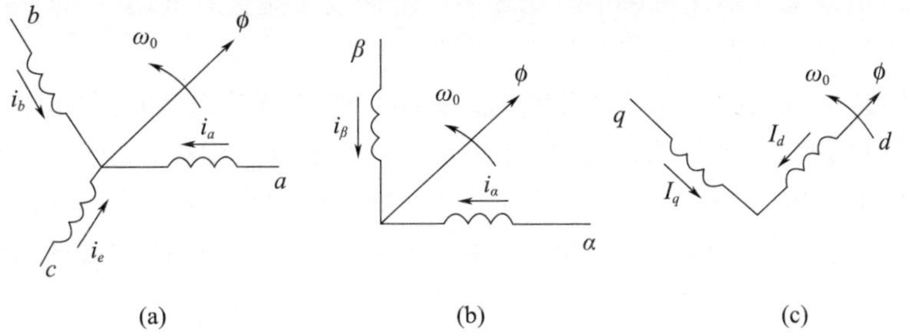

图 6－51　绕组等效示意图

(a)三相交流绕组；(b)二相交流绕组；(c)等效直流绕组。

给相互垂直的两相绕组 d、q 分别通以直流电流 I_d、I_q，将会产生空间位置固定的合成磁通 ϕ，见图 6－51(c)。如果使绕组 d、q 以同步角速度 ω_0 旋转，那么磁通 ϕ 也以同步角速度 ω_0 在空间旋转。从产生旋转磁场的效果来看，旋转的直流绕组 d、q 与静止的三相、二相绕组是等效的。在一定匝数下，i_a、i_b、i_c 与 i_α、i_β 及 I_d、I_q 之间必然存在确定的关系，亦即矢量变换关系。即在产生同样旋转磁场的条件下，一定的 i_a、i_b、i_c 对应着一定的 i_α、i_β 和一定的 I_d、I_q，反之，若取 I_d、I_q 为某一定值，则 i_a、i_b、i_c 必然按一定规律变化。只要按一定规律的控制 i_a、i_b、i_c，也就等效于控制了 I_d、I_q。

d、q 绕组同样可以抽象为 d—q 坐标系，见图 6－51(c)。在 d—q 坐标系中，若取磁通 ϕ 的方向与 d 轴线一致(与 d 绕组平面垂直)，从旋转的 d—q 坐标系观察，则磁通 ϕ 仅由电流 I_d 产生，而电流 I_q 仅用来产生电磁转矩 。如此看来，在 d—q 坐标系中，交流电动机完全与直流电动机等效。其中，绕组 d 相当于励磁绕组，绕组 q 相当于转子绕组。这样，当通过三相交流电流矢量 i_a、i_b、i_c 控制电动机电磁转矩时，完全可以通过控制等效的标量直流电流 I_d、I_q 来实现。交流矢量的直流标量化可以使交流电动机获得与直流电动机同样优越的调速性能。

为了将交流矢量变换成两个独立的直流标量来分别进行控制，以及将被调节后的直流标量还原成交流量，以最后控制交流电动机的运行状态，必须采用矢量变换及其逆变换，故称这种速度控制系统为矢量变换控制系统。实现矢量变换控制系统，须首先建立矢量变换数学模型。

6.7　直线电动机

6.7.1　直线电动机的概述

直线电动机是一种能将电信号直接转换成为直线位移的电动机。由于它无须转换机构即可直接获得直线运动，所以直线电动机没有传动机械的磨损，并且噪声低、结构简单、操作维护方便。在数控设备中，直线电动机已成为重要的驱动元件。

目前，直线电动机已有多种类型，如直流直线电动机、交流永磁同步直线电动机、交流感应异步直线电动机、步进式直线电动机、磁阻式直线电动机、压电式直线电动机和平面电动机等,其中,以直流直线电动机、交流永磁同步直线电动机、交流感应异步直线电动机组成的高速进给系统在高速机床中应用较多。下面以交流直线电动机为例介绍直线电动机的结构特点。

若把旋转式交流伺服电动机[图6-52(a)]沿径向剖开,并将电动机的圆周拉平展开,则可演变成扁平型交流直线伺服电动机[图6-52(b)],由原来定子演变而来的一侧叫作直线伺服电动机的初级,由鼠笼式转子演变的一侧叫作直线伺服电动机的次级。原来沿电动机圆周空气隙旋转的旋转磁场,现在随着电动机圆周的拉平而形成直线后变成了平移磁场。由此,电动机也由旋转运动变成了直线运动。直线感应电动机的工作原理和对应的旋转电动机相似。

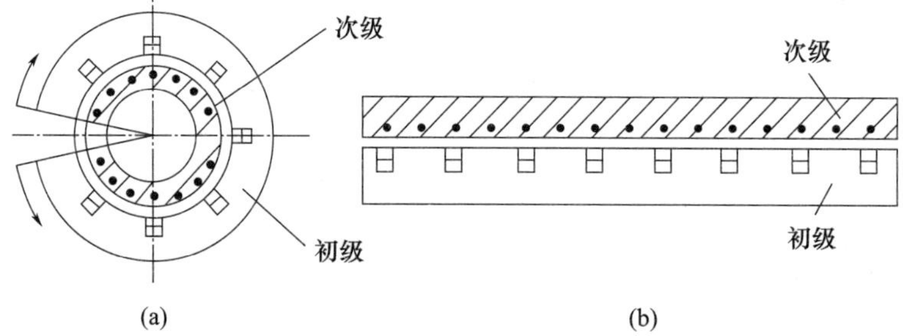

图6-52 旋转电动机展开为直线电动机的过程

(a)旋转式交流伺服电动机;(b)扁平型交流直线伺服电动机。

为了实现在一定范围内的直线运动,初级和次级不能一样长。同样,为了消除初级和次级之间的单边磁拉力,减轻次级重量,交流直线伺服电动机通常也做成双边型的。图6-53为双边型的短初级长次级型、短次级长初级型的交流直线伺服电动机结构形式。

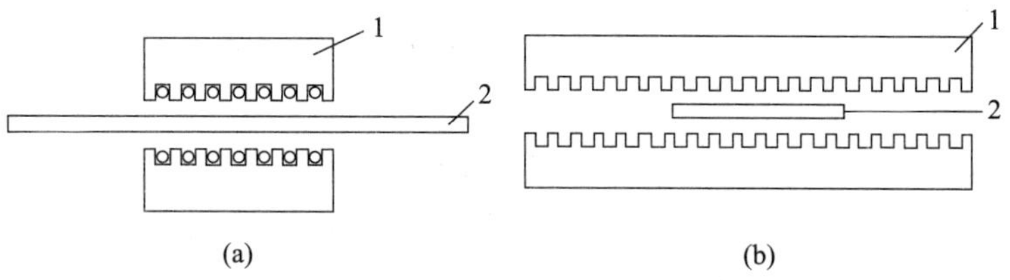

1—初级;2—次级。

图6-53 双边型交流直线伺服电动机结构形式

(a)短初级;(b)短次级。

直线电动机有精密定位和自锁能力。直线电动机和控制线路相配合,可做到微米级的位移精度和自锁能力。可以和微处理机相结合,提供较精确和稳定的位置,并能控制速度和加速度。

直线电动机是一种直接传动的特种电动机,可实现无接触传递力,故障少,不怕振动和冲击,因而稳定可靠,寿命长。结构上的改变也给其性能带来了一定的影响。直线电动机初级铁芯沿磁场移动的方向是分断的,长度是有限的、不连续的,因而对移动磁场来说出现了一个“进入端”和一个“出口端”。这就形成了直线电动机所特有的“边端效应”,使电动机的损耗增加，出力减小。此外，直线电动机初级和次级之间的气隙，由于机械结构刚度的限制和工艺水平的影响，一般要比旋转电动机的空隙大 2～3 倍，从而使直线电动机的功率因数和效率大大降低。当然，在研制时通过精细调整可尽量使气隙减小。

6.7.2 直线电动机直接驱动

高速机床要求具有与主轴高转速相适应的高速进给系统，高速进给系统应满足如下要求：①与高速主轴相匹配的高进给速度，目前的基本要求为 60m/min 以上，极端情况可达 120m/min 以上；②动态性能好，具有良好的快速响应特性，能实现快速伺服控制和误差补偿；③在高速下仍有高的定位精度；④加速度大，以保证在极短的行程内达到高速和瞬时准停。⑤高可靠性和高安全性。

传统的“旋转电动机 + 滚珠丝杠螺母副”进给系统不能满足高速加工的要求，其局限性表现在：①刚度低、惯量大，难以获得高进给速度和高加速度。丝杠的扭曲刚度低，限制了进给系统临界转速的提高，高速运行时很容易产生扭振。②高速下发热比较严重，影响机床精度。③传动链结构复杂，传动误差大，传动效率低，机械噪声大。④非线性误差（如间隙、失动量、库仑摩擦）严重，不易实现闭环控制。⑤受疲劳强度的限制，高速工作时寿命较低。一般其进给速度很难超过 60 m/min，加速度很难超过 1～1.5g。

利用直线电动机驱动，可以完全取消传动系统中将旋转运动变为直线运动的环节，大大简化机械传动系统的结构，实现所谓的“零传动”。它从根本上消除传动环节对精度、刚度、快速性和稳定性的影响，故可以获得比传统进给驱动系统更高的定位精度、快进速度和加速度。

直线电动机工作时，电磁力直接作用于机床工作台上，无须传统的机械传动元件，消除了机械传动误差和啮合元件间隙引起的响应滞后，并具有如下优点。

(1) 高运动速度。因为是直接驱动，最大进给速度高达 100～180m/min。

(2) 高加速度。由于起动推力大、结构简单、质量轻，可实现的最大加速度高达 2～10g。加速度的提高可大大提高盲孔加工、任意曲线曲面加工的生产率。

(3) 运动长度不受限制。

(4) 控制特性好，增益大，滞动小，在高速运动中能保持较高定位精度和跟踪精度。直线电动机进给系统常用光栅尺作为工作台的位置测量元件，采用闭环反馈控制系统，工作台的定位精度高达 0.1～0.01μm。

(5) 运行效率高、噪声低。

和普通的旋转电动机不同，直线电动机的磁场是敞开的，因而对其工作环境要求比较苛刻。若防护不当，加工过程产生的铁屑和其他杂碎金属等被吸入直线电动机的定子和动子之间，就会影响电动机的正常运行，特别是永磁式直线电动机，由于采用了大量磁力很强的永久磁铁，即使电动机断电，强大的磁场依然存在，如果电动机中吸入了铁屑和铁磁材料粉末就很难清除。因此，对于直线电动机进给系统，特别是永磁同步直线电动机进给系统，必须采取切实可行的防磁措施，如安装各种可靠性较高的防护隔离罩等。

由于直线电动机的定子、动子等发热部件一般需安装在机床的工作台和导轨之间，这里正是机床的“腹部”，散热条件差，过大的热量不仅会直接影响机床的加工精度，还会限制直线电动机推力的发挥,影响高速机床的工作性能。为解决这一问题,可以使用冷却板,或者其他冷却装置进行强制散热,如图6-54所示。

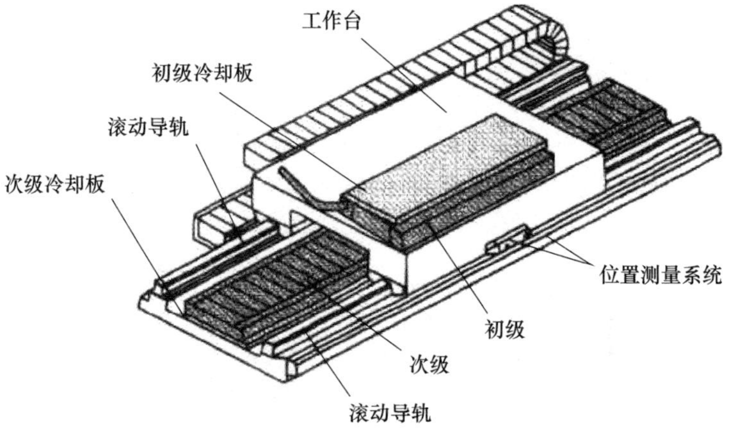

图6-54　直线电动机驱动的高速进给单元

采用有内冷却管路的冷却板,可将电动机发热部件与机床隔离,通过冷却液循环带走热量,进行强制散热,具有良好效果,但会增加结构复杂性,提高机床成本。对于发热不是很大的直线电动机进给系统,也可采用半导体制冷装置进行散热,以避免冷却液泄漏,造成环境污染等问题。

直线电动机的不足之处,主要表现在以下几个方面。

(1)与同容量旋转电动机相比,直线电动机的效率和功率因数要低,特别是在低速时更明显。

(2)直线电动机,特别是直线感应电动机的起动推力受电源电压的影响较大,故对驱动器的要求较高,应采取措施保证或改变电动机的有关特性来减少或消除这种影响。

(3)在金属切削机床上,由于电动机直接和导轨、工作台做成一体,必须采取措施以防止磁力和热变形对加工的影响。

思考题与习题

1. 数控机床对伺服系统有哪些要求?简述数控伺服系统的组成和作用。

2. 数控机床的伺服系统有哪几种类型?简述各自的特点。

3. 什么是步距角?步进电动机步距角的大小取决于哪些因素?

4. 在一开环步进系统中,若设定其脉冲当量为0.01mm/脉冲,丝杠螺母副的螺距为8mm,应如何设计此系统?

5. 步进电动机的基本控制方法是什么?环行分配器有哪些基本形式?各自有何特点?用自己熟悉的语言设计一个五相十拍的脉冲分配程序。

6. 如何提高步进开环伺服系统的伺服精度?

7. 步进电动机的连续工作频率与其负载转矩有何关系?为什么?如果负载转矩大于启动转矩,步进电动机还会转动吗?为什么?

8. 概述直流伺服电动机及交流伺服电动机的优缺点以及速度调节方法。

9. PWM 的基本原理是什么？
10. 分别叙述鉴相式、鉴幅式及数字伺服比较系统的工作原理。
11. 在鉴幅式系统中，基准信号发生器的作用是什么？
12. 主轴驱动有哪些要求？主轴驱动电动机有哪些类型？如何调速？
13. 直线电动机伺服系统有何特点？

第7章　数控机床的机械结构

7.1　概　　述

7.1.1　数控机床机械结构组成

早期的数控机床以普通机床为基础，只对进给系统进行革新和改造，数控机床机械结构与普通机床相比并无较大区别。随着技术的发展，数控机床在变速箱、刀架和工作台自动转位和手柄操作等方面作了适应性改变。现代数控机床，特别是加工中心，无论是其支承部件、主传动系统、进给传动系统、刀具系统、辅助功能等部件结构，还是整体布局、外部造型等均发生了很大变化，已形成了数控机床独特的机械结构。尽管如此，普通机床的构成模式和零部件的设计方法仍适用于现代数控机床。

与普通机床类似，数控机床机械结构由以下几个部分组成。

(1)主传动系统。包括动力源、传动件(齿轮、轴承、轴等)及主运动执行件(主轴)等。其功用是将动力源的运动及动力传给执行件，以实现切削主运动。

(2)进给传动系统。包括动力源、传动件(滚珠丝杠、齿轮等)及进给运动执行件(工作台、刀架)等。其功用是将伺服驱动装置的运动与动力传给执行件，以实现切削进给运动。

(3)支承件。包括床身、立柱、导轨、滑座、工作台等，有时又被称为机床"大件"。用于支承机床的各主要部件，并使它们在静止或运动过程中保持相对正确的位置。支承件是整台机床的基础和框架。

(4)刀架和自动换刀装置。完成刀具的安装、自动选择与更换。加工中心应有自动换刀装置。

(5)辅助装置。辅助装置视数控机床的不同而异，如回转工作台、排屑装置、液压气动系统、润滑冷却装置等。

图7-1为TH5632型立式加工中心的机械结构示意图。

7.1.2　数控机床机械结构特点

与普通机床相比，数控机床在机械结构方面具有如下特点。

(1)由于采用了高性能的无级变速主传动系统及伺服传动系统，机械传动结构简化，传动链缩短，传动效率提高。

例如，数控机床的主轴箱、进给变速箱一般都非常简单；传动齿轮、轴类零件、轴承的数量大为减少；在使用直线电动机、电主轴的场合，甚至可以不使用传动齿轮，电动机转子

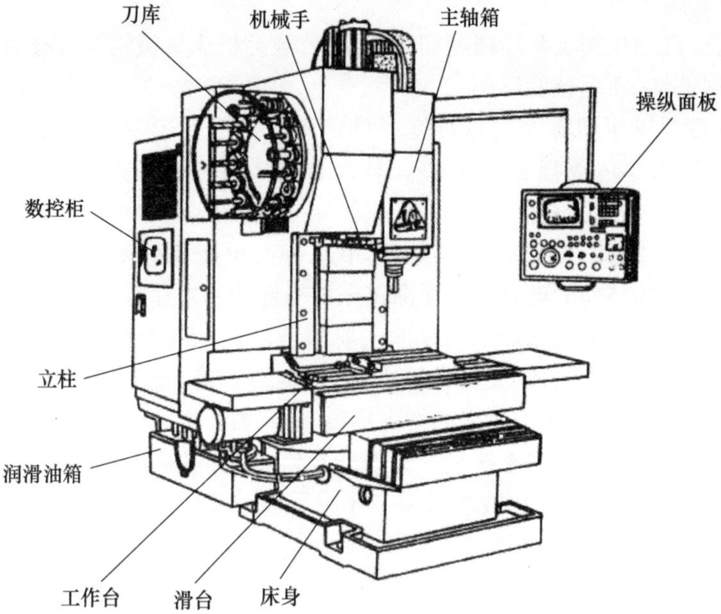

图 7－1　TH5632 型立式加工中心的机械结构示意图

直接连接滚珠丝杠或主轴，称为“零传动”。

为减小摩擦、消除传动间隙和获得更高的加工精度，高效、无间隙传动装置在数控机床上得到了广泛应用。如滚珠丝杠螺母副、塑料滑动导轨、静压导轨、直线滚动导轨等高效执行部件，以及消除反向传动间隙的附件。这些传动机构可以减少进给系统的摩擦阻力，提高传动效率，使运动平稳并获得较高的定位精度。

(2)具有良好的操作性和安全防护性能，操作机构相对简单。

在大部分数控机床上，由于无须通过变换传动齿轮来变速，操作机构比普通机床要简单得多。操作者无须通过手柄进行调整和变速，许多机床甚至没有手动机械操作机构。大部分辅助动作(如冷却液开闭)都可以通过数控系统的辅助功能进行控制，因此，常用的操作按钮也较普通机床少，操作更方便、更简单。

数控机床是一种高度自动化的加工设备，动作复杂，高速运动部件较多，对机床动作互锁、安全防护性能等要求也比普通机床要高得多。数控机床一般都有高压、大流量的冷却系统，主轴高速回转。为防止切屑、冷却液的飞溅，数控机床通常都应采用封闭或半封闭的防护结构，以提高防护性能。

(3)广泛采用了刀具自动夹紧装置、刀库与自动换刀装置及自动排屑装置等，主轴的结构、刀库及换刀机械手的机械结构相对复杂。

“工艺复合化”和“功能集成化”是无人化、柔性化加工的基本要求，也是数控机床的显著特点和发展方向。在现代数控机床上，自动换刀装置、自动工作台交换装置等已经成为基本装置。在加工中心上，工件一次装夹，可以完成钻、铣、镗、攻丝等多工序加工；在车削中心上，除能加工内孔、外圆、端面外，还能在外圆、端面的任意位置进行钻、铣、镗、攻丝和曲面的加工。因此，自动换刀装置、动力刀架、自动排屑装置、自动润滑装置等特殊机械部件必不可少，有的机床还带有自动工作台交换装置、工件自动装卸装置。

(4) 为适应自动化加工和高精度加工的需要,数控机床机械结构具有较高的静、动态刚度,较高的耐磨性,而且热变形小。

机床的刚度反映了机床结构抵抗变形的能力。机床变形所产生的误差,通常很难通过调整和补偿的办法予以彻底解决。与普通机床相比,数控机床应具有更高的静刚度。

为充分提高机床的工作效率,加大切削用量,还必须提高机床的抗振性,避免切削时的共振和颤振。提高结构的动刚度是提高机床抗振性的基本途径。

机床的热变形是影响机床加工精度的主要因素之一。由于数控机床的主轴转速、快进速度都远高于普通机床,机床又长时间处于连续工作状态,电动机、丝杠、轴承和导轨的发热都比较严重,加上高速切削产生的切削热影响,使数控机床的热变形影响比普通机床要严重得多。虽然先进的数控系统具有热变形补偿功能,但是其并不能完成消除热变形对于加工精度的影响。因此,在数控机床上还应采取必要的措施,如热对称结构、辅助散热装置,尽可能降低机床热变形程度。

机床工作时间的延长和工作负载的增加,对组成机床的各种零部件的耐磨性和可靠性也提出了更高的要求。

(5)机床零部件间具有较高的定位精度与良好的低速稳定性。

数控机床的加工精度一般都比普通机床高,因此,数控机床主要传动件和基础件的尺寸精度和几何形状精度通常比普通机床高。利用伺服系统代替普通机床的进给系统是数控机床的主要特点。伺服系统的最小移动量(脉冲当量),一般只有0.001mm,甚至更小;最低进给速度一般只有1mm/min,甚至更低。这就要求进给系统具有较高的运动精度,良好的跟踪性能和低速稳定性,不易产生低速爬行现象,这样才能对数控系统的位置指令作出准确的响应,从而得到要求的定位精度。滚珠丝杠螺母副能使进给系统满足这些要求。

传动件间隙直接影响机床的反向定位精度,虽然在数控系统中可以通过采取间隙补偿、单向定位等措施减小这一影响,但不能完全消除。特别是对于非均匀间隙,必须采用机械消除间隙措施,问题才能得到较好的解决。

7.2 数控机床总体布局

机床的总体布局是指机床的主要组成部件(如床身、立柱、工作台)和各运动坐标轴在整台机床中的配置。合理选择机床布局,可以使机床在满足数控加工要求的同时,机械结构更简单和合理,加工工件更高效。早期数控机床的布局与普通机床相同或类似。随着数控技术的发展,数控机床的总体结构形式灵活多变,出现了许多独特的布局形式。

7.2.1 数控车床布局

数控车床的主轴、尾座等部件相对于床身的布局形式与普通车床基本一致,但刀架和导轨的布局形式发生了变化。

常用的布局形式有平床身、斜床身和立式床身三种，如图 7－2 所示。一般经济型、普及型数控车床以及数控化改造的普通车床，大多采用平床身，与普通卧式车床类似。性能要求较高的中、小规格数控车床采用斜床身（有的机床是用平床身斜滑板）布局，导轨倾斜角度通常选择 45°、60°和 75°。大型数控车床或精密数控车床采用立式床身。目前，斜床身布局的数控车床应用比较广泛。以下是三种布局方式的比较。

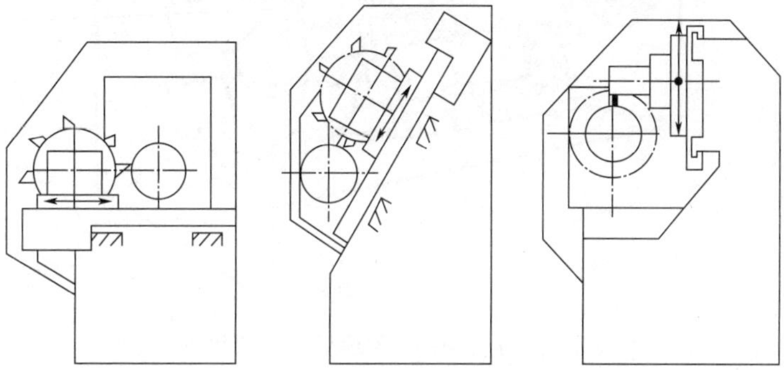

(a)　(b)　(c)

图 7－2　数控车床的三种布局形式

（a）平床身布局；（b）斜床身布局；（c）立式床身布局。

（1）热稳定性。当床头箱因发热使主轴中心线产生漂移时，斜床身的影响最小；斜床身、立式床身因排屑性能好，受切屑产生的热量影响也较小。

（2）运动精度。由于刀架水平布置，平床身布局不受刀架、滑板自重的影响，容易提高定位精度；立式床身受自重的影响最大，有时需要增加平衡机构消除；斜床身介于二者之间。

（3）制造工艺性。平床身的加工工艺性较好，部件精度较容易保证。另外，平床身机床工件重量产生的变形方向竖直向下，其和刀具运动方向垂直，对加工精度的影响较小；立式床身产生的变形方向正好沿着运动方向，对精度影响最大；斜床身介于二者之间。

（4）操作、防护、排屑性能。斜床身的观察角度最好，工件的调整比较方便。平床身有刀架的影响，加上拖板突出前方，观察、调整较困难。但是，在大型工件和刀具的装卸方面，平床身因其敞开面宽，起吊容易，装卸比较方便。立式床身因切屑可以自由落下，排屑性能最好，导轨防护也较容易。在防护罩的设计上，斜床身和立式床身结构较简单，安装也比较方便；平床身则需要三面封闭，结构较复杂，制造成本较高。

（5）受力和刚度。斜床身布局的数控车床不仅可以在同等条件下改善受力情况，还可以通过整体封闭式截面设计，提高床身的刚度。

另外，斜床身布局时自动换刀装置的布置较方便，而平床身、立式床身布局的机床受结构的局限，布置比较困难，限制了机床性能的提高。

图 7－3 为具有可编程尾架座的双刀架数控车床。该机床采用斜床身，有两个数控回转刀架，可实现多刀加工。尾座可实现编程运动，也可用于安装刀具进行加工。

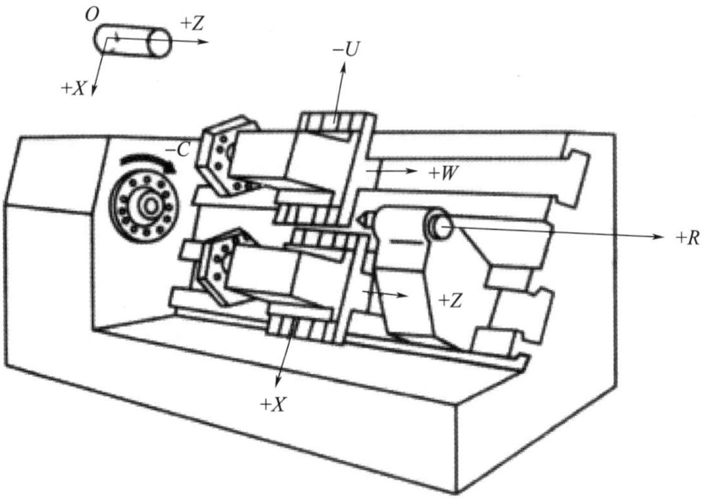

图 7-3　具有可编程尾架座的双刀架数控车床

7.2.2　加工中心布局

1. 卧式加工中心

卧式加工中心通常采用 T 形床身和移动式立柱,工作台不升降。各个坐标的运动可由立柱、工作台或主轴移动完成,如图 7-4(b)~(f)所示。固定立柱式结构多在小型卧式加工中心上采用。立柱有单立柱和双立柱框架结构两种形式。在双立柱框架结构形式中,主轴箱在两立柱之间沿导轨上下移动,刚性大,热对称性好,稳定性高。

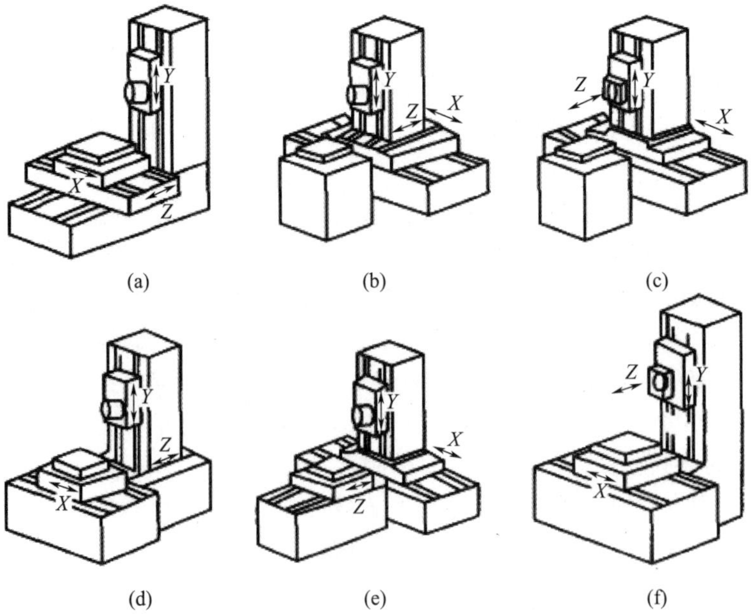

图 7-4　卧式加工中心布局及运动轴的分配

(a)X、Z 轴:工作台,Y 轴:主轴;(b)X、Z 轴:立柱,Y 轴:主轴;(c)X 轴:立柱,Y、Z 轴:主轴;
(d)X 轴:工作台,Y 轴:主轴,Z 轴:立柱;(e)X 轴:立柱,Y 轴:主轴,Z 轴:工作台;(f)X 轴:工作台,Y、Z 轴:主轴。

T形床身布局可以使工作台沿床身作 X 向或 Z 向移动时，在全行程范围内，工作台和工件完全支承在床身上，因此机床刚性好，工作台承载能力强，加工精度容易得到保证。而且，这种结构可以很方便地增加 X 轴行程，便于机床品种的系列化、零部件的通用化和标准化。

T形床身可以做成一体，这样刚度和精度保持性能会比较好，但铸造和加工工艺性会较差。分离式T形床身的铸造和加工工艺性都大大改善，但连接部位要用定位键和专用的定位销定位，并用大螺栓紧固以保证刚度和精度。

移动式立柱结构的优点：首先，这种形式减少了机床的结构层次，使床身上只有回转工作台、工作台，共三层结构（含床身），它比传统的四层十字工作台更容易保证大件结构刚性；同时又降低了工件的装卸高度，提高了操作性能。其次，Z 轴的移动在后床身上进行，进给力与轴向切削力在同一平面内，承受的扭曲力小，镗孔和铣削精度高。此外，因为 Z 轴导轨的承重是固定不变的，它不随工件重量而改变，所以有利于提高 Z 轴的定位精度和精度的稳定性。不足之处是，由于 Z 轴承载较重，对提高 Z 轴的快速性不利。

卧式加工中心有3个以上的运动坐标，一般具有3轴以上联动功能。图7-4列出了三坐标加工中心运动轴的几种不同组合形式。常见的是三个直线坐标 X、Y、Z 联动和一个回转坐标 B 分度，它能够在一次装夹下完成四个面的加工，最适合加工箱体类零件。五轴加工中心多了两个回转轴 B 和 C，可以由工作台偏转或刀具偏转实现。

为提高数控机床的加工效率，在卧式加工中心上经常采用双交换工作台，进行工件的自动交换，以进一步缩短辅助加工时间，提高机床效率。双交换工作台有移动式和回转式两种。

2. 立式加工中心

立式加工中心与卧式加工中心相比，结构简单，占地面积小。中小型立式加工中心一般都采用固定立柱式，主轴箱吊在立柱一侧。立柱通常采用方形截面框架结构、米字形或井字形筋板，以增强抗扭刚度，而且是中空的，以放置主轴箱的平衡重。

立式加工中心通常也有3个直线运动坐标，由溜板和工作台来实现平面上 X、Y 两个坐标轴的移动。图7-5为立式加工中心的几种布局结构，主轴箱沿立柱导轨上下移动实现 Z 坐标移动。立式加工中心还可以在工作台上安放一个第四轴（A 轴），可以加工螺旋线类和圆柱凸轮等零件。

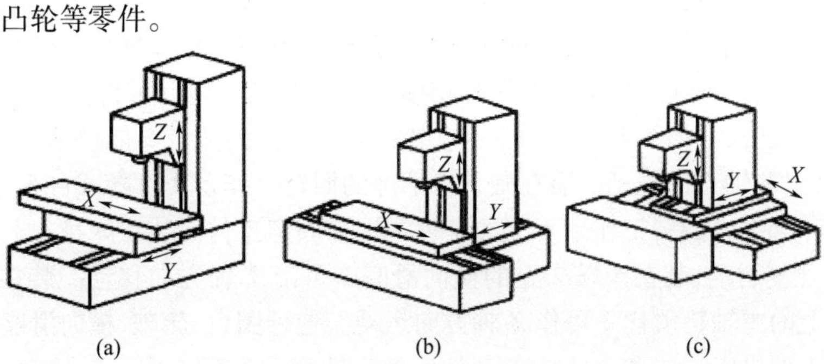

图7-5　立式加工中心的布局形式

(a)工作台移动式布局；(b)T形床身，Y 轴为立柱移动；(c)T形床身，X、Y、Z 三轴都由立柱移动来实现。

图7－5(a)结构形式是常见的工作台移动式布局，为中、小规格机床的常用结构型式；图7－5(b)采用了T形床身，Y轴为立柱移动。图7－5(c)则采用了T形床身，X、Y、Z三轴都由立柱移动来实现，多见于长床身(大X轴行程)，或采用交换工作台的立式数控机床。同样，为了提高效率，立式加工中心也经常采用双交换工作台。

加工中心都带有刀库，刀库的形式和所处位置也影响机床的布局。图7－6为一种刀库位于机床侧面的立式加工中心。立柱、底座、工作台、主轴箱的布局与普通机床区别不大。图7－7是刀库位于立柱顶部的卧式加工中心。该机床采用盘式刀库，工作台和立柱与普通机床类同。

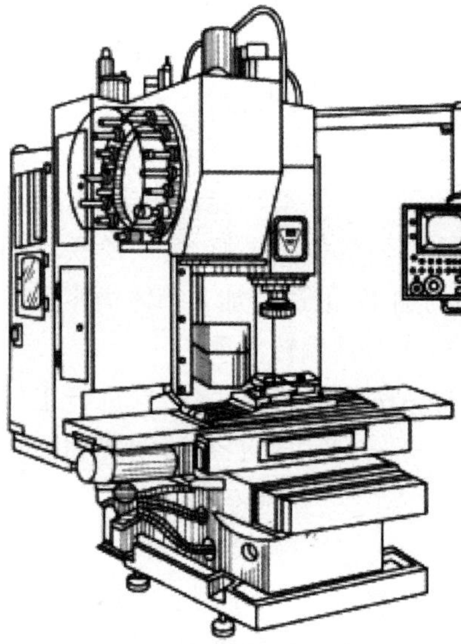

图7－6　刀库位于机床侧面的立式加工中心

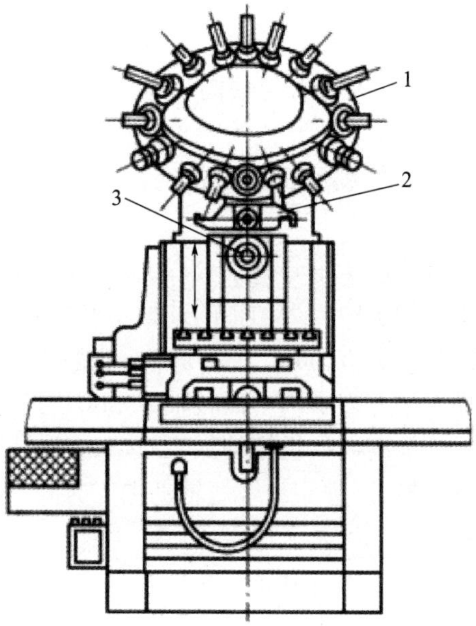

1—刀库；2—机械手；3—主轴。

图7－7　刀库位于立柱顶部的卧式加工中心

3. 五轴加工中心与多坐标加工中心

五轴加工中心兼具立式和卧式加工中心的功能，可在工件一次装夹下完成除安装面外的所有五个面的加工，适应复杂箱体类零件的加工需要，也是加工中心的一个发展方向。常见的有两种形式。一种是主轴可作90°旋转，如图7－8(a)所示，既可像卧式加工中心那样切削，也可像立式加工中心那样切削。另一种是工作台可作$B(A)$、C两轴方向转动的五轴加工中心，如图7－8(b)所示。装在床身3上的圆台5能绕水平轴在－10°～＋95°范围内作B轴方向摆动。装在圆台5下部的回转工作台4可随圆台5摆动，并能在C轴方向旋转360°。回转工作台4上的T形槽用来固定工件。装在床身3上的床鞍2可沿X轴方向往复运动；装在床鞍2上的横向滑座1可沿Y轴方向移动。装在横向滑座1的垂直导轨上的主轴箱滑枕8可作Z轴方向运动。这种圆台、床鞍、横向滑座串联布局形式适用于中小型机床。这种机床带有圆台5，使工件可沿B轴方向旋转较大的角度，可方便地加工五面体工件。机床上的斗笠式刀库7可安装16～24把刀具。这种刀库可不用机械手，把刀库移近主轴便可直接换刀。

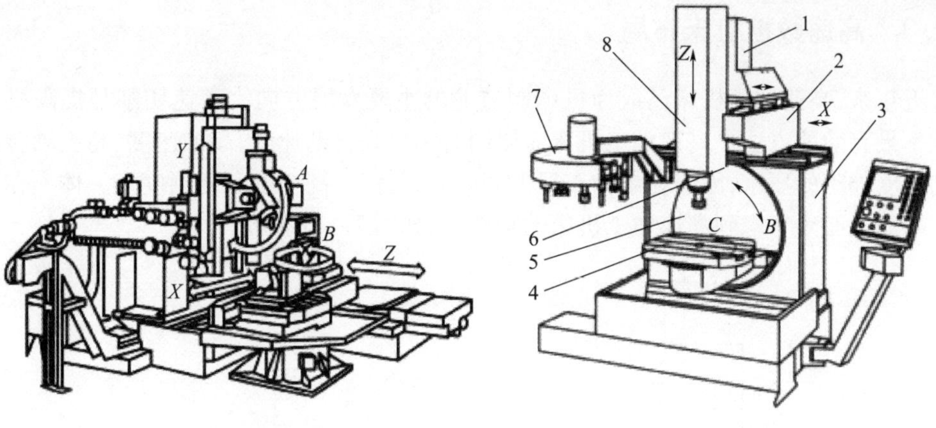

(a)　　　　　　　　　　　　(b)

1—横向滑座;2—床鞍;3—床身;4—回转工作台;5—圆台;6—主轴;7—斗笠式刀库;8—主轴箱滑枕。

图 7-8　五轴加工中心的布局形式

(a)主轴转动的五轴加工中心;(b)工作台可作 $B(A)$、C 两轴转动的五轴加工中心。

图 7-9 为具有可移动立柱的五轴联动加工中心(图中未显示刀库)。立柱沿 Z、X 轴方向移动,主轴沿立柱导轨作 Y 轴方向移动,工作台可在 A、B 轴方向转动,从而实现五轴联动。除装夹面外,可对其他各面(包括任意斜面)进行加工。

图 7-10 为可控制 3~6 轴的数控镗铣床。工作台可作 X、Y、C 轴方向运动,主轴箱沿立柱导轨作 Z 轴方向运动。主轴不但可作 B 轴方向转动,还可作 W 轴方向移动,能实现 X、Y、Z 轴联动和 C、W、B 轴的数控定位控制。除装夹面外,可对其他所有表面进行加工。这种布局在大、中、小型数控机床上均有应用。

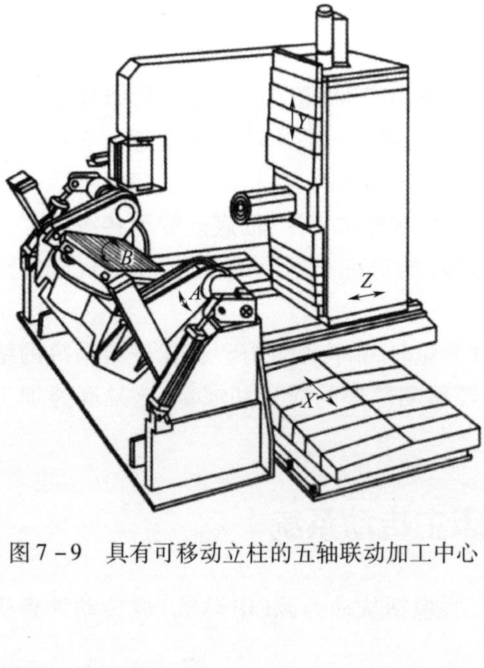

图 7-9　具有可移动立柱的五轴联动加工中心

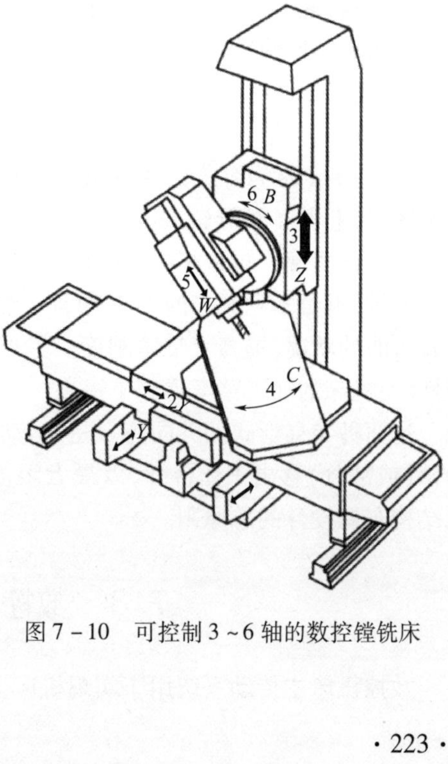

图 7-10　可控制 3~6 轴的数控镗铣床

7.2.3 高速数控机床布局

近年来,高速加工机床已成为机床制造业的主要发展方向。高速切削是提高机床加工效率最有效的方法。高速加工机床需要同时满足高移动速度、高加速度、高主轴转速以及高精度加工的要求,因而在结构布局上需要集高速度、高精度和高刚度于一体。在机床总体布局上必须考虑到高速加工机床的特殊性,如图7-11所示。

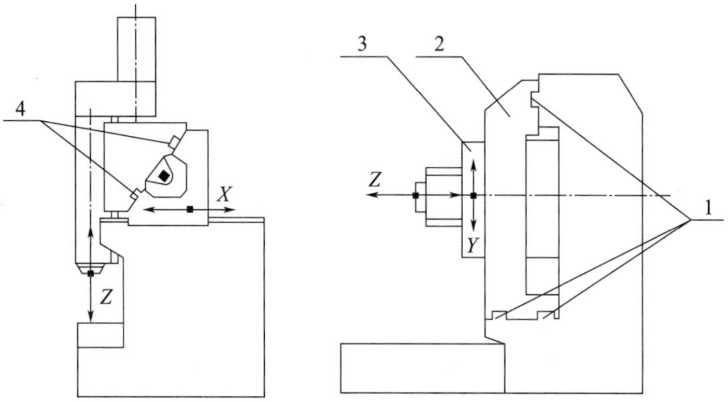

1—X轴导轨; 2—内框; 3—主轴箱; 4—Y轴导轨。

图7-11 高速数控机床布局

(a)固定门式立柱布局;(b)内外双框架布局。

图7-11(a)中的立式数控机床采用了固定门式立柱的布局形式,但它已脱离传统的门式结构仅为了满足大行程或重型加工需要的理念,目的是提高机床的整体刚性和快速性,以满足高速加工的要求。它通过在上面架设X轴导轨,利用滑座实现X轴移动,从而降低了运动部件的质量,而且运动部件的质量和加工工件的质量无关。机床的Y轴采用上置式结构,虽然滑座仍为两层,但与传统的立柱移动式布局相比,移动部件中已经去除了立柱本身的质量,从而达到了减重的目的。

图7-11(b)为卧式数控机床,采用“内外双框架”即“箱中箱”结构的布局形式。外框架固定,上设X轴导轨,通过内框的移动实现X轴的运动;Z轴的运动通过安装在主轴箱内的滑枕实现。与传统的立柱移动式布局相比,这两轴在移动部件中都去除了立柱本身的质量,重量不到原来的1/3,而且X轴上、下均有导轨支撑,彻底改变了传统立柱受悬臂式弯曲的状况,提高了整体刚度。另外,X、Y轴的对称布局形式,也提高了机床的热稳定性,使机床的加工精度得到了提高。

这两种布局形式的共同特点是:运动部件质量轻,结构刚性好。机床进给系统的结构全部(或部分)移出工作台外,以最大限度减轻移动部件的质量和惯量,这是高速加工机床结构布局设计的总原则。

7.3 数控机床主传动系统

数控机床主传动系统用于实现机床主运动,包括从动力源(电动机)经传动件到执行件(主轴、工作台)的一系列机构。主传动系统通过变速,使主轴获得多种转速,以适应不同的加工要求。在传递运动的同时,还传递足够的功率和扭矩,满足切削运动的需要。

7.3.1　数控机床主传动系统基本要求

普通机床主传动系统大多采用机械有级变速系统,中间需要经过大量的机械传动机构,如皮带轮、齿轮副、蜗轮蜗杆副,其中以齿轮副为主。存在的主要问题包括:转动惯量大,振动和噪声大,摩擦磨损严重,传动误差大,不能达到高转速,调速范围窄,不能获得最佳的切削速度。与普通机床主传动系统相比,数控机床主传动系统的机械传动件大幅度减少,并应能满足如下要求。

(1)调速范围宽,无级变速。以保证加工时能选用合理的切削速度,获得最佳的生产率、加工精度和表面质量,并在车削时实现恒线速切削。对于加工中心,工序高度集中,工件一次装夹,可完成多种工序,为了适应不同工序的需求,数控机床主传动的调速范围还应进一步扩大。

(2)较高的精度和刚度。数控机床加工精度的提高,与主传动系统具有较高的精度和刚度密切相关。为此,要提高传动件的制造精度与刚度,齿轮齿面应高频感应加热淬火以增加耐磨性;传动链要短,最后一级采用斜齿轮传动,使传动平稳;采用精度高的轴承及合理的支承跨距等,以提高主轴组件的刚性。

(3)转速高,功率大。它能使数控机床进行大功率切削和高速切削,提高生产率。

(4)抗振性好。切削过程中可能由于断续切削、加工余量不均匀、运动部件不平衡以及切削过程中的自激振动等原因产生冲击力或交变力,使主轴产生振动,影响加工精度和表面粗糙度,严重时甚至会破坏刀具或工件。

(5)热稳定性好。切削加工过程中产生大量热量并使机床部件产生热变形,破坏了零部件之间的相对位置精度和运动精度,影响加工精度。热变形限制了切削用量的提高,降低传动效率,影响生产率。可以通过合适的配合间隙,并进行循环润滑保持热平衡等措施来提高热稳定性。

另外,很多数控机床主轴上设有刀具自动装卸、主轴定向停止和主轴孔内的切屑清除装置,以实现刀具的快速或自动装卸。为实现对 C 轴位置(主轴回转角度)的控制,主轴还需要安装位置检测装置。

7.3.2　数控机床主传动配置方式

数控机床的主传动系统一般采用交流或直流无级调速电动机,简化了机械传动结构,可以按照控制指令连续地进行变速。采用调速电动机的主传动变速系统,通常有以下 4 种配置方式。

1. 无级调速电动机 + 皮带 + 变速齿轮

这是目前大、中型数控机床中使用较多的一种主传动配置方式。无级调速主轴电动机,通过皮带传动和主轴箱内 2 ~ 3 级变速齿轮带动主轴运转。主轴的变速是通过主电动机无级变速与齿轮有级变速相配合来实现的,因此既可扩大主轴的调速范围,又可增大主轴的输出转矩。主轴正反转、调速、启停与制动均是依靠直接控制电动机来实现的,而齿轮的变速通常采用液压拨叉与电磁离合器来实现。

图7-12为某数控车床的主传动系统图、转速图。

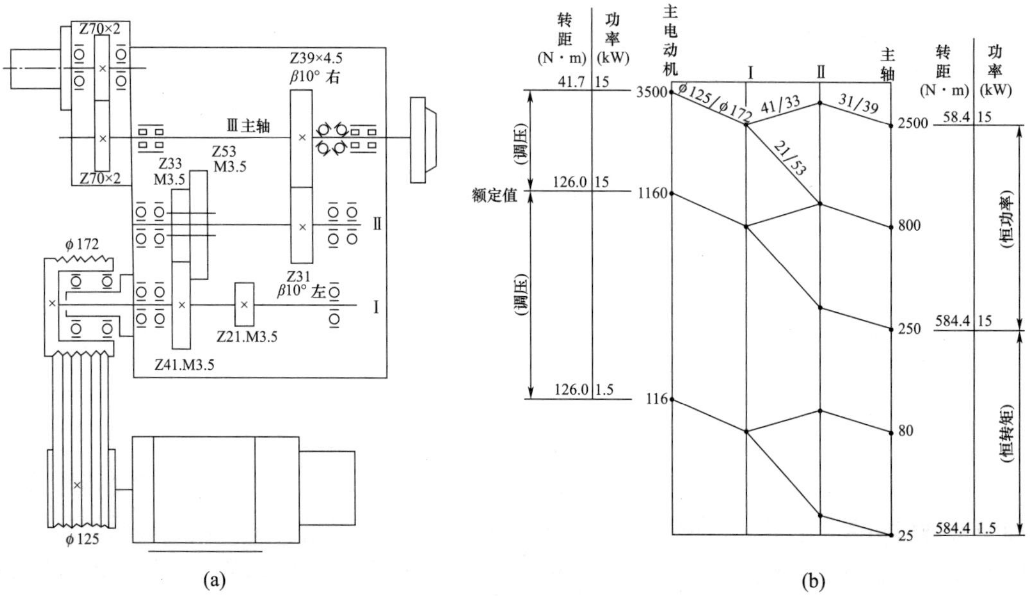

图7-12 某数控车床主传动系统
(a)主传动系统图;(b)转速图。

这种传动方式具有如下特点。

(1)扩大了主轴恒功率调速范围。主电动机采用直流他励式电动机,从额定转速以下用调节电枢电压(调压)的方法来调节速度,并输出恒转矩;额定转速以上是用调节磁场电流(调磁)的方法来调速,输出恒功率。从转速图可以看出:

主轴恒功率的调速范围 =2500/250 =10

主电动机恒功率的调速范围 =3500/1160 =3.017

恒功率的调速范围从3.017扩大到10,而恒转矩的调速范围不变。这样进一步拓宽了调速范围,可以适应更广泛的加工工艺要求。

(2)扩大了主轴输出转矩。通过带轮与齿轮的降速可以进一步扩大输出转矩,以获得强力切削时所需的转矩。在图7-12中,两对齿轮降速,使主轴的最高输出转矩从126N·m提高到584.4N·m。

(3)不能完全消除齿轮传动的缺点,如振动、发热、噪声。

2. 无级调速电动机+带传动

无级调速电动机经带传动带动主轴转动,中间不经过齿轮传动。图7-13为该种方式的机床传动系统图、转速图。这种变速方式一般适用于中小型数控机床,用于调速范围不需太大、转矩也无须太高的场合。可以避免齿轮传动时引起的振动与噪声,从而大大提高主轴的运转精度。为保证皮带传动的平稳,一般用多楔带为宜。

另外,随着现代主轴伺服电动机的发展,出现了能实现宽范围无级调速的宽域主轴电动机,使主轴的输出特性得到了很好的改善,扩大了恒功率的调速范围,并提高了输出转矩。既能避免齿轮传动的不足,又能保持齿轮传动带来的优点。

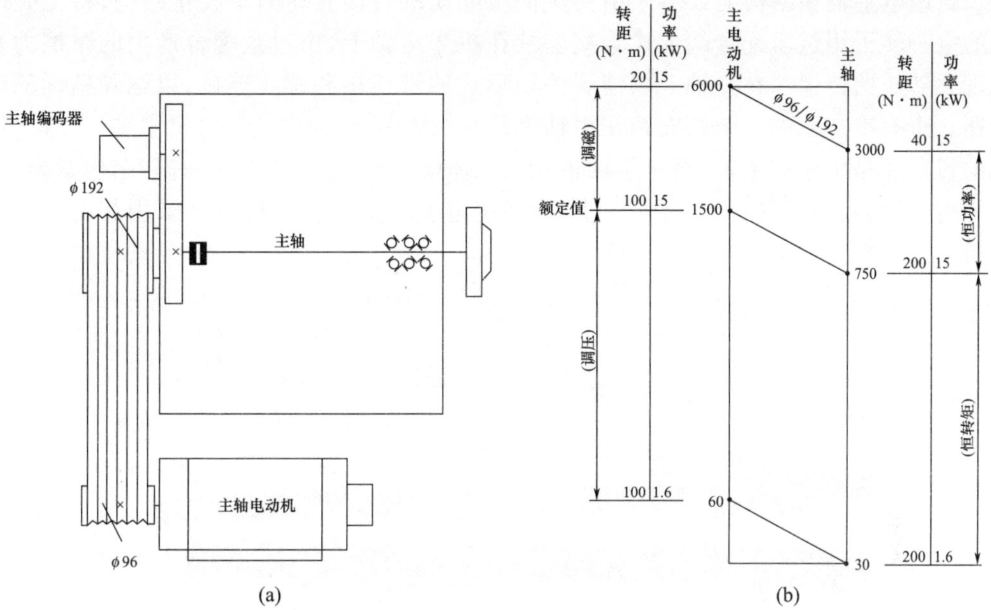

图7－13　采用带传动的数控机床主传动系统
(a)主传动系统图;(b)转速图。

3. 主轴电动机直接驱动

如图7－14所示,电机轴与主轴用联轴器同轴连接,这种方式大大简化了主轴箱和主轴结构,有效地提高了主轴组件的刚度,但主轴输出扭矩小,电动机发热对主轴精度影响较大。近年来,多采用交流伺服电动机,其功率一般都很大,而且其输出功率与实际消耗的功率又保持同步,效率很高。

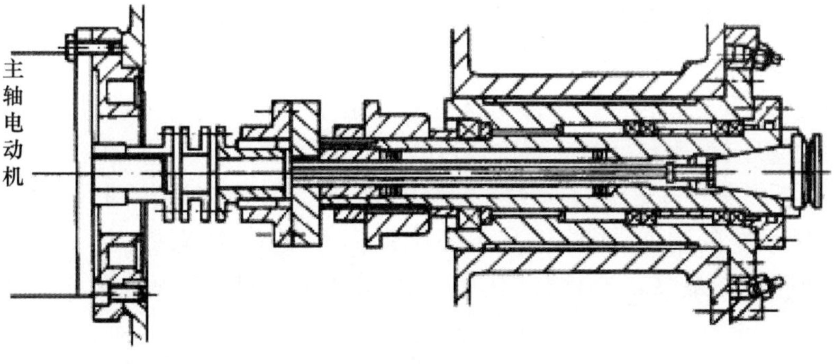

图7－14　直接驱动主轴电动机

采用交、直流调速电动机的主运动,能够提高在各种切削条件下切削速度,并允许在切削过程中根据切削条件的变化进行速度的调整。虽然调速电机的功率特性与机床主轴的要求类似,但电机调速的恒功率范围比较小,所以该方式主要适用于中小型数控机床。

4. 电主轴驱动

电主轴的电动机转子和主轴连为一体,无须任何机械传动件,便可使主轴达到数万转甚至十几万转的高速运转。目前主要用于中小型高速和超高速数控机床。

高速电主轴在结构上大多采用交流伺服电动机直接驱动的集成化结构,将无壳电机的空心转子用过盈配合的形式直接套装在机床主轴上,由过盈配合产生的摩擦力来实现大转矩的传递。在主轴上取消了一切形式的键连接和螺纹连接,以达到精确的动平衡。带有冷却套的定子则安装在主轴单元的壳体中,形成内装式电机主轴。这样,电机的转子就是机床的主轴,机床主轴单元的壳体就是电机座,具有转速高、结构紧凑、易于平衡、传动效率高等特点。图7-15为高速电主轴的结构。目前多采用交流高频电动机。

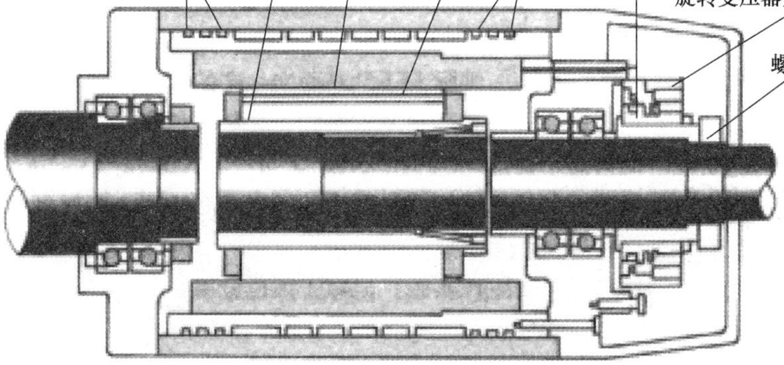

图7-15　高速电主轴的结构

电动机内置的原因如下。

(1)如果电动机不内置,仍采用带或齿轮等方式传动,则在高速运转条件下,由此产生的振动和噪声等问题将很难解决,势必影响高速加工的精度、加工表面粗糙度,并产生环境问题。

(2)高速加工的最终目的是提高生产率,相应地要求在最短时间内实现高转速的速度变化,也即要求主轴回转时具有极大的角加、减速度。达到这个严格要求的最经济办法,是将主轴传动系统的转动惯量尽可能地减至最小。而只有将电动机内置,省掉齿轮、带等一系列中间环节,才有可能达到这一目的。

(3)电动机内置于主轴两支承之间,与用带、齿轮等作末端传动的结构相比,可较大地提高主轴系统的刚度,也即提高了系统的固有频率,从而提高了其临界转速值。这样,电主轴即使在最高转速运转时,仍可确保低于其临界转速,保证高速回转时的安全。

现代电主轴可以进行系列化、专业化生产。主轴组件形成独立的功能单元,可以方便地配置到多种加工设备上。目前,在机床产品目录中,即便是普通加工中心,也已把高速电主轴列为任选件,可满足一般机床用户的高速加工要求。

电主轴的基本参数和主要规格包括套筒直径、最高转速、输出功率、转矩和刀具接口等,其中,套筒直径为电主轴的主要参数。

热稳定性是高速电主轴需要解决的关键问题之一。由于电主轴将电机集成于主轴组件的结构中,成为一个内部热源。电机的发热主要有定子绕组的铜耗发热及转子绕组的铁损发热,其中定子绕组的发热占电机总发热量的2/3以上。另外,电机转子在主轴壳内高速搅动,使内腔中的空气发热,这些热源产生的热量主要通过主轴壳体和主轴进行散热,所以电机产生的热量有相当一部分会通过主轴传到轴承上,因而影响轴承的寿命,并且会使主轴产生热伸长,影响加工精度。

为改善电主轴的热特性,应采取一定的措施和设置专门的冷却系统。图7-16为电主轴用循环切削液冷却和散热的途径。在电机定子与壳体连接处设计循环冷却水套,水套用热阻较小的材料制造,套外环加工有螺旋水槽。在电机工作时,水槽里通入循环冷却液,为加强冷却效果,冷却液的入口温度应严格控制,并有一定的压力和流量。另外,为防止电机发热影响主轴轴承,主轴应尽量采用热阻较大的材料,使电机转子的发热主要通过气隙传给定子,由冷却液吸收带走。

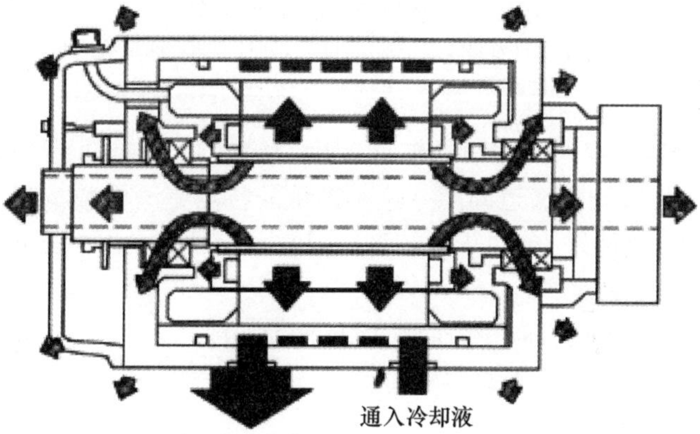

图7-16 电主轴用循环切削液冷却和散热的途径

7.3.3 主轴组件

机床主轴组件包括主轴、轴承、传动件和相应的紧固件。对于数控加工中心,主轴组件还包括刀具自动夹紧装置、主轴准停装置和主轴装刀孔吹净装置等。主轴直接承受切削力和切削扭矩,转速高且调速范围大。主轴组件的性能,直接影响机床加工精度和加工效率。数控机床对主轴组件的旋转精度、刚度、温升、可靠性和精度保持性方面提出了较高的要求。

1. 主轴轴承

1)轴承类型

主轴轴承类型主要根据主轴部件的转速、承载能力及回转精度来选择。大多数数控机床(如车床、铣床、加工中心、磨床)的主轴部件采用滚动轴承,有的重型数控机床采用液体静压轴承;高精度数控机床(如坐标磨床)采用气体静压轴承,转速达20000~100000r/min的高速电主轴可采用混合陶瓷球轴承或磁力轴承。

滚动轴承具有刚度高、高速性能好、结构简单紧凑、标准化程度高、品种规格繁多、便于维修更换、价格适中和便于选择等优点,目前,滚动轴承仍然是数控机床主轴的主要支承方式。一般来说,线接触的滚子轴承比点接触的球轴承刚度高,但在相同温升下允许的转速较低。图7-17为主轴常用的几种滚动轴承。

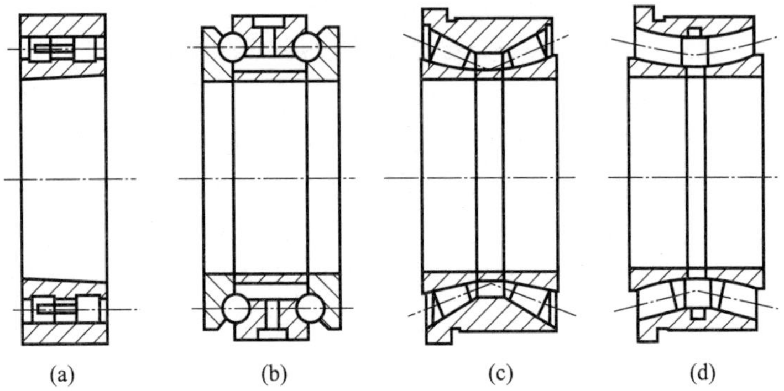

图 7-17　数控机床滚动轴承类型

(a)锥孔双列圆柱滚子轴承;(b)双列推力向心球轴承;
(c)双列圆锥滚子轴承;(d)带凸肩的双列圆锥滚子轴承。

图 7-17(a)为锥孔双列圆柱滚子轴承,内圈为 1∶12 的锥孔,当内圈沿锥形轴轴向移动时,内圈胀大,可以调整滚道间隙。这种轴承的特点是滚子数量多,两列滚子交错排列,因此承载能力大,刚性好,允许转速较高。但它对箱体孔、主轴颈的加工精度要求高,且只能承受径向载荷。

图 7-17(b)为双列推力向心球轴承,接触角为 60°。这种轴承的球径小、数量多,允许转速高,轴向刚度较高,能承受双向轴向载荷。该种轴承一般与锥孔双列圆柱滚子轴承配套,用作主轴的前支承。

图 7-17(c)为双列圆锥滚子轴承。特点是内、外列滚子数量相差一个,使振动频率不一致,可以改善轴承的动态性能。轴承可以同时承受径向载荷和轴向载荷,通常用作主轴的前支承。

图 7-17(d)为带凸肩的双列圆锥滚子轴承。这种轴承的结构和图 7-17(c)相似,特点是滚子被做成空心,故能有效地润滑和冷却;此外,还能在承受冲击载荷时产生微小变形,增加接触面积,起到吸振和缓冲作用。

前轴承的精度一般比后轴承高一个精度等级。数控机床前支承通常采用 5、4 级精度的轴承,后支承则常采用 6、5 级精度的轴承。

高速电主轴一般采用适应高速且可同时承受径向和轴向负荷的精密角接触球轴承。在轴承高速运转条件下,滚珠将产生巨大的离心力和陀螺力矩,使滚珠与内外滚道间产生很大的接触应力,加剧轴承的温升与磨损,降低轴承的使用寿命,并有可能使滚珠与滚道之间产生相对滑移。为减少这个离心力和陀螺力矩,可采用以下两种方法。

(1)适当减少滚珠的直径。但是,滚珠直径的减少应以不过多削弱轴承的刚度为限。一般高速精密滚动轴承的滚珠直径约为标准系列滚珠轴承的 70%,而且做成小直径密珠的结构形式。通过增加轴承的滚珠数和滚珠与内外套圈的接触点,提高滚珠轴承的刚度。

(2)采用轻质材料来制造滚珠。目前使用最多的是混合陶瓷球轴承,即滚珠采用氮化硅(Si_3N_4),内外圈滚道仍采用钢质。与钢制球相比,陶瓷球有以下优点:①质量轻。材料密度仅为 3.218g/cm^3,只相当于钢球的 40%。在高速回转时,轻质球的离心力可显著减小。离心力减小后,还可使轴向位移减小,使预加载荷的变化减小,更好地适应于转速范围大的应用场合。②弹性模量高。$E=3.22\times10^7$MPa,为钢球的 1.5 倍,提高了轴承和主轴系统的刚度,也提高了主轴系统的临界转速。③线膨胀系数低,约为钢球的25%。这使在不同温升条件下,球与内外环的配合间隙变化减小,提高了轴承工作的可靠性,并减少了温升导致的轴承轴向位移,也使预加载荷变化减小。④硬度高,能达到1600～1700HV,为钢球的2.3倍,可减少磨损,提高轴承寿命。⑤陶瓷与金属间不产生咬合现象,磨损物也不会嵌入陶瓷球中,从而进一步提高了轴承寿命。

由于以上优点,陶瓷球轴承在高速及重载的条件下,仍可获得高刚度、低温升和长寿命的效果。用Si_3N_4陶瓷作为滚珠材料的小直径密珠轴承,与同规格同一精度等级的钢质滚珠轴承相比,其速度可提高60%,温升可降低35%～60%,寿命可提高3～6倍,可不用润滑或用油脂润滑。角接触陶瓷球轴承一般在转速特征值$d \times n$为2.0×10^6以下的高速主轴单元中采用。

2)轴承配置

主轴前后轴承必须合理配置,以提高主轴精度,降低温升,简化支承结构。在数控机床上配置轴承时,前后轴承都应能承受径向载荷,支承间的距离要选择合理,并根据机床的实际情况配制承受轴向力的轴承。图7－18是几种常见的主轴轴承配置形式。

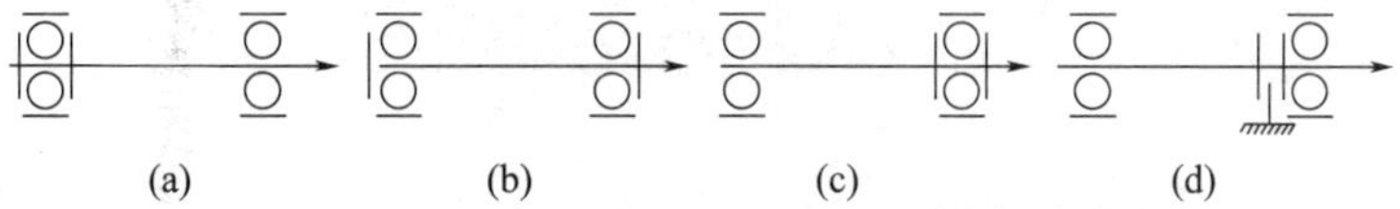

图7－18　主轴轴承的配置形式

(a)采用后端定位;(b)采用前后两端定位;(c)、(d)采用前端定位。

图7－18(a)采用后端定位,推力轴承布置在后支承的两侧,轴向载荷由后支承承受。优点是能简化结构;缺点是由于前端不定位,因此当主轴受热时将引起主轴向前伸长,另外,当切削力较大时,可能引起横向弯曲,尤其是对细长轴,从而影响加工精度。多用于精度不是很高的机床上。

图7－18(b)采用前、后两端定位,推力轴承布置在前、后支承的两个外侧,轴向载荷由前支承承受,轴向间隙由后端调整。这种形式的布置,在主轴受热伸长时,会改变支承的轴向、径向间隙,影响加工精度。因此,最好能在设计时考虑对主轴的自动预紧。

图7－18(c)和(d)采用前端定位,推力轴承布置在前支承,轴向载荷由前支承承受。这两种形式的共同优点是结构刚度较高,主轴受热时的伸长,不会影响加工精度。图7－18(c)的推力轴承安装在前支承两侧,会增加主轴的悬伸长度,对提高刚度不利。图7－18(d)的两个推力轴承均布置在前支承内侧,主轴的悬伸长度小、刚度大,但前支承结构较复杂,一般用于高速精密数控机床。

滚动轴承的润滑极为重要,润滑不当会使轴承过热而烧坏。高速电主轴主要有两种润滑方式:喷射润滑和油－气润滑。

喷射润滑是通过位于轴承内圈和保持架中心之间的一个或几个口径为0.5～1 mm的喷嘴,以一定的压力,将流量大于500mL/min的润滑油喷射到轴承上,使之穿过轴承内部,经轴承另一端流入油槽,达到对轴承润滑和冷却的目的。当轴承高速旋转时,滚动体和保持架也以相当高的速度旋转,并使其周围空气形成气流,采用传统的润滑方法很难将润滑油输入轴承中。这就必须用高压喷射的方法,才能将润滑油送至预定的区域。这种

润滑方式通常用于 $d \times n > 1.6 \times 10^6$,并承受重负荷的轴承。

油－气润滑采用油－气分离的润滑－冷却方式,图7－19为其润滑系统原理。润滑油通过分配器,不经雾化而直接由压缩空气定时、定量地沿着专用的油气管道壁均匀地被带到轴承的润滑区。能保证轴承的各个不同部位既不缺润滑,又不会因润滑过量而造成更大的温升,并可将油雾污染降至最低程度。压缩空气起到推动润滑油运动及冷却轴承的作用。油气始终处于分离状态,这有利于润滑油的回收,对环境无污染。实施油气润滑时,一般要求每个轴承都有单独的油气喷嘴,对轴承喷射处的位置有严格的要求,否则不易保证润滑效果,油气润滑的效果还受压缩空气流量和油气压力的影响。通常,增大空气流量可以提高冷却效果,而增大油气压力,不仅可以提高冷却效果,还有助于润滑油到达润滑区。一般用于 $d \times n > 10^6$ 的高速轴承。

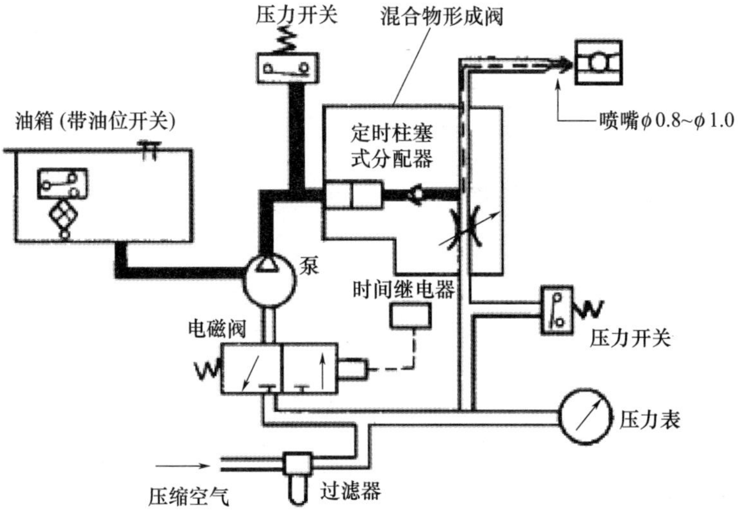

图7－19　油－气润滑系统原理

2. 主轴的自动装夹和切屑消除装置

在带有刀库的自动换刀数控机床(加工中心)中,为实现刀具在主轴上的自动装卸,主轴必须设计有刀具的自动夹紧机构。这里简单地介绍一下其主轴前端的结构形式,如图7－20所示。

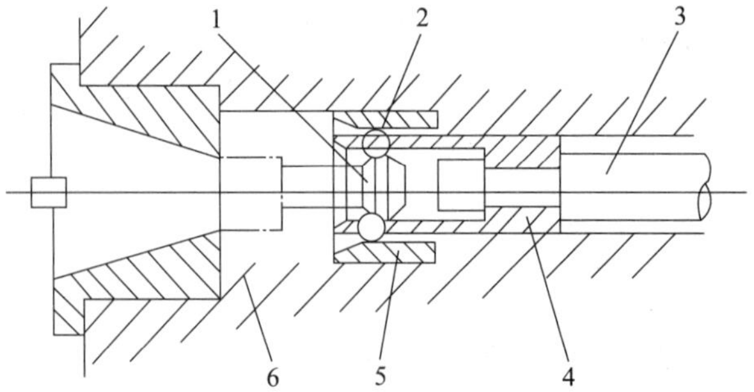

1—刀柄拉钉;2—钢球;3—主轴拉杆;4,5—套筒;6—主轴。

图7－20　主轴端部刀具自动夹紧

当数控系统发出装刀信号后，刀具则由机械手或其他方法装插入主轴孔，其刀柄及后部的拉钉便被送到与主轴固定的前端套筒5内。随即数控系统发出刀具夹紧信号，此时拉杆在后端碟形弹簧（图中略）的弹力作用下，呈紧拉伸（图中往右方向）的状态。与拉杆固定连接的套筒4内的一组钢球，在套筒5的锥孔逼迫下，收缩分布直径，随即将刀柄拉钉紧紧拉住，从而完成了刀具定位工作。反之，如需要松开刀具时，数控系统发出松刀信号后，在主轴拉杆后端的油缸（图中略）作用下，便可克服碟形弹簧的弹力，放松对拉杆的拉伸，即拉杆向左移而呈压缩状态。这时套筒5前端的喇叭口使钢球的分布直径变大，随即松开刀柄后的拉钉，即可卸下用过的刀具为进一步换新刀做准备。

另外，自动清除主轴孔中的切屑和灰尘是换刀时一个不容忽视的问题。通常采用在换刀的同时，从主轴内孔喷射压缩空气的方法来解决，以保证刀具准确地定位。

3. 主轴的准停装置

在自动换刀的数控铣镗类机床上，必须具有主轴准确的周向定位功能，这个功能称为主轴准停。由于刀具装在主轴锥孔内，在切削时的切削转矩不能完全依靠锥孔的摩擦力来传递，通常在主轴前端设置一个凸键，称为端面键。当刀具装入主轴时，刀柄上的键槽必须与凸键对准相配，为保证自动换刀，主轴必须停止在某一固定角度的位置上，准停装置就是为保证主轴换刀时准确停止在换刀位置而设置的。

目前准停装置有很多形式，就其基本原理有以下几种。

（1）机械方式。在主轴尾部连接一定位盘，在此定位盘上开有一个V形槽。再利用无触点行程开关在某个特定位置发出准停信号，这时定位销插入V形槽来实现主轴准停，这种准停方式的优点是比较可靠，但结构复杂。

（2）电气方式。①利用磁性传感器作为位置反馈部件，由它输出信号，使主轴准确停在规定位置上，这种方式可靠性好，能满足一般换刀要求。②利用主轴光电脉冲编码器的同步信号作为准停信号来控制主轴准停，近年来在数控镗铣床上已将这一编码器与主轴电动机合二为一，使结构大大简化。这种准停方式可靠，动作迅速平稳，在一定程度上大有取代以上两种准停方式的趋势。

另外，准停功能还可延伸至其他功能，如在镗孔时为不使刀尖划伤已加工表面，在退刀时要让刀尖在固定位置退出加工表面一个微小量；又如在加工精密坐标孔时，准停能使每次都在主轴固定的圆周位置上装刀，保证刀尖与主轴相对位置的一致性，从而减少被加工孔的误差；还有在数控车床上，利用准停功能可以保证在特殊卡盘上装夹不规则零件时，为实现自动上下料，主轴必须停在特定位置上。由此可见，准停的功能可扩大到许多主轴需要周向定位的场合。

4. 主轴编码器

数控机床上能加工各种螺纹，这是因为安装了与主轴同步运转的脉冲编码器，以便发出检测脉冲信号，使主轴电动机的旋转与切削进给同步，从而实现螺纹的切削。另外，车削螺纹一般都需要多次走刀才能完成，为防止乱牙，脉冲编码器在发出进给脉冲时，还要发出同步脉冲，以保证每次走刀刀具在工件的同一点切入。

主轴脉冲编码器可通过一对齿轮或同步齿形带与主轴相联系，因为主轴要求与编码器同步旋转，所以此连接必须做到无间隙。

5. 主轴组件结构分析

分析机床主轴组件结构设计是否合理,应从轴承的配置方式及预紧方式、轴向力的传递方式这两个方面入手。主轴承受的两个方向的轴向力,最终需通过轴承传递到主轴箱体上。

图7-21为卧式车床的主轴部件结构示意图。主轴和电动机间采用的是皮带连接的定传动比传动方式。传动件、轴承、挡圈等均采用先进的热套工艺进行安装和调整,因而主轴上无键槽和螺纹,既增强了主轴的刚度,又最大限度地降低了主轴的不平衡量。主轴采用双支承方式,前支承采用了成组角接触球轴承,后支承为双列圆柱滚子轴承。前端的三个角接触轴承中,前两个轴承的大端朝向主轴前端,另一个轴承的大端朝向主轴后端,前支承可以同时承受径向和轴向力。向左的轴向力由主轴前端通过轴承17、轴承13、挡圈11、轴承10的外圈传到箱体上。向右的轴向力由热调整套8,挡圈9,轴承10的内圈、球、外圈,挡圈11,轴承13和17的外圈,卡盘过渡盘14,螺钉15传到箱体上。当轴承间隙过大时,需卸下主轴部件,通过修磨2个挡圈11和12,调整热调整套8的轴向位置进行。热调整套的内孔与主轴外圆以一个很小的锥度配合,以便调整。后支承为双列圆柱滚子轴承,其调整可通过热套工艺,调整带轮连接盘2的轴向位置和修磨挡圈7来实现。

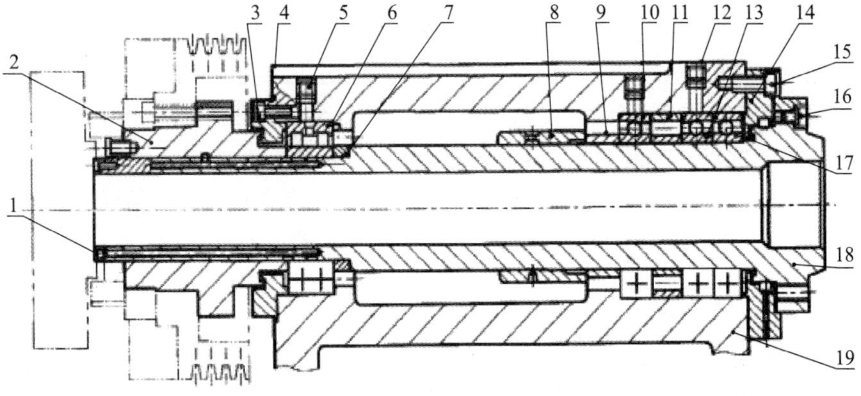

1,5—螺钉;2—带轮连接盘;3,15,16—螺钉;4—端盖;6—圆柱滚珠轴承;
7,9,11,12—挡圈;8—热调整套;10,13,17—角接触球轴承;14—卡盘过渡盘;
18—主轴;19—主轴箱箱体。

图7-21 卧式车床的主轴部件结构示意图

图7-22为内装电主轴的主轴部件结构。电主轴主要由空心转子、带绕组的定子和位置检测器(图中未示出)三部分组成。由于主轴4与电动机合为一体,电动机的转子轴就是主轴本身,电动机定子与主轴箱体连接,所以,主轴传动不仅结构简单,而且降低了噪声和共振。主轴部件经过严格的动平衡,故可以在高速下运行。为应对主轴高速运转时的发热问题,主轴轴承、电主轴均通入冷却水进行强制冷却。

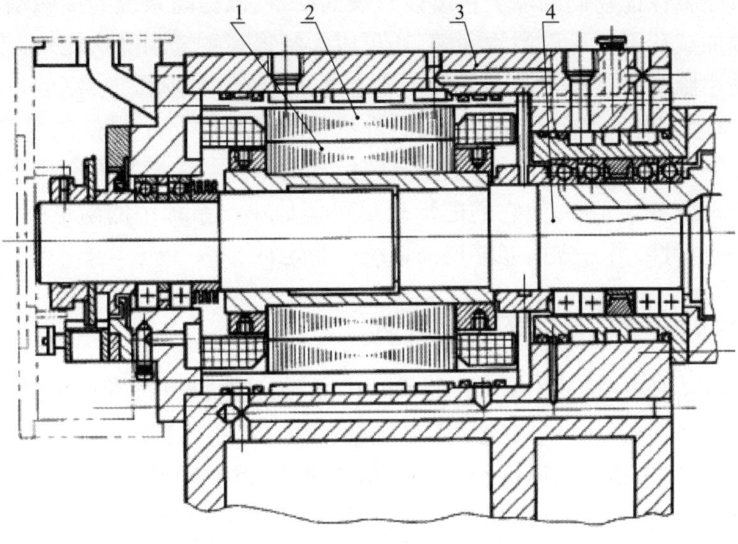

1—空心转子；2—带绕组的定子；3—箱体；4—主轴。

图7－22　内装电主轴的主轴部件结构

7.4　数控机床进给传动系统

7.4.1　对数控机床进给传动系统机械结构的要求

数控机床的进给运动是数字控制的直接对象，刀具的最终位置精度与进给传动系统的几何精度、传动精度、灵敏度和稳定性密切相关。数控机床进给系统机械结构包括进给传动件（滚珠丝杠螺母副、齿轮齿条副、蜗杆蜗轮副、齿轮副、同步齿形带副）及其支承部件、导轨等。对数控机床进给传动系统机械结构有如下要求。

（1）摩擦阻力小。进给传动系统中的摩擦阻力，会降低传动效率，并产生摩擦热，特别是会影响系统的快速响应特性。动静摩擦阻力之差还会产生低速运动中的爬行现象。进给传动系统的摩擦阻力主要来源是导轨和丝杠螺母副，减少摩擦阻力的途径是改善导轨和丝杠结构，以及采取适当的润滑措施。

（2）能消除传动间隙。进给传动通常都是双向的，传动件通常存在反向间隙。传动件的间隙使工作台不能马上跟随指令运动，造成系统响应的滞后。对于开环伺服系统，传动环节的间隙会产生定位误差。对于闭环伺服系统，传动环节的间隙会增加系统工作的不稳定性。因此，在传动系统各环节，包括滚珠丝杠、轴承、齿轮、蜗轮蜗杆，甚至联轴器和键连接，都必须采取相应的消除间隙的措施。

（3）传动精度和刚度高。通常数控机床进给传动系统的直线位移精度达微米级，角位移精度达秒级。进给传动系统的驱动力矩也很大，进给传动链的弹性变形会引起工作台运动的时间滞后，降低系统的快速响应特性，因此提高进给传动系统的传动精度和刚度是首要任务。导轨结构及丝杠螺母、蜗轮蜗杆的支承结构是决定传动精度和刚度的主要部件,因此,首先要保证它们的加工精度以及表面质量,以提高系统的接触刚度。对轴承、滚珠丝杠等预加载荷不仅可以消除间隙,还可以大幅提高系统刚度。此外,传动链中的齿轮减速可以减小脉冲当量和传动误差的传递速度,提高传动精度。

(4)减小运动惯量,具有适当的阻尼。进给传动系统中每个零件的惯量对伺服系统的启动和制动特性都有直接影响,特别是高速运动的零件。在满足强度和刚度的条件下,应尽可能地合理配置各元件,使它们的惯量尽可能地小。系统中的阻尼一方面降低伺服系统的快速响应特性,另一方面能够提高系统的稳定性。

7.4.2 数控机床进给系统的传动方式

数控机床的进给传动可以分为直线进给传动和圆周进给传动两类,以直线进给传动为主。直线进给传动包括沿机床的基本坐标轴(X、Y、Z 轴)以及和基本坐标轴平行的坐标轴(U、V、W 等)的运动。圆周进给传动是指绕基本坐标轴回转的坐标轴运动。实现圆周进给传动除少数情况直接使用齿轮副外,一般都采用蜗轮蜗杆副。直线进给传动有以下三种方式。

(1)通过丝杠螺母副,将伺服电动机的旋转运动变成直线运动。

滚珠丝杠螺母副是目前中小型数控机床使用最为广泛的传动方式。一些大型数控机床和精密机床进给机构中,采用静压丝杠螺母副和静压蜗杆蜗轮副。

数控机床进给传动系统的机械传动装置有两种组成方案,如图 7-23 所示。图中,方案(a)采用负载能力强的伺服电动机,直接通过丝杠带动工作台进给,传动链短,刚度大,传动精度高,是现代数控机床进给传动的主要组成形式。有的数控机床,基于以下原因而采用方案(b):①为了细化脉冲当量,以便保证和提高进给的精度;②为了改变加在电机上的负载扭矩,以实现与电动机输出转矩的最佳匹配;③为了改变加在电机轴上的负载惯量,以实现与电机惯量的最佳匹配;④出于改善传动阻尼的需要,或安装连接的需要。

在方案(b)中,减速器中的传动件,可以是传动带(同步齿形带),也可以是齿轮。减速器传动级数和传动比,要根据具体对象设计确定。

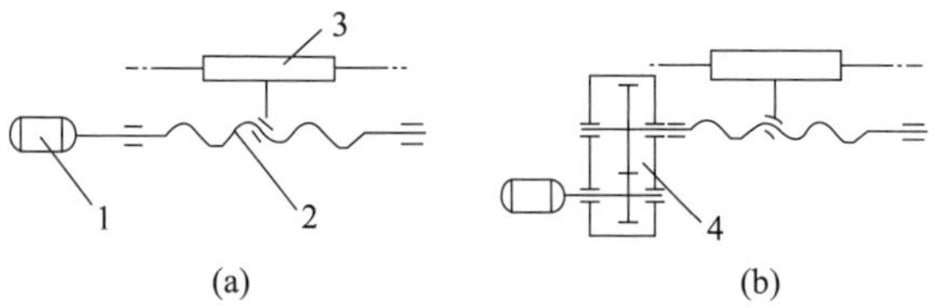

1—伺服电动机; 2—滚珠丝杠副; 3—工作台; 4—减速器。

图 7-23 进给机械传动方案

(a)电动机直接连接丝杠;(b)电动机通过齿轮连接丝杠。

(2)通过齿轮齿条副,将伺服电动机的旋转运动变成直线运动。

齿轮齿条副传动用于行程较长的大型机床,可以得到较大的传动比,进行高速直线运动,刚度及机械效率也高。但其传动不够平稳,传动精度不高,而且还不能自锁。采用齿轮齿条副传动时,必须采取措施消除齿侧间隙。

(3)直接采用直线电动机进行驱动,中间无任何机械传动件,这亦即进给传动系统中的零传动。

7.4.3　滚珠丝杆螺母副

1. 滚珠丝杠螺母副的工作原理及特点

滚珠丝杠螺母副，是在丝杠和螺母间，以滚珠为滚动体的螺旋传动机构。结构原理如图7－24所示。在螺母1和丝杠3上有半圆形的螺旋槽，当它们套装在一起时便成了滚珠的螺旋滚道。螺母上有滚珠回珠滚道 a，将数圈螺旋滚道的两端连接成封闭的循环滚道。滚道内装满滚珠。当丝杠旋转时，滚珠在滚道内自转，同时又在封闭滚道内循环，使丝杠和螺母相对产生轴向运动，带动工作台作直线运动。

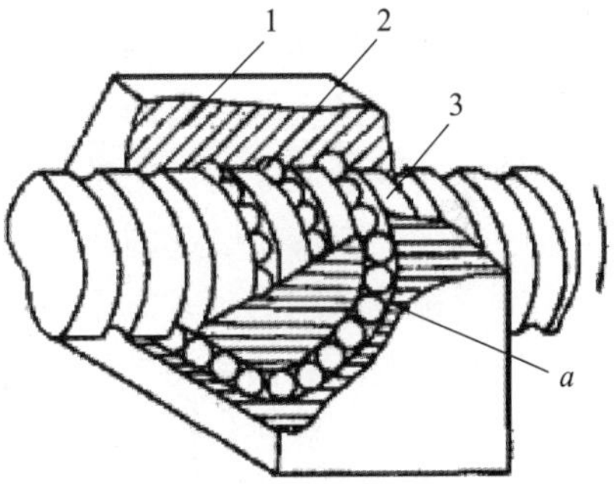

1—螺母；2—滚珠；3—丝杠。

图7－24　滚珠丝杠螺母副

滚珠丝杠螺母副的滚珠循环方式有外循环［图7－25(a)］和内循环［图7－25(b)］两种形式。滚珠在循环过程中有时与丝杠脱离接触的称为外循环，始终与丝杠保持接触的称为内循环。两种循环方式中，滚珠的返回方式不同。前者使用回珠管引导，滚珠返回时不与丝杠外圆接触，所有滚珠形成一个循环体。后者使用反向器引导，滚珠返回时直接越过丝杠的齿顶，每一圈滚珠形成一个循环体。

外循环结构的滚珠丝杠螺母副制造工艺简单，使用较为广泛；缺点是滚道接缝处的要求高，通常很难做到平滑，影响滚珠滚动的平稳性，严重时甚至会发生卡珠现象，其噪声也较大。内循环结构的滚珠丝杠螺母与外循环相比，结构紧凑，定位可靠，刚性好，且不易发生磨损和滚珠堵塞现象；缺点是结构复杂，制造较困难，且内循环结构的滚珠丝杠螺母不能制作成多头螺纹传动。

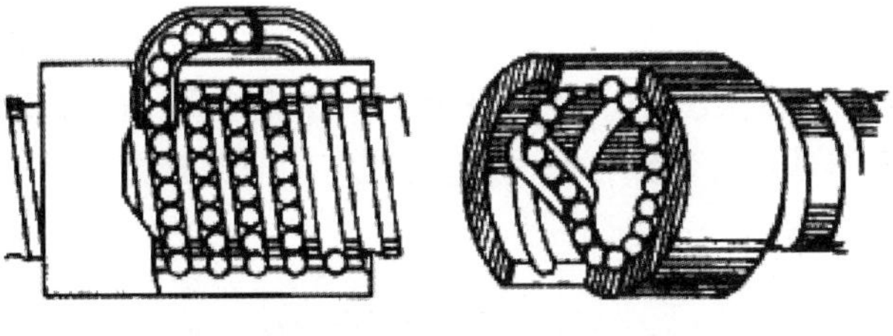

(a)　(b)

图7－25　滚珠循环方式

(a)外循环；(b)内循环。

因为滚珠丝杠螺母副是以滚动摩擦代替滑动摩擦，所以具有以下特点。

(1)摩擦损失小，传动效率高。效率可以达到0.92～0.96，功率消耗只相当于常规滑动丝杠螺母副的1/4～1/3。

(2)动作灵敏，低速运动平稳性好。滚珠丝杠螺母副的摩擦阻力小，动静摩擦力差小，因而不易产生爬行现象，随动精度和定位精度高。

(3)摩擦磨损小，精度保持性好，使用寿命长。

(4)运动具有可逆性,既可以从旋转运动转换为直线运动,也可以从直线运动转换为旋转运动,即丝杠和螺母都可以作为主动件。

(5)进行适当的预紧后,可以消除轴向间隙,提高轴向运动精度和刚度。

(6)制造工艺复杂、制造成本高。另外,由于不能自锁,垂直和倾斜安装时须考虑制动装置,运动速度受到一定的限制。传动速度过高时,容易出现滚珠在其回路滚道内卡珠的现象。

2. 滚珠丝杠螺母副的预紧

为保证滚珠丝杠螺母副的传动精度和刚度,必须施加预紧力以消除其轴向间隙。预紧力大小应合适,如果预紧力过大,会使空载力矩增加,降低传动效率,缩短使用寿命。如果预紧力过小,则达不到消除间隙的目的。

滚珠丝杠的传动间隙是轴向间隙。轴向间隙通常是指丝杠和螺母无相对传动时,丝杠和螺母之间的最大轴向窜动量。除结构本身所具有的游隙之外,还包括施加轴向载荷后产生的弹性变形造成的窜动量。在承受负载时,滚珠丝杠副的轴向间隙为滚珠与该道型面接触的弹性变形所引起的螺母位移量和螺母原有的间隙的总和。

滚珠丝杠螺母副的预紧方法与螺母的形式有关。螺母丝杠调隙和预紧的常用方法有双螺母式和单螺母式两类。双螺母式基本原理是使两个螺母产生轴向位移,以消除它们之间的间隙和施加预紧力,有垫片式调隙式、螺纹式调隙式和齿差调隙式。

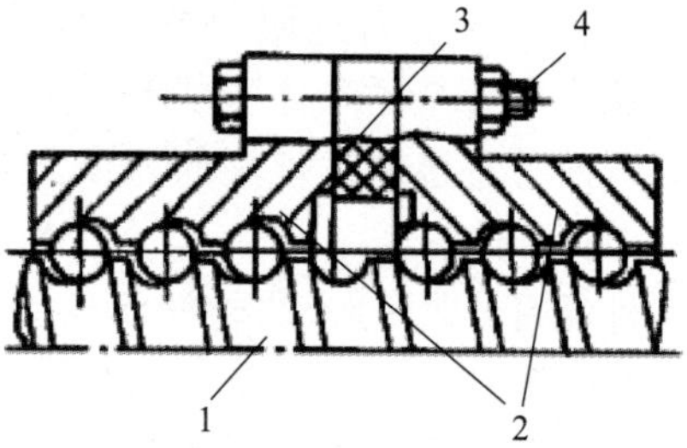

1,2—螺母;3—垫片;4—螺栓。

图7-26　双螺母垫片调隙式预紧结构

(1)双螺母垫片调隙式。如图7-26所示,通过调整垫片3的厚度,使螺母相对丝杠产生轴向位移。这种方法的特点是结构简单可靠,刚性好;但调整较费时,且不能在工作中随意调整。最大预紧力不能超过平均工作载荷的33%,通常调整为额定动载荷的10%左右。

(2)双螺母螺纹调隙式。如图7-27所示,两个螺母以平键与螺母座相连,其中右边的一个螺母5外伸部分有螺纹。用两个锁紧螺母1、2能使螺母相对丝杠作轴向移动。这种预紧结构紧凑,工作可靠且调整方便,故应用较广。但调整位移量不易精确控制,因此预紧力也不能准确控制。

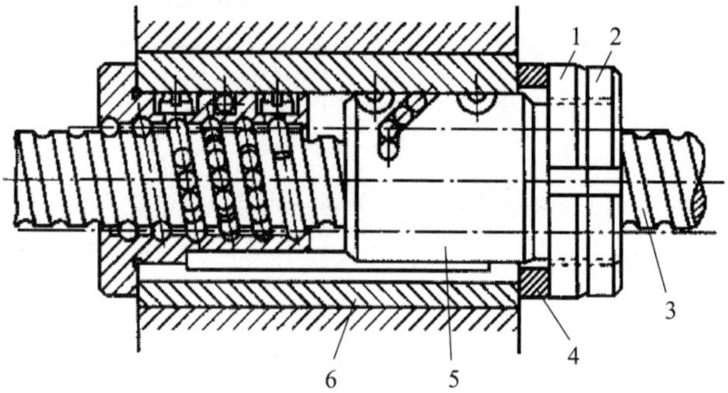

1,2—锁紧螺母;3—丝杠;4—垫片;5—螺母;6—螺母座。

图7-27　双螺母螺纹调隙式预紧结构

(3)双螺母齿差调隙式。如图7－28所示,在两个螺母的凸缘上分别切出齿数为Z_1、Z_2的齿轮,而且Z_1与Z_2相差一个齿。两个齿轮分别与两端相应的内齿圈相啮合。内齿圈紧固在螺母座上,预紧时脱开内齿圈,使两个螺母同向转过相同的齿数,然后再合上内齿圈。两螺母的轴向相对位置发生变化从而实现间隙的调整和施加预紧力。如果其中一个螺母转过一个齿时,则其轴向位移量为$s=\frac{t}{z_1}$(t为丝杠螺距,Z_1为齿轮齿数)。如两个齿轮沿同方向各转过一个齿时,其轴向位移$s=\left(\frac{1}{z_1}-\frac{1}{z_2}\right)t$。当$Z_1=99$,$Z_2=100$,$t=10\text{mm}$时,则$s=\frac{10}{9900}\approx1\mu\text{m}$,则两个螺母在轴向产生$1\mu\text{m}$的位移。这种调隙方式结构复杂,但准确度高。

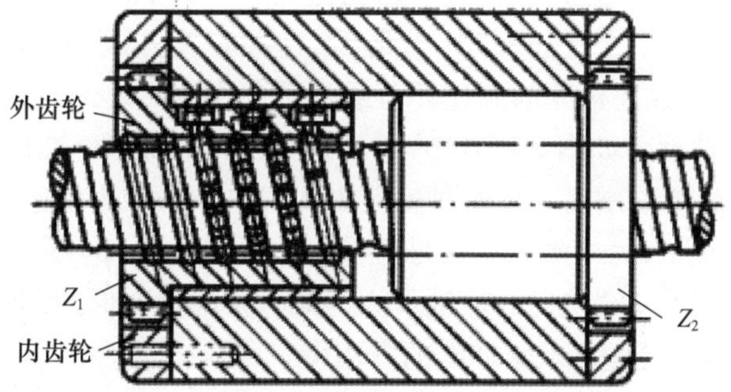

图7－28　双螺母齿差调隙式预紧结构

对于单螺母结构,主要有如下三种预紧方式。

(1)增加滚珠直径预紧法。这种方法通过筛选滚珠的大小进行预紧,特点是不改变螺母结构,简单可靠,刚性好;但它一旦配好,就不能对预紧力再进行调整。当预紧力调整为额定动载荷的2%～5%时,性能最佳。允许最大预紧力为额定动载荷的5%。

(2)螺母夹紧预紧法。这是预紧力可以调整的预紧方法,如图7－29(a)所示。通过在螺母的单边加工一条0.1mm的缝隙,再通过螺栓4径向夹紧螺母,实现预紧的方法。其特点是制造成本低,调整简单,预紧力调整方便,但对刚性有一定的影响。允许最大预紧力为额定动载荷的5%。

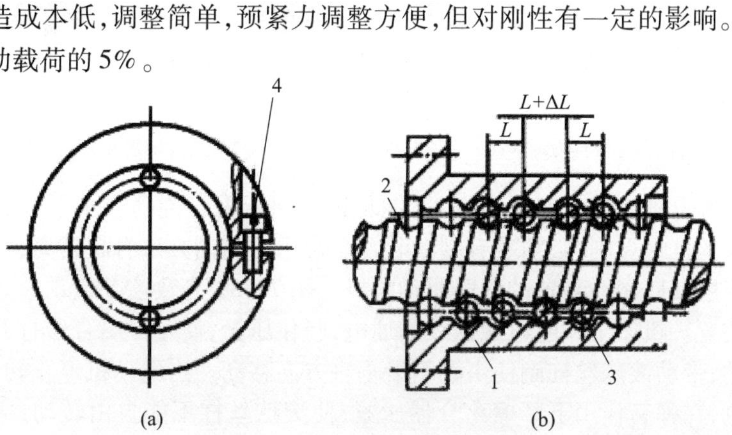

1—螺母;2—丝杠;3—滚珠;4—螺栓。

图7－29　单螺母预紧原理

(a)螺母夹紧预紧法;(b)单螺母变导程预紧法。

(3)单螺母变导程预紧法。如图7-29(b)所示,将滚珠螺母中央的圆弧,根据调整量的大小ΔL使其导程发生变化,迫使滚珠从中央部分成两半分别向两边错位,达到消除间隙和预紧的目的。这种方法可以减小轴向尺寸,用于轴向尺寸受到限制的场合,缺点是磨损后预紧减小,再进行调整非常困难。

3. 滚珠丝杠螺母副的支承方式和制动方式

滚珠丝杠的主要载荷是轴向载荷;径向载荷较小,主要来自卧式丝杠的自重。滚珠丝杠的轴向刚度和位移精度要求很高。为提高传动刚度,不仅应合理确定滚珠丝杠螺母副的参数,还应合理确定螺母座的结构、丝杠两端的支承方式,以及它们与机床的连接刚度。螺母座的孔与螺母之间必须有良好的配合,并保证孔与端面的垂直度,螺母座宜增添加强筋,增大螺母座和机床结合面的接触面积。这些措施均可提高螺母座的局部刚度和接触刚度。

滚珠丝杠螺母副的支承方式主要有下列几种(图7-30)。

(1)一端装推力轴承。如图7-30(a)所示,这种安装方式的承载能力小,轴向刚度低,仅适应于短丝杠,如数控机床的调整环节或升降台式数控铣床的横向和垂直坐标中。

(2)两端装推力轴承。如图7-30(b)所示,将推力轴承装在滚珠丝杠的两端,并施加预紧拉力,有助于提高传动刚度。但这种安装方式对热伸长较为敏感。

(3)一端装推力轴承,另一端装向心球轴承。如图7-30(c)所示,滚珠丝杠较长时,一端装推力轴承固定,另一端装向心球轴承。为减少丝杠热变形的影响,推力轴承的安装位置应远离热源(如液压马达)及丝杠上的常用段。

(4)两端装双重或多重支承。如图7-30(d)所示,为提高刚度,丝杠两端采用双重支承,如推力轴承和向心球轴承,并施加预紧拉力。这种结构方式可使丝杠的热变形转化为推力轴承的预紧力,但设计时要注意提高推力轴承的承载能力和支架刚度。

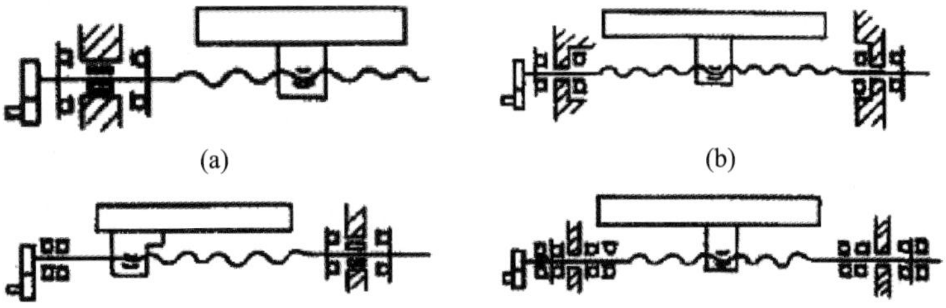

图7-30 滚珠丝杠螺母副的支承方式

(a)一端装推力轴承;(b)两端装推力轴承;(c)一端装推力轴承,另一端装向心球轴承;(d)两端装双重或多重支承。

滚珠丝杠螺母副传动效率很高,但不能自锁。用于垂直传动或水平放置的高速大惯量传动的滚珠丝杠螺母副,必须装有制动装置。常用的制动方法有超越离合器、电磁摩擦离合器或者使用具有制动装置的伺服驱动电机。图7-31为数控卧式铣镗床主轴箱进给丝杠的制动装置。机床工作时电磁铁线圈通电,吸住压簧,使摩擦离合器打开。电动机经减速齿轮传动,带动滚珠丝杠副使主轴箱沿垂直方向移动。当电动机停止转动时,电磁铁线圈同时断电,在弹簧作用下摩擦离合器压紧,使滚珠丝杠不能自由转动,主轴箱就不会因自重而下降。

滚珠丝杠工作时要发热,热膨胀会使导程加大,影响定位精度。为补偿热膨胀,可将丝杠预拉伸,预拉伸量应略大于热膨胀量。发热后热膨胀量抵消了部分预拉伸量,使丝扛的拉应力下降，长度却没有变化。需预拉伸的丝杠在制造时，应使其目标行程（在常温下螺纹部分的长度）等于公称行程（螺纹部分的理论长度等于公称导程乘以丝杠上螺纹因数）减去预拉伸量。拉伸后恢复公称行程值，减去的量称为行程补偿值。根据预拉伸量和丝杠的尺寸，用拉伸公式可计算轴预拉力的大小。

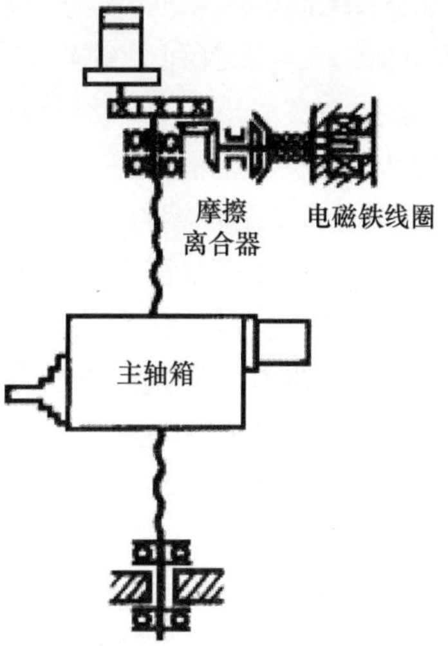

图 7－31　数控卧式铣镗床主轴进给丝杠的制动装置

4. 高速滚珠丝杠螺母副

目前，大部分高速加工中心仍使用滚珠丝杠螺母副。可从滚珠丝杠副的结构设计以及通过合理的工艺等方法使滚珠丝杠副适应高速驱动的要求，具体措施如下。

（1）在保证足够刚度的前提下，增大丝杠螺母的导程，增加螺纹头数，这是提高滚珠丝杠螺母副直线运动速度的有效途径。例如，日本 NSK 公司已开发出丝杠公称直径 × 导程为 15mm × 40mm、16mm × 50mm、20mm × 60mm、25mm × 80mm 的超大导程滚珠丝杠副，线速度可达 180 m/min 左右。

（2）提高进给系统刚度，以实现高进给速度和加速度。主要措施为提高丝杠扭曲刚度和轴向刚度，例如，丝杠采用中空结构，并进行预拉伸处理；同时，提高丝杠的支承刚度。通过优化设计和采用先进制造工艺，使滚珠与滚道的适应度处于最佳状态，从而有效提高接触刚度，以改善滚珠与滚道的接触等提高丝杠副的刚度。

（3）实施强制冷却，减少发热。例如，若将冷却液通入空心丝杠内部进行强制循环冷却，可减少高速滚珠丝杠副的发热，并保证滚珠丝杠副系统的精度。

（4）对螺母结构进行特殊设计，如适当缩小滚珠直径、钢珠采用空心结构、将滚珠链中的钢珠按大小间隔排列等。此外，通过对螺纹滚道和回珠器进行优化设计，可改善滚珠快速滚动时的流畅性，从而有效降低高速运行时的噪声。

（5）采用陶瓷材料（如 Si_3N_4）制造滚珠，降低高速滚珠丝杠副传动系统的温升和噪声。从而有效提高滚珠丝杠杠传动系统的高速性能。

（6）对螺母预加载荷进行自适应控制。其实现方法是：在滚珠丝杠传动系统运行过程中，通过传感器对螺母预紧力进行实时监测，一旦发现由于某种原因引起预紧力变化时，控制系统即发出控制指令，通过压电陶瓷等执行装置对预紧力进行动态调节，使其总是保持在给定值上。这样，就可以保证滚珠丝杠副工作在最佳状态，有利于在高速下长时间可靠运行。

（7）采用螺母旋转并作轴向移动、丝杠不动的运动形式，可消除丝杠临界转速的限制，避免了长丝杠在高速转动时所产生的一系列问题。此外，还可在一根丝杠上配置两个以上分别驱动的螺母，实现一轴多驱动。

（8）采用双伺服电动机分别驱动丝杠和螺母，当两个电动机转速相同、转向相反时，在不提高丝杠转速时，被驱动部件的进给速度可提高 1 倍。此外，该结构还可实现同方向差动驱动，有利于实现精确微进给。另一种方案是，采用两套伺服系统和两套滚珠丝杠螺母传动系统同时驱动同一运动部件,这样,在不增大丝杠直径的前提下可以有效提高驱动系统的刚度,从而有利于高速进给的实现。

采用高速滚珠丝杠螺母传动系统的最大优点是,可以采用技术上比较成熟的旋转伺服电动机驱动,进给系统和机床整机的设计和安装调试均比较方便,而且成本相对较低。此外,可以通过旋转编码器等实现半闭环控制,系统的稳定性容易得到保证。但这类系统仍存在以下问题难以解决:高速滚珠丝杠螺母副的制造难度大;速度和加速度上限仍受到较大限制;进给行程有限,一般不能超过4~6m;存在非线性误差,全闭环时系统稳定性不易保证。直线电动机直接驱动方式可以避免这些缺陷。

5. 滚珠丝杠螺母副的选用

(1)滚珠丝杠螺母副的精度及其选择。JB 3162.2—91 规定滚珠丝杠螺母副的精度可分为1、2、3、4、5、7、10七个等级,最高级为1级,最低级为10级。滚珠丝杠副的精度包括各元件的精度和装配后的综合精度,其中包括导程误差、丝杠大径对螺纹轴线的径向圆跳动、丝杠和螺母表面粗糙度、有预加载荷时螺母安装端面对丝杠螺纹轴线的圆跳动、有预加载荷时螺母安装直径对丝杠螺纹轴线的径向圆跳动以及滚珠丝杠名义直径尺寸变动量等。

在选用滚珠丝杠螺母副时,首先要确定螺距 t、名义直径 D_0、滚珠直径 d_0等主要参数。在确定后两个参数时,采用与验算滚珠轴承相似的方法,即规定在最大轴向载荷 Q 作用下,滚珠丝杠能以33.3r/min的转速运转500h而不出现点蚀。

选择螺距 t 时,一般应根据丝杠的承载能力和刚度要求,首先确定名义直径 D_0,之所以称为名义直径是因为丝杠的实际外径略小于名义直径。然后,根据名义直径 D_0尽量选取较大的螺距,丝杠名义直径 D_0是指滚珠中心圆的直径,D_0根据承受的载荷来选取。D_0越大,丝杠承载能力和刚度越大。为满足传动刚度和稳定性的要求,通常应大于丝杠长度的1/30~1/35。

(2)滚珠丝杠的刚度。丝杠刚度主要包括拉压刚度和扭转刚度。滚珠丝杠的刚度与直径大小直接相关,直径大,刚度好,但转动惯量也增大。所以,一般在兼顾二者的情况下选取最佳直径。有关资料推荐:小型加工中心采用32mm、40mm的滚珠丝扛,中型加工中心采用40mm、50mm的滚珠丝杠,大型加工中心采用50mm、63mm的滚珠丝杠。

对细长丝杠来说,扭转刚度是不可忽视的因素。因为扭矩引起的扭转变形会使轴向移动量产生滞后。

7.4.4 齿轮传动间隙的消除装置

由于齿轮在制造中不可能达到理想齿面的要求,总是存在一定的误差,因此两个啮合着的齿轮,总应有微量的齿侧隙才能正常地工作。由于数控机床进给系统经常处于变向状态,反向时如果传动链中的齿轮等传动副存在间隙,就会使进给传动的反向滞后于指令信号,从而影响其传动精度。因此必须采取措施消除齿轮传动中的间隙,以提高数控机床进给系统的传动精度。

1. 圆柱齿轮传动

1)偏心轴套调整法

图7-32为简单的偏心轴套式消除间隙结构。电机1是通过偏心轴套2装到壳体上,通过转动偏心轴套的转角,就能方便地调整两啮合齿轮的中心距,从而消除圆柱齿轮正、反转时的齿侧隙。

2)锥度齿轮调整法

图7－33是用带有锥度的齿轮来消除间隙的结构。在加工齿轮1和2时,将假想的分度圆柱面改变成带有小锥度的圆锥面,使其齿厚在齿轮的轴向稍有变化(其外形类似于插齿刀)。装配时只要改变垫片3的厚度就能调整两个齿轮的轴向相对位置,从而消除了齿侧间隙。但若增大圆锥面的角度,则将使啮合条件恶化。

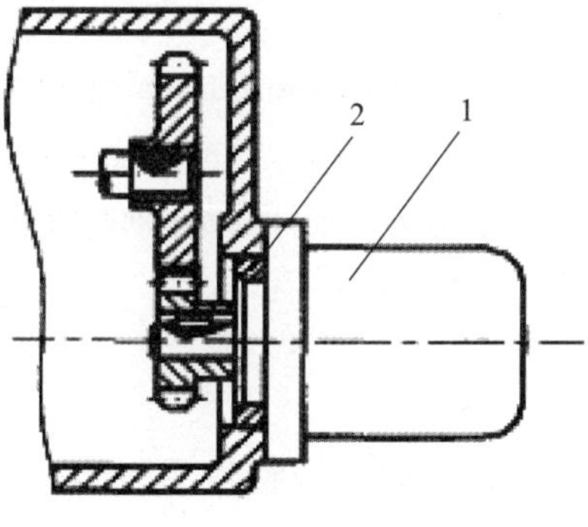

1—电动机;2—偏心轴套。

图7－32　偏心轴套式消除间隙结构

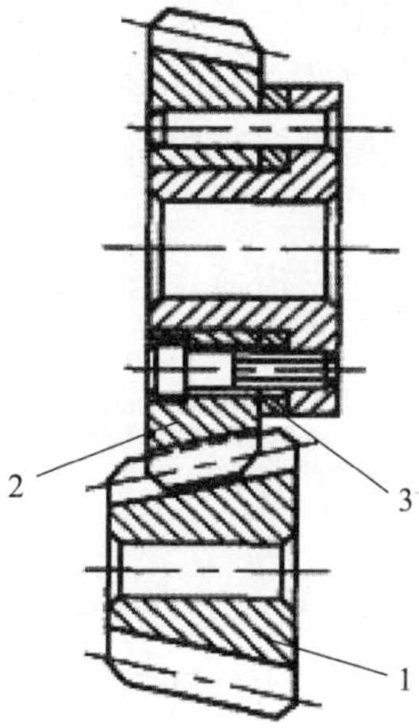

1,2—齿轮;3—垫片。

图7－33　带锥度齿轮的消除间隙结构

以上两种方法的特点是结构简单,但齿侧隙调整后不能自动补偿。

3)双向薄齿轮错齿调整法

在采用这种方法消除齿侧隙的一对啮合齿轮中,其中一个是宽齿轮,另一个是由两个相同齿数的薄片齿轮套装而成的,两薄片齿轮可相对回转。装配后,应使一个薄片齿轮的齿左侧和另一个薄片齿轮的齿右侧分别紧贴在宽齿轮的齿槽左右两侧,这样错齿后就消除了齿侧隙,反向时不会出现死区。图7－34为圆柱薄片齿轮可调拉簧错齿调整结构。

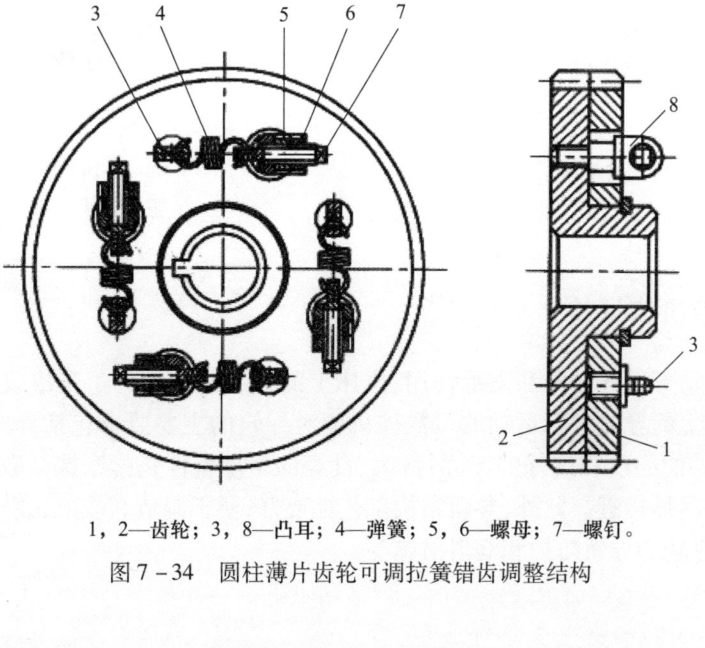

1,2—齿轮;3,8—凸耳;4—弹簧;5,6—螺母;7—螺钉。

图7－34　圆柱薄片齿轮可调拉簧错齿调整结构

在两个薄片齿轮1和2的端面均匀分布着4个螺孔,分别装上凸耳3和8。齿轮1的端面还有另外4个通孔,凸耳8可以在其中穿过。弹簧4的两端分别钩在凸耳3和调整螺钉7上,通过螺母5调节弹簧4的拉力,调节完毕用螺母6锁紧。弹簧的拉力使薄片齿轮错位,即两个薄片齿轮的左右齿面分别紧贴在宽齿轮齿槽的左右齿面上,从而消除了齿侧间隙。

2. 斜齿轮传动

斜齿轮传动齿侧隙的消除方法基本上与上述错齿调整法相同,也是用两个薄片齿轮和一个宽齿轮啮合,只是在两个薄片斜齿轮的中间隔开一小段距离,这样其螺旋线便错开了。

图7-35是斜齿薄片齿轮垫片错齿调整法,薄片齿轮由平键和轴连接,互相不能相对回转。薄片斜齿轮1和2的齿形拼装在一起加工。装配时,将垫片厚度增加或减少Δt,然后再用螺母拧紧。这时两齿轮的螺旋线就产生了错位,其左右两齿面分别与宽齿轮的齿面贴紧,从而消除了间隙。垫片厚度的增减量Δt可以用下式计算:

$$\Delta t = \Delta\cos\beta$$

式中:Δ为齿侧间隙;β为斜齿轮的螺旋角。

垫片的厚度通常由试测法确定,一般要经过几次修磨才能调整好,因而调整较费时,且齿侧隙不能自动补偿。

图7-36是斜齿薄片齿轮轴向压簧错齿调整法,其特点是齿侧间隙可以自动补偿,但轴向尺寸较大,结构不紧凑。

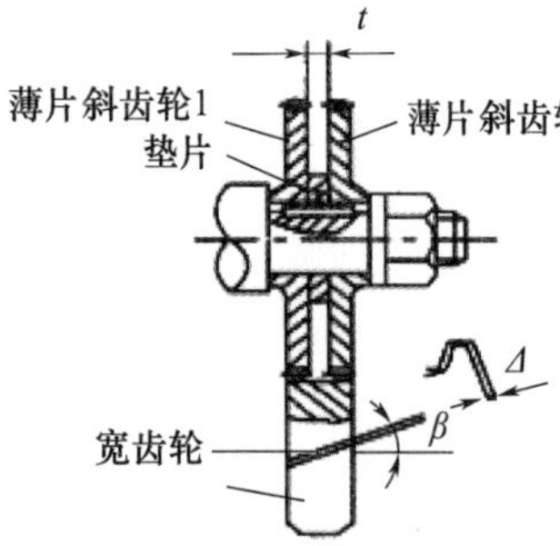

图7-35 斜齿薄片齿轮垫片错齿调整法

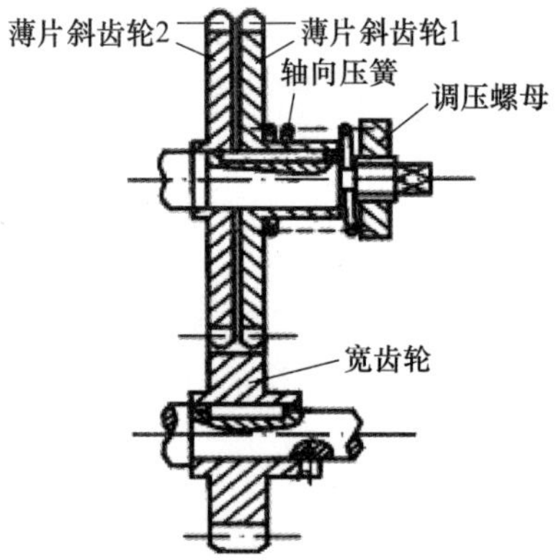

图7-36 斜齿薄片齿轮轴向压簧错齿调整法

7.4.5 数控机床导轨

导轨对运动部件起导向和支承作用,机床上的直线运动部件都是沿着其床身、立柱、横梁等支承件上的导轨进行运动的。数控机床对导轨的主要要求包括导向精度高、精度保持性好、足够的刚度和良好的摩擦特性。良好的摩擦特性是指摩擦系数要小,而且动、静摩擦系数应尽量接近。此外,导轨结构工艺性要好,便于制造和装配,便于检验、调整和维修,而且有合理的导轨防护和润滑措施等。

导轨按接触面的摩擦性质可以分为滑动导轨、滚动导轨和静压导轨三种,其中数控机床最常用的是镶粘塑料滑动导轨和滚动导轨。

1. 滑动导轨

滑动导轨具有结构简单、制造方便、刚度好、抗振性高等优点,是机床上使用最广泛的导轨形式。但普通的铸铁－铸铁、铸铁－淬火钢导轨,静摩擦系数大,而且动摩擦系数随速度而变化,摩擦损失大,低速(1～60mm/min)时易出现爬行现象等,降低了运动部件的定位精度。

通过选用合适的导轨材料和采用相应的热处理及加工方法,可以提高滑动导轨的耐磨性及改善其摩擦特性。例如:采用优质铸铁、合金耐磨铸铁或镶淬火钢导轨,进行导轨表面滚轧强化、表面淬硬、涂铬、涂钼工艺处理,等等。

镶粘塑料导轨不仅可以满足机床对导轨的低摩擦、耐磨、无爬行、高刚度的要求,同时还具有生产成本低、应用工艺简单、经济效益显著等特点。因此,在数控机床上得到了广泛的应用。

镶粘塑料导轨是通过在滑动导轨面上镶粘一层由多种成分复合的塑料导轨软带,来达到改善导轨性能的目的。这种导轨的共同特点是:摩擦系数小,且动、静摩擦系数差很小,能防止低速爬行现象;耐磨性、抗撕伤能力强;加工性和化学稳定性好,工艺简单、成本低,并有良好的自润滑和抗振性。塑料导轨多与铸铁导轨或淬硬钢导轨配合使用。

常用的塑料导轨软带主要有以下几种。

(1)以聚四氟乙烯为基体,通过添加不同的填充料构成的高分子复合材料。这种导轨软带具有良好的抗磨、减磨、吸振、消声性能;适用的工作温度范围广(－200～280℃);动、静摩擦系数小,且两者差别很小;还可以在干摩擦下应用;并且能吸收外界进入导轨面的硬粒,使导轨不致拉伤和磨损。这种材料常被做成厚度为 0.1～2.5mm 的塑料软带,黏结在导轨基面上。

图 7－37(a)是镶粘塑料导轨的结构示意图。滑板 2 和床身 1 间采用了聚四氟乙烯－铸铁导轨副,在滑板的各导轨面,以及压板 5 和镶条 3 也粘贴有聚四氟乙烯塑料软带,满足了机床对导轨的低摩擦、耐磨、无爬行、高刚度的要求。图 7－37(b)为聚四氟乙烯塑料软带的粘贴尺寸以及粘贴表面加工要求示意图,在导轨面加工出 0.5～1mm 深的凹槽,通过粘接胶将塑料软带和导轨黏结。

这种导轨软带还可将其制成金属与塑料的导轨板形式(称 DU 导轨)。DU 导轨是一种在钢板上烧结青铜粉及真空浸渍含铅粉的聚四氟乙烯的板材。导轨板的总厚度为 2～4mm,多孔青铜上方表层的聚四氟乙烯厚度为 0.025mm。其优点是刚性好,线性膨胀系数与钢板几乎相同。

(2)以环氧树脂为基体,加入 MoS_2、胶体石墨 TiO_2 等制成的抗磨涂层材料。这种涂料附着力强,可用涂敷工艺或压注成型工艺涂到预先加工成锯齿形状的导轨上,涂层厚度为 1.5～2.5mm。我国已生产的有环氧树脂耐磨涂料(MNT),在它与铸铁组成的导轨副中,摩擦系数 f=0.1～0.12mm,在无润滑油情况下仍有较好的润滑和防爬行的效果。塑料涂层导轨主要使用在大型和重型机床上。

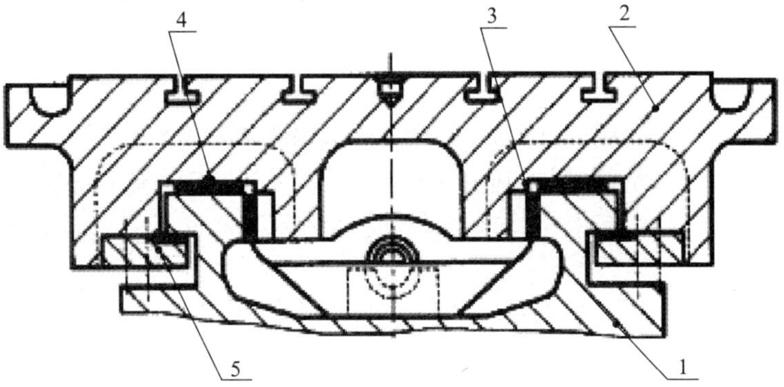

(a)

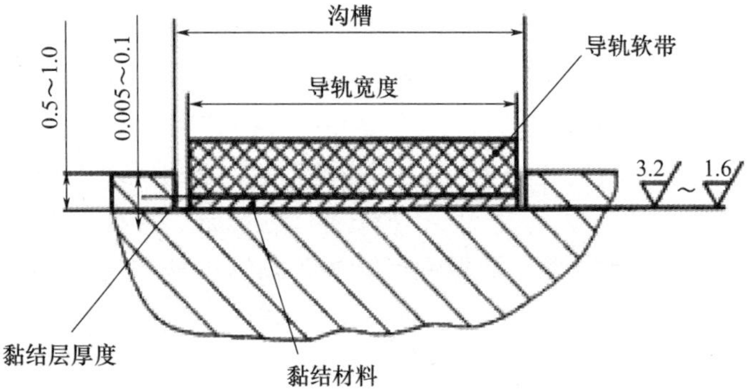

(b)

1—床身;2—滑板;3—镶条;4—软塑料带;5—压板。

图7-37　镶粘塑料导轨的结构示意图

(a)镶粘塑料导轨的结构;(b)聚四氟乙烯塑料软带的粘贴尺寸及粘贴表面加工要求。

2. 滚动导轨

滚动导轨是在导轨面之间放置滚珠、滚柱、滚针等滚动体,使导轨面之间的滑动摩擦变成为滚动摩擦。滚动导轨相比滑动导轨的优点如下。

(1)灵敏度高。其动摩擦与静摩擦系数相差甚微,驱动信号与机械动作间的滞后时间极短,有利于提高数控系统的响应速度和灵敏度。

(2)定位精度高。重复定位精度可达0.2μm。

(3)摩擦阻力小。移动轻便,磨损小,精度保持性好。

(4)驱动电动机的功率大幅度下降。所需功率只相当于普通导轨的1/10左右。

(5)对导轨安装面的要求较低。但滚动导轨的抗振性较差,对防护要求较高。

根据滚动体的类型,滚动导轨有以下三种结构形式。

(1)滚珠导轨。以滚珠作为滚动体,运动灵敏度好,定位精度高;但其承载能力和刚度较小,一般都需要通过预紧提高承载能力和刚度。为避免在导轨面上压出凹坑而丧失精度,一般采用淬火钢制造导轨面。滚珠导轨适用于运动部件质量不大,切削力较小的数控机床。

(2)滚柱导轨。承载能力及刚度都比滚珠导轨大,但对于安装的要求也高。安装不良，会引起偏移和侧向滑动，使导轨磨损加快、降低精度。目前，数控机床特别是载荷较大的机床，通常都采用滚柱导轨。

(3)滚针导轨。滚针比同直径的滚柱长度更长。滚针导轨的特点是尺寸小，结构紧凑。为提高工作台的移动精度，滚针的尺寸应按直径分组。滚针导轨适用于导轨尺寸受限制的机床。

根据滚动导轨是否预加负载，滚动导轨还可分为预加载和无预加载两类。预加载的优点是提高了导轨的刚度，适用于颠覆力矩较大和垂直方向的导轨中，数控机床的坐标轴通常都采用这种导轨。无预加载的滚动导轨常用于数控机床的机械手、刀库等传送机构。

使用滚珠的滚动直线导轨副的结构原理如图 7－38 所示，它是由导轨、滑块、钢球、反向器、密封端盖及挡板等部分组成。当导轨与滑块作相对运动时，钢球就沿着导轨上经过淬硬并精密磨削加工而成的四条滚道滚动；在滑块端部，钢球通过反向器反向，进入回珠孔后再返回到滚道，钢球就这样周而复始地进行滚动运动。反向器两端装有防尘密封端盖，可有效地防止灰尘、屑末进入滑块内部。

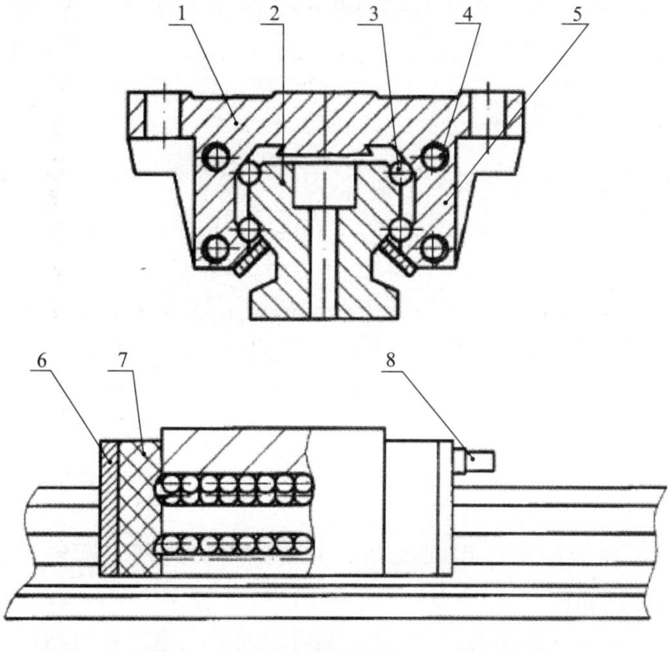

1—滑块；2—导轨；3—钢球；4—回珠孔；5—侧密封；6—密封端盖；7—挡板；8—油杯。

图 7－38 滚动直线导轨副的结构原理

此外，数控机床还普遍采用一种滚动导轨支承块，它已做成独立的标准部件，其特点是刚度高，承载能力大，便于拆装，可直接装在任意行程长度的运动部件上。

对于高速进给传动系统，滚动导轨副在结构上可采取一些特别措施，例如，在循环滚珠链中加入能储存润滑脂的滚珠保持器，可改善滚动导轨的摩擦特性、降低噪声；采用腰鼓形滚柱，可提高预加负荷导轨刚度，延长寿命；在导轨产生振幅最大的部位，配备阻尼滑座；增加导轨上的滑块数量来提高导轨系统的刚度。

3. 静压导轨

静压导轨在数控机床上应用较少。静压导轨的滑动面之间开有油腔，将有一定压力的油通过节流输入油腔,形成压力油膜,浮起运动部件,使导轨工作表面处于纯液体摩擦,不产生磨损,精度保持性好;同时摩擦因数也极低(0.0005),使驱动功率大大降低;低速无爬行,承载能力大,刚度好。此外,油液有吸振作用,抗振性好。其缺点是结构复杂,要有供油系统,油的清洁度要求高。

静压导轨横截面的几何形状一般有V形和矩形两种。采用V形便于导向和回油,采用矩形便于做成闭式静压导轨。另外,油腔的结构对静压导轨性能影响很大。

7.5 数控机床的自动换刀装置

自动换刀装置用于实现刀具的自动交换,它不仅扩大了数控机床的使用范围,还使加工效率得到了较大提高。由于零件一次安装可以完成多道工序加工,减少了零件安装次数和定位装夹误差,从而进一步提高了加工精度。数控机床自动换刀装置应满足刀库容量大、换刀时间短、刀具重复定位精度高、结构简单、制造成本低、可靠性高等基本要求。

自动换刀装置的形式与机床种类、机床的总体结构布局、需要交换的刀具数量等因素密切相关。

7.5.1 数控车床换刀装置

在数控车床上,由于工件安装于主轴上,刀具只需要在刀架上进行交换即可,它不涉及主轴和刀架间的刀具交换问题,因此,换刀装置结构简单,形式比较单一,通常都使用回转刀架。回转刀架在机床上的布局有两种形式,一种为回转轴垂直于主轴的形式,另一种为回转轴平行于主轴的形式。数控车削中心的回转刀架可安置动力刀具,工件在一次装夹下,除完成一般车削外,还可以在工件轴向或径向等部位进行钻铣等加工。

根据不同的机床要求,回转刀架可以设计成四方、六方刀架或圆盘式等,并相应地安装四把、六把或更多的刀具。为了承受切削力,数控车床的刀架必须具有良好的刚性和强度。由于刀架的定位直接决定了机床的加工精度,因此刀架必须具有很高的定位精度。在这两点上,它比加工中心的刀库要求高得多。

图7-39为一种数控车床用圆盘动力刀架结构原理图。这种刀架常用的规格有12位、8位两种,分别如图7-39(b)、(c)所示,可以装夹25mm×25mm的可调刀具或20mm×20mm×125mm的标准刀具,两种刀架可装的最大镗杆直径均为32mm。回转刀架由驱动电动机作为动力源,通过机械传动系统,自动实现刀盘的放松、转位、定位及夹紧等动作。刀具通过压板及斜铁夹紧,更换刀具和对刀都较方便。换刀步骤如下。

(1)刀架松开。首先松开电动机制动器,电动机通过齿轮10、9、8带动蜗杆7、蜗轮5旋转。由于蜗轮5与轴6之间采用螺纹连接,因此,通过蜗轮5的旋转带动轴6沿轴向左移,使左鼠牙盘3脱开,刀架完成松开动作。

(2)刀架转位。在轴6上开有两个对称槽,内装两个滑块4,当鼠牙盘脱开后,电动机继续带动蜗轮旋转,一旦蜗轮转到一定角度时,与蜗轮固定的圆盘上的凸块便碰到滑块14,蜗轮便通过圆盘上的凸块带动滑块,连同轴6、刀盘一起进行旋转,刀架进行转位动作。

(3)刀架定位。当刀架转到要求的位置之后,驱动电动机反转,这时圆盘上的凸块便与滑块脱离,不再带动轴转动。蜗轮通过螺纹带动轴右移,左鼠牙盘与右鼠牙盘啮合定位,完成刀架定位动作。

(4)刀架夹紧。刀架定位完成后,电动机制动器制动,维持电动机轴上的反转力矩,以保证鼠牙盘之间有一定的夹紧力。同时轴右端的端部压下微动开关,发出转动结束信号,电动机断电,换刀动作结束。

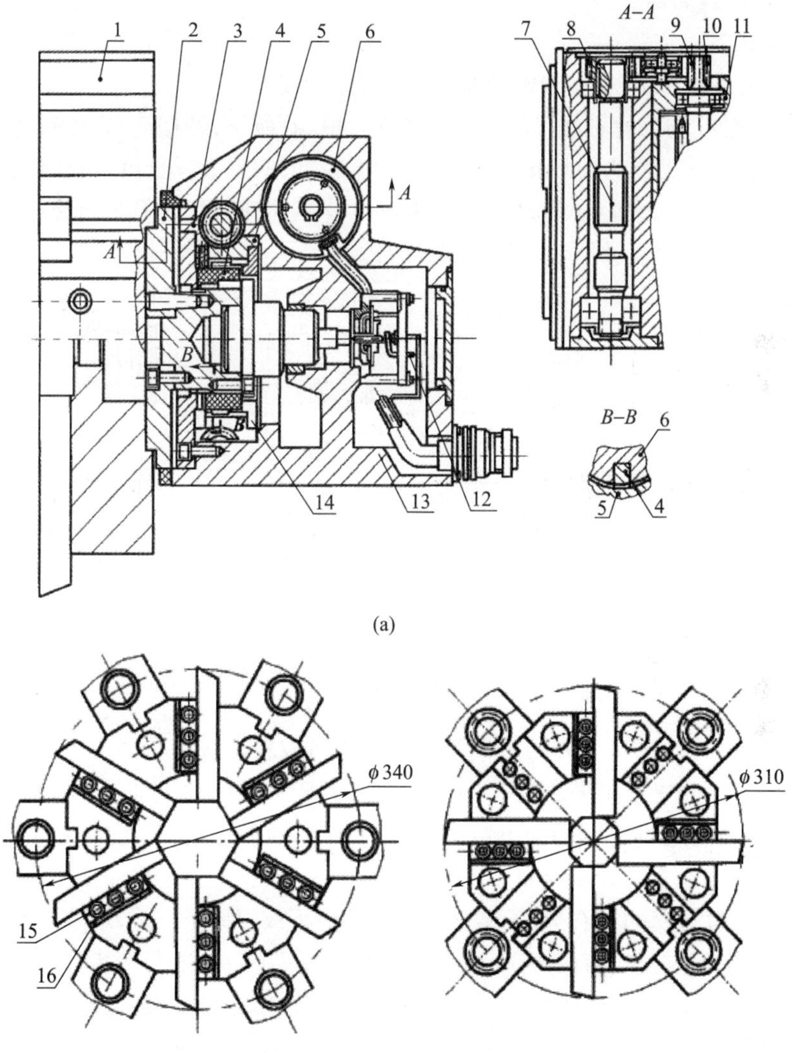

(a)

(b)　(c)

1—刀架；2—左鼠牙盘；3—右鼠牙盘；4—滑块；5—蜗轮；6—轴；7—蜗杆；8,9,10—齿轮；11—电动机；12—微动开关；13—端部；14—圆盘；15—压板；16—斜铁。

图 7-39　回转刀架结构原理

(a)刀架结构;(b)12 位刀架;(c)8 位刀架。

7.5.2　加工中心换刀装置

在数控镗铣类加工中心上,由于刀具被安装于主轴上,换刀必须在主轴和刀库之间进行,为此,必须设计专门的自动换刀装置和刀库,其刀具的交换方式通常可分为无机械手换刀和带机械手换刀两大类。

1. 刀库

刀库用于存放刀具,它是自动换刀装置中最主要的部件之一。刀库的容量、布局以及具体结构随机床结构的不同而差别很大,种类繁多。加工中心上目前常见的刀库形式有鼓轮式刀库、链式刀库。

1)鼓轮式刀库

鼓轮式刀库又称为圆盘刀库,常见的形式有如下两种。

(1)刀具轴线与鼓轮轴线平行式。如图7-40(a)所示,结构简单紧凑,在中小型加工中心上应用较多。刀具为单环排列,空间利用率较低,而且刀具长度较长时,容易和工件、夹具相互干涉;另外,大容量的刀库外径比较大,转动惯量大,选刀时间长;因此这种刀库形式一般适用于刀库容量不超过24把的场合。

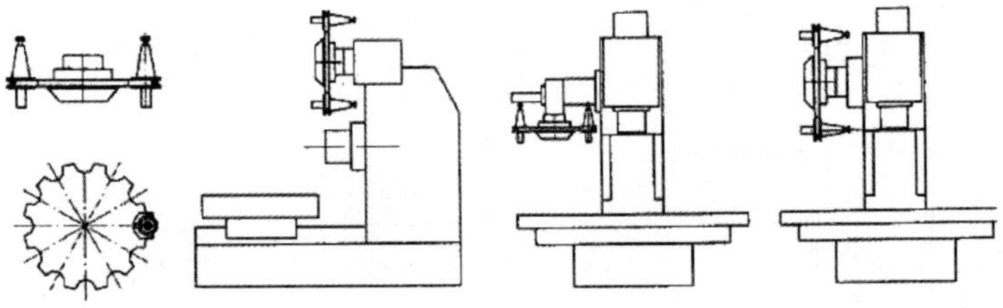

图7-40 鼓轮式刀库布局

(a)鼓轮式刀库;(b)鼓轮式刀库在卧式加工中心上的布局;(c)鼓轮式刀库在立式加工中心上的布局1;(d)鼓轮式刀库在立式加工中心上的布局2。

图7-40(b)和图7-40(c)分别为刀具轴线与鼓轮轴线平行的鼓轮式刀库在卧式及立式加工中心上的典型布局。图7-40(b)刀库置于机床卧式主轴的顶部,刀库中的刀具安装不妨碍操作,通过主轴的上下运动,结合刀库的前后运动,即可实现换刀。换刀时不需要机械手即可对主轴直接换刀。图7-40(c)中,刀库置于立式加工中心立柱的侧面,换刀时可以通过刀库的左右运动,结合主轴箱的上下或刀库上下运动,实现与主轴直接进行刀具交换,也不需要换刀机械手,结构简单、可靠。图7-40(d)为刀库横向置于立式加工中心侧面的布局,允许使用长度较长的刀具,刀库中的刀具安装也不妨碍操作,换刀速度也较快,但必须通过机械手进行换刀。

(2)刀具轴线与鼓轮轴线倾斜式。如图7-41(a)所示,刀具轴线与鼓轮轴线成一定角度。这种结构在立式机床上[图7-41(b)]一般都是以机床的Z轴作为动力,通过机械联动结构,由主轴箱的上下运动完成刀库的摆入、摆出动作,并实现自动换刀,换刀速度快。但刀库容量较小,刀具尺寸不宜过大,刀具的安装也不方便,在小型高速钻削中心上使用较多。

图7-41(c)是这种结构采用卧式布局的情况,刀具交换动作类似数控车床回转刀架动作,通过刀库的抬起、回转、落下、夹紧进行换刀。但由于布局的限制,刀具数量不宜过多,因此经常被做成通用部件的形式,多用于数控组合机床。

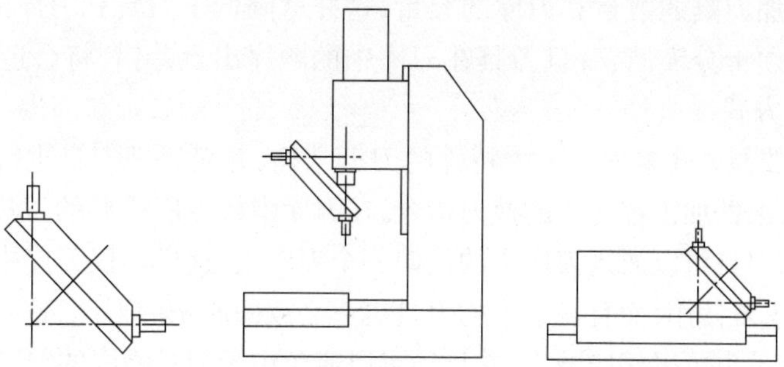

图7－41　倾斜式鼓轮式刀库布局

(a)倾斜鼓轮式刀库;(b)立式布局的倾斜鼓轮式刀库;(c)卧式布局的倾斜鼓轮式刀库。

2)链式刀库

链式刀库[图7－42(a)]的优点是结构紧凑、布局灵活、刀库容量大,可以实现刀具的"预选",换刀时间短。但刀库一般都需要独立安装于顶部[图7－42(b)]或机床侧面[图7－42(c)],占地面积通常较大。另外,通常情况下,刀具轴线和主轴轴线垂直,因此换刀必须通过机械手进行,机械结构比鼓轮式刀库复杂。

刀库链环可以根据机床的总体布局要求,设计成适当形式以利于换刀机构的工作。在刀库容量较大时,可采用U形布置[图7－42(d)、(e)]或多环链式刀库布置,外形更紧凑,占用空间更小。这种结构形式,在增加刀库容量时可以通过增加链条长度实现,由于它并不增加链轮直径,故链轮的圆周速度不增加,因此在刀库容量增加时,刀库的运动惯量不会增加太多。

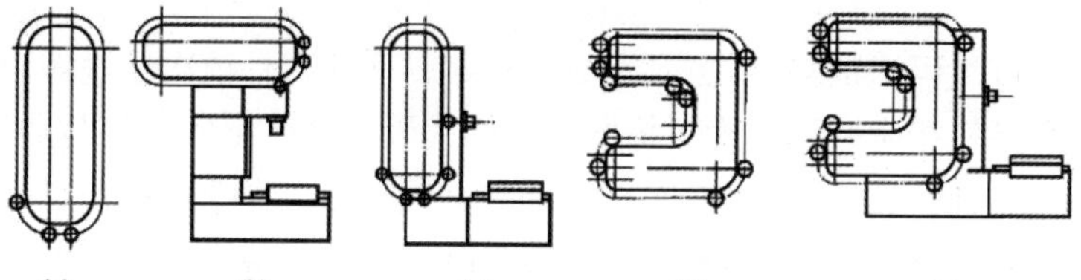

图7－42　链式刀库

(a)链式刀库;(b)安装于机床顶部;(c)安装于机床侧部;
(d)U形布置的链式刀库;(e)U形布置在机床上的链式刀库。

2. 刀库选刀方式

按数控装置的刀具选择指令,从刀库中挑选各工序所需要的刀具的操作称为自动选刀。目前,刀具的选择方式主要有以下三种。

1)顺序选择方式

刀具的顺序选择方式是将刀具按加工工序的顺序,依次放入刀库的每个刀座内。每次换刀时,刀库按顺序转动一个刀座的位置,并取出所需的刀具。已使用过的刀具则放回原来的刀座内,也可按顺序放入下一个刀座内。采用这种方式的刀库,不需要刀具识别装置,而且驱动控制也较简单,可以直接由刀库的分度机构来实现。因此,刀具的顺序选择方式具有结构简单、工作可靠等优点。但刀库中的刀具在不同的工序中不能重复使用,因而必须相应地增加刀具的数量和刀库的容量,这样就降低了刀具和刀库的利用率。此外,人工装刀操作必须十分谨慎,一旦刀具在刀库中的顺序出现差错,将会造成严重事故。

2)刀具编码方式

刀具的编码选择方式采用了一种特殊的刀柄结构,并对每把刀具进行编码。换刀时通过编码识别装置,根据加工程序中的换刀指令,在刀库中找出所需要的刀具。每把刀具都有自己的代码,因而刀具可以放入刀库中的任何一个刀座内,这样不仅刀库中的刀具可以在不同的工序中多次重复使用,而且换下来的刀具也不必放回原来的刀座,这对装刀和选刀都十分有利,刀库的容量也可以相应减小,并且还可以避免由于刀具顺序的差错所造成的事故。

图7-43为编码刀柄的示意图。在刀柄的尾部的拉紧螺杆3上套装上一组等间隔的编码环1,并由锁紧螺母2将它们固定。编码环的外径有大小两种不同的规格,每个编码环的高低分别表示二进制数的“1”和“0”。通过对两种圆环的不同排列,可以得到一系列的代码。例如7个编码环,就能够区别出127种刀具(2^7-1)。通常全部为0的代码是不允许使用的,以避免与刀座中没有刀具的状况混淆。

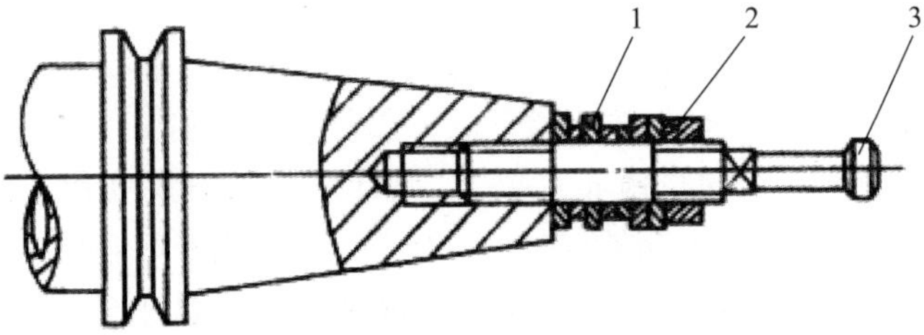

1—编码环;2—锁紧螺母;3—拉紧螺杆。

图7-43　编码刀柄的示意图

在刀库上设有编码识别装置,当刀库中带有编码环的刀具依次通过编码识别装置时,编码环的高低就能使相应的触针读出每把刀具的代码。当读出的代码与加工程序中选择刀具的代码一致时,便发出信号使刀库停止回转。这时加工所需要的刀具就准确地停留在取刀位置上,然后由机械手从刀库中将刀具取出。接触式编码识别装置的结构简单,但可靠性较差、寿命较短,而且不能快速选刀。

除上述机械接触识别方法外,还可以采用非接触式的磁性或光电识别方法。

磁性识别方法是利用磁性材料和非磁性材料磁感应的强弱不同,通过感应线圈读取代码。编码环分别由软钢和黄钢(或塑料)制成,前者代表“1”,后者代表“0”。将它们按规定的编码排列,安装在刀柄的前端。当编码环通过线圈时,只有对应于软钢圆环的绕组才能感应出高电位,其余绕组则输出低电位。然后再通过识别电路选出所需要的刀具。磁性识别装置无机械接触和磨损,因此可以快速选刀,而且具有结构简单、工作可靠、寿命长和无噪声等优点。

光电识别方法是近年来出现的一种新的尝试,其原理如图7-44所示。链式刀库带着刀库座和刀具依次经过刀具识别位置Ⅰ,在这个位置上安装了投光器,通过光学系统将刀具的外形及编码环投影到由无数光敏元件组成的屏板5上形成了刀具图样。装刀时,屏板将每把刀具的图样转换成对应的脉冲信息,经过处理将代表每把刀具的“信息图形”记入存储器。选刀时,当某把刀具在识别位置出现的“信息图形”与存储器内指定刀具的

"信息图形"一致时,便发出信号,使该刀具停在换刀位置Ⅱ,由机械手4将刀具取出。这种识别系统不但能识别编码,还能识别图样,因此给刀具的管理带来了方便。

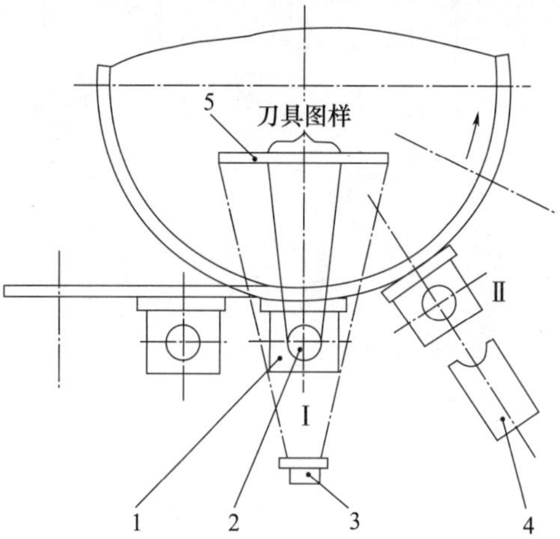

1—刀库座；2—刀具；3—投光器；4—机械手；5—屏板。

图7－44　光电识别方法

3)刀座编码方式

刀座编码是对刀库的刀座进行编码,并将与刀座编码相对应的刀具一一放入指定的刀座中,然后根据刀座的编码选取刀具。由于这种编码方式取消了刀柄中的编码环,使刀柄的结构大为简化。刀具识别装置的结构不受刀柄尺寸的限制,而且可以放置在较为合理的位置。采用这种编码方式时,当操作者把刀具误放入与编码不符的刀座内,仍然会造成事故,而且在刀具自动交换过程中必须将用过的刀具放回原来的刀座内,增加了刀库动作的复杂性。与顺序选择方式相比,刀座编码方式最突出的优点是刀具可以在加工过程中重复多次使用。编码方式可分为永久性编码和临时性编码两种。

永久性编码是将一种与刀座编号相对应的刀座编码板安装在每个刀座的侧面,其编码是固定不变的。

临时性编码,也称钥匙编码,它采用了一种专用的代码钥匙。编码时先按加工程序的规定给每把刀具系上表示该刀具号码的代码钥匙,在刀具任意放入刀座的同时,将对应的代码钥匙插入该刀座旁的钥匙孔内。通过钥匙把刀具的代码转记到该刀座上,从而给刀座编上了代码。更换加工对象时,取出刀库中的刀具之后,刀座原来的编码随着编码钥匙的取出而消失。这种方式具有更大的灵活性,各个工厂可以对大量刀具中的每一种用统一的固定编码,对于程序编制和刀具管理都十分有利。而且在刀具放入刀库时,不容易发生人为的差错。但钥匙编码方式仍然必须把用过的刀具放回原来的刀座中,这是其主要缺点。

3. 无机械手换刀

无机械手换刀方式是通过刀库与机床主轴的相对运动,结合刀库的回转运动实现刀具自动交换的方式。以图7－40(c)所示刀库布局为例说明,该刀库布局的俯视图如图7－45所示。换刀动作步骤如下。

(1)主轴定向准停。使主轴上的定位键方向和刀库定位键一致,同时Z轴快速向上运动到换刀点,做好换刀准备,如图7－45及图7－46(a)所示。

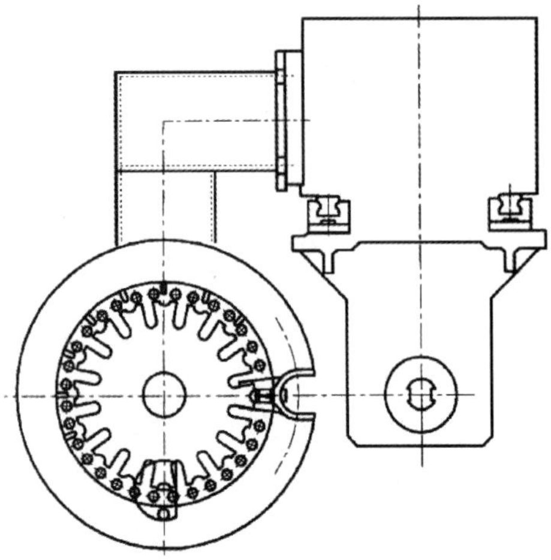

图7-45　刀库布局俯视图

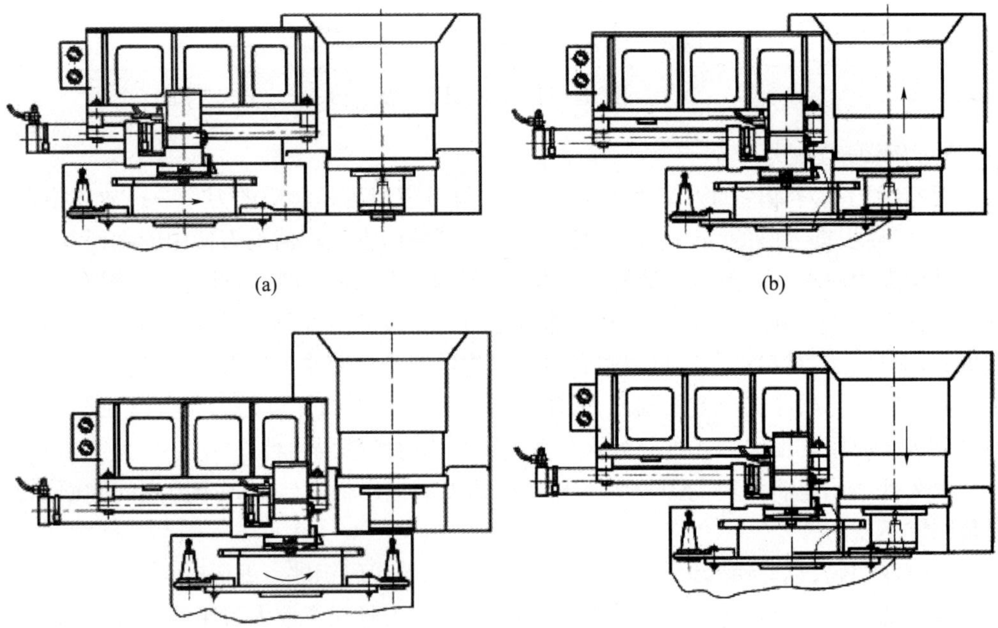

(a)

(b)

(c)

(d)

图7-46　换刀动作图

(a)主轴定向准停;(b)主轴刀具被松开;(c)刀具被放入刀库;(d)新刀被装入主轴。

(2)刀库向右运动。刀座中的弹簧机构卡入刀柄的V形槽中,主轴内的刀具夹紧装置放松,刀具被松开,如图7-46(b)所示。

(3)主轴箱上升。使主轴上的刀具放回刀库的空刀座中,如图7-46(c)所示。

(4)刀库旋转。将下一步需要的刀具转至主轴下。

(5)主轴箱下降。将刀具插入机床的主轴,同时主轴箱内的夹紧装置夹紧刀具,如图7-46(d)所示。

(6)刀库快速向左返回。将刀库从主轴下面移开,刀库恢复如图7-46(a)所示位置,主轴箱再向下运动,便可以进行下道工序的加工。

该种换刀方式不需要其他装置，结构简单，动作也较可靠，缺点是不能实现刀具在刀库中的“预选”，即在换刀时必须首先将用过的刀具送回刀库，然后再通过刀库的旋转，选择新刀具，两个动作不可能同时进行；且每交换一次刀具，刀库和主轴箱就必须作一次往复运动，因此换刀时间较长。刀具数量不宜过多，刀库的布局也受到局限。通常在低价位的小型加工中心中应用较多。

4. 机械手换刀

机械手换刀是利用机械手实现主轴和刀库间刀具交换的方式。采用机械手进行刀具的交换，一方面在刀库的布置和刀具数量的增加上，不像无机械手那样受结构的限制，具有很大的灵活性；另一方面可以通过刀具预选择，减少换刀时间，提高换刀速度。机械手换刀装置的结构通常较复杂，制造成本高。在加工中心上应用非常广泛。

机械手的形式和结构类型很多。在刀库远离机床主轴的换刀装置中，除机械手以外，还应带有中间搬运装置。下面是几种常用的机械手。

(1)单臂单爪回转式机械手。如图7－47(a)所示，机械手的手臂可回转不同角度来进行自动换刀，手臂上一个卡爪要执行刀库和主轴上的装卸刀，更换刀具所花时间较长。

(2)单臂双爪回转式机械手。如图7－47(b)所示，在其手臂上有两个卡爪，其中一个卡爪执行从主轴取下“旧刀”送回刀库，另一卡爪则执行由刀库取出“新刀”送到主轴，换刀时间比单爪机械手短。

(3)双臂回转式机械手。如图7－47(c)所示，这种机械手的两臂各有一个卡爪，可同时抓取刀库及主轴上的刀具，在回转180°之后又同时将刀具归位刀库及装入主轴，是目前加工中心机床上最为常用的一种形式。其换刀时间要比前两种短。这种机械手在有的设计中还采用了可伸缩的机械臂。

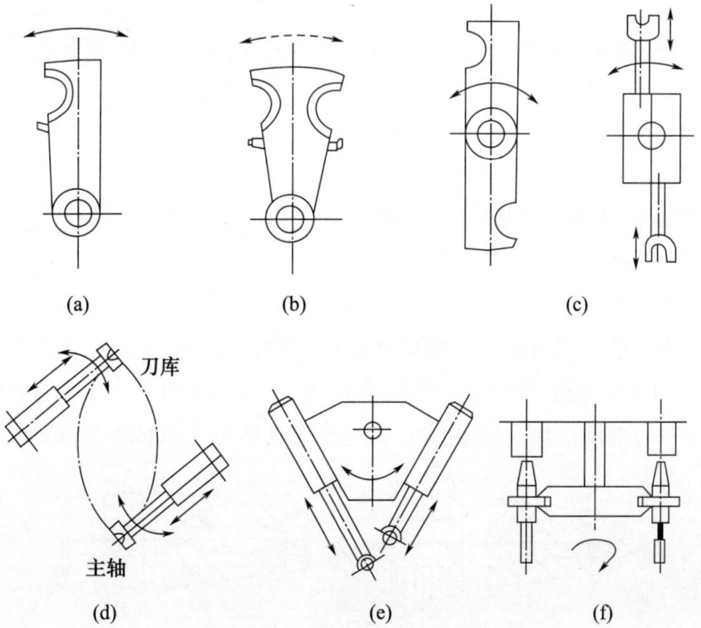

图7－47 机械手示意图

(a)单臂单爪；(b)单臂双爪；(c)双臂双爪

(d)双机械手；(e)双臂往复交叉式机械手；(f)双臂端面夹紧式机械手。

(4)双机械手。如图7-47(d)所示,它相当于两个单臂单爪机械手经配合一起执行自动换刀,其中一个机械手执行拔“旧刀”归回刀库,另一个机械手执行从刀库取“新刀”插入机床主轴上。

(5)双臂往复交叉式机械手。如图7-47(e)所示,这种机械手两臂可往复运动并交叉成一定角度,两个手臂分别称作装刀手和卸刀手。卸刀手完成从主轴上取下“旧刀”归回刀库,装刀手执行从刀库取出“新刀”装入主轴。整个机械手可沿导轨或丝杠作直线移动或绕某个转轴回转,以实现刀库与主轴之间的运送刀具工作。

(6)双臂端面夹紧式机械手。如图7-47(f)所示,它仅在夹紧部位上和前述几种不同,上述几种机械手均靠夹紧刀柄的外圆表面来抓住刀具,而此种机械手是夹紧刀柄的两个端面。

图7-48是双刀库机械手换刀装置,其特点是用两个刀库和两个单臂机械手进行工作,因而机械手的工作行程大为缩短,有效节省了换刀时间。刀库分设两处使布局较为合理。

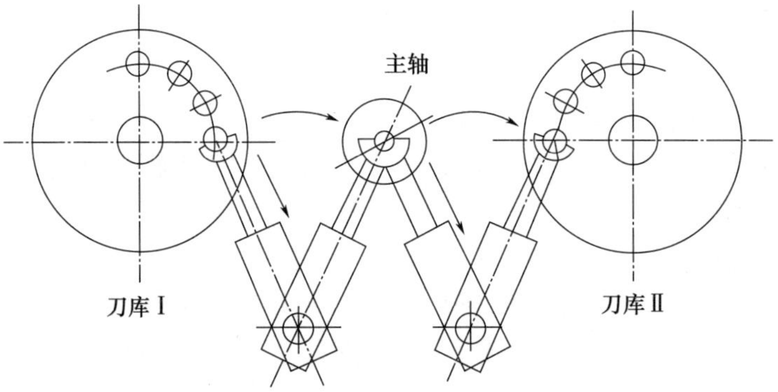

图7-48 双刀库机械手换刀装置

机械手的运动控制可以通过气动、液压、机械凸轮联动机构等方式实现。其中,机械凸轮联动换刀与气动、液压换刀相比,具有换刀速度快、换刀可靠、运动平稳等优点,在加工中心上得到了广泛的应用。目前,机械凸轮联动换刀机构已经作为标准部件,由专业生产厂家生产、制造。

根据各类机床的需要,自动换刀数控机床所使用的刀具的刀柄有圆柱形和圆锥形两种。为了使机械手能可靠地抓取刀具,刀柄必须有合理的夹持部分,而且应当尽可能使刀柄标准化。图7-49是常用的两种刀柄结构。V形槽夹持结构[图7-49(a)]能很好地与机械手爪的形状吻合,使刀具能保持准确的轴向和径向位置,从而提高了装刀的重复精度。法兰盘夹持结构[图7-49(b)]适用于钳式机械手装夹,这是由于法兰盘的两边可以同时伸进钳口,因此在使用中间辅助机械手时能够方便地将刀具从一个机械手传递给另一个机械手。

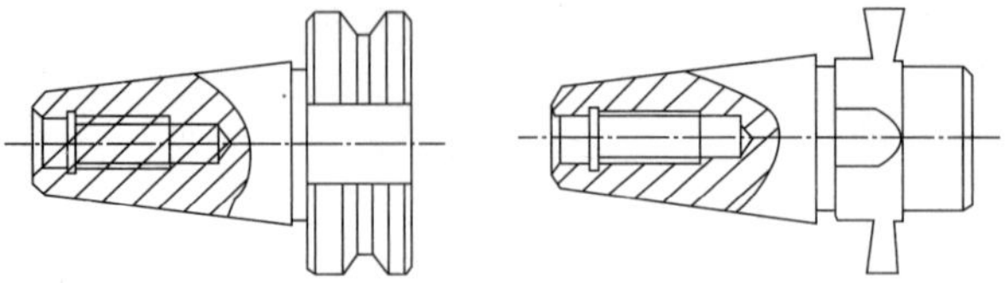

(a) (b)

图7-49 刀柄结构

(a)V形槽夹持结构;(b) 法兰盘夹持结构。

7.6 数控回转工作台

为了扩大数控机床的加工性能，适应不同零件的加工需要，数控机床的进给传动，除X、Y、Z三个坐标轴的直线进给传动外，还可以有绕X、Y、Z三个基本坐标轴回转的圆周运动，即A、B、C轴的运动。为实现数控机床的圆周运动，需要使用数控回转工作台（或称数控转台）。

数控机床的圆周运动包括分度运动和连续圆周进给传动两种。分辨率高，定位精度高，运动平稳，动作迅速，转台刚性好是数控机床对回转工作台的基本要求。在需要进行多轴联动加工曲线和曲面的场合，回转工作台必须能进行连续圆周进给传动。为了区别，通常将只能实现分度运动的回转工作台称为分度工作台，而将能实现连续圆周进给运动的回转工作台称为数控回转工作台。

7.6.1 分度工作台

数控机床的分度工作台只能完成分度运动。按照数控系统的指令，在需要分度时，将工作台连同工件一起回转一定的角度并定位。采用伺服电动机驱动的分度工作台称为数控分度工作台，它可以分度的最小角度通常都较小，如0.5°、1°等，一般都采用鼠牙盘式定位。在数控机床上有时也采用液压或手动分度工作台，这种分度工作台一般只能回转规定的角度，如可以每隔90°、60°或45°进行分度，可以采用鼠牙盘式定位或定位销式定位。

鼠牙盘式分度工作台也叫作齿盘式分度工作台，是应用较广泛的一种高精度分度定位结构。在卧式数控机床上，它一般都作为数控机床的基本部件；在立式数控机床上则作为附件选用。如图7-50所示是鼠牙盘式液压分度工作台的结构原理图。它主要由工作台面、底座夹紧油缸、分度油缸及鼠牙盘等部件组成，其工作过程如下。

（1）分度工作台抬起、松开。机床需要分度时，根据数控装置发出分度指令，由电磁铁控制液压阀（图中未示出），使压力油经回油管23进入分度工作台中央的夹紧油缸的油缸10，并推动活塞上移（油缸9的油经回油管22排出回油）。活塞通过推力轴承5（推力轴承13与之配套使用），使工作台抬起，上齿盘4和下齿盘3脱离啮合。在工作台向上移动时带动齿圈与齿轮下部啮合，完成了分度前的准备工作。同时，当工作台向上抬起时，推杆2在弹簧作用下向上移动，使推杆1能在弹簧作用下右移松开微动开关D，发出松开到位信号。

（2）分度工作台回转、分度。控制系统在接到松开到位信号后，控制电磁铁（液压阀）动作，使压力油经回油管21进入分度油缸19，并推动齿条右移（油缸18的油经回油管20排出回油）。齿条带动齿轮作回转运动，实现工作台回转。改变油缸的行程，即可改变齿轮的回转角度。图中的分度工作台尺寸为：油缸的行程113mm，齿轮的回转角度为90°。当齿轮在回转过程中，挡块14放开推杆15。90°回转到位后，挡块17压上推杆16，微动开关E发出到位信号，回转动作结束。分度工作台的回转速度可以通过液压系统进行调节。

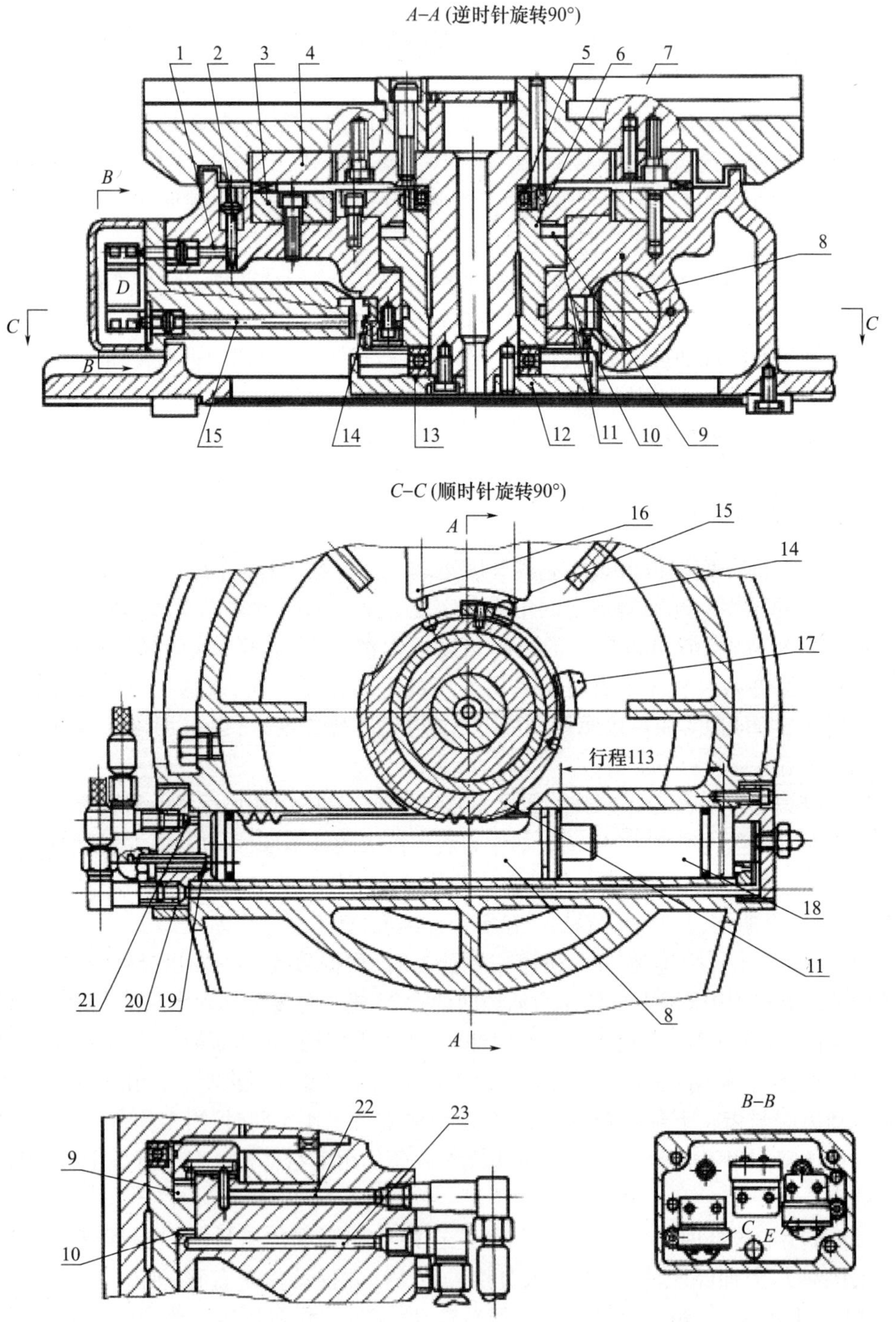

1，2，15，16—推杆；3—下齿盘；4—上齿盘；5，13—推力轴承；6—活塞；7—工作台；8—齿条；9，10—油缸；11—齿轮；12—齿圈；14，17—挡块；18，19—分度油缸；20，21，22，23—回油管。

图7－50　鼠牙盘式液压分度工作台结构原理图

(3)分度工作台落下、夹紧。控制系统在接到回转到位信号后,由电磁铁控制液压阀(图中未示出),使压力油经回油管22进入分度工作台中央的夹紧油缸的油缸9,并推动活塞下移(油缸10的油经回油管23排出回油)。活塞通过推力轴承5(推力轴承13与之配套使用),使工作台落下,上齿盘4和下齿盘3啮合,并夹紧、定位。工作台夹紧后,压下推杆2,使推杆1左移,压上微动开关D,发出夹紧完成信号。

(4)分度油缸返回。控制系统在接到夹紧完成信号后,控制电磁铁(液压阀)动作,使压力油经回油管20进入分度油缸18,并推动齿条左移(分度油缸19的油经回油管21排出回油),齿条返回。这时,因为齿轮的内齿圈已经脱开,分度工作台不动,同时挡块14压上推杆15,微动开关C动作,发出分度结束信号。

这种分度工作台的特点是分度精度高,定位刚性好,结构简单。为保证分度工作台动作的平稳、可靠,在液压系统中应通过节流阀进行运动速度调节;同时在控制系统中,对检测开关的信号都应进行延时处理。

7.6.2　数控回转工作台

数控机床回转工作台不但能完成分度运动,而且能进行连续圆周进给传动。数控回转工作台可以按照数控系统的指令,进行连续回转,回转速度是无级、连续可调的。同时,它也能实现任意角度的分度定位。因此,其和直线运动轴在控制上是相同的,也必须采用伺服电动机驱动。

回转工作台从安装形式上可以分为立式和卧式两种。

1. 立式数控回转工作台

立式数控回转工作台用于卧式数控机床,台面为水平安装,其回转直径通常都比较大,有500mm×500mm、630mm×630mm、800mm×800mm、1000mm×1000mm等常用规格。在结构上一般由传动系统、消除间隙机构、蜗轮蜗杆副、夹紧机构等部分组成。图7-51是一种比较典型的立式数控回转工作台,其结构原理如下。

回转工作台由伺服电动机驱动,电动机轴上装有主动齿轮2,它通过从动齿轮4带动蜗杆旋转。偏心套用于消除齿轮2、齿轮4的间隙。从动齿轮4与蜗杆之间利用楔形拉紧销连接,这种连接方式可以消除蜗杆与齿轮4之间的配合间隙。

蜗杆采用了双导程变齿厚蜗杆,其特点是可通过蜗杆的轴向移动,消除蜗杆、蜗轮的间隙。蜗杆、蜗轮间隙调整时,首先松开壳体螺母上的锁紧螺钉,通过压块将调整套松开。然后,松开楔形拉紧销,转动调整套,调整套和蜗杆可以在壳体螺母中作轴向移动,从而消除齿侧间隙。调整完毕后,再拧紧锁紧螺钉,通过压块压紧调整套,锁紧楔形拉紧销。蜗杆的两端均采用双列滚针轴承作为径向支承,右端装有两个止推轴承承受轴向力,左端轴向可以自由伸缩,以保证运转平稳。

回转工作台的夹紧、松开动作由液压控制。蜗轮下部的内、外两面均有夹紧瓦12及13,蜗轮不转时,通过回转工作台底座上均布的8个夹紧油缸,在油缸的上腔进压力油,使活塞下行,通过钢球,撑开夹紧瓦12和13,夹紧蜗轮。当工作台需要回转时,控制系统发出松开指令,液压缸上腔回油,弹簧把钢球抬起,夹紧瓦12和13松开蜗轮。这样,通过电动机带动蜗杆,蜗轮便和回转工作台一起作回转运动。回转工作台的导轨面由大型滚柱轴承支承,并由圆锥滚子轴承和双列圆柱滚子轴承进行回转中心定位。

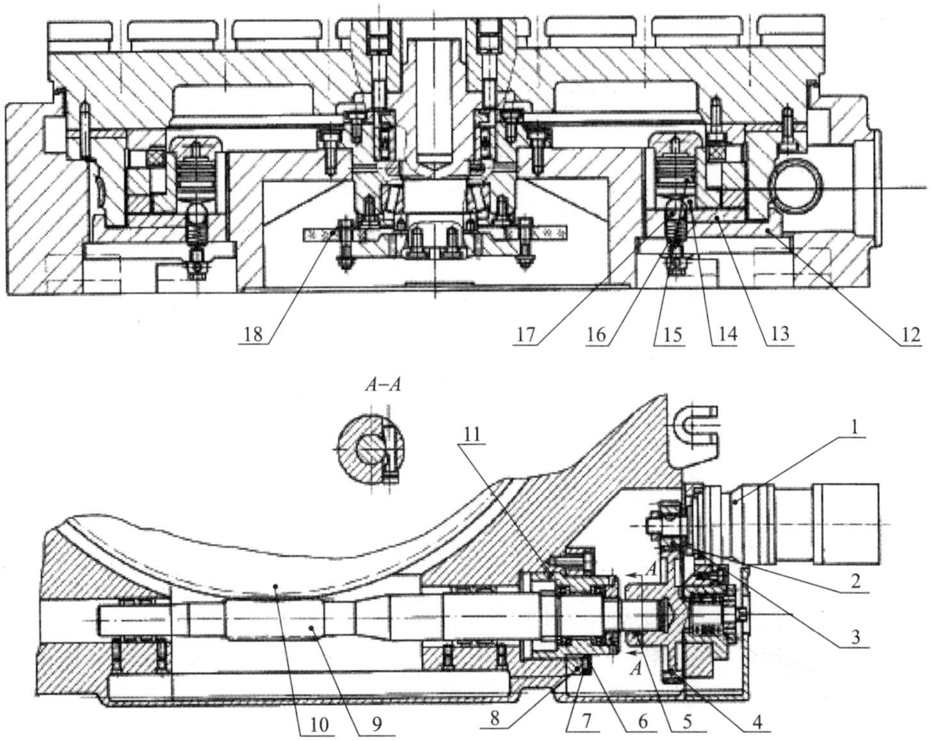

1—驱动电动机；2，4—齿轮；3—偏心套；5—楔形拉紧销；6—压块；7—锁紧螺钉；8—螺母；9—蜗杆；10—蜗轮；11—调整套；12，13—夹紧瓦；14—夹紧油缸；15—活塞；16—弹簧；17—钢球；18—位置检测。

图7－51　立式数控回转工作台

接到控制系统的回转加工指令后，首先松开蜗轮，然后回转电动机按照指令要求的回转方向、速度、角度回转，实现回转轴的进给传动，进行多轴联动或带回转轴联动的加工。用于分度定位时，回转工作台动作和进给传动相似，但其回转速度较快，而且一般都具有自动捷径选择功能，使回转距离小于等于180°，定位完成后，夹紧蜗轮，保证定位精度和刚度。

2. 卧式数控回转工作台

卧式回转工作台用于立式数控机床，台面为垂直安装，由于受机床结构的限制，其回转直径通常都比较小，一般都不超过ϕ500mm。一般由传动系统、蜗轮蜗杆副和夹紧机构等部分组成。图7－52是一种数控机床常用的卧式数控回转工作台，可以采用气动或液压夹紧，其结构原理如下。

在工作台回转前，首先松开夹紧机构，活塞左侧的工作台松开腔通入压力气(油)，活塞向右移动，使夹紧装置处于松开位置。这时，工作台、主轴、蜗轮、蜗杆都处于可旋转的状态。松开信号检测微动开关(在发信装置中，图中未画出)发信，夹紧微动开关(在发信装置中，图中未画出)不动作。

工作台的旋转、分度由伺服电动机驱动。传动系统由伺服电动机，齿轮11、12，蜗轮、蜗杆及工作台等组成。当电动机接到由控制单元发出的启动信号后，按照指令要求的回转方向、速度、角度回转，实现回转轴的进给传动，进行多轴联动或带回转轴联动的加工。工作台到位后，依靠电动机闭环位置控制定位，工作台依靠蜗杆副的自锁功能保持准确的定位，但在这种定位情况下，只能进行较低切削扭矩的零件加工，在切削扭矩较大时，必须

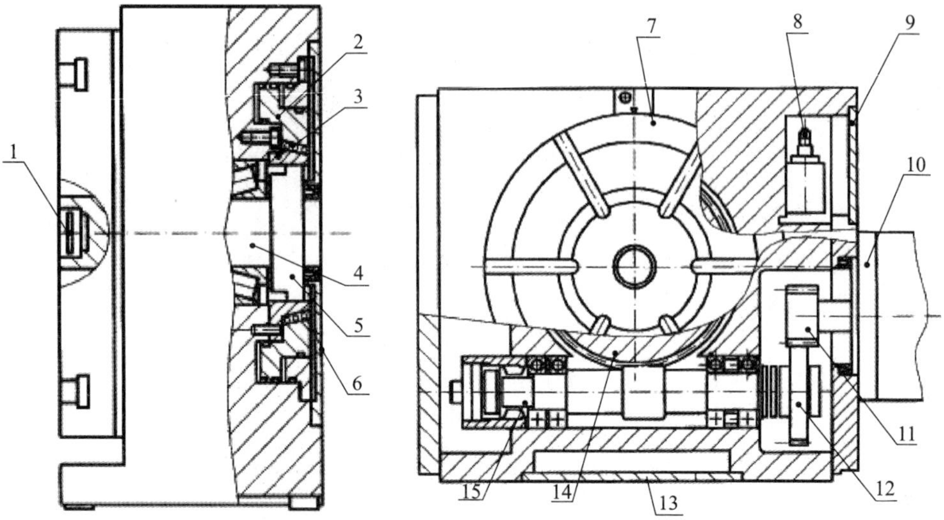

1—螺堵；2—活塞；3—夹紧座；4—主轴；5—夹紧体；6—钢球；7—工作台；8—发信开关；
9，13—盖板；10—伺服电动机；11，12—齿轮；14—蜗轮；15—蜗杆。

图7-52　卧式数控回转工作台

进行工作台的夹紧。

工作台的主轴后端安装有夹紧体，当活塞右侧的工作台夹紧腔通入压力气（油）后，活塞由初始的松开位置向左移动，并压紧钢球，钢球再压紧夹紧座，夹紧座夹紧夹紧体，实现工作台的夹紧。当工作台松开油腔通入压力气（油）后，活塞由压紧位置回到松开位置，工作台松开。工作台夹紧气缸的旁边有与之贯通的小气（油）缸，与发信装置相连，用于夹紧、松开微动开关的发信。

思考题与习题

1. 数控机床机械结构有哪些特点？

2. 数控机床的主轴准停装置的作用是什么？

3. 常用的主轴轴承有哪几种？它们在性能上有何区别？

4. 什么叫作电主轴？数控机床采用电主轴有哪些优点？

5. 数控机床主传动系统有哪几种形式？各有何特点？

6. 主轴组件包括哪些零件？如何分析主轴组件？

7. 数控机床对进给传动系统的基本要求是什么？进给传动系统的基本形式有哪几种？它们各有什么优点？

8. 滚珠丝杠如何预紧？

9. 数控机床的导轨副有哪几种形式？

10. 数控机床常用的换刀方式有哪些？在设计带刀库的自动换刀系统时，主要注意哪些问题？

11. 分度工作台与回转工作台有何不同？

参考文献

[1] 杜国臣．机床数控技术[M]．2 版．北京:机械工业出版社,2024.
[2] 朱晓春．数控技术[M]．4 版．北京:机械工业出版社,2024.
[3] 赵玉刚,宋现春．数控技术[M]．北京:机械工业出版社,2008.
[4] 董玉红．数控技术[M]．北京:高等教育出版社,2004.
[5] 李郝林,方键．机床数控技术[M]．3 版．北京:机械工业出版社,2020.
[6] 何雪明,吴晓光,刘有余．数控技术[M]．4 版．武汉:华中科技大学出版社,2021.
[7] 娄锐,张礼,王悦．数控车床操作技术[M]．北京:电子工业出版社,2008.
[8] 唐晓红,王朝兵．数控技术[M]．北京:化学工业出版社,2024.
[9] 顾京．数控机床加工程序编制[M]．北京:机械工业出版社,2010.
[10] 张吉堂．现代数控原理及控制系统[M]．北京:国防工业出版社,2009.
[11] 王细洋．现代制造技术[M]．2 版．北京:国防工业出版社,2012.
[12] 任小中．现代数控技术[M]．北京:北京理工大学出版社,2022.
[13] 王仁德,张耀满,赵春雨．机床数控技术[M].2 版．沈阳:东北大学出版社,2007.
[14] 任玉田．新编机床数控技术[M]．北京:北京理工大学出版社,2005.
[15] 戴曙．金属切削机床[M]．北京:机械工业出版社,1994.
[16] 游有鹏．开放式数控系统关键技术研究[D]．南京:南京航空航天大学,2001.
[17] 张伯霖．高速切削技术及应用[M]．北京:机械工业出版社,2002.